高等学校计算机科学与技术应用型教材

Visual FoxPro 程序设计

主　编　彭文艺
副主编　赵海燕

北京邮电大学出版社
www. buptpress. com

内 容 简 介

本书共有11章，系统全面地介绍了数据库基础概述、Visual FoxPro概述、Visual FoxPro数据及其运算、数据表的基本操作、数据库及其操作、关系数据库标准语言SQL、查询与视图、程序设计基础、表单设计及应用、报表设计、菜单设计。

本书可作为高等院校非计算机专业本科生数据库公共课教材，也可作为高职高专计算机应用专业数据库原理与应用教材，还可作为国家计算机二级Visual FoxPro考试辅导教材，也可作为企事业单位数据库维护与应用培训的指导和参数用书。

图书在版编目(CIP)数据

Visual FoxPro程序设计 / 彭文艺主编．--北京：北京邮电大学出版社，2013.7(2016.12重印)

ISBN 978-7-5635-3520-0

Ⅰ.①V… Ⅱ.①彭… Ⅲ.①关系数据库系统—程序设计—教材 Ⅳ.①TP311.138

中国版本图书馆CIP数据核字(2013)第117618号

书　　名：Visual FoxPro程序设计

主　　编：彭文艺

责任编辑：王丹丹

出版发行：北京邮电大学出版社

社　　址：北京市海淀区西土城路10号(邮编：100876)

发 行 部：电话：010-62282185　传真：010-62283578

E-mail：publish@bupt.edu.cn

经　　销：各地新华书店

印　　刷：北京鑫丰华彩印有限公司

开　　本：787 mm×1 092 mm　1/16

印　　张：17.75

字　　数：442千字

印　　数：5 001—6 000册

版　　次：2013年7月第1版　2016年12月第3次印刷

ISBN 978-7-5635-3520-0　　定　价：36.00元

前　　言

Visual FoxPro是微软公司开发的一款关系型数据库管理系统产品，它提供了集成化的系统开发环境，拥有功能强大的可视化程序设计工具，全面支持面向对象的可视化编程技术，便于用户快速简单地建立数据库，管理数据。

本教材以国家二级Visual FoxPro考试大纲为依据，吸取了多部Visual FoxPro教材的优点，结合作者多年讲授及开发数据库应用系统的经验，编写了本书。本书争取做到简明扼要、系统化、理论与实践并重的效果。

本书共有11章，系统全面的介绍了数据库基础概述、Visual FoxPro概述、Visual FoxPro数据及其运算、数据表的基本操作、数据库及其操作、关系数据库标准语言SQL、查询与视图、程序设计基础、表单设计及应用、报表设计、菜单设计。

本书内容丰富、结构新颖、重点突出、通俗易懂、主要特色如下：

(1) 第1章数据库基础知识部分，舍弃了复杂、困难的大量数据库术语，只介绍了必要的与数据库有关的基本概念。

(2) 教材的编写，注重教学素材的选取，突出实践性，以一个“学生管理系统”开发案例贯穿全书，易于教师采用案例驱动法教学。

(3) SQL语言是通用的关系数据库语言，学习SQL不仅对学习Visual FoxPro是重要的，而且对以后学习其它数据库也是必要的，所以本书详细介绍了SQL语言及其应用的教学内容。

(4) 本书为了实现“能力培养＋考试取证”，作者认真研究了国家计算机等级考试大纲和历年考试真题，并参照国家等级考试题型编写书中案例。

(5) 以面向对象的程序设计方法为主线，做到理论、实际相结合，学以致用。

(6) 本书中所有命令及程序均上机调试通过。

本书的出版得到了华中科技大学武昌分校信息科学与工程学院领导、计算机基础教研室全体老师以及北京邮电大学出版社的大力支持和帮助，在此表示衷心的感谢！

在本书的编写过程中，参考了多部优秀Visual FoxPro教材，从中获得了许多有益的知识，在此，谨向他们表示诚挚的谢意。由于时间仓促，加上水平有限，书中难免有不妥之处，敬请广大读者批评指正。

目　　录

第1章
数据库基础概述

随着计算机技术的高速发展，计算机已被广泛地应用于各个领域，人类已经进入了信息时代。信息在现代社会中起着越来越重要的作用，信息资源的开发和利用水平已成为衡量一个国家综合国力的重要标志。信息处理即数据处理是目前计算机应用最广泛的一个领域。数据库技术就是作为数据处理中的一门技术而发展起来的，数据库技术所研究的问题就是如何科学地组织和存储数据，如何高效地获取和处理数据。目前各种管理信息系统、办公自动化和决策支持系统等其核心都离不开数据库技术的支持。数据库技术不仅应用于企业管理、生产管理、商业财贸等传统行业，并且进一步应用到情报检索、人工智能、专家系统、计算机辅助设计等领域。因此，掌握数据库的基础知识、了解数据库管理系统的特点、熟悉数据库管理系统的操作是非常重要的。

本章围绕数据库、数据库系统重点介绍了有关名词术语、概念以及数据模型、关系数据库等，为读者更好地学习后续知识打下坚实的基础。

1.1 数据、信息与数据处理

1.1.1 数据与信息

1. 数据

提起数据，大多数人的第一反应是数学中能够进行加、减、乘、除运算的数字。其实数字只是一种最简单的数值数据，是对数据的一种传统和狭隘的理解。数据是对客观事物特征所进行的一种抽象化、符号化的表示。从计算机的角度出发，凡是为了描述客观事物而用到的数字、字符、图形、图像以及声音等能输入到计算机中并能被计算机处理的都可以看作数据。数据的概念包括两个方面，即数据内容和数据形式。数据内容是指所描述客观事物的具体特性，也就是通常所说数据的“值”；数据形式则是指数据内容存储在媒体上的具体形式，也就是通常所说数据的“类型”。数据形式通常有数字、文字、图画、声音、活动图像等。根据数据的形式不同可将数据分为数值型数据和非数值型数据。

2. 信息

信息，是客观事物属性的反映，是经过数据加工处理后所获取的，是人们进行各种活动所需要的知识。信息和数据的概念是密切相关的，但又是不同的。数据是信息的载体，信息是数据的内涵。数据只有经过加工处理，能对人类计划、决策、管理、行动等客观行为产生影响才成为信息。所以，数据反映信息，而信息以数据来表达。

3. 数据处理

数据处理是指对各种形式的数据进行收集、存储、计算、加工、检索和传输的一系列活动的总和。数据处理的目的一是从大量原始的数据中提取对人们有用的信息，作为决策依据；二是为了借助计算机科学地保存和管理复杂的、大量的数据，以使人们能够方便而充分地利用这些信息资源。

用计算机进行数据处理一般分为以下几个阶段：

(1) 数据的收集。收集现场记录下来的原始数据，并对数据进行必要的检验。

(2) 数据转换。为了使数据能够为计算机所处理，必须对数据进行转换和代码化。

(3) 结构描述。分析数据的逻辑结构，便于用某种方法安排和存储数据，使得计算机处理数据更快捷，数据占用的空间更少。

(4) 数据输入。将整理后的数据，按照规定好的格式输入到计算机中。

(5) 数据存储。对输入的原始数据、计算出来的中间数据或处理后的结果数据进行存储。

(6) 数据操作。对输入的数据进行各种需要的操作，如分类、排序、汇总、统计等。

(7) 数据输出。将数据处理结果按用户要求的形式输出。

计算机进行数据处理的过程如图 1-1 所示。

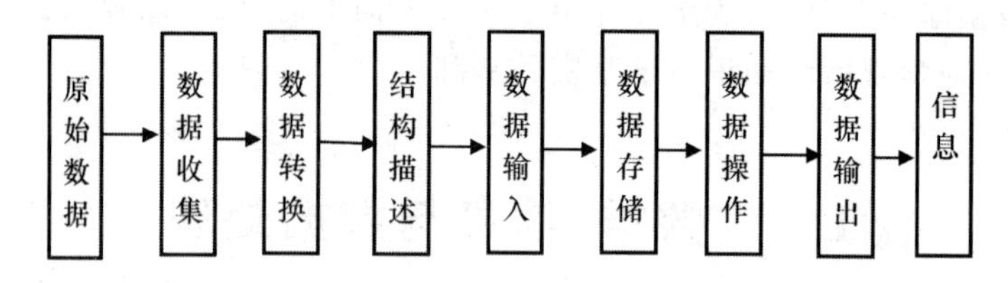

图 1-1　计算机数据处理的一般过程

1.1.2　数据管理技术的发展

计算机数据管理技术随着计算机硬件、软件技术和计算机应用范围的发展而不断发展，大致经历了人工管理阶段、文件系统阶段和数据库系统管理三个阶段。

1. 人工管理阶段

20 世纪 50 年代以前，计算机刚诞生不久，主要用于科学计算。这一时期没有大容量的存储设备，只有卡片、磁带等，此外也没有操作系统和专门的数据管理软件；程序设计人员需要对所处理的数据作专门的定义，并需要对数据的存取及输入、输出的方式作具体的安排，应用程序和数据之间结合紧密，每次处理一批数据，都要特地为这批数据编制相应的应用程序，工作量相当大；程序与数据不具有独立性，同一组数据在不同的程序中不能被共享。因此，各应用程序之间存在大量的冗余数据。在人工管理阶段，程序与数据之间的对应关系如图 1-2 所示。

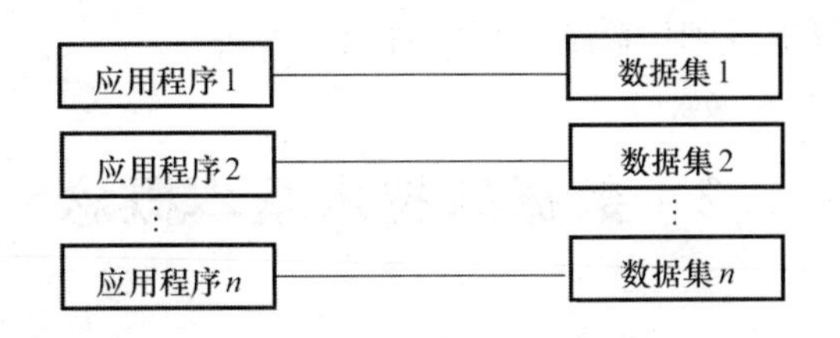

图 1-2 人工管理阶段程序与数据的关系

2. 文件系统阶段

在 20 世纪 50 年代后期到 60 年代中期，随着硬件和软件的发展，很快人类就抛弃了人工管理阶段的数据管理方式，进入文件系统阶段。这一时期硬件上出现了大容量外存储器如磁盘、磁鼓等，软件上出现了高级语言和操作系统。文件系统把数据组织成相互独立的数据文件，这种数据文件可以脱离程序而独立存在，用户可以对文件进行增、删、改的操作。文件系统是应用程序和数据文件之间的一个接口，应用程序通过文件系统对数据文件中的数据进行加工处理，从而使应用程序与数据之间有了一定的独立性。但是，数据文件仍高度依赖于其对应的程序，因此数据共享性和独立性差，且冗余度大，管理和维护的代价也很大。在文件系统阶段，程序与数据之间的对应关系如图 1-3 所示。

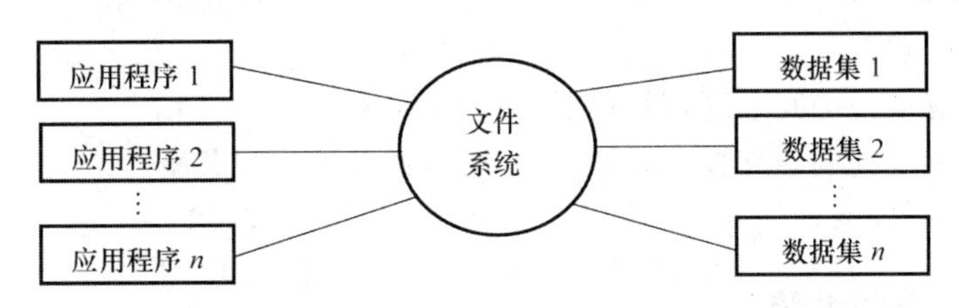

图 1-3 文件系统阶段程序与数据的关系

3. 数据库系统阶段

在 20 世纪 60 年代后期，计算机性能得到提高，出现了大容量磁盘。在此基础上，出现了数据库系统的数据管理技术。数据库系统管理方式对所有的数据实行统一规划管理，构成一个数据仓库，数据库中的数据能够满足所有用户的不同要求，供不同用户共享。数据不只针对某一特定应用，而是面向全部的应用，具有整体的结构性，共享性高，因此冗余度小，具有一定的程序与数据间的独立性，并且实现了对数据进行统一的控制。在数据库系统阶段，程序与数据之间的对应关系如图 1-4 所示。

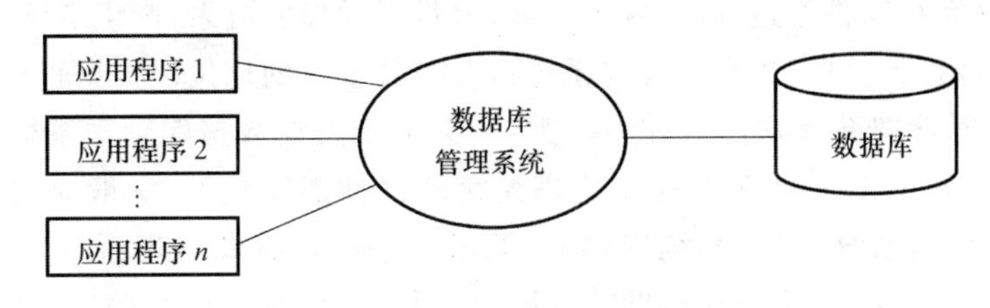

图 1-4 数据库系统阶段程序与数据的关系

从文件系统到数据库系统，标志着数据管理技术质的飞跃。20 世纪 80 年代后，不仅在大、中型机上实现并应用了数据库管理系统，在微型计算机上也配置了经过简化的数据库管理系统,从而使数据库技术得到广泛的应用和普及。

1.2 数据库技术基本概念

数据库技术是数据处理发展过程中形成的一种新技术,研究如何科学地组织和存储数据,如何高效地获取数据和处理数据。数据库技术的基本概念有数据库、数据库管理系统、数据库系统、数据库应用系统等。

1.2.1 数据库

数据库,通俗地理解为存储数据的仓库,是指以一定的组织形式存储在计算机内的相互关联的数据集合。例如,将一个图书馆中的所有图书的书名、书号、价格等数据,按一定的规则要求有序地组织起来,存储在计算机中,便可组成能共享的数据库。此后用户即可随时查询到该数据库的有关信息。数据库中数据的存储、管理与使用是通过数据库管理系统软件来实现的。

数据库的主要特点如下:

(1) 数据结构化。

(2) 数据具有最小的冗余度,即数据尽可能不重复。

(3) 数据具有较高的独立性和易扩展性,可以被各类用户共享。

(4) 安全可靠,保密性能好。

1.2.2 数据库管理系统

数据库管理系统是一种操纵和管理数据库的大型软件,是用于建立、使用和维护数据库,它对数据库进行统一的管理和控制,以保证数据库的安全性和完整性。用户通过数据库管理系统访问数据库中的数据,数据库管理员也通过数据库管理系统进行数据库的维护工作。它提供多种功能,可使多个应用程序和用户用不同的方法在同时或不同时刻去建立、修改和询问数据库。它使用户能方便地定义和操纵数据,维护数据的安全性和完整性,以及进行多用户下的并发控制和恢复数据库。

1. 常用的数据库管理系统

数据库管理系统软件经过30多年的发展,取得了辉煌的成果,产生了巨大的经济效益。目前,在各种计算机软件中,数据库管理系统占有极其重要的地位。根据管理数据的规模和应用场合,数据库管理系统软件可分为两类:一类属于大型数据库管理系统,如DB2、Oracle、SyBase和Informix等,大型数据库管理系统软件性能比较强,一般应用于大型数据处理场所,如飞机订票系统、银行系统等;另一类属于小型数据库管理系统,如SQL Server、Visual FoxPro、Access等,主要在微型计算机上运行,小型数据库管理系统性能相对简单,容易掌握,使用也比较方便,因而被广泛地使用,如人事管理系统、图书管理系统等。

2. 数据库管理系统的功能

数据库管理系统主要由查询管理器、存储管理器和事务管理器三部分组成。它的主要功能有：

(1) 定义数据

提供数据定义语言，用于描述数据库的逻辑结构、存储结构等，使用户能够定义数据库的结构，描述数据及数据之间的联接，建立、修改或删除数据库。

(2) 操纵数据

提供数据操作语言，实现对数据库中的数据的基本操作，如查询、插入、修改和删除。

(3) 建立和维护数据库

提供包括数据库初始数据的装入，数据库的转存、恢复、重组织，系统性能的监控、分析等功能。

(4) 运行和管理数据库

提供数据控制功能，即数据的安全性、完整性和并发控制等对数据库运行进行有效地控制和管理，以确保数据正确有效。

1.2.3 数据库管理员

数据库管理员是负责全面管理和实施数据库控制和维护的技术人员，数据库管理员的职位非常重要，任何一个数据库系统如果没有数据库管理员，数据库将失去统一的管理与控制，造成数据库的混乱，数据处理自动化将难以实现。数据库管理员应该由懂得和掌握数据库全局工作，并作为设计和管理数据库的核心人员来承担。数据库管理员的职责包括以下几个方面：

(1) 参与数据库的规划、设计和建立。

(2) 负责数据库管理系统的安装和升级。

(3) 规划和实施数据库备份和恢复。

(4) 控制和监控用户对数据库的存取访问，规划和实施数据库的安全性和稳定性。

(5) 监控数据库的运行，进行性能分析，实施优化。

(6) 支持开发和应用数据库的技术。

1.2.4 数据库系统

数据库系统是指采用了数据库技术，具有管理数据库功能的计算机系统。它由数据库、数据库管理系统、硬件系统、相关软件、数据库管理员等组成，它的核心是数据库管理系统，在数据库系统中，各层之间的相互关系如图 1-5 所示。

1.2.5 数据库应用系统

数据库应用系统，有时简称应用系统，主要是指实现某个业务逻辑应用程序，例如一个学生成绩管理系统等。该系统要为用户提供一个友好和个性化的数据操作的图形用户界面，通过数据库管理系统或相应的数据访问接口，操作数据库中的数据。通常，一个数据库应用系统由数据库、数据库管理系统、数据库管理人员、硬件平台、软件平台和应用界面等组成，在数据库应用系统中，各层之间的相互关系如图 1-6 所示。

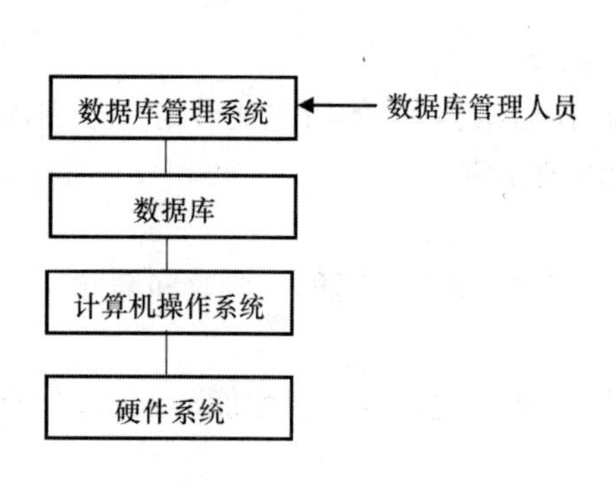

图 1-5 数据库系统的组成部分之间的关系

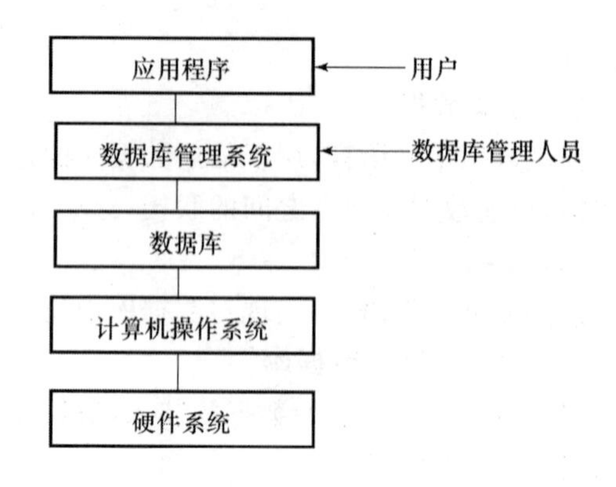

图 1-6 数据库应用系统的组成部分之间的关系

1.3 数据模型

1.3.1 数据模型概念

现实世界中,客观存在着的事物都有一些特征,人们正是利用这些特性来区别事物的,同时各事物虽然千差万别,但它们之间是相互联系的,而且这种联系有时还比较复杂。例如学生成绩管理中的学生与老师之间、学生与课程之间都有联系。由于计算机不可能直接处理现实世界中的具体事物,人们必须把具体的事物转换成计算机能够处理的数据。在数据库中用数据模型这个工具来抽象和表示现实世界中的事物和事物之间的联系。建立数据模型应满足三方面的要求:一是能比较真实的模拟现实世界;二是容易为人们所理解;三是便于在计算机上实现。

把客观事物和事物之间的联系在计算机上进行表示,通常经过两步:从现实世界到概念世界,再从概念世界到计算机世界。因此根据数据模型应用的不同目的,将数据模型分为两个层次:概念数据模型(简称概念模型)和逻辑数据模型(简称逻辑模型,又称数据模型)两大类。数据模型的应用层次如图 1-7 所示。

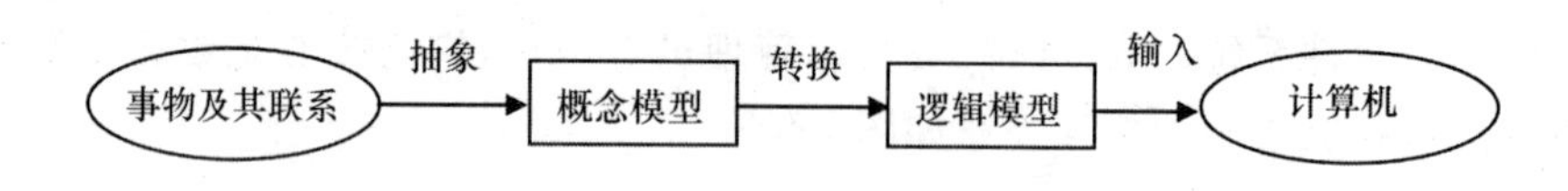

图 1-7 数据模型的应用层次

(1) 概念模型

概念模型是按用户的观点,描述客观事物及其联系的信息结构,完全独立于计算机系统,并不涉及信息在计算机中如何表示。概念模型是一种直接面向客观世界、面向用户的模型,是用户与数据库程序设计人员进行交流的工具。

(2) 逻辑模型

逻辑模型是按计算机的观点,描述了客观事物及其联系在计算机数据库中存储形式。

1.3.2　概念模型相关术语

概念模型用于信息世界的建模，是现实世界到信息世界的第一层抽象，是数据库设计人员进行数据库设计的有力工具，也是数据库设计人员和用户之间进行交流的语言。实际上概念模型是现实世界到计算机世界的中间层，因此概念模型一方面应该具有较强的语义表达能力，另一方面还应该简单、清晰、易于理解。

在掌握概念模型的表示方法之前，我们先来理解以下信息世界涉及的概念。

1. 实体

客观存在并可相互区别的事物称为实体。一个实体是现实世界客观存在的一个事物。可以是一个具体的事物，如一所房子、一个元件、一个人等，也可以是抽象的事物，如一个想法、一个计划、一个工程项目等。实体由它们自己的属性值表示其特征。

2. 属性

描述实体或联系的特性。实体的每个特性称为一个属性。属性有属性名、属性类型、属性定义域和属性值之分。一个实体可以由若干个属性来刻画。

例如学生实体可以由学号、姓名、性别、出生年份、系、入学时间等属性组成(20100001，张山，男，1991，计算机系，2010)，这些属性组合起来表征了一个学生。

3. 属性域

每个实体的属性有对应的值，每个属性值的变化范围称为属性域。例如学生实体的性别属性的属性域为(男，女)。

4. 实体集

具有相同属性的实体集合。例如学生(学号，姓名，性别，出生年份，系，入学时间)就是一个实体的集合，它指的不只是某个学生，是全体学生的集合。

5. 关键字

一个实体的各属性中，可以唯一标示实体的属性。关键字可以是一个属性，也可以是多个属性的组合。例如，学号是学生实体的关键字，学号与课程号组合起来才是学生选课实体的关键字。

6. 联系

在现实世界中，事务内部以及事务之间是有联系的，这些联系在信息世界中反映为实体内部的联系(组成实体的属性之间的联系)和实体(集)之间的联系。两个实体(集)之间的联系又可分为三类：

一对一联系：如果实体集 EA 中每个实体至多和实体集 EB 中的一个实体有联系，反之亦然，就称实体集 EA 和实体集 EB 的联系为“一对一联系”，记为“1∶1”。例如校长和学校之间的管理联系，一个学校只有一个校长，一个校长只能管理一个学校。

一对多联系：如果实体集 EA 中每个实体与实体集 EB 中的任意多个(零个或多个)实体有联系，而 EB 中每个实体至多与实体集 EA 中的一个实体有联系，就称实体集 EA 对 EB 的联系为“一对多联系”，记为“1∶n”。例如学校与学校内教师之间的“属于”联系，一个学校内有多个教师，每个教师只能属于一个学校。

多对多联系：如果实体集 EA 中的每个实体与实体集 EB 中的任意个（零个或多个）实体有联系，反之，实体集 EB 中的每个实体与实体集 EA 中的任意个（零个或多个）实体有联系，就称实体集 EA 和 EB 的联系为“多对多联系”，记为“$m:n$”联系。例如学生和课程之间的联系，一个学生可以选修多门课程，每门课程有多个学生选修。

1.3.3 E-R 模型

概念模型的表示方法很多，其中最为常用的是美籍华人陈平于 1976 年提出的实体-联系模型，简记为 E-R 模型。这种模型直接从现实世界中抽象出实体及实体间的联系，然后用实体-联系图（E-R 图）来描述。E-R 图主要成分是实体、联系和属性，其具体表示方法为：

（1）实体：用矩形表示，矩形框内写明实体名。

（2）属性：用椭圆形表示，并用无向边将其与相应的实体连接起来。

（3）联系：用菱形表示，菱形框内写明联系名，并用无向边分别与有关实体连接起来，同时在无向边旁标上联系的类型（$1:1$ 或 $1:n$ 或 $m:n$）。

需要注意的是，联系本身也是一种实体型，可以有属性。如果一个联系具有属性，则这些属性也要用无向边与该联系连接起来。

实体（集）之间的各种类型联系的 E-R 图，如图 1-8 所示。

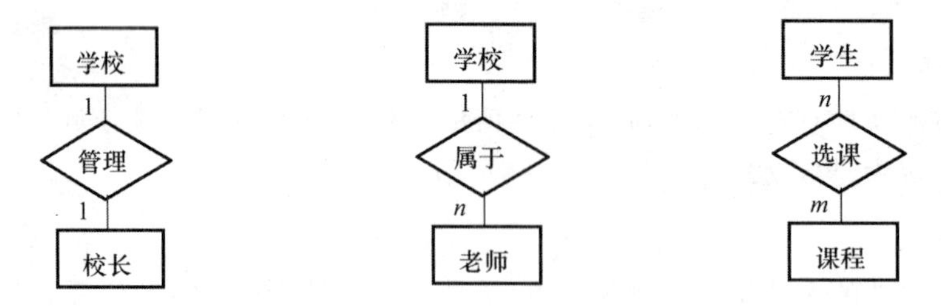

图 1-8　实体（集）之间的各种类型联系 E-R 图

学生实体（集）与选课实体（集）之间的 E-R 图，如图 1-9 所示。

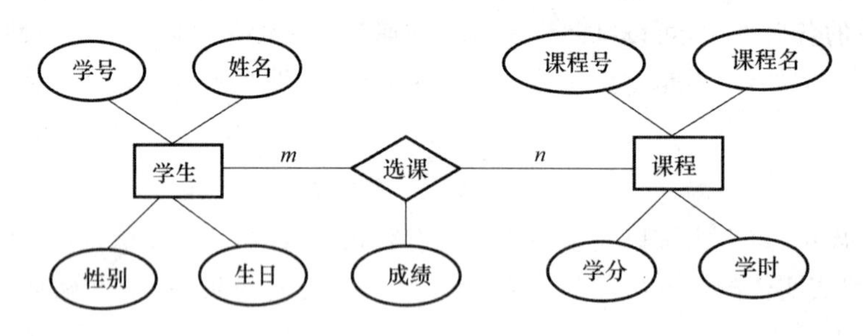

图 1-9　学生实体（集）与选课实体集之间的 E-R 图

1.3.4 常用的数据模型

为了反映事物本身及事物之间的各种联系，数据库中的数据必须有一定的结构，这种结构用数据模型来表示。目前比较常用的数据模型有层次模型、网状模型和关系模型。

1. 层次模型

层次模型是数据库技术最早使用的一种数据模型，在层次模型的数据集合中，各数据实体(集)之间是一种一对一或一对多的联系,利用树形结构表示。如图 1-10 所示即为层次模型的一个例子。层次模型突出的优点是结构简单、层次清晰,各节点之间的联系简单,但层次模型不能直接表示实体(集)之间的多对多的联系,因而难以实现复杂数据关系的描述。

2. 网状模型

网状模型是层次模型的扩展,表示多个从属关系的层次结构,呈现一种交叉关系的网状结构,各实体(集)之间通常是一种层次不清楚的一对一、一对多、多对多的联系,如图 1-11 所示即为网状模型的一个例子。网状模型的主要优点是在表示实体(集)之间的多对多的联系时具有很大的灵活性,但在数据结构描述上过于复杂。

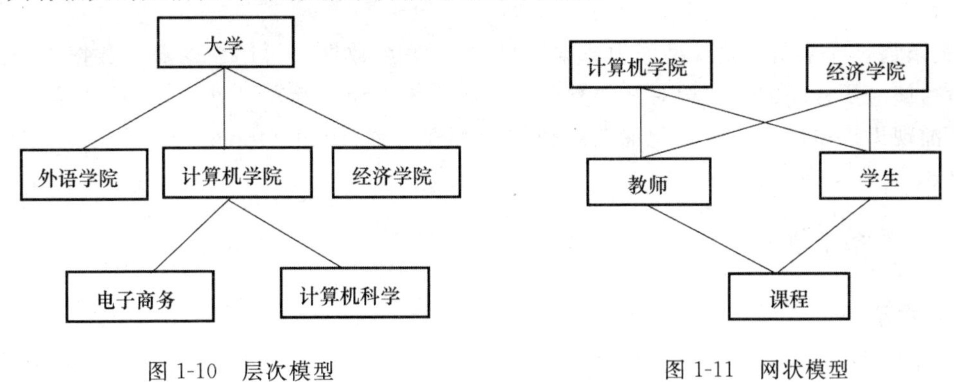

图 1-10 层次模型　　　　图 1-11 网状模型

3. 关系模型

关系模型中的关系是一张行和列组成的二维表,关系模型可以表示实体(集)之间的一对一和一对多联系。若实体(集)之间的联系是多对多,则将联系也转换为关系,就可以表示实体(集)之间的多对多的联系。如图 1-12 所示学生实体(集)与选课实体(集)的关系模型。

学生

学号	姓名	性别	生日
20100001	胡兵	男	1991-11-12
20100002	王琳	女	1991-11-12
20100003	马兵	男	1990-11-04
20100004	张小红	男	1990-11-05
20100005	刘玉琴	女	1990-11-06
20100006	周明	男	1990-11-07
20100007	刘莉	女	1991-11-08
20100008	刘小婷	女	1992-11-01
20100009	唐小虹	女	1990-11-11
20100010	李正宇		
20100011	彭小兵		
20100012	肖岚		
20100013	李强		
20100014	付晓		
20100015	张宝		
20100016	王小小		

成绩

学号	课程号	成绩
20100001	0001	68.0
20100001	0002	75.0
20100001	0003	79.0
20100002	0001	85.0
20100002	0003	84.0
20100003	0001	78.5
20100004	0002	96.0
20100004	0001	85.0
20100005	0002	75.0
	01	63.0
	02	45.0
	03	78.0
	01	65.0
	01	87.0
	02	75.0
	01	95.0
	02	87.0
	03	78.0

课程

课程号	课程名	学分	学时
0001	计算机应用基础	1.5	24
0002	高等数学	6.0	96
0003	数据库及其应用	3.0	48
0004	大学英语	4.0	64
0005	体育	2.0	32

图 1-12 学生实体(集)与选课实体(集)的关系模型

关系模型的优点:该模型建立在集合代数的基础之上,整个模型的定义与操作均建立在严格的数学理论基础之上。无论实体(集)还是实体(集)之间的何种联系,都用相应的关系

(二维数据表)来表示,数据结构简单、清晰。关系模型概念简单、操作方便,容易理解和掌握,符合人们传统的习惯。

采用上述各种模型构建的数据库系统则分别称为层次数据库系统、网状数据库系统和关系数据库系统。关系数据库系统被公认为最有前途的一种数据库系统,它的发展十分迅速,目前数据库系统基本上都是采用关系模型。

1.4 关系模型

关系数据库采用关系模型作为数据组织方式,关系数据库对用户隐藏了数据库访问的复杂性,使应用程序的开发相对其他类型数据库系统来说要简单一些。自 20 世界 80 年代以来,涌现出许多优秀的商品化的关系数据库管理系统,例如,Oracle、SQL Server、Visual FoxPro、Access 等。

1.4.1 关系术语

1. 关系

一个关系就是符合一定条件(同一个关系中,不能有相同的属性名,不能有相同的元组)的一张二维表,每个关系有一个关系名,在 Visual FoxPro 中,一个关系被称为一个表。对于关系的描述称为关系模式,一个关系模式对应一个关系结构。其格式为:关系名(属性名1,属性名 2,…,属性名 n),例如学生关系的关系模式为:学生(学号,姓名,性别, 生日)。

2. 属性/字段

每个关系由若干列组成,每一列表示一个属性,有一个属性名,在 Visual FoxPro 中将属性称为字段,与前面讲的实体属性相同。

3. 元组/记录

关系中的一行称为一个记录,或称为一个元组。实际上,一条记录往往是用于描述实体集中某一个具体的实体,即实体(集)相关属性的属性值的集合。例如学生表中第一行记录(20100001,胡兵,男 ,1991-11-12)即描述了一位学生的相关信息。

4. 域

属性的取值范围,即不同元组对同一属性的取值所限定的范围称为域,与前面实体属性域相同。例如在学生表中“性别”属性的域为{男, 女}。

5. 关键字

关键字是属性或属性的组合,其值能够唯一确定一个元组。一个表中可能只有一个关键字,也可能有多个关键字,例如在学生表中的“学号”,“学号+姓名”可以作为该表的关键字,成绩表中“学号+课程号”可以作为该表的关键字,在一个员工表(员工编号,姓名,性别,部门,身份证)中“员工编号”和“身份证”都可以作为该表的关键字。

6. 候选关键字

不含多余属性的关键字称为候选关键字。例如在学生表中的“学号”,课程表中的“课程号”,成绩表中“学号＋课程号”,员工表中“员工编号”和“身份证”都可作为这些表的候选关键字,但“学号＋姓名”不可作为学生表的候选关键字。

7. 主关键字

在一个表中可能存在多个候选关键字,用户选作标识元组的某一个候选关键字,则称所选的候选关键字为主关键字,在一个表中只能有一个主关键字,例如在员工表中如果选择“员工编号”候选关键字来标识元组,则称“员工编号”为主关键字。

8. 外关键字

如果表中的一个属性或属性的组合不是本表的主关键字或候选关键字,而是另外一个表的主关键字或候选关键字,则这个属性或属性的组合称为外关键字。例如成绩表中的“学号”和“课程号”就是其外关键字。

1.4.2 关系运算

从关系中找出所需要的数据,这就要使用关系运算。在关系数据库中常用的基本关系运算包括选择、投影和连接运算。

1. 选择

从关系中找出满足条件的记录的操作,选择操作包含一个条件,该条件为一个逻辑表达式给出,逻辑表达式为真的记录被选取。例如从学生表中找出所有女学生的记录,则可以通过选择操作来完成,选择条件为“性别＝女”,其操作的结果如图 1-13 所示。

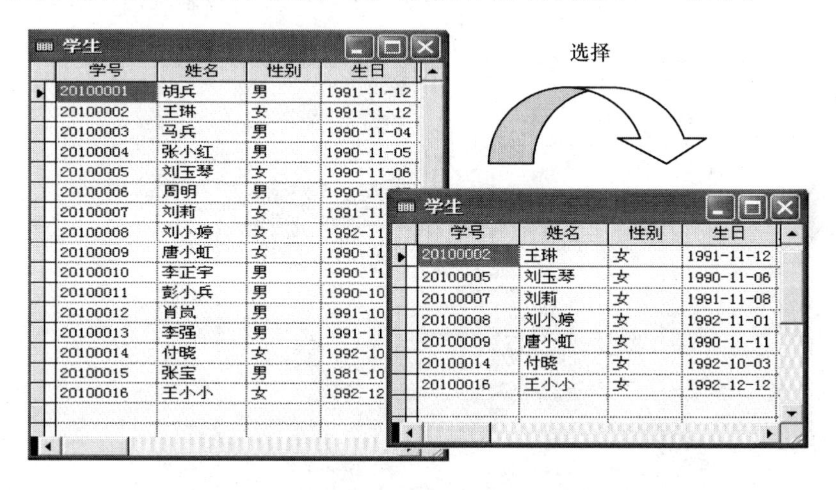

学生

学号	姓名	性别	生日
20100001	胡兵	男	1991-11-12
20100002	王琳	女	1991-11-12
20100003	马兵	男	1990-11-04
20100004	张小红	男	1990-11-05
20100005	刘玉琴	女	1990-11-06
20100006	周明	男	1990-11
20100007	刘莉	女	1991-11
20100008	刘小婷	女	1992-11
20100009	唐小虹	女	1990-11
20100010	李正宇	男	1990-11
20100011	彭小兵	男	1990-10
20100012	肖岚	男	1991-10
20100013	李强	男	1991-11
20100014	付晓	女	1992-10
20100015	张宝	男	1981-10
20100016	王小小	女	1992-12

学生

学号	姓名	性别	生日
20100002	王琳	女	1991-11-12
20100005	刘玉琴	女	1990-11-06
20100007	刘莉	女	1991-11-08
20100008	刘小婷	女	1992-11-01
20100009	唐小虹	女	1990-11-11
20100014	付晓	女	1992-10-03
20100016	王小小	女	1992-12-12

图 1-13 关系选择运算

2. 投影

从关系中指定若干个字段组成新的关系。投影是从列的角度进行运算,其关系模式所包含的字段个数比少,或字段的排列的顺序也可以不同,相当于对关系进行垂直分解。在投影操作中要有一个条件,该条件为一个(属性名 1,属性名 2,…),关系模式中的字段则被选取。例如从学生表找出学生的学号和姓名的记录,则可通过投影操作来完成,条件为(学号,姓名),其操作的结果如图 1-14 所示。

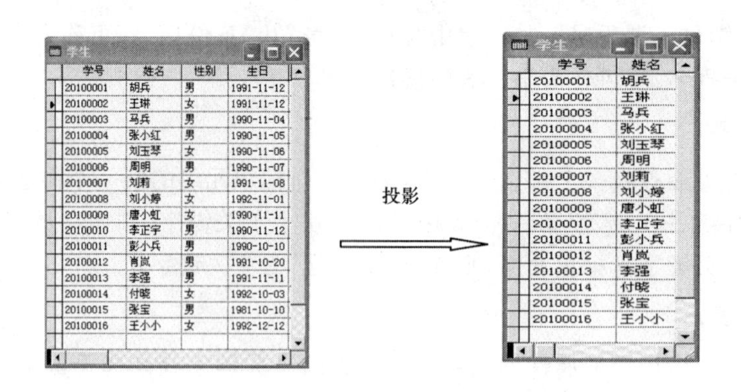

学生

学号	姓名	性别	生日
20100001	胡兵	男	1991-11-12
20100002	王琳	女	1991-11-12
20100003	马兵	男	1990-11-04
20100004	张小红	男	1990-11-05
20100005	刘玉琴	女	1990-11-06
20100006	周明	男	1990-11-07
20100007	刘莉	女	1991-11-08
20100008	刘小婷	女	1992-11-01
20100009	唐小虹	女	1990-11-11
20100010	李正宇	男	1990-11-12
20100011	彭小兵	男	1990-10-10
20100012	肖岚	男	1991-10-20
20100013	李强	男	1991-11-11
20100014	付晓	女	1992-10-03
20100015	张宝	男	1981-10-10
20100016	王小小	女	1992-12-12

学生

学号	姓名
20100001	胡兵
20100002	王琳
20100003	马兵
20100004	张小红
20100005	刘玉琴
20100006	周明
20100007	刘莉
20100008	刘小婷
20100009	唐小虹
20100010	李正宇
20100011	彭小兵
20100012	肖岚
20100013	李强
20100014	付晓
20100015	张宝
20100016	王小小

图 1-14　关系投影运算

3. 连接

把两个关系中的记录按一定的条件横向结合，生成一个新的关系，最常用的连接运算是自然连接，利用两个关系中的公共字段，把字段相同的记录连接起来。例如找出每个学生的每门课程的成绩，则可以将成绩表和课程表进行连接操作来完成，其结果如图 1-15 所示。

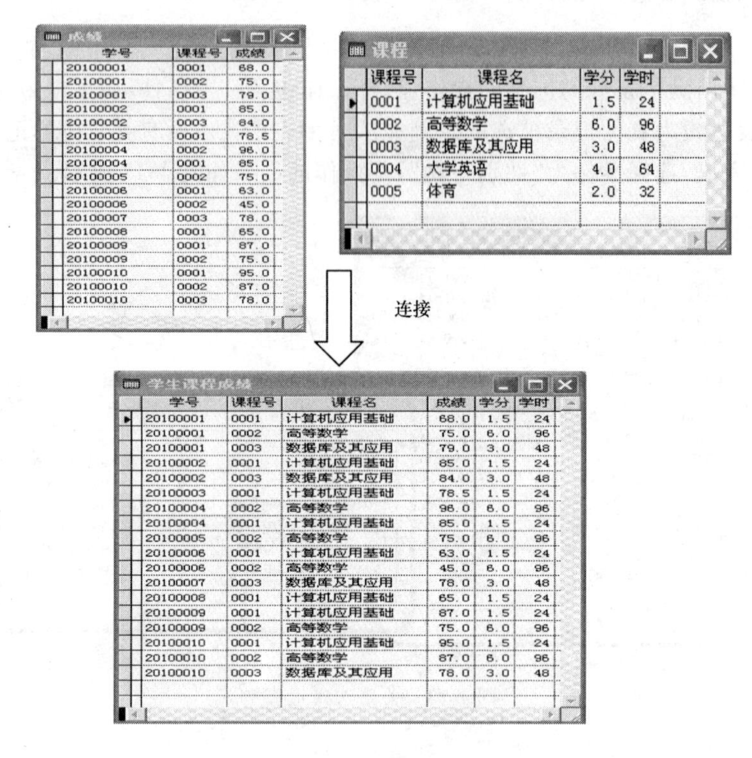

成绩

学号	课程号	成绩
20100001	0001	68.0
20100001	0002	75.0
20100001	0003	79.0
20100002	0001	85.0
20100002	0003	84.0
20100003	0001	78.5
20100004	0002	96.0
20100004	0001	85.0
20100005	0002	75.0
20100006	0001	63.0
20100006	0002	45.0
20100007	0003	78.0
20100008	0001	65.0
20100009	0001	87.0
20100009	0002	75.0
20100010	0001	95.0
20100010	0002	87.0
20100010	0003	78.0

课程

课程号	课程名	学分	学时
0001	计算机应用基础	1.5	24
0002	高等数学	6.0	96
0003	数据库及其应用	3.0	48
0004	大学英语	4.0	64
0005	体育	2.0	32

学生课程成绩

学号	课程号	课程名	成绩	学分	学时
20100001	0001	计算机应用基础	68.0	1.5	24
20100001	0002	高等数学	75.0	6.0	96
20100001	0003	数据库及其应用	79.0	3.0	48
20100002	0001	计算机应用基础	85.0	1.5	24
20100002	0003	数据库及其应用	84.0	3.0	48
20100003	0001	计算机应用基础	78.5	1.5	24
20100004	0002	高等数学	96.0	6.0	96
20100004	0001	计算机应用基础	85.0	1.5	24
20100005	0002	高等数学	75.0	6.0	96
20100006	0001	计算机应用基础	63.0	1.5	24
20100006	0002	高等数学	45.0	6.0	96
20100007	0003	数据库及其应用	78.0	3.0	48
20100008	0001	计算机应用基础	65.0	1.5	24
20100009	0001	计算机应用基础	87.0	1.5	24
20100009	0002	高等数学	75.0	6.0	96
20100010	0001	计算机应用基础	95.0	1.5	24
20100010	0002	高等数学	87.0	6.0	96
20100010	0003	数据库及其应用	78.0	3.0	48

图 1-15　关系连接运算

1.4.3　关系的完整性

关系的完整性是指在关系中的数据以及与其相互关联的数据必须遵循的约束条件或限制规定，以确保数据的正确性、有效性和相容性，防止错误的数据进入数据库，关系的完成性包括实体完整性、域完整性和参考完整性。

1. 实体完整性

实体完整性是为了保证关系中的记录唯一的特性，每个关系中应该有一个主关键字，且主关键字不允许为空，例如“学生”表中，应该设置“学号”字段为主关键字，用来唯一地标记每位学生。

2. 域完整性

域完整性是指关系中的属性值必须满足某种特定的数据类型和约束规则，即限定某个属性值的取值类型和取值范围。域完整性主要包括字段的有效规则约束和记录的有效规则约束两个方面。例如“学生”表中，“性别”字段为字符型数据，取值只能是“男”或“女”，从而来确保该数据的正确性。

3. 参照完整性

参照完整性指关系之间建立联系的约束规则。例如，两个一对多的关系中，在“多的一方”，外码字段允许重复值，但是要求外码字段的值在“一方”的一定存在。例如在一对多的“学生”表和“成绩”表，“成绩”表中“学号”字段可以有重复值，而且“成绩”表中的“学号”字段的数据一定要在“学生”表中的“学号”字段中存在。

1.4.4 关系数据库

关系数据库是由若干表(关系)组成的集合，即关系数据库中至少应有一个表。实际上，关系数据库通常由若干个表有机地组织在一起，每张表由表结构和数据组成，若表之间存在联系，联系也作为数据库的组成部分一并保存在数据库中，以满足某种应用系统的需要。

习 题

一、选择题

1. 数据库系统与文件系统的最主要区别是(　　)。

A) 数据库系统复杂，而文件系统简单

B) 文件系统不能解决数据冗余和数据独立性问题，而数据库系统可以解决

C) 文件系统只能管理程序文件，而数据库系统能够管理各种类型的文件

D) 文件系统管理的数据量较小，而数据库系统可以管理庞大的数据量

2. 数据库、数据库系统、数据库管理系统三者之间的关系是(　　)。

A) 数据库系统包含数据库和数据库管理系统

B) 数据库管理系统包含数据库和数据库系统

C) 数据库包含数据库管理系统和数据系统

D) 数据库系统与数据库、数据库管理系统三者等价

3. 数据库系统中对数据库进行管理的核心软件是(　　)。

A) 数据库管理系统　　B) 数据库

C) 硬件系统　　D) 数据库管理人员

4. Visual FoxPro 支持的数据模型是(　　)。

A）层次数据模型　　B）关系数据模型

C）网状数据模型　　D）树状数据模型

5. 设有课程和学生两个实体集，每个学生可以选修多门课程，一门课程可以被多名学生同时选修，则课程和学生实体之间的联系类型是（　　）。

A）多对多（$m:n$）　　B）一对多（$1:n$）

C）一对一（1∶1）　　D）其他选项都不对

6. 对于现实世界中事物的特征，在实体-关系模型中使用（　　）。

A）实体描述　　B）二维表描述　　C）关键字描述　　D）属性描述

7. 对于“关系”的描述，正确的是（　　）。

A）在一个关系中必须将关键字作为该关系的第一个属性

B）在一个关系中元组必须按关键字值的升序存放

C）同一个关系中允许有完全相同的元组

D）同一个关系中不能出现相同的属性

8. “员工档案”表中有“编号”、“姓名”、“职务”和“籍贯”等字段，其中可以作为关键字的字段是（　　）。

A）编号　　B）姓名　　C）年龄　　D）职务

9. Visual FoxPro 是一种（　　）。

A）数据库系统　　B）数据库管理系统

C）数据库　　D）数据库应用系统

10. 关系运算中的选择运算是（　　）。

A）从关系中找出满足给定条件的元组的操作

B）从关系中选择若干个属性组成新的关系的操作

C）从关系中选择满足给定条件的属性的操作

D）A 和 B 都对

11. 关系数据库管理系统能实现的关系运算包括（　　）。

A）排序、索引、统计　　B）选择、投影、连接

C）关联、更新、排序　　D）显示、打印、制表

12. 从关系中指定若干个字段组成新的关系的运算称为（　　）。

A）联接　　B）投影　　C）选择　　D）排序

第2章 Visual FoxPro概述

Visual FoxPro 6.0(简称 VFP 6.0)简体中文版是 Microsoft 公司于 1998 年推出的关系数据库管理系统软件。VFP 6.0 最大特点是易学、高效、功能强大,用户能够迅速而简单地建立数据库,从而方便地使用和管理数据库。VFP 提供对象和事件处理模式,利用面向对象编程的方法,用户能快速而有效设计和修改应用程序。

本章主要介绍 VFP 的系统集成开发环境、操作方式、辅助设计工具、常用系统设置等。

2.1 Visual FoxPro 6.0 概述

2.1.1 Visual FoxPro 6.0 的特点

1. 强大的查询与管理功能

VFP 6.0 拥有近 700 条命令、200 余种函数,使其功能达到空前地强大;由于采用了 Rushmore 快速查询技术,极大地提高了数据查询的效率;VFP 提供了一种称为“项目管理器”的管理工具,可供用户对所开发项目中的数据、文档、源代码和类库等资源集中进行高效的管理,开发与维护均更加方便。

2. 大量使用可视化的界面操作工具

VFP 6.0 可提供向导、设计器、生成器等 3 类界面操作工具,达 40 种之多。它们普遍采用图形界面,能帮助用户以简单的操作快速完成各种查询和设计任务。

3. 扩大了对 SQL 语言的支持

SQL 语言是关系数据库的标准语言,其语句功能不仅功能强大,而且使用灵活。在 VFP 6.0 中,SQL 语句得到了较大的扩充,这不仅加强了 VFP 6.0 语言的功能,也为 VFP 6.0的用户提供了学习与熟悉 SQL 语言的机会。

4. 支持面向对象的程序设计

VFP 6.0 除继续使用传统的面向过程的程序外还支持面向对象的程序设计,允许用户对“对象”和“类”进行定义,并编写相应的代码。由于 VFP 6.0 预先定义和提供了一批基类,用户可以在基类的基础上定义自己的类和子类,从而利用类的继承性,减少编程的工作量,加快软件的开发过程。

5. 通过 OLE 实现应用集成

"对象链接与嵌入"是美国微软公司开发的一项重要技术。通过这种技术,VFP 6.0 可与 Word 与 Excel 在内的微软其他应用软件共享数据,实现应用集成。例如在不退出 VFP 6.0环境的情况下,用户就可在 VFP 6.0 的表单中链接其他软件中的对象,直接对这些对象进行编辑。

VFP 6.0 还能提供自动的 OLE 控制,用户借助这种控制,甚至能通过 VFP 6.0 的编程来运行其他软件,让它们完成诸如计算、绘图等功能,实现应用的集成。

6. 支持网络应用

VFP 既适用于单机环境,也适用于网络环境。支持客户机/服务器结构,既可以访问本地计算机,也支持对服务器的浏览。对于来自本地、远程或多个数据库表的数据,VFP 6.0 支持通过本地或远程视图访问与使用,并在需要时更新表中的数据。

2.1.2 Visual FoxPro 6.0 安装

下面以在 Windows XP 上的安装为例,介绍如何安装 Visual FoxPro 6.0。

(1) 启动 Windows XP 后将 Visual FoxPro 6.0 的光盘插入 CD-ROM 中,或从网上下载安装程序,然后运行"setup. exe"文件,弹出"Visual FoxPro 6.0 安装向导"对话框,如图 2-1所示。

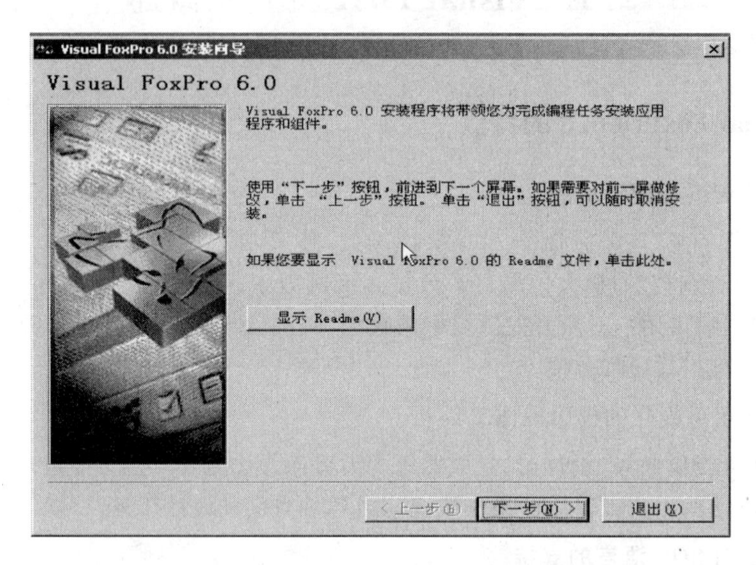

图 2-1 Visual FoxPro 6.0 安装向导

(2) 单击"下一步"按钮，弹出"最终用户许可协议"对话框,如图 2-2 所示。

(3) 选择"接受协议"单选按钮后,单击"下一步"按钮,弹出"产品号和用户 ID"对话框,如图 2-3 所示。

(4) 输入产品的 ID 号,然后输入姓名和公司名称,单击"下一步"按钮,弹出"版权声明"对话框,如图 2-4 所示。

(5) 单击"继续"按钮,弹出"安装类型选择"对话框,如图 2-5 所示,在对话框中,提供一个默认的安装路径,如要改变路径,单击"更改文件夹"按钮,选择一个路径,单击"典型安装"按钮,弹出"安装磁盘空间检查"对话框,如图 2-6 所示。

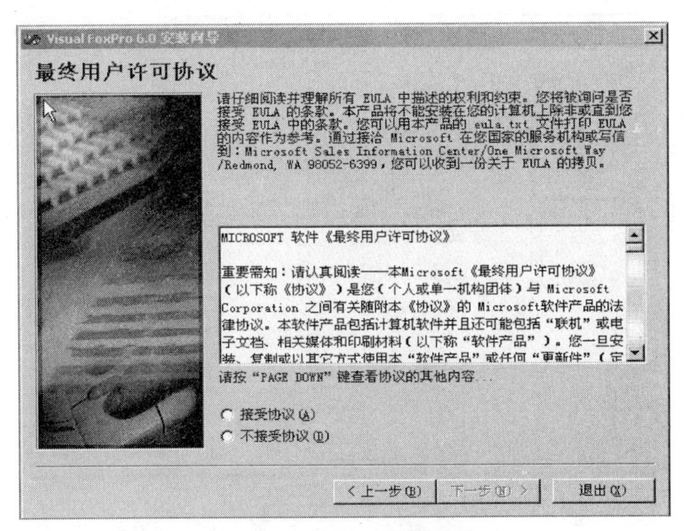

图 2-2　用户许可协议选择

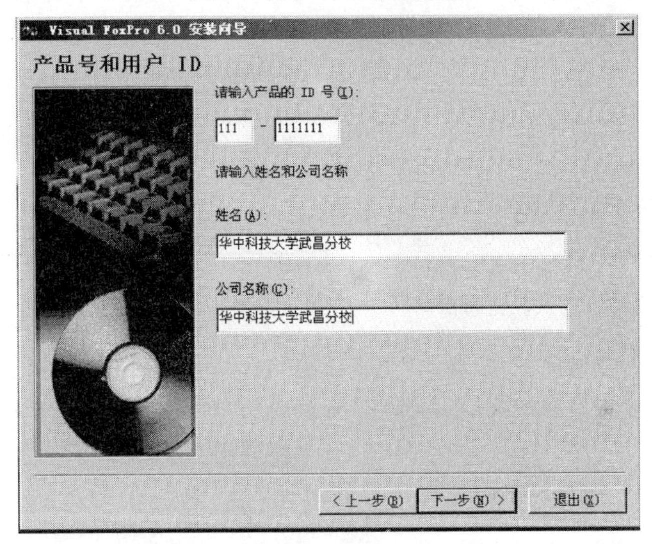

图 2-3　输入产品号和用户 ID

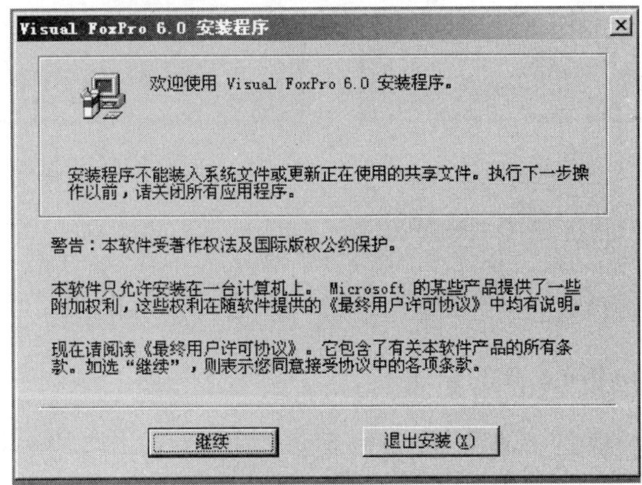

图 2-4　版权声明

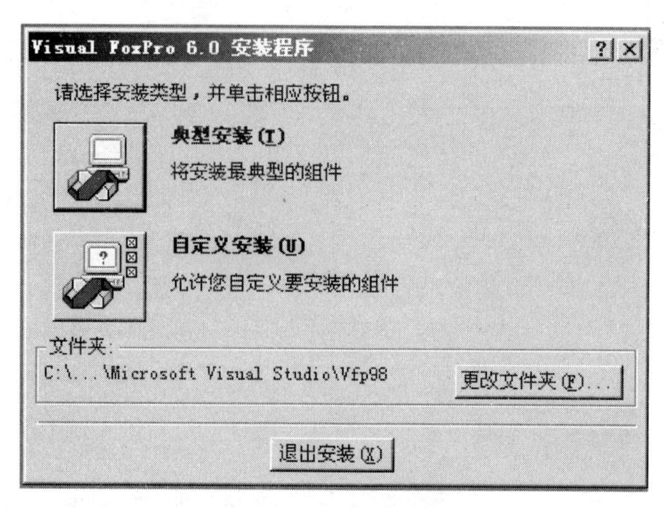

图 2-5　安装类型选择

（6）当安装程序所需磁盘空间检查完成后，弹出“安装文件复制过程”对话框，如图 2-7 所示。

图 2-6　安装程序所需安装空间检查

图 2-7　“安装文件复制过程”对话框

（7）当安装文件复制完成后，弹出“更新系统”对话框，如图 2-8 所示。

（8）当安装程序更新系统完成后，弹出“安装成功”对话框，如图 2-9 所示。

图 2-8　“更新系统”对话框

图 2-9　“安装成功”对话框

（9）单击“确定”按钮，整个安装过程结束。

2.2　Visual FoxPro 6.0 的使用

2.2.1　Visual FoxPro 6.0 的启动

由于 Visual FoxPro 6.0 也是 Windows 的一个应用程序，因此 Visual FoxPro 6.0 窗口的操作方法与 Windows 窗口的操作方法类似。

本节介绍三种启动 Visual FoxPro 6.0 的方法:菜单方式启动、桌面快捷方式启动和文件夹方式启动。

方法一:菜单方式

单击“开始”菜单,找到“程序”→“Microsoft Visual FoxPro 6.0”→“Microsoft Visual FoxPro 6.0”。

方法二:快捷方式

双击桌面快捷图标“Microsoft Visual FoxPro 6.0”。

方法三:文件夹方式

正确安装了 Visual FoxPro 6.0 后,Visual FoxPro 6.0 应用程序文件名是 VFP6.exe,存放在系统盘的“\Program Files\Microsoft Visual Studio\Vfp98”文件夹中。找到 VFP 的安装文件夹,双击启动应用程序 VFP6.exe,如图 2-10 所示。

图 2-10 文件夹方式启动

2.2.2 Visual FoxPro 6.0 的界面

无论采用何种方式,Visual FoxPro 6.0 启动成功后,都将出现如图 2-11 所示的应用程序窗口,这也是 Visual FoxPro 6.0 的集成开发环境,主要包括标题栏、菜单栏、工具栏、工作区窗口、命令窗口和状态栏,如图 2-11 所示。

1. 标题栏

标题栏位于窗口的顶部,有一个标题“Microsoft Visual FoxPro”,标题栏的右边是“最小化”、“最大化”和“关闭”按钮。

2. 菜单栏

菜单栏位于标题栏的下面,有“文件”、“编辑”、“显示”、“格式”、“工具”、“程序”、“窗口”和“帮助”等菜单项。单击某一菜单项,或者按某菜单项对应的快捷键(如“文件”的快捷键是 Alt+F),打开该菜单项,用户可从中选择命令或打开级联菜单。菜单栏中的菜单项不是固定不变的,会根据用户执行的操作而变化。

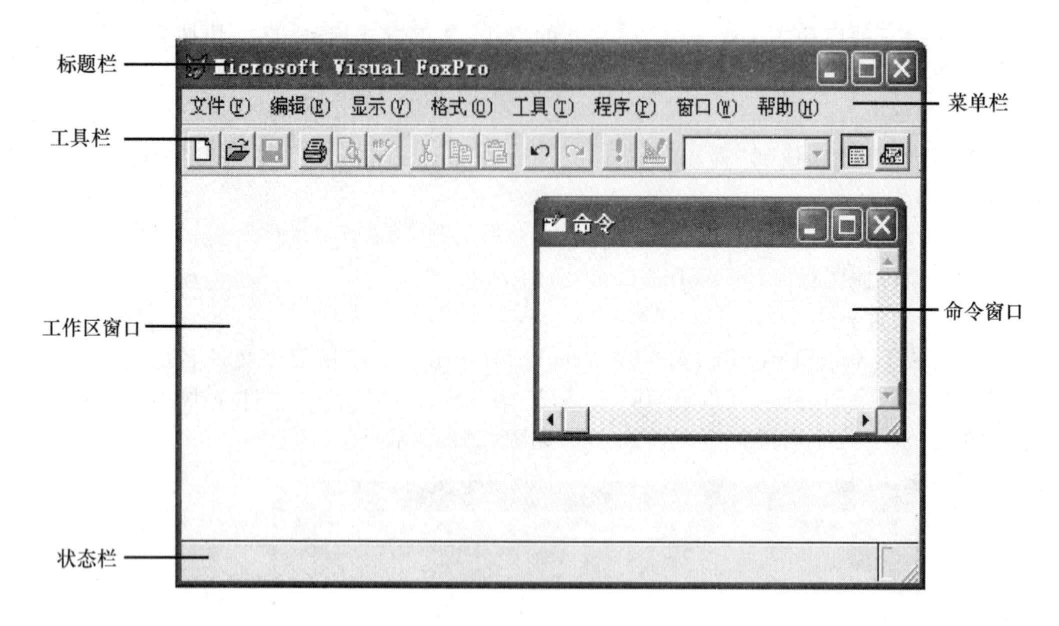

图 2-11　Visual FoxPro 的用户界面

3. 工具栏

工具栏位于菜单栏的下面，以命令按钮的形式给出了常用的命令。当用户将鼠标指针停留在工具栏中的某个命令按钮上时，屏幕上将弹出一个文本框，显示该命令按钮的名字。

Visual FoxPro 6.0 向用户提供了十几个工具栏，默认情况下，主窗口中只显示"常用"工具栏。用户选择"显示"菜单下的"工具栏"命令后，可在弹出的对话框中（如图 2-12 所示）选择要显示的工具栏；或者在工具栏上右击鼠标，可在弹出的快捷菜单中（如图 2-13 所示）选择要显示的工具栏。

工具栏有停泊和浮动两种显示方式，停泊方式是指工具栏附着在窗口某一边界上，如"常用"工具栏。浮动方式是指工具栏漂浮在窗口中，如以后我们会看到的"表单设计器"、"报表设计器"工具栏等。用鼠标拖动工具栏，可以改变工具栏的显示方式。

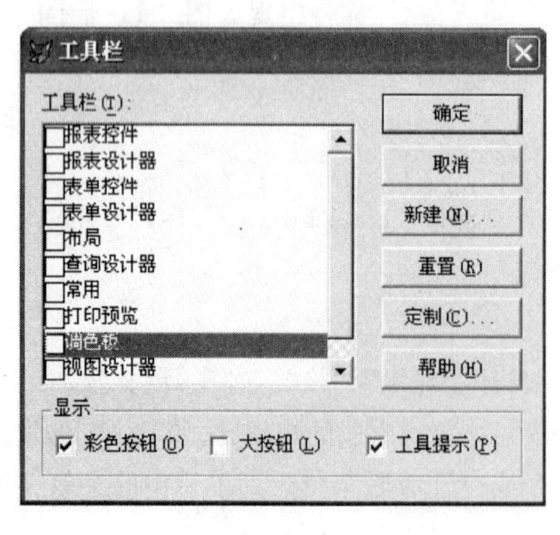

图 2-12　"工具栏"对话框

图 2-13　"工具栏"快捷菜单

4. 窗口工作区

窗口工作区位于“常用”工具栏的下面,又称主窗口,用于显示命令或程序的执行结果。窗口工作区开始是空白的,当显示的内容超过窗口所能容纳的行数后,窗口的内容会自动向上滚动,滚动出窗口外的内容无法再滚动回来。

用户在命令窗口中执行了“CLEAR”命令后,会清除窗口工作区内的内容,命令或程序的执行结果从窗口工作区的左上角开始显示。

5. 命令窗口

命令窗口位于主窗口内,其主要作用是输入和显示命令。当用户采用命令操作方式时,在命令窗口中输入命令;当用户采用菜单等其他操作方式时,对应的命令显示在命令窗口中。

命令窗口同其他窗口一样,可以最大化、最小化、移动位置、改变大小以及关闭,关闭了命令窗口后,还可以执行“窗口”→“命令窗口”命令,或按 Ctrl+F2 键,或单击“常用”工具栏上的“命令窗口”按钮使命令窗口重新出现,命令窗口中原来显示的命令仍然保留。

6. 状态栏

状态栏位于主窗口的底部,用来显示系统的当前状态(如打开的数据表名、记录数等),用户选择菜单命令,或鼠标移动到工具按钮上时,在状态栏内给出相应的命令提示。

2.2.3 Visual FoxPro 6.0 的操作方式

Visual FoxPro 6.0 支持两种工作方式:交互操作方式和程序执行方式。初学者可以利用交互方式直观地学习和了解在 Visual FoxPro 6.0 中操作数据库的步骤和方法;但若要利用其完成复杂的数据管理任务,则必须在熟练地掌握系统提供的命令和函数的基础上进行程序设计,通过程序方式完成数据管理任务。

1. 交互操作方式

交互方式分为命令方式和可视化操作两种。

(1) 命令方式

命令方式是指用户在命令窗口中输入或选择一条命令,并按回车键,系统立即执行该命令,若有显示结果则在窗口工作区中显示,如图 2-14 所示。

图 2-14 命令方式

(2) 可视化操作方式

可视化操作主要包括菜单操作、设计器、向导、生成器等工具类操作。可视化操作方式实际上是执行了相应的菜单命令或打开了系统提供的辅助工具后(如向导、设计器等),系统会弹出一个可视化的界面,通过对界面的操作完成某些要求。

2. 程序执行方式

命令方式每次只能执行一个命令,不便于繁杂的应用。Visual FoxPro 6.0 提供的程序执行方式,可解决这一问题。程序执行方式是用户先建立程序,然后再运行该程序。

程序执行方式最突出的优点是运行效率高而且可以重复运行。此外用户只需了解程序运行过程中的人机交互要求,而不必了解程序的内部结构和其中的命令,给用户使用应用程序带来了极大的方便。有关程序设计的详细内容在第 8 章中介绍。

2.2.4 Visual FoxPro 中简单的操作命令

1. 命令格式

在 Visual FoxPro 中,一条命令通常由命令动词开头,后随若干个短语组成。命令动词用来表示该命令的功能(执行什么操作),短语用来表示命令的操作对象,条件或范围等,短语又被称为字句。Visual FoxPro 命令的基本格式为:

<命令动词>[短语 1] [短语 2] [短语 3|短语 4]…

说明:

(1) 尖括号< >中的内容是命令中的必选项,输入时< >号本身不要输入。

(2) 方括号[ ]中的内容是可选项,可选也可以不选,根据实际情况进行选择,若有该选项,命令输入时[ ]本身不要输入,若没有该选项,则什么也不用输入。

(3) 符号"|"表示任选一项,即只能取以该符号分隔的多个选项中任意一项(只能一项)。

(4) 符号"…"表示重复出现项。

2. 问号显示命令

问号显示命令包括单问号显示命令,双问号显示命令和三问号显示命令三种,它们的用法各不相同。

(1) 单问号显示命令

格式:? <表达式>

功能:该命令用来从下一行的首列开始显示表达式的内容。

[**例 2-1**] 在命令窗口中输入下面命令:

```
?5+5
```

则在工作区窗口中显示 10。

(2) 双问号显示命令

格式:?? <表达式>

功能:该命令用来从光标的当前位置起显示表达式的内容。

[**例 2-2**] 在命令窗口中输入下面命令:

```
?5+5
```

```
??5+5
```

则在工作区窗口中显示 1010。

(3) 三问号显示命令

格式:???＜字符表达式＞

功能:该命令将字符表达式的内容发送到打印机。

[**例 2-3**] 在命令窗口中输入下面命令:

```
???"5+5"
```

则在打印机上打印出:5+5。

3. 清屏命令

清屏命令用来清除工作区窗口中所有的内容。

格式:CLEAR

4. 退出 Visula FoxPro 系统命令

格式:QUIT

5. 使用 Visula FoxPro 命令应注意的问题

在 Visual FoxPro 6.0 中,使用命令方式进行操作应注意以下问题:

(1) 命令窗口中,用户输入完一条命令后,系统并不执行这个命令,只有按了回车键后,系统才执行。命令被正确执行后,若有显示结果则在窗口工作区中显示,如果命令执行过程中出现错误,系统会弹出一个对话框,指出错误的原因,并要求用户改正。

(2) 每一行只能输入一条命令,如果命令太长,可以在行末加分号";",表示续行,这时按回车键并不执行该命令,只有将其余的部分输入完后再按回车键,才执行该命令。

(3) 凡是执行过的命令都会显示在命令窗口中,它们可被用户查阅或再次被利用。可以利用光标移动键(↑、↓、←、→),将光标移动到某条命令行上,并按回车键,即可再次执行该命令。光标移动到某一命令上后,如果需要,用户可以编辑修改该命令。用户还可以在命令窗口中选定内容后,进行剪切、复制操作,还可以将剪贴板上的内容粘贴到光标处。

(4) 在命令的后面使用"&&"符号可以为命令增加注释。

(5) 在命令窗口中命令文本的字体有时需要作出相应的设置,其方法是选择"格式"菜单下的"字体"菜单项,通过打开的"字体"对话框进行设置。

(6) 在窗口工作区显示的文本的字体有时需要作出相应的设置,其方法是在命令窗口中执行"_Screen.FontSize=20"命令方式进行设置。

2.2.5 Visual FoxPro 6.0 的退出

在退出 Visual FoxPro 6.0 之前,系统会自动将数据存盘。一般地,退出 Visual FoxPro 6.0 的常用方法有以下三种:

(1) 单击窗口右上角的关闭按钮;

(2) 在命令窗口中输入命令"QUIT",按回车键;

(3) 执行"文件"菜单中的"退出"命令。

2.3 Visual FoxPro 6.0 的辅助工具

Visual FoxPro 6.0 提供了向导、设计器、生成器等大量的可视化的辅助工具，减轻了用户进行程序设计的工作量，加快了应用程序的开发，提高了工作效率。

2.3.1 向导

向导是一种快捷设计工具，它通过一系列对话框向用户提示每一步操作，引导用户选择所需要的选项，回答系统提出的询问，一步步地完成某项任务。例如创建一个表，建立一项查询，设计一个表单等，都可以用向导来完成。

向导的最大特点是快，但它所能完成的任务一般比较简单。实际应用中，我们一般可以先利用向导创建一个较为简单的框架，然后利用相应的设计器进行修改。

启动向导的方法主要有以下两种。

(1) 执行“文件”菜单中的“新建”命令，在打开的对话框中先选择要建立的文件类型，然后单击“向导”按钮。

(2) 选择“工具”菜单中的“向导”选项，然后其在级联菜单中选择所需要使用的向导。启动向导后，如图 2-15 所示的是一个“表向导”，用户可根据向导的引导，完成相应的操作，向导中有以下常用操作：

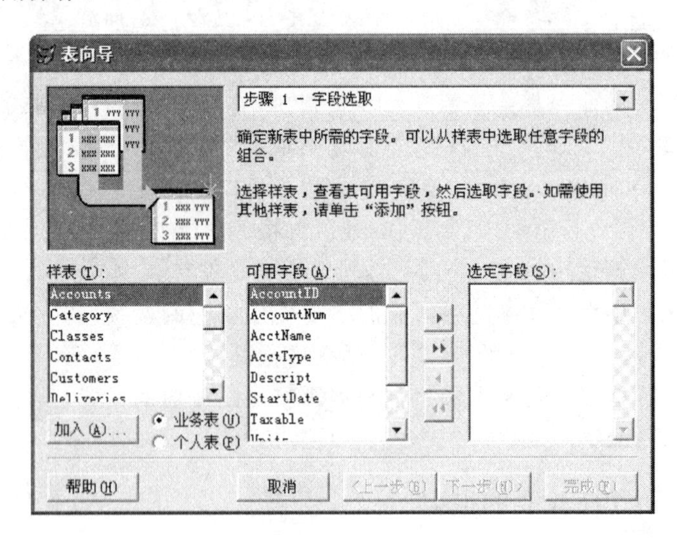

图 2-15 表向导

① 单击“下一步”按钮，进入下一步骤。

② 单击“上一步”按钮，返回上一个对话框进行修改。

③ 单击“取消”按钮的作用是退出向导，而不产生任何结果。

④ 单击“完成”按钮，结束向导操作。如果没到达向导的最后一个对话框单击“完成”按钮，系统会跳过中间的所有输入信息，使用向导提供的默认值。

Visual FoxPro 6.0 提供了 20 多个向导，若干工作都可使用相应的向导来完成。表 2-1

列出了 Visual FoxPro 6.0 常用向导的名称以及功能。

表 2-1 常用的向导

向导名称	功能
表向导	在样表的基础上快速创建一个新表
数据库向导	创建包含指定表或视图的数据库
查询向导	创建一个基本表或视图的查询
表单向导	快速创建操作数据的表单
报表向导	创建一个基于表或视图的报表
……	……

2.3.2 设计器

Visual FoxPro 6.0 中很多工作都与设计器有关。设计器一般比向导的功能更强，可以用来创建或修改数据库、表、查询、报表以及表单等文件。

启动设计器的方法主要有以下两种。

(1) 通过菜单启动设计器。执行“文件”菜单下的“新建”命令，在打开的对话框中先选择要建立的文件类型，然后单击“新建文件”按钮。

(2) 利用命令启动设计器。在命令窗口中执行创建某种文件的命令，则打开相应的设计器。如执行命令“CREATE　REPORT”，便打开报表设计器。

每种设计器有一个或多个工具栏，使用这些工具栏可以很方便地完成设计任务。例如“数据库设计器”就有“数据库设计器”工具栏，如图 2-16 所示。

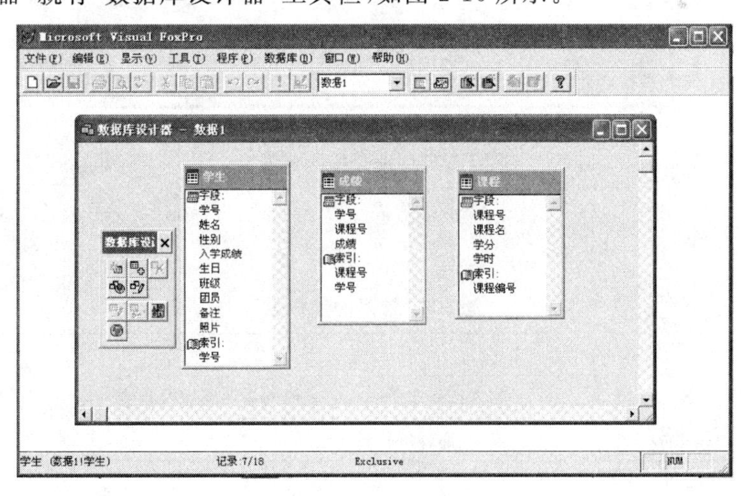

图 2-16 数据库设计器

设计器在 Visual FoxPro 6.0 中的应用非常广泛，许多工作需要靠设计器来完成。表 2-2列出了 Visual FoxPro 6.0 常用设计器的名称以及功能。

表 2-2　常用的设计器

设计器名称	功能
表设计器	创建、修改表结构设置表中的索引
数据库设计器	创建、修改数据库；管理数据库中的表、视图和表之间的关系
查询设计器	创建、修改在本地运行的查询
表单设计器	创建、修改表单
报表设计器	创建、修改报表
……	……

2.3.3　生成器

Visual FoxPro 6.0 的生成器也是一种可视化的设计工具，它简化了创建和修改表单、控件及数据库完整性约束等工作。每一个生成器都由一系列选项卡组成，它们允许用户访问并设置所选对象的属性。生成器根据用户对其问题的回答，自动设置控件属性、生成表达式等，如图 2-17 所示是编辑框生成器。

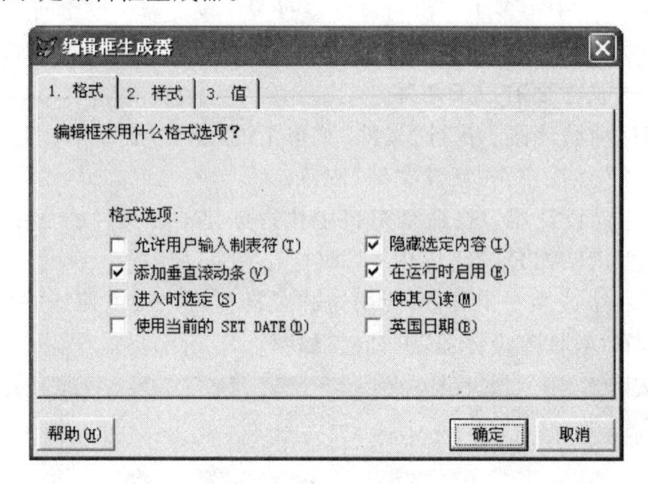

图 2-17　编辑框生成器

Visual FoxPro 6.0 提供了若干生成器，表 2-3 列出了 Visual FoxPro 6.0 常用生成器的名称以及功能。

表 2-3　常用的生成器

生成器名称	功能
参照完整性生成器	建立或修改数据库表之间的参照完整性规则
表达式生成器	快速、简便的构造表达式
命令按钮生成器	辅助完成命令按钮的设计及属性设置
编辑框生成器	辅助完成编辑框的设计及属性设置
表格生成器	辅助完成表格的设计及属性设置
……	……

2.4 Visual FoxPro 6.0 的系统设置

系统设置决定了 Visual FoxPro 的操作环境和工作方式。安装了 Visual FoxPro 之后，系统自动采用一些默认值来设置环境。若需要改变系统默认的设置，满足用户个性化要求，可重新对系统进行设置。Visual FoxPro 6.0 的系统设置参数有许多，其中工作目录、日期格式、字符比较方式往往不符合日常习惯，需要重新设置。

2.4.1 设置工作目录

Visual FoxPro 6.0 默认的工作目录是安装 Visual FoxPro 6.0 系统的目录，通常情况下是"C:\Program Files\Microsoft Visual Studio\Vfp98"，用户的保存操作，如果不指定目录，就保存在该目录下。这样容易混淆系统文件和用户文件。为了避免混乱，用户可以先建立一个目录，然后将其设定为自己的工作目录，将所开发的程序和数据表等文件都存储在此目录下，便于管理所有自己开发的程序。

[**例 2-4**] 在 D 盘建立一个名为"彭文艺"的目录，通过下面的步骤即可将该目录设为默认目录。

(1) 执行"工具"菜单中的"选项"命令，弹出"选项"对话框，在对话框中选择"文件位置"选项卡，结果如图 2-18 所示。

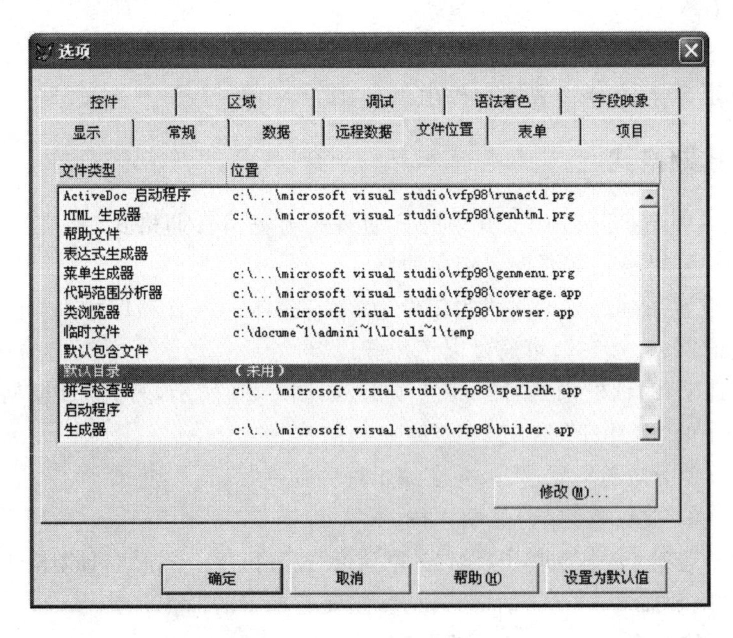

图 2-18 "文件位置"选项卡

(2) 在"文件位置"选项卡中，选中"默认目录"项，然后单击"修改"按钮，系统弹出"更改文件位置"对话框，选中"使用默认目录"复选框，在"定位(L)默认目录"中输入自己的工作目录"d:\彭文艺"，或者单击对话框按钮 ，从弹出的"选定目录"对话框中选择需要的工作目录，如图 2-19 所示。

(3) 在“更改文件位置”对话框中，设定完默认的目录后，单击“确定”按钮，系统返回“文件位置”选项卡。

(4) 在“文件位置”选项卡中依次单击“设置为默认值”按钮和“确定”按钮，默认工作目录设置完成。

图 2-19 “更改文件位置”对话框

在最后一步中，如果不单击“设置为默认值”按钮，这种设置为临时设置，即再次启动 Visual FoxPro 6.0 后，这些设置不起作用。如果单击“设置为默认值”按钮，这种设置为永久设置，即再次启动 Visual FoxPro 6.0 后，这些设置起作用。其他设置类推，以后不再重复。

使用命令设置默认目录，其格式如下：

SET DEFAUL TO <目录>

［**例 2-5**］ 将 D 盘下的“彭文艺”文件夹设置为默认目录的命令如下：

SET DEFAUL TO D:\彭文艺

注意：利用 SET DEFAUL TO 命令进行设置的默认目录也时临时设置的，再次启动 Visual FoxPro 6.0 后，这些设置不起作用。

2.4.2 设置日期格式

默认情况下，Visual FoxPro 6.0 中的日期格式为美国日期格式(月/日/年)，并且年份只显示 2 位，用户可以根据需要设置相应的格式。

［**例 2-6**］ 设置系统的日期格式为年份为 4 位，按年、月、日顺序排列，年、月、日之间用句点“.”分割，如“2003.2.26”，可通过以下步骤设置。

(1) 单击“选项”对话框中的“区域”选项卡，如图 2-20 所示，打开“日期格式”下拉列表框，从下拉列表中的“年月日”选项。

(2) 选中“日期分隔符” 复选框，并在编辑框中输入“.”。

(3) 选中“年份”复选框，年份显示 4 位。

(4) 在“区域”选项卡中依次单击“设置为默认值”按钮和“确定”按钮，日期格式设置完成。

也可以使用各种命令完成日期格式设置，主要有如下的命令：

(1) SET MARK TO “—”|“.”

命令 SET MARK TO 用来设置显示日期显示格式中使用的分隔符，执行 SET MARK TO “—”命令，就将“—”作为日期分隔符；执行 SET MARK TO “.”命令；就将“.”作为日期分隔符；如果执行 SET MARK TO 命令中没有指定分隔符，则将恢复使用系统默认的“/” 作为日期分隔符。

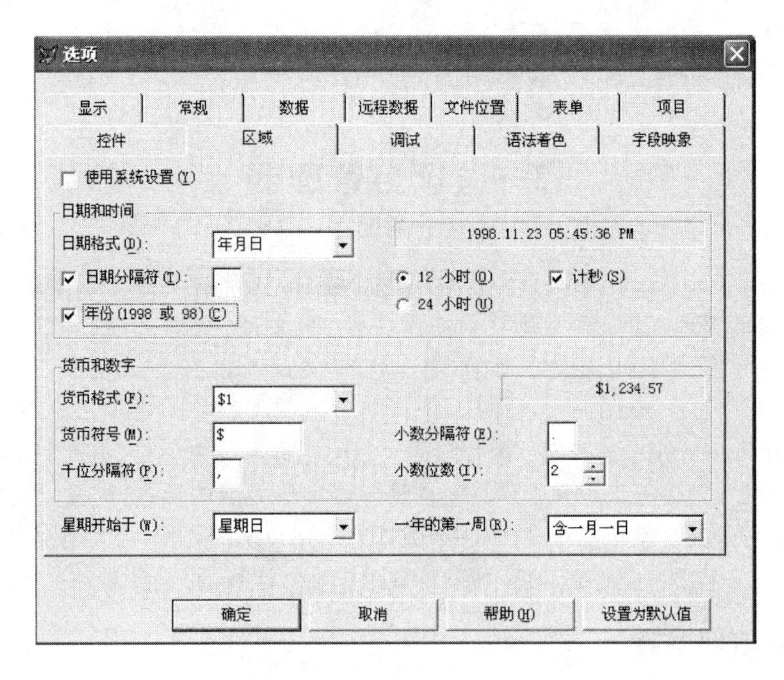

图 2-20 “区域”选项卡

(2) SET CENTURY ON|OFF

命令 SET CENTURY 用来设置日期显示格式中年份的位数;执行 SET CENTURY ON 命令,日期显示格式中年份的位数为 4 位;执行 SET CENTURY OFF 命令,日期显示格式中年份的位数为 2 位。

(3) SET DATE TO AMERICAN |MDY|DMY|YMD …

命令 SET DATE TO 用来设置日期显示格式中年月日的顺序;其中 YMD 表示按年月日的顺序;MDY 表示按月日年的顺序;DMY 表示按日月年的顺序;系统默认的为 AMERICAN,即为 MYD。

[例 2-7] 日期数据分隔符设置。

```
SET MARK TO
?  {^2012-10-01}            && 输出结果为:10/01/12
SET MARK TO .
?  {^2012/10/01}            && 输出结果为:10.01.12
```

[例 2-8] 日期数据年份数据位数设置。

```
SET CENTURY ON
?  {^2012-10-01}            && 输出结果为:10/01/2012
SET CENTURY OFF
?  {^2012-10-01}            && 输出结果为:10/01/12
```

[例 2-9] 日期数据年月日数据显示顺序设置。

```
SET DATE TO YMD
? {^2012-10-01}             && 输出结果为:2012/10/01
SET DATE TO MDY
? {^2012-10-01}             && 输出结果为:10/01/2012
```

```
SET DATE TO DMY
? {^2012-10-01}                    && 输出结果为:01/10/2012
```

2.5 项目管理器

当用 Visual FoxPro 解决一个实际的应用问题时,通常需要建立很多文件。例如开发一个学生成绩管理系统,需要建立数据库文件、表文件、查询文件、表单文件、报表文件和菜单文件等多种不同文件。如何管理这些文件? 最好的方法就是利用项目管理器。

在 Visual FoxPro 中,把解决一个实际的应用问题称为一个项目,则可利用项目管理器对项目中涉及的文件进行组织和管理。项目管理器类似大纲的形式,可视化地组织一个项目中涉及的文件及其对象的操作,对于一个数据库应用系统的开发,极大地提高了其工作效力。不仅如此,一个项目经过编译后,能够形成可以独立运行的.app 或.exe 文件。

2.5.1 项目管理器简介

1. 创建新项目

利用“文件”菜单中“新建”命令可以随时创建新项目。具体操作的步骤如下:

(1) 选择“文件”→“新建”命令或单击“常用”工具栏中的“新建”按钮,则打开“新建”对话框,如图 2-21 所示,用来选择创建文件的类型。

(2) 在“文件类型”选项组中选择“项目”单选按钮,单击“新建文件”按钮,弹出“创建”对话框,如图 2-22 所示。在“项目文件”后面的文本框中输入项目的名称,例如输入“学生成绩管理”,在“保存在”列表框中选择保存的位置,单击“保存”按钮,系统就会在设定的路径中建立一个名为“学生成绩管理.pjx”的项目文件和一个名为“学生成绩管理.pjt”的项目备注文件,并打开“项目管理器”对话框,如图 2-23 所示。

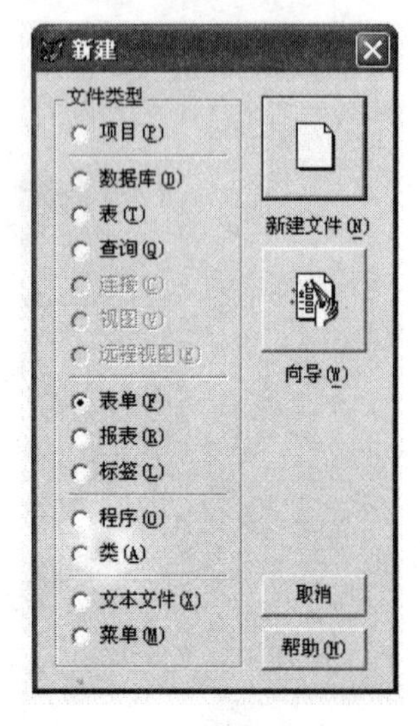

图 2-21 “新建”对话框

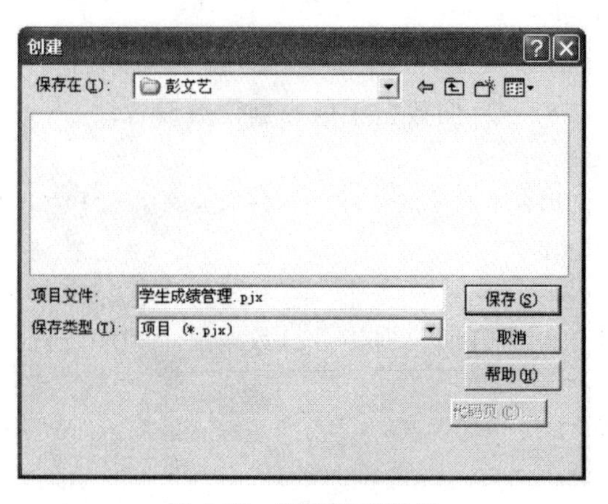

图 2-22 “创建”对话框

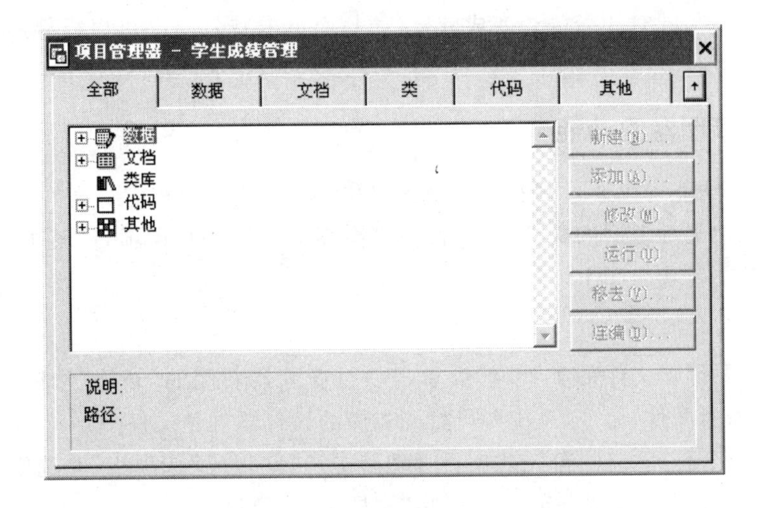

图 2-23 “项目管理器”窗口

若用命令方式创建项目，其格式为：

Create Project [<项目文件名>|?]

注意：该命令把创建的项目保存在默认的目录中，如果要在指定的目录中创建一个新项目，则应在新建项目文件名前加上路径。

［**例 2-10**］ 需要在“D:\彭文艺”文件夹下创建一个“人事管理”项目，则需要在命令窗口中输入下面的命令。

Create Project D:\彭文艺\人事管理

如果要关闭项目管理器，只需单击项目管理器右上角的“关闭”按钮。当关闭一个空项目时，系统会弹出一个对话框，询问是否将项目从磁盘上删除。如果不希望删除，单击“保持”按钮，如果希望删除项目，单击“删除”按钮。

2. 选项卡介绍

项目管理器包括 6 个选项卡，分别为“全部”、“数据”、“文档”、“类”、“代码”和“其他”，各个选项卡的功能如下。

(1) “全部”选项卡，用于显示和管理项目包含的所有文件。

(2) “数据”选项卡，用于显示和管理项目中的数据，主要包括数据库、自由表和查询三种类型文件。

(3) “文档”选项卡，用于显示和管理项目中的表单、报表和标签三种类型的文档。

(4) “类”选项卡，用于显示和管理项目中所有的类库文件，当一个项目是空项目时，该选项卡无显示。

(5) “代码”选项卡，用于显示和管理项目中的程序文件、API 库和应用程序三种类型的文件。在一个项目中，当需要调用系统中的 API 函数时使用 API 库。

(6) “其他”选项卡，用于显示和管理项目中的菜单文件、文本文件和其他文件三种类型文件。其他文件指图像文件、声音文件等不能归于上面其他选项卡管理的文件。

在项目管理器中，内容以类似于大纲的形式进行组织，可以展开或折叠它们。在一个项目中，如果某类型的数据包含一个或多个子项，则在其标志前有一个加号(+)，单击该加号可以展开各个子项,同时加号(+)变成减号(—);而单击减号(—)可以折叠所有的子项,同时减号(—)变为加号(+)。由于所有对象都以树形结构显示,因此操作非常方便。

2.5.2 项目管理器的功能

项目管理的功能可以通过其右侧几个按钮和"项目"菜单中相应的菜单项实现。当编辑一个项目时,选中某种类型的文件,相关按钮将高亮度显示,同时"项目"菜单中也有相应的菜单项对应,其主要功能如下。

1. 创建文件

首先,选择要创建文件的类型,然后单击项目管理器右侧的"新建"按钮,或者选择"项目"菜单下的"新建文件"命令,系统即可打开相应的设计器创建文件。

例如创建一个程序文件,首先在项目管理器中选择"代码"选项卡,并选中"程序",然后单击项目管理器右侧的"新建"按钮,则弹出"程序编辑"窗口。

在项目管理器中创建文件,会自动地包含在该项目中,即该文件与项目之间建立了一种关联,用户可以通过项目管理器来管理这些文件,但这并不意味着该文件已成为项目文件的一部分。事实上,一个项目中包含的每个文件都是以独立文件的形式存在磁盘上,在没有打开项目时,每个文件都可以单独使用。

2. 添加文件

添加文件指将已存在的文件添加到打开的项目中,操作方法如下。

(1) 选择要添加的文件类型,然后单击项目管理器右侧的"添加"按钮;或选择"项目"菜单下的"添加文件"命令,则系统弹出"打开"对话框。

(2) 在"打开"对话框中,选择要添加的文件,单击"确定"按钮,系统便将选择的文件添加到项目文件中。

3. 修改文件

首先,选择要修改的文件,然后单击项目管理器右侧的"修改"按钮;或选择"项目"菜单下的"修改文件"命令,系统将根据要修改文件的类型打开相应的设计器,用户便可以在其中进行修改。

4. 移除文件

首先,选择要移除的文件,然后单击项目管理器右侧的"移除"按钮;或选择"项目"菜单下的"移除文件"命令,系统弹出如图 2-24 所示的对话框。如果单击"移去"按钮,系统仅从项目中移去该文件,被移去的文件仍存在于原目录中;如果单击"删除"按钮,系统不仅从项目中移去文件,还将从磁盘中删除该文件。

图 2-24 "移去文件"对话框

5. 其他操作按钮对应的功能

(1)“浏览”按钮:用于浏览数据库表或自由表。

(2)“打开”按钮和“关闭”按钮:用来打开或关闭一个数据库文件。如果选定的数据库已关闭,此按钮变为“打开”;如果选定的数据库已打开,此按钮变为“关闭”。

(3)“预览”按钮:在打印预览方式下显示选定报表或标签文件。

(4)“运行”按钮:执行选定的查询、表单或程序文件。

注意:“浏览”、“打开”、“关闭”、“预览”和“运行”这五个功能共用一个按钮,由当前选择的文件类型决定其对应的功能。

习　　题

一、选择题

1. 在命令窗口中操作时,(　　)操作是错误的描述。

A) 每行只能写一条命令,每条命令均以 Enter 键结束

B) 每行能写多条命令,但每行命令之间必须用分号“;”隔开

C) 将光标移动到窗口中已执行的命令行的任意位置上,按 Enter 键将重新执行

D) 按 Esc 键,可以清除刚输入的命令

2. Visual FoxPro 支持(　　)两种工作方式。

A) 命令方式和菜单工作方式

B) 交互操作方式和程序执行方式

C) 命令方式和程序执行方式

D) 交互操作方式和菜单工作方式

3. 退出 Visual FoxPro 的命令是(　　)。

A) EXIT　　B) QUIT　　C) CANCEL　　D) 都不是

4. Visual FoxPro 的主界面菜单中不包括的菜单项是(　　)。

A) 窗口　　B) 项目　　C) 程序　　D) 显示

5. 若要定制工具栏,应选择的菜单项是(　　)。

A) 显示　　B) 工具　　C) 窗口　　D) 文件

6. 启动 Visual FoxPro 时出现两个窗口:一个是 Visual FoxPro 主窗口,另一个是(　　)。

A) 命令窗口　　B) 文本窗口　　C) 帮助窗口　　D) 对话框窗口

7. 控制命令窗口显示的命令在(　　)菜单中。

A) 编辑　　B) 工具　　C) 窗口　　D) 项目

8. 在 Visual FoxPro 的系统环境设置中,若要在“选项”对话框中进行设置,则应执行(　　)菜单中的“选项”命令打开“选项”对话框完成设置。

A) 编辑　　B) 视图　　C) 格式　　D) 工具

9. 在 Visual FoxPro 系统中,若要改变系统默认的工作目录,可在“选项”对话框中的(　　)选项卡中进行设置。

A）文件位置　　B）区域　　C）显示　　D）数据

10. 在 Visual FoxPro 系统中，若要改变日期显示格式，可在“选项”对话框中的（　　）选项卡中进行设置。

A）文件位置　　B）区域　　C）显示　　D）数据

11. 在 Visual FoxPro 的项目管理器中不包括的选项卡是（　　）。

A）数据　　B）文档　　C）类　　D）表单

12. 在 Visual FoxPro 系统中，若要将 D 盘根目录设置为默认工作目录，则正确的命令是（　　）。

A）SET CENTURY TO D:\　　B）SET DATE TO D:\

C）SET DEFAULT TO D:\　　D）SET DIR TO D:\

13. 在 Visual FoxPro 系统中，若要将日期数据按年月日的顺序显示，则正确的命令是（　　）。

A）SET DATE TO YMD　　B）SET DATE TO MDY

C）SET DATE TO DMY　　D）SET DATE TO AMERICAN

14. 想要将日期型或日期时间型数据中的年份用 4 位数字显示，应当使用设置命令（　　）。

A）SET CENTURY ON　　B）SET CENTURY OFF

C）SET CENTURY TO 4　　D）SET CENTURY OF 4

第3章 Visual FoxPro数据及其运算

数据是计算机程序处理的对象和运算产生的结果。在 Visual FoxPro 中,能够对关系表中的数据进行处理,也可以对常量、内存变量等数据进行处理。对于数据处理,Visual FoxPro 提供了运算符、函数等方式来实现,形成了一套独具特色的基本语法规则。

本章主要介绍 Visual FoxPro 数据类型、常量、变量、运算符、表达式以及常用函数的功能与用法。

3.1 数据类型、常量和变量

3.1.1 数据类型

数据是用于描述客观事物的数值、字符以及其他所有能够输入到计算机中并能够被计算机程序加工处理的符号的集合。无论是 Visual FoxPro 表中的数据,还是命令或程序中的数据,都是有类型的。数据类型是数据的重要属性,数据类型决定了数据的存储方式和处理方式,对数据进行操作时,只有同类型的数据才能进行操作。

为了满足存储和处理数据的需要,Visual FoxPro 提供了 13 种类型,分别是字符型、数值型、整型、浮点型、双精度型、货币型、逻辑性、日期型、日期时间型、备注型、通用型、字符型(二进制)和备注型(二进制)。

实际上,Visual FoxPro 中的数据类型可以分为两类:一类是命令或程序中允许使用的类型;另一类是在数据表中允许使用的类型。其中,整型、浮点型、双精度型、备注型、通用型、字符型(二进制)和备注型(二进制)只能在数据表中使用,而不能在命令或程序中使用。

1. 字符型(C)

用于存储文字数据,包括字母或汉字、数字、空格等任意 ASCII 码字符,通常表示显示或打印的信息。字符型数据的长度占用 0～254 个字节,每个英文字符占 1 个字节,每个汉字字符占用 2 个字节。例如用来表示学生的姓名、家庭地址等数据,字符型数据用字母 C 表示。

2. 数值型(N)

用于存储数值数据,数值可以是整数也可以是小数,它由数字 1～9、符号(+或-)、小数点(.)组成。数值型数据的精度为 16 位,长度占用 8 个字节,取值范围是:-.9999999999E +19～

+.9999999999E+20。例如用来表示学生的年龄、身高等数据,数值型数据用字母 N 表示。

3. 货币型(Y)

用于存储货币数据,其小数位不超过 4 位,若超过 4 位,系统会自动对其进行舍入处理。货币型数据长度占用 8 个字节,取值范围是:-922337203685477.5807~+922337203685477.5807。例如用来表示教师工资、津贴等数据,货币型数据用字母 Y 表示。

4. 日期型(D)

用于存储年、月、日的日期数据,存储格式为"YYYYMMDD",其中"YYYY"为年,占 4 位,"MM"为月,占 2 位,"DD"为日,占 2 位。日期型数据的长度占用 8 个字节,取值范围是:公元 1 年 1 月 1 日~公元 9999 年 12 月 31 日。例如用来表示学生出生日期、入学日期等数据,日期型数据用字母 D 表示。

5. 日期时间型(T)

用于存储日期和时间数据,存储格式为"YYYYMMDDHHMMSS",其中"YYYY"为年,占 4 位,"MM"为月,占 2 位,"DD"为日,占 2 位,"HH"为小时,占 2 位,"MM"为分钟,占 2 位,"SS"为秒,占 2 位。日期时间型数据的长度占用 8 个字节,日期部分的取值范围是:公元 1 年 1 月 1 日~公元 9999 年 12 月 31 日,时间部分的取值范围是:00:00:00~23:59:59。例如用来表示卫星发射的日期时间等数据,日期时间型数据用字母 T 表示。

6. 逻辑型(L)

用于存储逻辑数据,常用于描述只有两种状态(真和假)的数据。逻辑型数据长度占用 1 个字节,取值范围只有真和假两个值。例如用来表示性别(男或女)等数据,逻辑型数据用字母 L 表示。

3.1.2 常量

在命令操作或程序运行过程中,其值固定不变的数据称为常量。Visual FoxPro 定义了多种类型的常量,包括数值型、货币型、字符型、日期型、日期时间型和逻辑型 6 种,不同类型的常量有不同的书写格式。

1. 字符型常量(C)

字符型常量用定界符括起来的字符串。定界符有三种:单引号' '、双引号" "、方括号[]。例如"abc"、'1001'、[数据库]等。如果字符串中已含有某种定界符符号,那么必须使用另一种定界符,如"I'm a student"、["华中科技大学武昌分校"]等。

定界符不作为常量本身的内容,它规定了常量的类型以及常量的起始和终止界限,定界符必须成对匹配出现。

在 Visual FoxPro 空字符串是指一对定界符之间无任何字符的常量,例如""、''、[]等都表示空字符串,空字符串与包含空格字符串是不同的。

2. 数值型常量(N)

数值型常量也就是常数,用来表示一个数量的大小。由数字、小数点及正负号组成的实数,也可以用科学记数法表示。例如 80、-12、3.141592、1.450E2 等数是数值型常量。但是,在 Visual FoxPro 中,分数或百分数并不表示一个数值型常量,例如 56%、4/5 等表示形式都是不合法的数值型常量。

3. 货币型常量(Y)

以符号“$”开头,后面是整数或小数,小数部分若超过4位,则四舍五入取4位小数,例如$102、$19.1232等。

4. 日期型常量(D)

用于表示日期,其定界符为一对花括号,花括号里包括年、月、日三部分,各部分之间可用斜杠(/)、短格线(—)、点号(.)和空格等分隔符,默认格式为{^yyyy-mm-dd},例如{^2008-08-08}、{^2009/09/09}、{^2012.10.10}等。年份数据范围为0001～9999,月份数据范围为:01～12,日的数据范围为:01～31。例如{^2012-13-08}、{^2012-10-35}都是错误的日期数据。

5. 日期时间型常量(T)

表示日期和时间。默认格式为:{^yyyy/mm/dd[,][hh[:mm[:ss]][AM | PM]]}
AM、PM表示上午、下午,默认情况为上午,日期部分的取值范围与日期型数据相同,时间部分的取值范围是00:00:00 AM～11:59:59 PM,或00:00:00～23:59:59。

例如{^2012/10/20 10:20 AM}表示2012年10月20日上午10时20分,{^2012/10/1, 08:08:30 PM }表示2012年10月1日下午8时8分30秒,{^2012/10/1, 14:08:30 }表示2012年10月1日下午2时8分30秒,而{^2012/10/1, 14:08:30 PM }是一个错误的数据,需要注意日期和时间数据间必须用空格或逗号隔开。

6. 逻辑型常量(L)

逻辑型常量只有两个值:“真”与“假”。用.T.(.t.)、.Y.(.y.)表示真;用.F.(.f.)、.N.(.n.)表示假。表示逻辑型常量的一对定界符是必不可少的,否则会被误认为变量名。

3.1.3 变量

在程序运行过程中,值可以改变的数据称为变量。Visual FoxPro中的变量分为内存变量和字段变量两大类型,内存变量还可分为普通内存变量(简称内存变量或变量)、数组变量、系统变量。

1. 内存变量

内存变量是存储在计算机内存中的变量,一般随程序的结束或退出Visual FoxPro而释放所占的存储空间,常用于存储程序运行的中间结果或用于存储控制程序执行的各种参数。内存变量有类型和值的概念,类型变量的类型取决于当前所存储的数据的类型,而变量的值则是指存储数据的值。在Visual FoxPro中,变量的类型可以改变,即可把不同类型的数据赋值给同一个变量。内存变量的类型包括数值型、货币型、字符型、逻辑型、日期型和日期时间型6种。

(1) 内存变量的命名

为了区分不同的变量,需要给每一个变量起一个名称,即内存变量名,通过内存变量的名称来标记和引用相应的存储单元。使用内存变量之前要为它命名并赋值,命名规则是:

① 以字母、汉字或下画线开头,以字母、汉字、数字或下画线组成,长度不超过128个字符。

② 在 Visual FoxPro 中，变量名不区分字母的大小写。

③ 为避免混淆与误解，不能使用 Visual FoxPro 的保留字。例如 if 、clear 等不作为内存变量名。

例如 Name 、学号、Student_age 等都是合法的命名，而 2a、a-b 等是不合法的变量名。

(2) 内存变量的赋值。

在 Visual FoxPro 中的内存变量使用之前不需要先声明类型，直接通过"＝"或 STORE 命令进行赋值。内存变量两种赋值命令格式如下。

格式 1：＜内存变量名＞＝＜表达式＞

功能：首先计算出＜表达式＞的值，然后将结果存储在"＝"左边的内存变量中。

［**例 3-1**］ 变量定义。

```
Name = "张三"     && 将"张三"字符型数据赋给变量 Name,该变量的类型为字符型
Name = 3 + 5      && 将 8 数值型数据赋给变量 Name,该变量的类型变为数值型
```

格式 2：STORE ＜表达式＞ TO ＜内存变量表＞

功能：计算＜表达式＞的值并赋给＜内存变量表＞中的各个变量。＜内存变量表＞若有多个变量，则各个变量之间需要用逗号","隔开。

［**例 3-2**］ 变量定义。

```
STORE  3 + 5 TO a, b,c
&& 将 8 数值型数据分别赋给 a、b、c 变量,a,b,c 变量的类型都为数值型
```

注意：

① 两种赋值格式的差别在于：赋值运算符"＝"一次只能给一个变量赋值，而 STORE 命令则一次能向多个变量赋相同值。

② 赋值语名"＝"要理解为赋值号，而不应理解为数学中的等于号，否则语义就不同了，例如 a＝a＋1，应理解为将变量 a 加 1 再赋值给 a，即把 a＋1 的结果赋值给变量 a。

③ 语句 && 后的内容是对此行语句的注释，注释对命令语名执行不产生影响，仅起注释作用，帮助读者更好地理解语句功能。

(3) 内存变量的输出。

输出内存变量值的命令格式为：

格式 1：? [＜表达式表＞]

格式 2：?? ＜表达式表＞

功能：在 Visual FoxPro 工作区窗口输出各表达式的值。

［**例 3-3**］ 变量的输出。

```
a = 3 + 5
? "3 + 5 = "
??   a
```

依次执行上述各条命令，则在工作区窗口输出 3＋5＝8。

两种内存变量输出格式的区别：不管有没有指定表达式表，格式 1 都会输出一个回车换行符，如果指定了表达式表，各表达式的值将在下一行的起始处输出。格式 2 不会输出回车换行符，各表达式的值在当前行的光标所在处直接输出。

2. 系统变量

系统变量是特有的变量，是系统内部提供的，为方便程序设计人员和用户。系统变量由

Visual FoxPro 自动定义和维护，往往以“_”(下画线)开头，因此在给普通的内存变量命名时最好不要以“_”字符开头，以避免混淆。一般情况下，不要修改系统变量。例如需要修改工作区窗口中输出文字字体的大小，则可以通过修改“_Screen”系统变量对象的字体大小属性值进行修改。

［**例 3-4**］ 系统变量的使用。

```
_screen.fontsize = 20    && 将工作区窗口中输出文字字体的大小设置为 20 号
```

3. 字段变量

由于表中的各条记录对同一个字段名可能取值不同，该字段变量的取值会随着前记录的变化而变化，因此称为字段变量。字段变量是数据库中一个非常重要的概念，将在第 4 章具体介绍。

值得注意的是，若内存变量名与当前所打开的数据表的字段变量同名，引用时，系统优先字段变量，若要特指内存变量，应在内存变量名前加上前缀“M.”或“M->”。例如，若内存变量 Name 保存的数据值是“张三”，而职工信息表中也包含了 Name 字段，打开职工信息表后，要显示内存变量 Name 的值，应执行？M. Name 或 M->Name 命令。

4. 数组变量

数组变量是按一定顺序排列的多个内存变量的集合，为了区别不同的数组，每个数组都要有一个数组名，其中每个内存变量称为数组的元素。数组的元素由数组名及其用于在数组中表示排列位置的下标来表示。例如包含有 3 个元素的数组 a，a 就是数组名，3 个数组元素分别用 a(1)、a(2)和 a(3)来表示。数组下标的个数称为数组的维数，只有一个下标的数组是一维数组，具有两个下标的数组为二维数组。在 Visual FoxPro 6.0 中只支持一维与二维数组。

(1) 数组的定义

与普通的内存变量不同，数组在使用之前一般要定义，定义数组命令格式为：

格式 1：DIMENSION ＜数组名 1＞ (＜下标上限 1＞[，＜下标上限 2＞]) [，…]

格式 2：DECLARE　＜数组名 1＞ (＜下标上限 1＞[，＜下标上限 2＞]) [，…]

功能：格式 1 与格式 2 功能完全相同，都是定义一个或多个一维或二维数组。

［**例 3-5**］ 数组的定义。

```
DIMENSION  A(5)
```

表示定义了包含 A(1)、A(2)、A(3)、A(4)、A(5)共 5 个数组元素的一维数组 A。

```
DIMENSION  X(2,2)
```

表示定义了包含 X(1,1)、X(1,2)、X(2,1)、X(2,2)共 4 个数组元素的二维数组 X。

```
DECLARE  C(3,3), D(2, 2)
```

表示定义了包含 C(1,1)、C(1,2)、C(1,3)、C(2,1)、C(2,2)、C(2,3)、C(3,1)、C(3,2)、C(3,3)共 9 个数组元素二维数组 C 和包含 D(1,1)、D(1,2)、D(2,1)、D(2,2)共 4 个数组元素的二维数组 D。

注意：

① 数组的命名与简单变量的命名规则相同。

② 一条数组定义命令可以同时定义多个数组。例如 DIMENSION　A(5)，X(2,2)。

③ 数组元素在数组中的位置是固定的。一维数组各元素是顺序排列的，二维数组按行次

序排列，如前面定义的二维数组 X(2,2)的排列顺序为：X(1,1)、X(1,2)、X(2,1)、X(2,2)。

④ 数组可以重复定义。重新执行 DIMENSION 命令可以改变数组的维数和大小。数组的大小可以增加或减少，一维数组可以转换为二维数组，二维数组可降低为一维数组，下面的公式可以将二维数组表示法转换成一维数组表示法。

序号(一维数组)=(行数－1)＊列数＋列数

列数为二维数组元素的列数。因此，可以用一维数组的形式访问二维数组，如表 3-1 表示。由表可见，A(6)与 A(2,3)是同一变量，其他类推。

表 3-1　二维数组 A 通过一维形式访问

A(1)	A(2)	A(3)	A(4)	A(5)	A(6)
↓↑	↓↑	↓↑	↓↑	↓↑	↓↑
A(1,1)	A(1,2)	A(1,3)	A(2,1)	A(2,2)	A(2,3)

⑤ 数组一经定义后，数组中的每个元素就可以像内存变量一样使用，因而可以像内存变量一样对数组元素进行存取、赋值、删除、显示等操作。

⑥ 表示数组元素时，下标表示不能超过定义数组时包含元素个数。

(2) 数组的赋值

数组定义后，系统自动给每个数组元表赋以逻辑假(.F.)。若要改变数组元素的值，则需要对其赋值操作，给数组元素赋值命令与简单变量相似，可以用"＝"和 STORE 命令进行数组元素的赋值操作。每个数组元素相当于一个简单的内存变量，可以给各元素分别赋值。在 Visual FoxPro 中，一个数组中各元素的数据类型可以不同。

[**例 3-6**]　数组定义和使用。

```
DECLARE  A(3, 2)
STORE "张三" to  A(1,1), A(2,2)
A(1,2) = 3.14
A(3,2) = {^2012-10-10}
A(5) = $ 12.3456
```

依次执行上述各条命令，则数组 A 中 6 个元素分别存储的内容为：A(1,1)元素中存储为"张三"，类型为字符型；A(1,2)元素中存储为 3.14，类型为数值型，A(2,1)元素中存储为.F.，类型为逻辑型，A(2,2)元素中存储为"张三"，类型为字符型，A(3,1)元素中存储为 12.3456，类型为货币型，A(3,2)元素中存储为{^2012-10-10}，类型为日期型。

3.2　运算符及其表达式

运算符指定了对数据进行何种运算处理，参加运算的数据称为操作数，Visual FoxPro 中根据操作数据类型的不同，运算符可分为算术运算符、字符运算符、日期时间运算符、关系运算符、逻辑运算符。

表达式是由常量、变量和函数通过特定的运算符连接起来的式子，每个表达式都有一个确定的值。表达式和常数一样具有数据类型(求值之后)，所以表达式各项必须具有相同的类型。表达式的形式包括两大部分,一部分是单一的运算对象(如常量、变量、函数),另一部分是由运算符将运算对象连接起来形成的式子。无论是简单还是复杂的合法表达式,根据表达式值的类型,把表达式分为五大类:数值型表达式、字符型表达式、日期时间型表达式、关系型表达式和逻辑型表达式。

3.2.1 算术运算符和表达式

算术运算符用于数值型数据的处理,运算的结果仍为数值型。表3-2给出了算术运算符功能及优先级。

表3-2 算术运算符

优先级	运算符	功能
3	* *或^	乘方运算
2	*、/、%	乘、除、求余运算
1	+、-	加、减运算

算术表达式又称数值表达式,由数值型常量、变量、算术运算符及圆括号组成,其运算结果仍为数值型。

[**例3-7**] 算术运算符的使用。

```
?(2+3)*(10/5)              && 结果为:10
?2**(3+2),2*3^2            && 结果为:32,18
?5+4/2                     && 结果为:7
?7%4                       && 结果为:3
?-7%4                      && 结果为:1
?7%-4                      && 结果为:-1
?-7%-4                     && 结果为:-3
```

注意:

(1) 若有括号(),先计算括号内,后计算机括号外。

(2) 表达式中如果包含多种算术运算符,需按算术运算符的优先级进行。

(3) 求余运算(%),结果值的正负号与除数一致。

3.2.2 字符运算符和表达式

字符运算符用于对字符型数据进行合并处理,运算的结果仍为字符型。字符运算符有2种,其优先级相同。表3-3列出了字符运算符及其功能。

字符表达式,由字符型常量、变量、函数和字符运算符组成,其运算结果仍为字符型。

[**例3-8**] 字符运算符的使用。

```
?" 计算机  "+" 电子系  "          && 结果为:" 计算机    电子系  "
?" 计算机  "-" 电子系  "          && 结果为:" 计算机 电子系   "
姓名="张三"
?"姓名: "+姓名                     && 果为:"姓名: 张三"
?"姓名: "-姓名                     && 结果为:"姓名:张三"
```

表 3-3 字符运算符

运算符	功能
+	完全连接运算符,即将两个字符串按顺序直接连接在一起
−	非完全连接运算符,即先将第一个字符串末尾的空格移动到第二字符串的末尾,然后与第二个字符串进行连接在一起

3.2.3 日期时间运算符和表达式

日期时间运算符用于对日期型数据、日期时间型数据和数值型数据的处理,运算的结果为日期型、日期时间型、数值型。日期时间运算符有 2 种,其优先级相同。表 3-4 列出了日期时间型运算符及其功能。

表 3-4 日期时间型运算符

运算符格式	功能
＜日期数据＞+＜整数＞	指定若干天后的日期,结果为日期型
＜整数＞+＜日期数据＞	指定若干天后的日期,结果为日期型
＜日期数据＞−＜整数	指定若干天前的日期,结果为日期型
＜日期数据 1＞−＜日期数据 2＞	两个指定日期相差的天数,结果为数值型
＜日期时间数据＞+＜整数＞	指定若干秒后的日期时间,结果为日期时间型
＜整数＞+＜日期时间数据＞	指定若干秒后的日期时间,结果为日期时间型
＜日期时间数据＞−＜整数＞	指定若干秒前的日期时间,结果为日期时间型
＜日期时间数据 1＞−＜日期时间数据 2＞	两个指定日期时间相差的秒数,结果为数值型

日期时间表达式,由日期型或日期时间型或数值型常量、变量、函数和日期时间运算符组成,其运算结果为日期型、日期时间型、数值型。

[例 3-9] 日期时间运算符的使用。

```
? {^2012-10-1} + 8                                   && 结果为:{^2012-10-9}
? {^2012-10-1} - 8                                   && 结果为:{^2012-9-23}
? {^2012-10-10}-{^2012-10-1}                         && 结果为:9
? {^2012-10-10} + {^2012-10-1}                       && 结果出错,原因没有这种形式
? {^2012-10-1 10:10:10} + 8                          && 结果为:{^2012-10-1 10:10:18}
? {^2012-10-1 10:10:10} - 8                          && 结果为:{^2012-10-1 10:10:02}
? {^2012-10-1 10:10:10} - 8.6                        && 结果为:{^2012-10-1 10:10:01}
? {^2012-10-1 10:10:10} + {^2012-10-1 10:9:20}       && 结果出错,原因没有这种形式
? {^2012-10-1 10:9:20} - {^2012-10-1 10:10:10}       && 结果为:- 50
```

3.2.4 关系运算符和表达式

关系运算符用于对同类型的数据进行比较运算,运算的结果为逻辑型。关系运算符共有 8 种,其优先级相同。表 3-5 列出了关系运算符及其功能。

表 3-5 关系运算符

运算符	功能	运算符	功能
＜	小于	＜＝	小于等于
＞	大于	＞＝	大于等于
＝	等于	＝＝	字符串精确比较
＜＞、#、!＝	不等于	$	子串包含测试

关系表达式,由同类型的数据和关系运算符组成,其运算结果为逻辑型。

［**例 3-10**］ 关系运算符的使用。

```
? 4＞3                              && 结果为:.T.
? {^2012-10-10}＞{^2012-10-1}       && 结果为:.T.
? .F.＞.T.                          && 结果为:.F.
?   33＞"11"                        && 结果出错,原因两边数据类型不一致
```

(1) 当日期型或日期时间型数据进行比较时,越早的日期或日期时间越小,越晚的日期或日期时间越大。

(2) 当两个逻辑型的数据进行比较时,逻辑"真"大,逻辑"假"小。

［**例 3-11**］ 字符型数据关系运算符的使用。

```
? "abc"＞"bb"                       && 结果为:.F.
? "张三"＞"李四"                    && 结果为:.T.
? "Abc"＞"abc"                      && 结果为:.T.
? "abcd" = "abc"                    && 结果为:.T.
? "abcd" == "abc"                   && 结果为:.F.
? "abc" $ "abcd"                    && 结果为:.T.
? "abc"  $ "abacd"                  && 结果为:.F.
```

(3) 当比较两个字符串时,系统对两个字符串的字符自左向右逐个进行比较,一旦发现两个对应字符不同,就根据这两个字符的大小决定两个字符串的大小,字符的大小取决于字符集中字符的排序次序,排在前面的字符小,排在后面的字符大。在 Visual FoxPro 中,有 Machine、PinYin 和 Stroke 三种字符排序次序,系统默认的字符排序为 PinYin,但可以重新设置,可执行"工具"→"选项"→"数据"选项卡中设定,如图 3-1 所示。

① Machine(机器)次序。指定的字符排序次序与 Xbase 兼容,西文字符是按照字符 ASCII 码的顺序:空格在最前面,大写字母序列在小写字母序列的前面。因此,大写字母小于小写字母。汉字则按其汉语拼音字母顺序。

② PinYin(拼音)次序。对于西文字符而言,按其字符顺序:空格在最前面,小写字母序列在前,大写字母序列在后。因此,大写字母大于小写字母。汉字则按其汉语拼音字母顺序。

③ Stroke(笔画)次序。无论中文、西文,按照书写笔画的多少排序。

(4) 在用双等号(＝＝)比较两个字符串时,只有当两个字符串完全相同,包括空格以及各字符的位置,运算结果才会是逻辑真(.T.),否则为逻辑假(.F.)。若用单等于号(＝)比较两个字符串时,运算结果与 SET EXACT ON | OFF 的设置有关。系统默认的是 SET EXACT OFF(非精确比较)状态,只要右边字符串与左边字符串的前面部分内容相匹配,即可得到逻辑真(.T.),如设置了 SET EXACT ON ,此方式与"＝＝"等效。

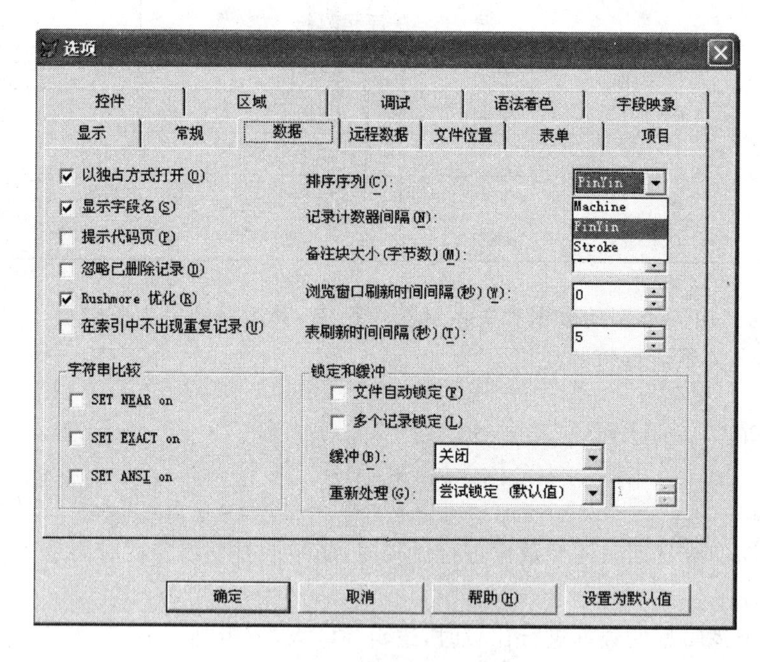

图 3-1 “选项”对话框

［**例 3-12**］ 运算符“＝＝”和运算符“＝”的使用。

```
A1 ="计算机"
A2 ="计算机等级考试"
? A1 = A2, A2 = A1                    && 结果为:.F.,.T.
SET EXACT ON
? A1 = A2, A2 = A1, A2 = = A1         && 结果为:.F.,.F.,.F.
```

(5) “＝”赋值与相等的区别,“＝”既可给内存变量赋值,也可做比较运算,因此必须注意两者的区别。

① 在赋值命令＜内存变量＞＝＜表达式＞中,等号左面只能是一个存内变量名,功能是把表达式的值赋给前面的内存变量名。命令执行前,内存变量可以存在,也可以不存在。命令执行后,内存变量的值与类型是表达式的值与类型。

② 在相等比较运算中,等号两边可以都是表达式,也可以都是变量。相等比较运算式本身是一个关系表达式,其运算结果也可以赋给一个内存变量。关系表达式不是命令,不能直接执行。要计算和显示表达式的值,可以使用问号命令,即?＜表达式＞。

3.2.5 逻辑运算符和表达式

逻辑运算符用于对逻辑型的数据进行处理,运算结果仍为逻辑型。逻辑运算符共有 3 中,其优先级和各运算符的功能如表 3-6 所示。

逻辑表达式由逻辑型运算符和逻辑型常量、变量、函数组成,其运算结果仍为逻辑型。

［**例 3-13**］ 逻辑运算符的使用。

```
? NOT .F.                  &&  结果为:.T.
? NOT .T.                  &&  结果为:.F.
?   .F. AND .T.            &&  结果为:.F.
```

```
?   .T. AND .T.                    && 结果为:.T.
?   .F. OR .F.                     && 结果为:.F.
?   .F. OR .T.                     && 结果为:.T.
?   .F. OR .T. AND  NOT .T.        && 结果为:.F.
? .F. AND .T. OR  NOT .T.          && 结果为:.F.
```

表 3-6 逻辑运算符

优先级	运算符	功能
3	.NOT.	逻辑非,对右则逻辑值取反
2	.AND.	逻辑与,两则的逻辑值同时为.T.时,结果才为.T.,否则为.F.
1	.OR.	逻辑或,两则的逻辑值同时为.TF时,结果才为.F.,否则为.T.

(1) .NOT.(逻辑非)、.AND.(逻辑与)和.OR.(逻辑或)运算符两边可用也可不用界标,如OR或.OR.都行。

(2) NOT(逻辑非)是单目运算符,其运算结果取其右边逻辑值的相反值。逻辑与(AND)具有"并且"的含义,只有当两边的逻辑值都是真时,才取真,否则运结果为逻辑假。OR(逻辑或)具有"或者"的含义,两边逻辑值都为假时才得假,否则得真。

(3) 当有多种逻辑运算符时,按优先级从高到低顺序进行运算。

3.2.6 混合表达式计算

前面介绍了五大类表达式及它们所使用的运算符。在每一类运算符中,有些运算符优先级是不同的,如算术运算符中乘方(^)除(/)的优先级高于加(+)减(-);有些运算符的优先级是相同的,如各关系运算符优先级都是相同的。而不同类型的运算符也可能出现在同一个表达式中,这时它们的运算符优先级顺序按下述原则进行。

(1) 同类型表达式,按各自的优先级确定运算顺序。

(2) 不同类型的混合表达式,优先级由高到低依次为:算术运算符→字符运算符→日期时间运算符→关系运算符→逻辑运算符。

(3) 当运算符优先级相同时,表达式按自左向右次序进行运算。

(4) 圆括号可作为运算符,可以改变其他运算符的运算次序,即圆括号的优先级最高,且圆括号可以嵌套。

[**例 3-14**] 混合表达式的计算。

```
? 300<67+15 AND "abc"+"ef">"abc" OR  NOT  "com" $ "computer"    && 结果为:.F.
```

该表达式计算的顺序如下。

① 计算算术表达式:67+15,结果为:

```
300<83 AND "abc"+"ef">"abc" OR  NOT  "com" $ "computer"
```

② 计算字符表达式:"abc"+"ef",结果为:

```
300<83 AND "abcef">"abc" OR  NOT  "com" $ "computer"
```

③ 按从左到右的顺序计算关系表达式:300<83,"abcef">"abc","com" $ "computer",结果为:.F. AND .T. OR NOT .T.

④ 计算逻辑非表达式:NOT .T.,结果为:.F. AND .T. OR .F.

⑤ 计算逻辑与表达式:.F. AND .F.,结果为:.F. OR .F.

⑥ 计算逻辑或表达式:.F. OR .F.,结果为:.F.

3.3 常用内部函数

Visual FoxPro 的内部函数是数据处理与运算的一种重要手段。内部函数实际上是系统预先编制好的,完成常用数据处理与操作的一系列程序代码,供用户在需要时调用,极大地增强了数据的处理能力。Visual FoxPro 提供了许多内部函数,按功能可分为数值函数、字符函数、日期/日期时间函数、数据类型转换函数等类型。

3.3.1 函数的一般形式与分类

函数的一般形式为:

函数名([参数 1][,参数 2]…)

函数名后紧接括号,括号内是参数(即自变量),参数可以是一个、多个或零个。没有参数的函数称为无参函数,不过无参函数的函数名后的一对括号必不可少。

[**例 3-15**] 函数的使用。

```
? SQRT(4)                        && 求平方根函数,结果为:2
? left("华中科技大学武昌分校", 4)    && 字符截取函数,结果为:"华中"
? ROUND(12.3456,2)               && 四舍五入函数,结果为:13.35
? DATE()                         && 求系统日期函数,结果为:系统当前日期
```

3.3.2 常用数值函数

数值函数用于数值型数据的处理,返回的值也为数值型。在 Visual FoxPro 常用的数值函数有以下几种。

1. 绝对值函数

格式:ABS(<数值表达式>)

功能:返回括号中指定的数值表达式的绝对值。

[**例 3-16**] 绝对值函数使用。

```
? ABS(-13)       && 结果为:13
? ABS(1+12)      && 结果为:13
```

2. 符号函数

格式:SIGN(<数值表达式>)

功能:返回括号中指定的数值表达式的符号。

说明:当表达式的运算结果为正、负、零时,符号分别为 1、-1、0。

[**例 3-17**] 符号函数使用。

```
? SIGN(1-10)      && 结果为:-1
```

```
? SIGN(1 + 10)        && 结果为:1
? SIGN(1 - 1)         && 结果为:0
```

3. 求平方根函数

格式:SQRT(<数值表达式>)

功能:返回括号中指定的数值表达式的平方根。

说明:数值表达式的值不能为负数。

[**例 3-18**] 平方根函数使用。

```
? SQRT(10 * 5 + 25 * 2)    && 结果为:10
? SQRT(10 - 14)            && 结果错误,原因表达式的值小于 0
```

4. 取整函数

格式:INT(<数值表达式>)

CEILING(<数值表达式>)

FLOOR(<数值表达式>)

功能:INT()返回指定数值表达式的整数部分。

CEILING()返回大于或等于指定数值表达式的最小整数。

FLOOR()返回小于或等于指定数值表达式的最大整数。

[**例 3-19**] 取整函数使用。

```
STORE 12.45 TO X
? INT(X)            && 结果为:12
? CEILING(X)        && 结果为:13
? FLOOR(X)          && 结果为:12
STORE -12.45 TO X
? INT(X)            && 结果为:- 12
? CEILING(X)        && 结果为:- 12
? FLOOR(X)          && 结果为:- 13
```

5. 四舍五入函数

格式:ROUND(<数值表达式 1>,<数值表达式 2>)

功能:返回指定表达式的指定位置四舍五入的值。

说明:<数值表达式 2>指定四舍五入的位置。若<数值表达式 2>大于等于 0,那么表示要保留的小数位数;若<数值表达式 2>小于 0,那么表示整数部分的舍入位数。

[**例 3-20**] 四舍五入函数使用。

```
? ROUND(1234.567,2)           && 结果为:1234.57
? ROUND(1234.567,1)           && 结果为:1234.6
? ROUND(1234.567,0)           && 结果为:1235
? ROUND(1234.567, - 2)        && 结果为:1200
```

6. 求余函数

格式:MOD(<数值表达式 1>,<数值表达式 2>)

功能:返回两个数值相除后的余数。

说明:<数值表达式 1>是被除数,<数值表达式 2>是除数,余数的正负号与除数相同。若被除数与除数同号,那么函数的值即为两个数相除的余数;若被除数与除数异号,则函数值为两个数相除的余数再加上除数的值。

[**例 3-21**] 求余函数使用。

```
? MOD(15,4)                      && 结果为:3
? MOD(15,-4)                     && 结果为:-1
? MOD(-15,4)                     && 结果为:1
? MOD(-15,-4)                    && 结果为:-3
```

7. 求最大值与最小值函数

格式:MAX(＜表达式 1＞,＜表达式 2＞[,＜表达式 3＞…])

MIN(＜表达式 1＞,＜表达式 2＞[,＜表达式 3＞…])

功能:MAX()计算各自表达式的值,并返回其中的最大值。

MIN()计算各自表达式的值,并返回其中的最小值。

说明:＜表达式 1＞,＜表达式 2＞,＜表达式 3＞…的类型必须相同,可以是数值型、字符型、货币型、日期型、日期时间型、双精度型和浮点型。

[**例 3-22**] 求最大值和最小值函数使用。

```
? MAX(32,15,-28,-6)                          && 结果为:32
? MIN({^2012-10-01},{^2012-10-10})           && 结果为:{^2012-10-01}
? MAX("张三","李四","王五")                  && 结果为:"张三"
```

8. 圆周率函数

格式:PI()

功能:返回圆周率 π 的值。

[**例 3-23**] 圆周率函数使用。

```
? 2**2*PI()                 && 结果为:12.5664
```

9. 指数函数与对数函数

格式:EXP(＜数值表达式＞)

LOG(＜数值表达式＞)

LOG10(＜数值表达式＞)

功能:EXP() 计算以 e 为底,数值表达式为指数的幂,即返回 e^x 的值(x 代表数值表达式)。

LOG() 计算表达式的自然对数,即返回 $\ln x$ 的值(x 代表数值表达式)。

LOG10() 计算表达式的常用对数,即返回 $\log x$ 的值(x 代表数值表达式)。

[**例 3-24**] 指数函数和对数函数的使用。

```
? EXP(1)                    && 结果为:2.72
? LOG(EXP(3))               && 结果为:3
? LOG10(100)                && 结果为:2
```

3.3.3 常用字符函数

字符函数用于处理字符数据,返回值有的是字符型,也有的是数值型。在 Visual FoxPro 常用的字符函数有以下几种。

1. 字符串长度函数

格式:LEN(＜字符表达式＞)

功能:返回指定字符表达式值的长度,即所包含的字符个数(字节数)。函数返回的值为数值型。

说明:一个汉字占两个字节,字符串中的空格也占一个字节。

[**例 3-25**] 字符串长度函数使用。

```
? LEN("张三 123")                    && 结果为:7
? LEN("ABC  abc")                    && 结果为:8
```

2. 空格字符串生成函数

格式:SPACE(＜数值表达式＞)

功能:返回产生指定＜数值表达式＞个空格的字符串。

[**例 3-26**] 空格字符串生成函数使用。

```
? "ABC" + SPACE(3) + "DEF"           && 结果为:"ABC   DEF"
```

3. 大小写转换函数

格式:LOWER(＜字符表达式＞)

UPPER(＜字符表达式＞)

功能:LOWER()将指定的字符表达式值中的大写字母转换成小写字母,其他字符不变。UPPER()将指定的字符表达式值中的小写字母转换成大写字母,其他字符不变。

[**例 3-27**] 大小写转换函数的使用。

```
? LOWER("123ABC 张三 abc")           && 结果为:"123abc 张三 abc"
? UPPER("123ABC 张三 abc")           && 结果为:"123ABC 张三 ABC"
```

4. 删除前后空格函数

格式:RTRIM(＜字符表达式＞)

LTRIM(＜字符表达式＞)

ALLTRIM(＜字符表达式＞)

功能:RTRIM()返回＜字符表达式＞去掉尾部空格后形成的字符串。

LTRIM()返回＜字符表达式＞去掉前导空格后形成的字符串。

ALLTRIM()返回＜字符表达式＞去掉前导空格和尾部空格后形成的字符串。

[**例 3-28**] 删除前后空格函数的使用。

```
STORE SPACE(2) + "A B C" + SPACE(3) TO X
? RTRIM(X), LEN(RTRIM(X))            && 结果为:"  A B C"   7
? LTRIM(X), LEN(LTRIM(X))            && 结果为:"A B C   "   8
? ALLTRIM(X), LEN(ALLTRIM(X))        && 结果为:"A B C"     5
```

5. 截取字符子串函数

格式:SUBSTR(＜字符表达式＞,＜起始位置＞[,＜长度＞])

LEFT(＜字符表达式＞,＜长度＞)

RIGHT(＜字符表达式＞,＜长度＞)

功能: SUBSTR()从指定＜字符表达式＞值中的＜起始位置＞开始取出指定＜长度＞

的子串作为函数的返回值，即结果为子符串。LEFT()从指定＜字符表达式＞值的最左端取出指定＜长度＞的子串作为函数返回值。RIGHT()从指定＜字符表达式＞值的最右端取出指定＜长度＞的子串作为函数返回值。

说明：SUBSTR()函数中，若默认＜长度＞参数，则函数返回值为从指定位置一直取到最后一个字符。

［例 3-29］ 截取字符子串函数的使用。

```
? SUBSTR("计算机技术",3,2)              && 结果为："算"
? SUBSTR("计算机技术",7)                && 结果为："技术"
? LEFT("123456789",LEN("数据库"))       && 结果为："123456"
? RIGHT("计算机等级考试",6)             && 结果为："级考试"
```

6. 产生重复字符函数

格式：REPLICATE(＜字符表达式＞,＜数值表达式＞)

功能：返回指定＜字符表达式＞值重复指定＜数值表达式＞值次数后所得到的字符串。

［例 3-30］ 产生重复字符函数使用。

```
? REPLICATE("好好学习",2)      && 结果为："好好学习好好学习"
```

7. 子串位置函数

格式：AT(＜字符表达式 1＞,＜字符表达式 2＞[,＜数值表达式＞])

　　　ATC(＜字符表达式 1＞,＜字符表达式 2＞[,＜数值表达式＞])

功能：返回＜字符表达式 1＞的值在＜字符表达式 2＞值中第＜数值表达式＞值的次数出现的位置，结果为数值型。

说明：若＜字符表达式 1＞是＜字符表达式 2＞的子串，则返回＜字符表达式 1＞中首字符在＜字符表达式 2＞中的位置；若＜字符表达式 1＞不是＜字符表达式 2＞的子串，则返回 0；参数＜数值表达式＞指定＜字符表达式 1＞在＜字符表达式 2＞中第几次出现，若默认＜数值表达式＞参数，系统默认值为 1；ATC()与 AT()功能相似，区别在于 ATC()函数不区分字母大小写，而 AT()函数区分大小写。

［例 3-31］ 子串位置函数使用。

```
? AT("管理","数据库管理系统")            && 结果为：7
? ATC("PRO","Visual FoxPro")            && 结果为：11
? AT("PRO","Visual FoxPro")             && 结果为：0
? AT ("学","学生在学校学习",2)           && 结果为：7
```

8. 子串出现次数函数

格式：OCCURS(＜字符表达式 1＞,＜字符表达式 2＞)

功能：返回＜字符表达式 1＞在＜字符表达式 2＞中出现的次数值，结果为数值型。

说明：若＜字符表达式 1＞不是＜字符表达式 2＞的子串，则函数结果为 0。

［例 3-32］ 子串出现次数函数使用。

```
? OCCURS("op", "Top of the Pops")         && 结果为：2
? OCCURS("o","Top of the Pops")           && 结果为：3
? OCCURS("AS","As soon as possible")      && 结果为：0
```

9. 子串替换函数

格式:STUFF(＜字符表达式 1＞,＜起始位置＞,＜长度＞,＜字符表达式 2＞)

功能:返回用＜字符表达式 2＞值从指定＜起始位置＞和＜长度＞替换＜字符表达式 1＞中的一个子串的值。

说明:＜开始位置＞与＜长度＞参数分别表示指定被替换的字符串的起始位置及被替换的字符个数;若＜字符表达式 2＞的值为空串,则＜字符表达式 1＞由＜起始位置＞起所指定的若干字符被删除。若＜长度＞为 0,则表示在＜字符表达式 1＞中由＜起始位置＞指定的字符前面插入＜字符表达式 2＞。

[**例 3-33**] 子串替换函数使用。

```
STORE "计算机等级考试" TO X
? STUFF(X,1,6,"英语")                && 结果为:"英语等级考试"
? STUFF(X,1,6,"")                    && 结果为:"等级考试"
? STUFF(X,7,0,"2013 年 4 月")        && 结果为:"计算机 2013 年 4 月等级考试"
```

3.3.4 常用日期/日期时间函数

日期/日期时间函数主要用于对日期和日期时间数据进行处理,返回值有的是日期型、日期时间型,也有的是数值型和字符型。在 Visual FoxPro 常用日期/日期时间函数有以下几种。

1. 获取系统当前日期、时间和日期时间函数

格式:DATE()

TIME()

DATATIME()

功能:DATE()返回当前系统日期,结果为日期型。

TIME()返回当前系统时间(以 24 小时制),结果为字符型。

DATETIME()返回前系统日期时间,结果为日期时间型。

[**例 3-34**] 系统当前日期和时间函数使用。

```
? DATE ()                   && 结果为:{^2012-9-22}
?"当前时间是:" + TIME ()    && 结果为:"当前时间是:12:48:44"
? DATETIME ()               && 结果为:{^2012-9-22 12:48:51}
```

2. 获取年份、月份和日号函数

格式:YEAR(＜日期表达式＞|＜日期时间表达式＞)

MONTH(＜日期表达式＞|＜日期时间表达式＞)

DAY(＜日期表达式＞|＜日期时间表达式＞)

功能:YEAR()返回指定的＜日期表达式＞或＜日期时间表达式＞中的年份。

MONTH()返回指定的＜日期表达式＞或＜日期时间表达式＞中的月份。

DAY()返回指定的＜日期表达式＞或＜日期时间表达式＞中的日号。

[**例 3-35**] 获取年份、月份和日号函数使用。

```
STORE {^2012-9-22} TO X
?   YEAR(X), MONTH(X), DAY(X)          && 结果为:2012   9   22
```

3. 获取时、分和秒函数

格式:HOUR(＜日期时间表达式＞)

MINUTE(＜日期时间表达式＞)

SEC(＜日期时间表达式＞)

功能:HOUR()返回指定＜日期时间表达式＞中小时部分(以24小时制),结果为数值型。MINUTE()返回指定＜日期时间表达式＞中分钟部分,结果为数值型。SEC()返回指定＜日期时间表达式＞中秒数部分,结果为数值型。

［**例 3-36**］ 获取时、分和秒函数使用。

```
? HOUR({^2012-9-22 14:08:25})              && 结果为:14
? MINUTE ({^2012-9-22 14:08:25})           && 结果为:8
? SEC({^2012-9-22 14:08:25})               && 结果为:25
```

3.3.5 常用数据类型转换函数

数据类型转换函数用于各种数据类型之间的转换,满足数据处理的需求。在 Visual FoxPro 中常用数据类型转换函数有以下几种。

1. 字符转换为数值函数

格式:VAL(＜字符表达式＞)

功能:将＜字符表达式＞中指定的数字字符型转换为数值型数据。

说明:VAL()函数按从左到右的顺序转换数字符号,若字符串内有非数字字符,则转换结束,即只转换非数字字符前面的数字字符;若＜字符表达式＞第一个字符非数字,则函数返回值为零(系统默认保留两位小数)。

［**例 3-37**］ 字符转换为数值函数使用。

```
? VAL("-123.456")                  && 结果为:-123.46
? VAL("12a.34")                    && 结果为:12
? VAL("A78.9")                     && 结果为:0
```

2. 数值转换为字符函数

格式:STR(＜数值表达式＞[,＜长度＞[,＜小数位数＞]])

功能:将＜数值表达式＞转换为位数为＜长度＞位且具有＜小数位数＞的字符型数据。

说明:＜长度＞表示转换后字符串总长度,若缺省时长度为10位;＜小数位数＞表示转换时保留的小数位,若缺省,则表示只转换数值的整数部分;若＜长度＞的值大于＜数值表达式＞的实际长度,则在字符串加前导空格以满足＜长度＞要求;若＜长度＞的值小于＜数值表达式＞的实际长度,但又大于＜数值表达式＞的整数部分(包括负号)的长度,则优先满足整数部分而自动调整小数部分(四舍五入);若＜长度＞的值小于＜数值表达式＞的整数部分长度,则函数返回一串星号(*)。

［**例 3-38**］ 数值转发为字符函数使用。

```
X = -179.456
? STR(X,9,2), LEN(STR(X,9,2))          && 结果为:"  -179.46"   9
? STR(X,6,2), LEN(STR(X,6,2))          && 结果为:"-179.5"   6
? STR(X,3,1), LEN(STR(X,3,1))          && 结果为:"***"   3
```

```
? STR(X), LEN(STR(X))                   && 结果为:"      -179"   10
```

3. 日期转换为字符函数

格式:DTOC(＜日期表达式＞[,1])

功能:将＜日期表达式＞指定的日期转换为字符型数据。

说明:返回结果的显示受语句 SET DATA TO 和 SET CENTURY ON |OFF 的影响;若转换时可选项选择参数 1 时,函数返回值格式为 YYYYMMDD,缺省时函数返回值格式为 MM/DD/YY。

[**例 3-39**] 日期转换为字符函数使用。

```
? DTOC({^2012-10-1},1)                  && 结果为:"200121001"
? DTOC({^2012-10-1})                    && 结果为:"10/01/12"
```

4. 字符转换为日期函数

格式:CTOD(＜字符表达式＞)

功能:将＜字符表达式＞转换为日期型数据。

说明:＜字符表达式＞的格式必须为:"^YY-MM-DD"、"^YY/MM/DD"、"^YY. MM. DD"的一种,其中年份可以用 2 位表示不带有世纪,也可以用 4 位表示带有世纪,如果是其他格式将出错。

[**例 3-40**] 字符转换为日期函数使用。

```
? CTOD("^2012-10-01")          && 结果为:{^2012-10-01}
? CTOD ("^12/10/10") + 10      && 结果为:{^2012-10-20}
? CTOD("2012-10-10")           && 结果为:错误,原因字符表达式表示的日期的格式不对
? CTOD("20121001")             && 结果为:错误,原因字符表达式表示的日期的格式不对
```

5. 日期时间转换为字符函数

格式:TTOC(＜日期时间表达式＞[,1])

功能:将＜日期时间表达式＞指定的日期时间转换为字符型数据。

说明:返回结果的显示受语句 SET DATA TO 和 SET CENTURY ON|OFF 的影响;若转换时选项可选择参数 1 时,函数返回值格式为 YYYYMMDDHHMMSS,默认时函数返回值格式为 MM/DD/YY HH:MM:SS AM/PM 格式。

[**例 3-41**] 日期时间转换为字符函数使用。

```
? TTOC({^2012-10-20 10:30:40},1)     && 结果为:"20121020103040"
? TTOC({^2012-10-20 10:30:40})       && 结果为:"10/20/12 0:30:40 AM"
```

6. 字符转换为日期时间函数

格式:CTOT(＜字符表达式＞)

功能:将＜字符表达式＞转换为日期时间型数据。

说明:＜字符表达式＞的格式必须为:"^YY-MM-DD HH:MM:SS AM/PM"、"^YY/MM/DD HH:MM:SS AM/PM"、"^YY. MM. DD HH:MM:SS AM/PM"的一种,其中年份可以用 2 位表示不带有世纪,也可以用 4 位表示带有世纪,AM/PM 可以省略,如果是其他格式将出错。

[**例 3-42**] 字符转换为日期时间函数使用。

```
? CTOT("^2012-10-20 20:20:20")        && 结果为:{^ 2012-10-20 08:20:20 PM}
```

7. 字符转换为对应的ASCII码函数

格式:ASC(＜字符表达式＞)

功能:返回＜字符表达式＞指定字符值中第一个字符ASCII码值。

[**例3-43**] 字符转换为对应ASCII码函数使用。

```
? ASC("ADCEF")                  && 结果为:65
? ASC("abcd")                   && 结果为:97
```

8. ASCII码转换为对应的字符函数

格式:CHR(＜数值表达式＞)

功能:返回＜数值表达式＞所对应的ASCII码值的字符。

[**例3-44**] ASCII码转换为对应的字符函数使用。

```
? CHR(66)                       && 结果为:"B"
? CHR(98)                       && 结果为:"b"
```

3.3.6 常用其他函数

测试函数主要用于对一些数据的特性进行测试,返回值为逻辑类型。在Visual FoxPro中,常用测试函数有以下几种。

1. 值域测试函数

格式:BETWEEN(＜表达式1＞,〈表达式2〉,＜表达式3＞)

功能:测试＜表达式1＞的值是否介于＜表达式2〉值和＜表达式3＞值之间,若＜表达式1＞值大于等于＜表达式2〉的值且小于等于＜表达式3＞的值,则函数返回逻辑真(.T.),否则函数值为逻辑假(.F.)。

说明:函数中参数的数据类型可以是数值型、字符型、日期型、日期时间型等,但＜表达式1＞、〈表达式2〉和＜表达式3＞的数据类型要一致。

[**例3-45**] 值域测试函数使用。

```
? BETWEEN(25,10,30)                                        && 结果为:.T.
? BETWEEN({^2012-10-01},{^2010-10-01},{^2011-10-01})       && 结果为:.F.
? BETWEEN("ABC","AB","ABCD")                               && 结果为:.T.
```

2. 条件测试函数

格式:IIF(＜逻辑表达式＞,＜表达式1＞,＜表达式2＞)

功能:判断＜逻辑表达式＞的值,若值为真(.T.),函数返回＜表达式1＞的值,若为假(.F.),函数返回＜表达式2＞的值。

说明:函数的返回值类型可以是字符型、数值型、货币型、日期型、日期时间型或逻辑型,取决于＜表达式1＞或＜表达式2＞的类型。

[**例3-46**] 条件测试函数使用。

```
x = 10
y = 8
? IIF(x>y,x - y,x + y)                                     && 结果为:2
```

3. 数据类型测试函数

格式：VARTYPE(<表达式>)

功能：测试<表达式>值的数据类型，返回一个用于表示数据类型的大写字母(字符型)，函数返回的大写字母与数据类型的关系如表 3-7 所示。

表 3-7 VARTYPE 函数返回值与各种数据类型的对应关系

数据类型	返回的字符	数据类型	返回的字符
字符型	C	日期型	D
数值型	N	日期时间型	T
货币型	Y	逻辑型	L

［**例 3-47**］ 数据类型测试函数使用。

```
? VARTYPE(3 + 5)                    && 结果为:"N"
? VARTYPE("3" + "5")                && 结果为:"C"
? VARTYPE(3>5)                      && 结果为:"L"
? VARTYPE(DATE() + 10)              && 结果为:"D"
```

4. 消息框函数

格式：MESSAGEBOX(<提示文本>[,<对话框类型>][,<标题文本>])

功能：暂停程序的执行，显示一个用户自定义的 Windows 对话框，等待用户做出选择，返回用户选择的结果，返回值为整数。

说明：

(1) 其中<提示文本>为字符型，决定对话框中的提示信息；<对话框类型>为数值型，决定对话框图标和按钮的样式；<标题文本>为字符型，决定对话框标题栏中信息。执行 MESSAGEBOX()函数，显示典型的对话框如图 3-2 所示。

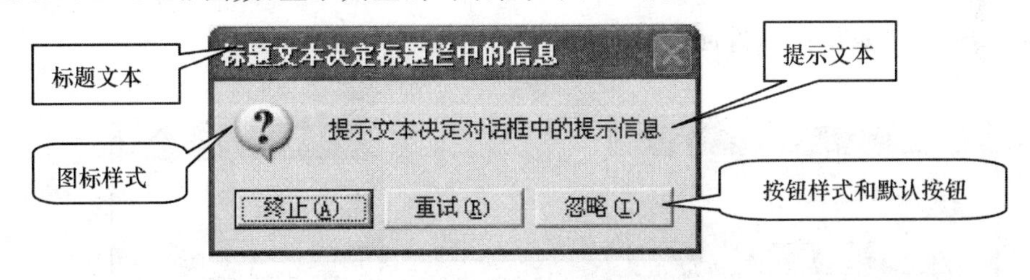

图 3-2 MESSAGEBOX()函数典型对话框

表 3-8 对话框类型值及含义

类别	类型值	含义
对话框按钮	0	“确认”按钮
	1	“确认”和“取消”按钮
	2	“终止”、“重试”和“忽略”按钮
	3	“是”、“否”和“取消”按钮
	4	“是”和“否”按钮
	5	“重试”和“取消”按钮

续 表

类别	类型值	含义
图标	16	“终止”图标
	32	“问号”图标
	48	“感叹号”图标
	64	“信息”图标
默认按钮	0	第一按钮
	256	第二按钮
	512	第三按钮

(2) ＜对话框类型＞包含有对话框按钮、显示图标类型和默认按钮设置，常用类型值来指定，采用“对话框按钮＋图标＋默认按钮”的格式，表 3-8 给出了对话框类型值及含义。

［**例 3-48**］ 消息框函数使用。

```
MESSAGEBOX("是否退出系统",3 + 32 + 256,"提示")   && 结果如图 3-3 所示
```

其中“3＋32＋256”表示使用“是”、“否”和“取消”按钮，使用问号图标，将第二个按钮设置为默认按钮，如图 3-3 所示。

(3) MESSAGEBOX()函数的返回值是整数，在该函数产生的对话框中单击不同的按钮，该函数将返回不同的值。返回值与按钮之间的对应关系如表 3-9 所示。

表 3-9 MESSAGEBOX( )返回值与按钮之间的对应关系

选择按钮	返回值	选择按钮	返回值
“确定”按钮	1	“忽略”按钮	5
“取消”按钮	2	“是”按钮	6
“终止”按钮	3	“否”按钮	7
“重试”按钮	4		

［**例 3-49**］ 消息框函数返回值的使用。

```
n = MESSAGEBOX("系统出错!",1 + 16 + 0,"错误提示:")   && 结果如图 3-4 所示
```

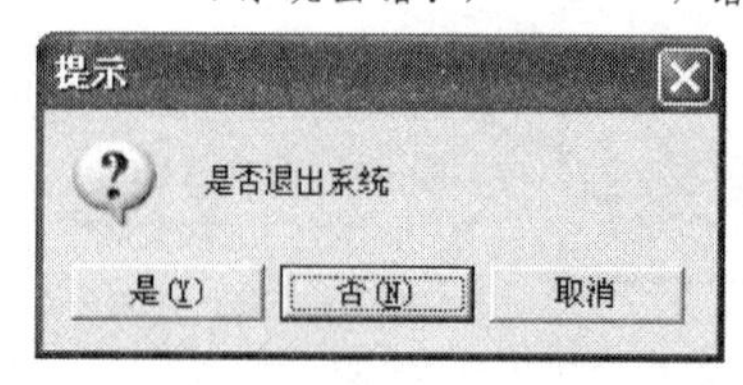

图 3-3 “是否退出系统”对话框

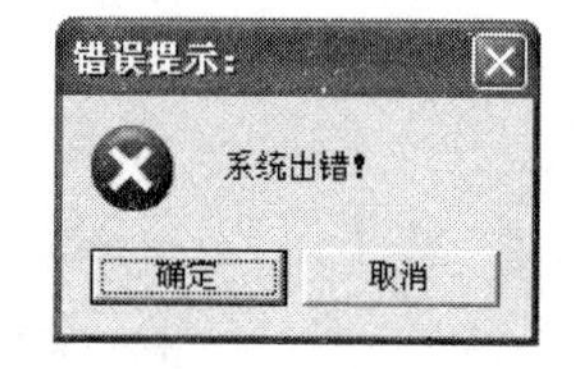

图 3-4 “系统出错”对话框

在如图 3-4 所示的对话框中，如果用户选择了“取消”按钮后，执行如下命令：

```
? n          &&  结果为：2
```

习　　题

一、选择题

1. 下列字符型常量的书写格式不正确的是(　　)。

A) "12345"　　B) Visual FoxPro　　C) 'abcde'　　D) ['程序设计']

2. 下列各项中，日期格式正确的是(　　)。

A) {2012-12-30}　　B) {'2012-12-30'}

C) {^2013-12-30}　　D) {"2013-12-30"}

3. 下列合法的 Visual FoxPro 数值型常量的是(　　)。

A) 567.4　　B) 567+E4　　C) "567.4"　　D) [567]

4. 在 Visual FoxPro 系统中，数据表中的字段是(　　)。

A) 常量　　B) 变量　　C) 函数　　D) 运算符

5. 以下赋值语句正确的是(　　)。

A) STORE 10 TO x, y　　B) STORE 10,1 TO x, y

C) x = 10, y = 1　　D) x, y = 10

6. 能够正确给内存变量 LL 赋逻辑假值的命令是(　　)。

A) LL = ".F."　　B) STORE ".F." TO LL

C) LL = FALSE　　D) STORE .F. TO LL

7. 在下面的 Visual FoxPro 表达式中，不正确的是(　　)。

A) {^2007-03-01 10:10:10 AM}-100　　B) {^2009-03-01}-DATE()

C) {^2008-03-01}+DATE()　　D) {^2008-03-01}+100

8. 已知：X="120"，命令 ? X-"119"的执行结果是(　　)。

A) 1　　B) 120-119　　C) 120119　　D) 出错

9. Visual FoxPro 中，若要判断数值型数据 x 能否被 7 整除，不正确的表达式是(　　)。

A) MOD(x,7)=0　　B) INT(x/7)=MOD(x,7)

C) INT(x/7)=x/7　　D) 0=MOD(x,7)

10. 假定 n、c、x 分别为数值型、字符型、逻辑型内存变量，则下列表达式中错误的是(　　)。

A) n^3　　B) c-" a"　　C) n=100 AND x　　D) c>10

11. 下面关于 Visual FoxPro 数组的叙述中，错误的是(　　)。

A) 用 DIMENSION 和 DECLARE 都可以定义数组

B) Visual FoxPro 只支持一维和二维数组

C) 一个数组中各个元素必须是同一种数据类型

D) 新定义的数组中各个元素的初值为逻辑型的.F.

12. 执行如下命令序列后，最后一条命令显示的结果是(　　)。

```
Dimension   m(2,2)
m(1,1) = 10
m(1,2) = 20
m(2,1) = 30
m(2,2) = 40
? m(2)
```

A) 变量未定义的提示　　B) 10　　C) 20　　D) .F.

13. Visual FoxPro 函数 ROUND(123456.789,-2)的值是(　　)。

A) 123456　　B) 123500　　C) 123456.700　　D) -123456.79

14. 函数 MOD(23,-5)的结果是(　　)。

A) -3　　B)-2　　C)3　　D)2

15. 执行以下命令序列后输出的结果是(　　)。

```
m = LEN(" 2012")
? m
```

A) 2010　　B) 4　　C) 5　　D) .F.

16. 执行如下命令序列后，显示的结果应该是(　　)。

```
x = 1
y = 2
z = 3
? z = x + y
```

A) 3　　B) x+y　　C) .T.　　D) .F.

17. 设当前打开的“学生”表中含有字段 SNO，系统中有一内存变量的名称也为 SNO，则？SNO 显示的结果是(　　)。

A) 内存变量 SNO 的值　　B) 字段变量 SNO 的值

C) 错误信息　　D) 与该命令之前的状态有关

18. 执行如下命令序列后，显示的结果应该是(　　)。

```
d = 5>6
? VARTYPE(d)
```

A) L　　B) C　　C) N　　D) D

19. 有如下赋值语句：a=“计算机”，b=“微型”，结果为“微型机”的表达式是(　　)。

A) b+LEFT(a,3)　　B) b+RIGHT(a,1)

C) b+LEFT(a,5,2)　　D) b+RIGHT(a,2)

20. 在 Visual FoxPro 中，有如下内存变量赋值语句。

```
X = {^2001-07-28 10:15:20PM}
Y = .F.
M = 5123.45
N = $123.45
Z = "123.24"
```

执行上述赋值语句之后，内存变量 X、Y、M、N 和 Z 的数据类型分别是(　　)。

A) D、L、N、Y、C　　B) T、L、N、Y、C　　C) T、L、N、M、C　　D) T、L、N、Y、S

21. 设 a=“计算机等级考试”，结果为“考试”的表达式是(　　)。

A) Left(a,4)　　B) Right(a,4)　　C) Left(a,2)　　D) Right(a,2)

22. 命令？LEN(REPLICATE(SPACE(2), 3))的结果是(　　)。

A) 6　　B) 2　　C) 3　　D) 5

23. 若要从字符串“工商学院”中取出汉字“商”来，应该用函数(　　)。

A) SUBSTR(“工商学院”, 2, 1)　　B) SUBSTR(“工商学院”, 2, 2)

C) SUBSTR(“工商学院”, 3, 1)　　D) SUBSTR(“工商学院”, 3, 2)

24. 逻辑运算符从高到低的运算优先级是(　　)。

A) NOT、OR、AND　　B) NOT、AND、OR

C) AND、NOT、OR　　D) OR、AND、NOT

25. 下列 4 个表达式中，运算结果类型为数值型的是(　　)。

A) 20+28=58　　B) "30"+"28"

C) {^2012-12-31}-10　　D) LEN(SPACE(3))-1

第4章 数据表的基本操作

数据表是构成数据库的基本元素之一，是数据库中数据组织与存储的基本单元。数据表的操作是 Visual FoxPro 数据库所有操作的基础，是任何一个关系型数据库管理系统最基本、最核心的工作之一。在 Visual FoxPro 中，一个数据库可以包含若干个表，包含在数据库中的表称为数据库表，不包含在数据库中的表称为自由表。使用自由表还是数据库表来保存要管理的数据，取决于管理的数据之间是否有关系以及关系的复杂程度。如果用户要保存的数据关系比较简单，使用自由表就够了，如果要保存的数据关系比较复杂，需要多个表，表和表之间又相互关联，就需要使用数据库表。

4.1 创建自由表

数据表是由表结构和数据记录两部分组成，若要创建一个数据表，首先需要设计和建立表结构，然后输入其中的数据记录。

4.1.1 设计表结构

创建一个数据表时，首先需要对所处理的对象进行调查与分析，然后根据需要设计一张二维表。一个数据表往往保存的是有关某一个主题的信息，按列(字段)存放主题中不同类型的信息(姓名，性别等)，按行(记录)描述该主题“某一实体”的全部信息(如某一个学生的数据)。表 4-1 是学生成绩管理中常用学生基本信息表。

表 4-1 学生基本信息表

学号	姓名	性别	入学成绩	出生日期	专业班级	团员	备注	照片
201220001	张三	男	500.0	1991-11-12	会计 01	是		
201224002	王琳	女	486.5	1991-11-12	计算机 01	是		
201214003	马兵	男	474.0	1990-11-04	会计 01	是	党员	
201214022	王小小	女	465.0	1992-12-12	会计 01	是		
201223004	张小红	男	455.5	1990-11-05	计算机 01	是		
201223010	李正宇	男	493.5	1990-11-12	计算机 01	是		
201201008	刘小婷	女	495.0	1992-11-01	会计 01	否		

续表

学号	姓名	性别	入学成绩	出生日期	专业班级	团员	备注	照片
201202005	刘玉琴	女	494.5	1990-11-06	计算机 01	是	三好学生	
201201006	周明	男	501.0	1990-11-07	会计 01	否		
201222007	刘莉	女	502.5	1991-11-08	计算机 01	是		
201201009	唐小虹	女	492.0	1990-11-11	会计 02	是		
201202022	易浩山	男	486.5	1990-12-11	计算机 01	是		
201201021	李进亮	男	483.5	1993-11-23	会计 02	是		
201202011	彭小兵	男	505.0	1990-10-10	计算机 01	是	优秀青年	
201201012	欧阳小华	男	506.0	1991-10-20	会计 02	是		
201202013	李强	男	502.5	1991-11-11	计算机 01	否		
201201014	付晓	女	498.0	1992-10-03	会计 01	是		
201202015	张宝	男	493.0	1991-10-10	计算机 01	是		

实际上，表结构的设计是指设计一个表中需要包含哪些字段，每个字段的字段名、字段类型、字段长度和小数位数以及是否允许为 NULL(空)值等。

(1) 字段名

字段名是字段的标识(又称为字段变量)，表中的每一列都应该有一个唯一的字段名，表的很多操作都是通过字段名来访问表中的数据。字段名要以汉字或字母开头，后面跟若干个字母、汉字、数字或下画线，但不允许包含空格；字段名的定义最好与字段所存放的数据属性相符。另外，自由表的字段名长度不能超过 10 个字符，系统规定数据库表中的字段名长度不能超过 128 个字符。

(2) 字段类型和宽度

字段类型决定存储在字段中数据的类型，应根据需要保存数据的特点以及需要对该数据进行的运算进行设置。同样的字段类型通过宽度限制可以决定存储的数据的数量或精度，字段宽度应按照保证能够存放所有记录相应字段数据的最大宽度为原则，没有必要设置得太宽。在 Visual FoxPro 6.0 中，数据表中允许使用的字段类型共有 13 种，如表 4-2 所示。

表 4-2 Visual FoxPro 6.0 字段类型和宽度的有关说明

字段类型	类型代号	宽度	说明	范围
字符型	C	1～254	存放字符数据	任意字符
二进制字符型	C	1～254	任意不经过代码页修改而维护的字符数据	任意字符
数值型	N	宽度＝整数位数＋1(小数点)＋小数位数	存放数值数据，数值可包含小数	$-0.9999999999\times10^{19}$～$0.9999999999\times10^{20}$
整型	I	4	存放整型数据	－2147483647～147483647～
浮点型	F	同数值型	同数值型	同数值型

续 表

字段类型	类型代号	宽度	说明	范围
双精度型	B	8	双精度浮点数	负数：$-4.94065645841247\times10^{324}$～$-8.9884656743115\times10^{-307}$ 正数：$8.9884656743115\times10^{-307}$～$4.94065645841247\times10^{324}$
货币型	Y	8	存放货币数据	－922337203685477.5808～922337203685477.5807
日期型	D	8	存放日期数据	01/01/0001～12/31/9999
日期时间型	T	8	存放日期时间型数据	01/01/0001 00:00:00 am～12/31/9999 11:59:59 pm
逻辑型	L	1	存放逻辑数据	真——.T.　假——.F.
备注型	M	4	存放内容在.fpt文件中的位置	仅受内存空间的限制
二进制备注型	M	4	任意不经过代码页修改而维护的备注数据	仅受内存空间的限制
通用型	G	4	OLE 对象数据	仅受内存空间的限制

(3) NULL 值

它表示该字段的数据是否允许输入空值。空值也是关系数据库中的一个重要概念，在数据表中可能会遇到尚未存储数据的字段，这时的空值与空（或空白）字符串、数值 0 等具有不同的含义，空值就是缺值或还没有确定值，不能把它理解为任何意义的数据。若数据表中某个字段的数据无法知道确切的数据，可以先设置为 NULL 值，以后再输入有实际意义的数据，例如表示价格的一个字段数据，空值表示没有定价，而数值 0 可能表示免费。一个字段是否允许为空值与实际应用有关，比如作为关键字的字段是不允许为空值的，而那些在插入记录时允许暂缺的字段值往往允许为空值。

例如，通过观察表 4-1 中数据的特点以及这些数据可能需要的运算，则该表结构的设计如表 4-3 所示。

表 4-3　学生基本信息表结构

字段名	字段类型	字段宽度	小数位数	是否为空
学号	字符型(C)	9	—	否
姓名	字符型(C)	8	—	否
性别	字符型(C)	2	—	否
入学成绩	数值型(N)	5	1	否
出生日期	日期型(D)	8	—	否
专业班级	字符型(C)	8	—	否
团员	逻辑型(L)	1	—	否
备注	备注型(M)	4	—	是
照片	通用型(G)	4	—	是

4.1.2 创建表结构

在 Visual FoxPro 中创建表的结构有两种方法：一是利用表设计器；二是利用表向导。利用表设计器是最常用的方法。其操作步骤如下。

1. 打开表设计器

Visual FoxPro 中，打开表设计器有以下三种方法。

(1) 打开“文件”菜单，单击“新建”命令，弹出“新建”对话框，选中“表”单选按钮，再单击“新建文件”按钮，如图 4-1 所示，弹出“创建”对话框，如图 4-2 所示。在“创建” 对话框中，选定目录为 D:\example，输入表名“学生”，数据表文件的默认扩展名为.dbf，然后单击“保存”按钮，弹出“表设计器”对话框，如图 4-3 所示 。

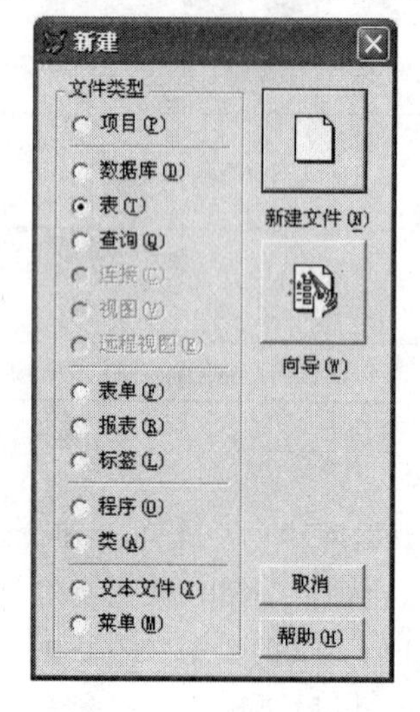

图 4-1 “新建”对话框

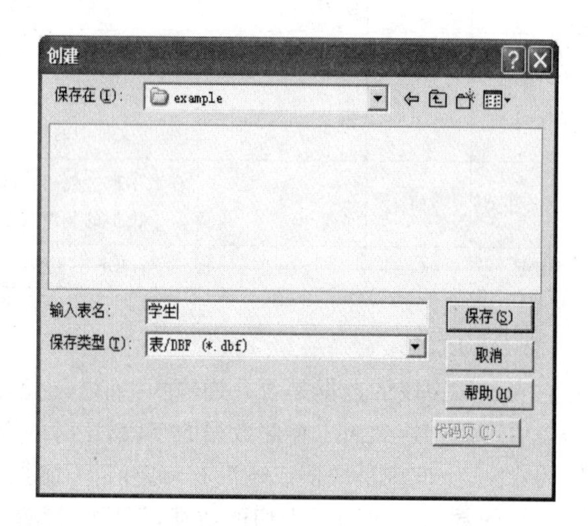

图 4-2 “创建”对话框

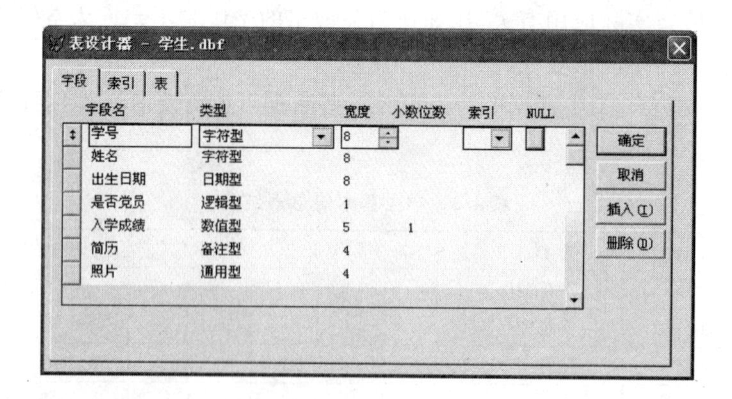

图 4-3 “表设计器”对话框

(2) 用命令的方式打开表设计器

打开表设计器命令格式：CREATE [<数据表名>|?]

<数据表名>：需要建立的数据表名称，在数据表名前如果指定了目录，则将数据表文件保存在指定的目录中，如果不指定目录，则将数据表文件保存在默认的工作目录中；如果

不给出数据表名或使用问号“?”,则弹出“创建”对话框,请用户输入数据表的名称和选择保存数据表文件目录。

(3) 从项目管理器中打开表设计器

打开需要建立自由表的项目管理器,切换到“数据”选项卡,选择“自由表”,单击“新建”按钮,弹出“新建表”对话框,在该对话框中单击“新建表”按钮,则弹出“创建”对话框,请用户输入数据表的名称和选择保存数据表文件目录。

2. 设置表字段

如图 4-3 所示的“表设计器”窗口包含“字段”、“索引”和“表”3 个选项卡,其中“字段”选项卡主要用于表中字段的设置,其操作过程如下。

(1) 输入字段名称:单击“字段”选项卡的“字段名”列下的空白文本框,输入第一字段的字段名。

(2) 设置字段数据类型:按 Tab 键或用鼠标单击把插入点移到“类型”列,从下拉列表框中选择字段类型。

(3) 设置字段宽度:按 Tab 键或用鼠标单击把插入点移到“宽度”列,设置字段宽度。

(4) 设置字段小数位数:如果字段类型为数值型、浮点型、双精度型,按 Tab 键或用鼠标单击把插入点移到“小数位数”列,设置小数的位数。

(5) 设置字段 NULL 属性:按 Tab 键或用鼠标单击把插入点移到“NULL”列,设置字段是否可以接受空值,单击“NULL”列出现“√”时,表示该字段可以接受 NULL 值,再一次单击,“√”消失,表示该列不能接受 NULL 值。

(6) 按 Tab 键转入下一行“字段名”列的空白方框,按同样的方法设置其他各个字段。

4.1.3　向表中输入数据

当表中各个字段设置结束后,单击“表设计器”窗口中的“确定”按钮,就会弹出如图 4-4 所示的询问是否要输入数据的对话框。单击“否”按钮,则关闭表设计器,暂时不输入数据,建立一个只有结构而没有数据的空表。若单击“是”按钮,则进入数据记录输入窗口。

图 4-4　“是否输入数据记录”对话框

在向数据表输入数据记录时,可以通过“编辑”和“浏览”两种形式输入数据。这两种形式可以通过“显示”主菜单下的“编辑”和“浏览”命令进行切换,“编辑”形式输入数据记录的窗口如图 4-5 所示,“浏览”形式输入数据记录的窗口如图 4-6 所示。

“编辑”形式输入数据窗口中,每个字段占一行,“浏览”形式输入数据窗口中,每个记录占一行。输入完一个字段数据后按回车键、“Tab”键或输入数据超过字段宽度时自动将光标移动到下一个字段处，等待用户继续输入。输入完一条记录后，立即出现下一条记录输入框。在输入数据记录过程中，应注意以下几点。

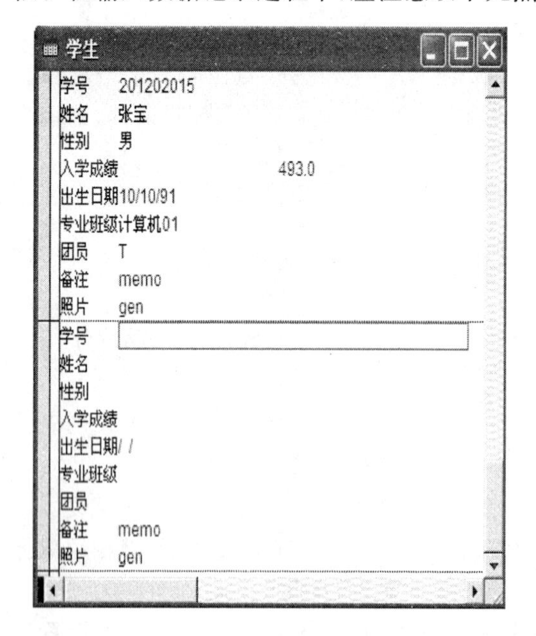

图 4-5 “编辑”形式输入数据

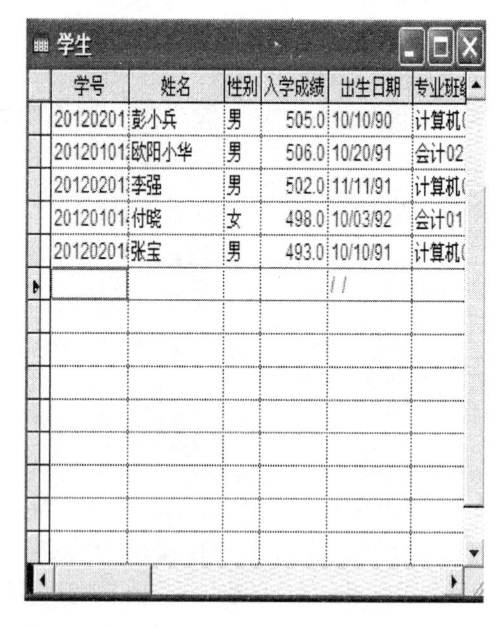

图 4-6 “浏览”形式输入数据

(1) 输入数据的类型、宽度、取值范围必须与该字段已设定的一致，否则系统拒绝接受。

(2) 输入日期时，可按系统默认的“mm/dd/yy”格式输入，若要采用其他格式，需要执行 SET DATE TO 和 SET CENTURE 命令进行设置。

(3) 通用型和备注型字段的内容输入方法是双击字段后的“gen”和“memo”，或是把光标移到“gen”和“memo”上按“Ctrl＋PageUp(PageDown)”键，打开相应的输入窗口，如图 4-7所示。备注型字段的内容可直接输入与修改，最大长度可达 64 KB。通用型字段的数据可以通过剪贴板，也可以通过“插入对象”的方法来插入各种 OLE 对象。例如，若要输入照片字段数据，则需要将照片以文件(OLE 对象)的形式保存，在打开通用型字段数据输入窗口时，执行“编辑”菜单下的“插入对象”，即可弹出“插入对象”对话框，选择或创建插入到字段中的对象，如图 4-8 所示。选择“由文件创建”单选按钮，并单击“浏览”按钮，然后在打开的“浏览”对话框中选择需要插入的照片文件后，单击“确定”按钮即可完成 OLE 对象的输入。内容输入完毕后单击“关闭”按钮或按“Ctrl＋W”键即可保存输入的内容(若按“Ctrl＋Q”键则不保存输入的内容)，返回到数据记录输入窗口，输入后“gen”和“memo”将分别变为“Gen”和“Memo”。备注型和通用型字段的数据都保存在一个与数据表文件主名相同，但扩展名为. ftp的文件中。

图 4-7 备注型字段数据输入窗口

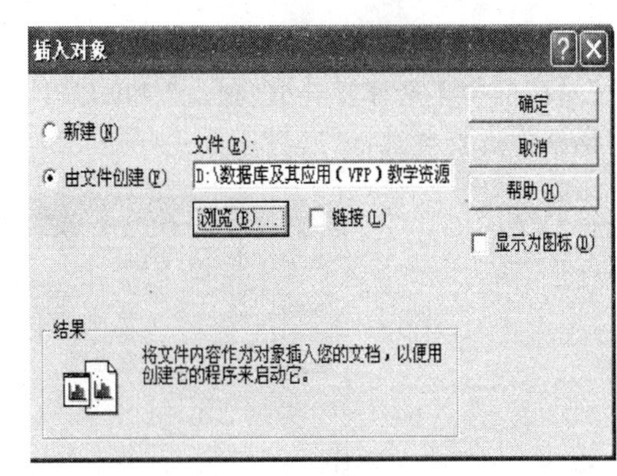

图 4-8 “插入对象”对话框

(4) 若需要在一个字段上输入空值(NULL)，则必须使用组合键“CtrL+O”，或者输入“.NULL.”。

4.2 数据表的基本操作

数据表一旦建立起来以后，可以进行的相应操作包括向表中添加新的数据记录、修改有问题的记录、删除无用的记录、查看记录等。

4.2.1 打开与关闭表

Visual FoxPro 中，若需要对表进行操作时，则首先应打开表，操作完毕后，应及时将表关闭，以保证数据的完整性。

1. 打开表

Visual FoxPro 中，打开一个表常用的方式有以下两种。

(1) 菜单操作方式

选择“文件”菜单下的“打开”选项或单击工具栏上的“打开”按钮，弹出“打开”对话框，如图 4-9 所示。在“文件类型”下拉列表框中选择“表(*.dbf)”，然后选择或在“文件名”文本框后输入表文件名，单击“确定”按钮打开表。在“打开”对话框中还有“以只读方式打开”和“独占”复选框可供选择，“以只读方式打开”即不容许对数据表进行修改，默认的打开方式是读/写方式，即可修改。“独占”方式打开即不允许其他用户在同一时刻也使用该数据表。

(2) 命令操作方式

命令格式：USE <数据表名>|?[<NOUPDATE>|<EXCLUSIVE>|<SHARED>]

<数据表名>：需要打开的数据表名称，可以默认数据表文件扩展名为.dbf，在数据表名前如果指定了目录，则在指定的目录中查找需要打开的数据表名称。如果不指定目录，则在默认的工作目录中查找需要打开的数据表名称。如果找到打开对应的数据表，如果找不到打开的数据库则显示错误的提示信息；如果不指定数据表名或使用问号“?”，则弹出“打开”对话框，请用户选择需要打开数据表的目录和名称。EXCLUSIVE：以独占方式打开表，

与在"打开"对话框中选择复选框"独占"等效;SHARED:以共享方式打开表,等效于在"打开"对话框中不选择复选框"独占";NOUPDATE:指定表按只读方式打开,等效于在"打开"对话框中选择复选框"以只读方式打开"。

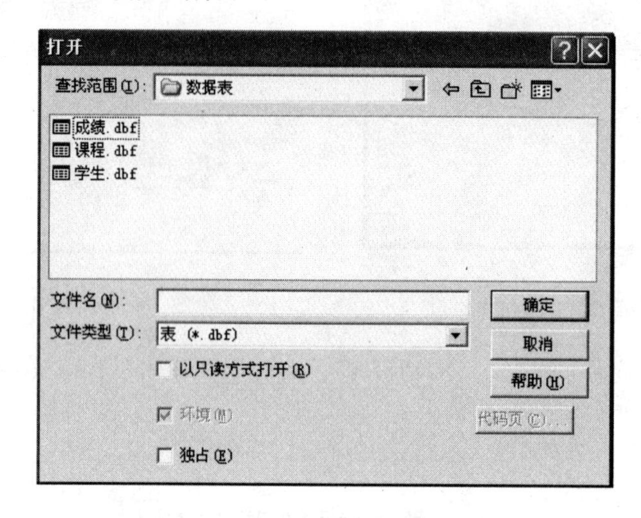

图 4-9 "打开"对话框

[**例 4-1**] 打开数据表。

```
USE  学生                                   && 打开默认工作目录下的"学生"数据表
USE  E:\成绩管理\成绩  NOUPDATE               && 按只读方式打开E:\成绩管理目录中的"成绩"数据表
```

2. 关闭表

Visual FoxPro中,完成表的操作后应及时将其关闭,以确保更新后的内容能安全地保存在表中。关闭打开的表有以下几种常用的方法。

(1) 打开另一个表文件

如果已打开一个表,当打开另一个表文件时,系统自动关闭先前打开的表。

[**例 4-2**] 关闭数据表。

```
USE    学生    && 打开默认工作目录下的"学生"数据表
USE    成绩    && 关闭打开的"学生"表,并打开默认工作目录下的"成绩"数据表
```

(2) 使用不带任何选项的USE命令

命令格式:USE

命令功能:关闭当前已打开的表。

(3) 使用CLOSE命令

命令格式1:Close All

命令功能:关闭各种类型的文件。

命令格式2:Close Database

命令功能:关闭已打开的数据库文件、表文件、索引文件等。

命令格式3:Close Table

命令功能:关闭当前打开的所有表。

(4) 使用QUIT命令

命令格式:QUIT

命令功能：退出 Visual FoxPro 系统，并关闭所有打开的文件，返回操作系统。

4.2.2 表中数据记录的显示

Visual FoxPro 提供了多种方法用于数据表中数据记录的显示与浏览，并且可灵活地设定显示的内容和方法，操作起来非常方便。

1. 使用“浏览”窗口浏览记录

“浏览”窗口是 Visual FoxPro 系统提供的一个重要窗口，主要用于数据表记录的显示与修改。打开“浏览”窗口的方法有多种，常用的方法有以下几种。

(1) 首先打开需要显示数据记录的表，然后从“显示”菜单中选择浏览命令。

(2) 使用命令方式，首先打开需要显示数据记录的表，然后使用 BROWSE 命令。

命令格式：BROWSE [FIELDS ＜字段名表＞] [FOR ＜条件＞]

说明：

FIELDS ＜字段名表＞选项用来指定在浏览窗口中显示的字段，各字段名之间用逗号分隔，若缺省则系统默认为显示当前表中的全部字段。

FOR ＜条件＞短语用来指定显示的记录应满足的条件，若缺省系统默认为显示全部记录。

(3) 在项目管理器中“数据”选项卡中展开至表，并且选择需要显示数据记录的表，然后单击“浏览”按钮，如图 4-10 所示。

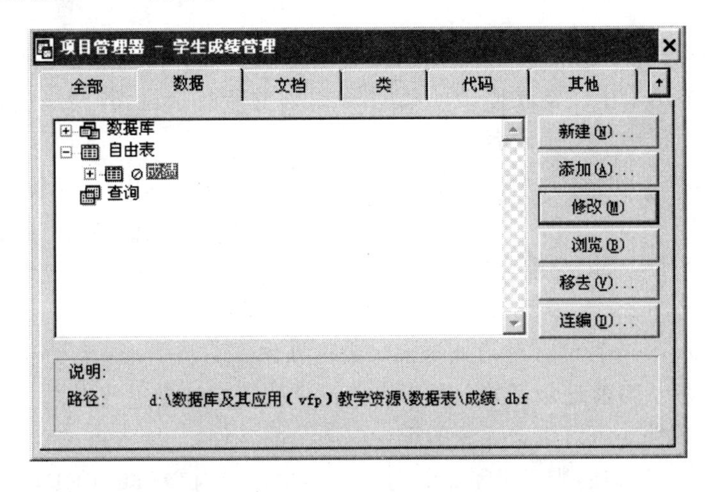

图 4-10 在项目管理器中打开表

[**例 4-3**] 显示“学生”所有学生的记录。

```
USE   学生         && 打开“学生”表
BROWSE             && 结果如图 4-11 所示
```

[**例 4-4**] 显示学生中男学生的学号、姓名、性别和专业班级字段信息。

```
USE   学生                                          && 打开“学生”表
BROWSE  FIELDS 学号,姓名,性别,专业班级  FOR 性别 ="男"   && 结果如图 4-12 所示
```

学号	姓名	性别	入学成绩	出生日期	专业班级	团员	备注	照片
201220001	张三	男	500.0	11/12/91	会计01	T	Memo	Gen
201224002	王琳	女	486.0	11/12/91	计算机01	T	memo	Gen
201214003	马兵	男	474.0	11/04/90	会计01	F	memo	gen
201214022	王小小	女	465.0	12/12/92	会计01	T	memo	gen
201223004	张小红	男	455.0	11/05/90	计算机01	T	memo	gen
201223010	李正宇	男	493.0	11/12/90	计算机01	F	memo	gen
201201008	刘小婷	女	495.0	11/01/92	会计01	T	memo	gen
201202005	刘玉琴	女	494.0	11/06/90	计算机01	F	Memo	gen
201201006	周明	男	501.0	11/07/90	会计01	F	memo	gen
201222007	刘莉	女	502.0	11/08/91	计算机01	T	memo	gen
201201009	唐小虹	女	492.0	11/11/90	会计02	F	memo	gen
201202022	易浩山	男	486.0	12/11/90	计算机01	T	memo	Gen
201201021	李进亮	男	483.0	11/23/93	会计02	F	memo	gen
201202011	彭小兵	男	505.0	10/10/90	计算机01	F	memo	gen
201201012	欧阳小华	男	506.0	10/20/91	会计02	T	memo	gen
201202013	李强	男	502.0	11/11/91	计算机01	T	memo	gen
201201014	付晓	女	498.0	10/03/92	会计01	F	memo	gen
201202015	张宝	男	493.0	10/10/91	计算机01	T	memo	gen

图 4-11　浏览窗口结果一

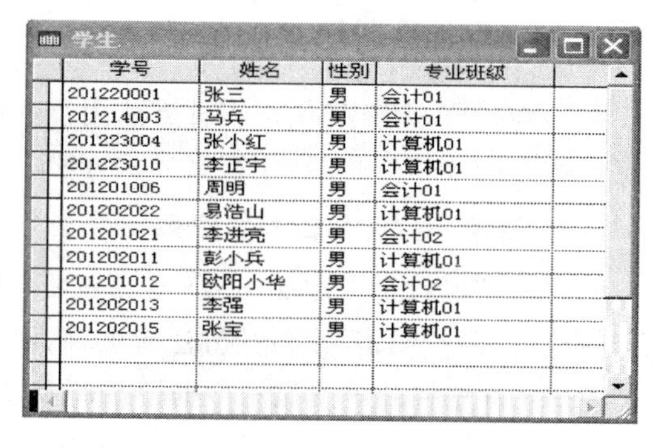

学号	姓名	性别	专业班级
201220001	张三	男	会计01
201214003	马兵	男	会计01
201223004	张小红	男	计算机01
201223010	李正宇	男	计算机01
201201006	周明	男	会计01
201202022	易浩山	男	计算机01
201201021	李进亮	男	会计02
201202011	彭小兵	男	计算机01
201201012	欧阳小华	男	会计02
201202013	李强	男	计算机01
201202015	张宝	男	计算机01

图 4-12　浏览窗口结果二

若记录较多，"浏览"窗口内不能全部显示出来时，可以通过窗口的滚动条或按 PageDown、PageUp 等键上下翻页查看。

2. 窗口工作区显示记录

执行 Visual FoxPro 的 LIST 或 DISPLAY 命令，可以在 Visual FoxPro 主窗口工作区中以列表的方式显示表中的数据记录。

命令格式：LIST|DISPLAY [[FIELDS] ＜字段名表＞] [＜范围＞] [FOR ＜条件＞] [OFF][TO PRINTER]

说明：

(1) [FIELDS] ＜字段名表＞]短语指定要显示的字段，各字段名之间用逗号分隔，若缺省则系统默认显示表中除备注型、通用型字段以外的所有字段，若要显示备注型字段，则必须在 FIELDS 短语中指定字段名。

(2) ＜范围＞短语指定显示记录的范围。在 Visual FoxPro 中，＜范围＞短语一般有以下 4 种选择。

① ALL 表示对所有记录进行操作。

② NEXT ＜n＞表示对从当前记录开始向下的 n 条记录进行操作。

③ RECORD ＜n＞表示只对第 n 条记录进行操作。

④ REST 表示从当前记录开始到最后一条记录的所有记录进行操作。

(3) FOR ＜条件＞短语指定显示的记录应满足的条件，若缺省系统默认为全部记录。

(4) 若使用 OFF 选项，则不显示记录号而只显示记录内容；TO PRINTER 短语表示将结果送往打印机打印输出。

(5) LIST 和 DISPLAY 的主要区别在于：若＜范围＞和 FOR ＜条件＞均缺省，LIST 显示所有记录，DISPLAY 仅显示当前记录；若记录很多，一页显示不下时，LIST 连续显示，DISPLAY 分页显示。

[例 4-5]　显示计算机 01 班女学生的记录。

```
USE 学生                                           && 打开"学生"表
DISPLAY                                            && 显示当前记录，即第 1 条记录
LIST                                               && 显示全部的记录
LIST  FOR 性别 ="女" and  专业班级 ="计算机 01"     && 结果如图 4-13 所示
```

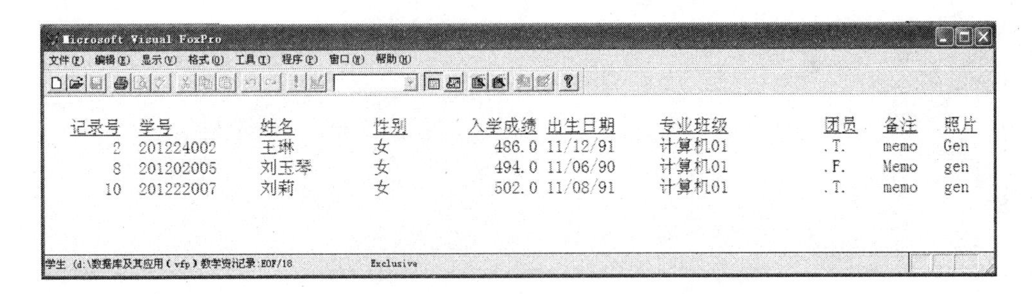

记录号	学号	姓名	性别	入学成绩	出生日期	专业班级	团员	备注	照片
2	201224002	王琳	女	486.0	11/12/91	计算机01	.T.	memo	Gen
8	201202005	刘玉琴	女	494.0	11/06/90	计算机01	.F.	Memo	gen
10	201222007	刘莉	女	502.0	11/08/91	计算机01	.T.	memo	gen

图 4-13 窗口工作区显示数据记录结果一

［**例 4-6**］ 显示入学成绩高于 500 分学生的学号、姓名、专业班级和入学成绩字段数据。

```
USE 学生                                                    && 打开“学生”表
LIST FIELDS 学号，姓名，专业班级，入学成绩 FOR 入学成绩>500      && 结果如图 4-14 所示
```

记录号	学号	姓名	专业班级	入学成绩
9	201201006	周明	会计01	501.0
10	201222007	刘莉	计算机01	502.0
14	201202011	彭小兵	计算机01	505.0
15	201201012	欧阳小华	会计02	506.0
16	201202013	李强	计算机01	502.0

图 4-14 窗口工作区显示数据记录结果二

［**例 4-7**］ 显示第 1 条记录到第 10 条记录。

```
USE 学生        && 打开数据表并将记录指针定位在第 1 条上
LIST NEXT 10   && 结果如图 4-15 所示
```

记录号	学号	姓名	性别	入学成绩	出生日期	专业班级	团员	备注	照片
1	201220001	张三	男	500.0	11/12/91	会计01	.T.	Memo	Gen
2	201224002	王琳	女	486.0	11/12/91	计算机01	.T.	memo	Gen
3	201214003	马兵	男	474.0	11/04/90	会计01	.F.	memo	gen
4	201214022	王小小	女	465.0	12/12/92	会计01	.T.	memo	gen
5	201223004	张小红	男	455.0	11/05/90	计算机01	.T.	memo	gen
6	201223010	李正宇	男	493.0	11/12/90	计算机01	.F.	memo	gen
7	201201008	刘小婷	女	495.0	11/01/92	会计01	.T.	memo	gen
8	201202005	刘玉琴	女	494.0	11/06/90	计算机01	.F.	Memo	gen
9	201201006	周明	男	501.0	11/07/90	会计01	.F.	memo	gen
10	201222007	刘莉	女	502.0	11/08/91	计算机01	.T.	memo	gen

图 4-15 窗口工作区显示数据记录结果三

［**例 4-8**］ 显示第 8 条记录以后所有女学生的记录。

```
USE 学生                  && 打开“学生”表
    GO 8                  && 将第 8 条记录作为当前记录
LIST REST FOR 性别="女"    && 结果如图 4-16 所示
```

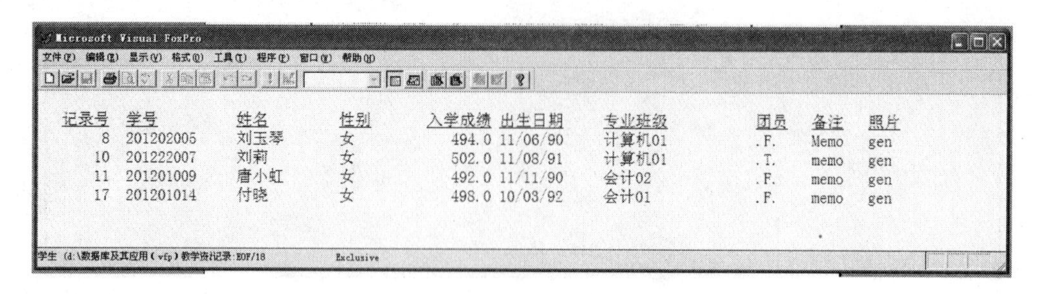

图 4-16 窗口工作区显示数据记录结果四

4.2.3 显示和修改表结构

1. 显示表结构

Visual FoxPro 中，有以下两种方式显示表结构。

(1)“表设计器”窗口中显示表结构

打开数据表后，执行“显示”菜单下的“表设计器”命令，则系统自动打开“表设计器”窗口，并将当前打开的数据表的结构显示在窗口中。

(2) 命令方式显示表结构

命令格式：LIST|DISPLAY STRUCTURE

说明：

(1) 命令执行之前，若没有表文件打开，则系统将显示“打开”对话框，选择要打开的表。

(2) 若字段较多，一页显示不下，LIST 连续显示信息直到显示完毕为止；DISPLAY 则采用分页显示信息，即显示一屏信息后暂停，按任意键或单击鼠标继续显示后面的内容。

[**例 4-9**] 显示“学生”表结构。

```
USE   学生                                  && 打开“学生”表
LIST STRUCTURE                              && 结果如图 4-17 所示
```

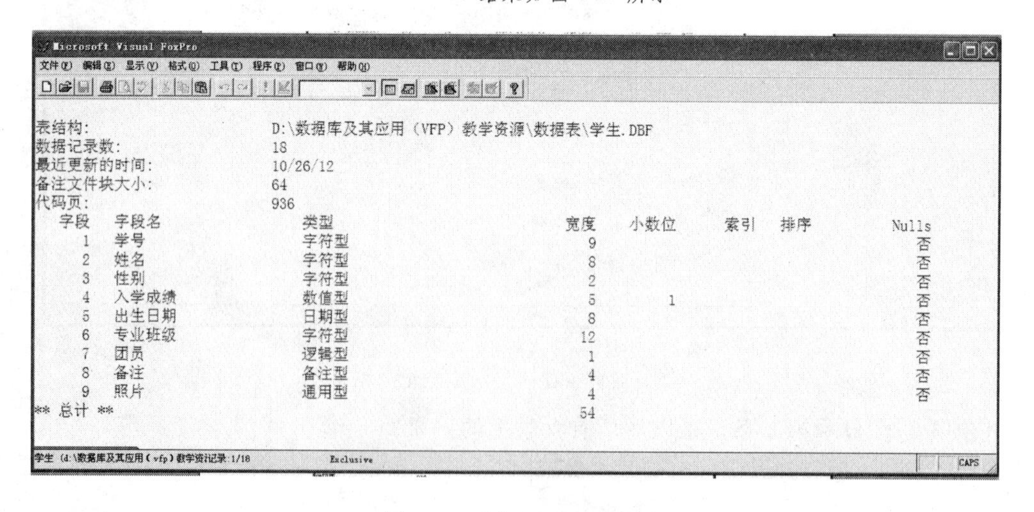

图 4-17 “学生”表的结构

注意：从显示的结构信息中可以看出，字段宽度的总计数目比各字段宽度之和大 1，这是因为系统保留了一个字节用来存放逻辑删除标记。

(3) 在项目管理器中"数据"选项卡中展开至表,并且选择需要修改表结构的数据表,然后单击"修改"命令按钮,则系统自动打开"表设计器"窗口,并将选择的数据表结构显示在窗口中。

2. 修改表结构

在 Visual FoxPro 中,表结构可以任意修改:可以增加、删除字段,可以修改字段名、字段类型、字段的宽度,可以建立、修改、删除索引等。表结构的修改要在表设计器中进行,有以下三种方式打开某个数据表的设计器。

(1) 打开数据表后,执行"显示"菜单下的"表设计器"命令,则系统自动打开"表设计器"窗口。

(2) 打开数据表后,执行 MODIFY STRUCTURE 命令,则系统自动打开"表设计器"窗口。

(3) 在项目管理器的"数据"选项卡中展开至表,并且选择需要修改表结构的数据表,然后单击"修改"按钮,则系统自动打开"表设计器"窗口。

修改表结构和建立表时的表设计器界面完全一样,可以进行的修改操作包括以下几项。

(1) 修改已有字段

用户可以直接修改字段的名称、类型、宽度。

(2) 增加新字段

如果要在原有的字段后增加新的字段,则直接将光标移动到最后,然后输入新的字段名、定义类型和宽度等。如果要在原有的字段中间插入新字段,则首先将光标定位在要插入新字段的位置,然后单击"插入"按钮,这时会插入一个新字段,随后输入新的字段名、定义类型和宽度等。

(3) 删除不用的字段

如果要删除某个字段,首先将光标定位在要删除的字段上,然后单击"删除"按钮。

(4) 调整字段的顺序

如果要修改某个字段的顺序,首先单击字段左边的按钮,按住鼠标左键向下或向上拖动鼠标到某个位置松开鼠标即可。

修改完毕后,单击"确定"按钮,系统会给出一个如图 4-18 所示的提示对话框,以确认进行的修改。

图 4-18 提示确认对话框

4.2.4 增加记录

在 Visual FoxPro 中,有两种增加记录的方式:一是追加记录,二是插入记录。追加记录是指在表的末尾添加一条或多条记录;插入记录是指在某条记录的前面或后面添加一条或多条记录。

1. 从键盘上追加记录

Visual FoxPro 中,有以下两种方式从键盘上追加记录。

(1) 菜单方式

先打开需要追加记录的数据表,再打开“浏览”窗口,然后执行“显示”菜单下的“追加方式”或“表”菜单下的“追加新记录”,则“浏览”窗口中自动添加一条空白记录,等待输入记录数据。

执行“显示”→“追加方式”或“表”→“追加新记录”操作的区别在于:前者可连续追加多条记录,每条记录输入完成后,自动出现新记录的输入行;而后者每输入一条记录后,若要输入下一条记录则须再执行一次操作或按“Ctrl+Y”组合键。

(2) 命令方式

命令格式:APPEND [BLANK]

说明:

(1) 命令中若没有 BLANK 选项,则打开记录输入窗口(编辑窗口),可以在表的末尾连续追加多条数据记录。

(2) 若有可选项 BLANK,只是在表的末尾追加一条空白记录,并不打开记录编辑窗口,记录指针指向这条空记录,然后再将这条记录的值修改成需要的内容。

[**例 4-10**] 在“学生”表的末尾追加多条记录。

```
USE 学生                     && 打开“学生”表,使之成为当前表
APPEND                       && 打开编辑窗口,输入追加多条记录
```

2. 从其他表文件中追加记录

Visual FoxPro 支持将已经保存在另外一个数据表(源表)中的数据记录追加到当前表(目标表)末尾的操作。有以下两种方式从其他文件中追加记录:

(1) 菜单方式

① 打开需要追加记录的表(目标表),执行“显示”菜单的“浏览”命令后,再执行“表”菜单中的“追加记录…”命令,则弹出如图 4-19 所示的“追加来源”对话框。

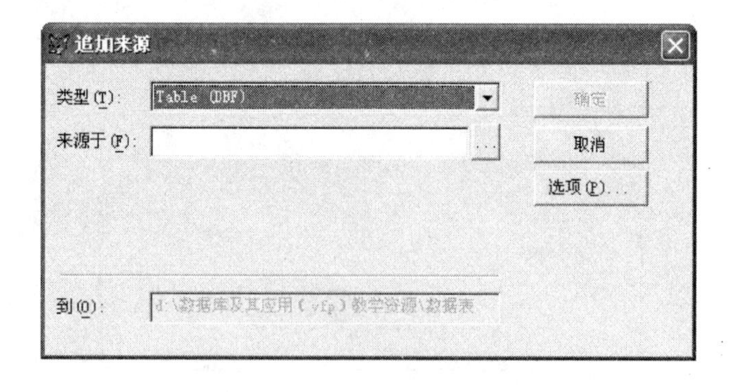

图 4-19 “追加来源”对话框

② 在“追加来源”对话框中的“类型”下拉列表框中选择“Table(DBF)”文件类型,在“来源于”栏中输入或选择源表。

③ 单击“确定”按钮即可将源表中的多条记录追加到当前打开的数据表中。

若有选择性的追加源表中的某些字段或某些记录，则可以单击“追加来源”对话框中的“选项”按钮，弹出“追加来源选项”对话框，如图4-20所示。单击“字段…”和“For…”按钮打开相应的对话框，选择或指定追加的字段和追加的记录应满足的条件。

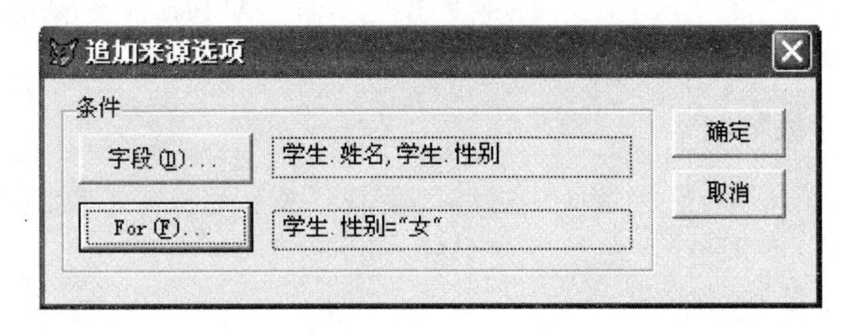

图4-20　“追加来源选项”对话框

(2) 命令方式

命令格式：APPEND　FROM＜源数据表名＞[FIELDS＜字段名表＞][FOR＜条件表达式＞]

功能：将＜源数据表名＞指定的源表中的记录追加到当前打开的数据表中。

说明：

(1) 执行该命令之前，必须先打开目标表，而源表则不需要打开。

(2) 若有FIELDS＜字段名表＞选项，则只将源表中通过＜字段名表＞中指定的字段数据追加到当前表中，缺省该选项，则将源表中与当前表中所有相同的字段数据追加到当前表中；若有FOR＜条件表达式＞选项，则只将源表中满足＜条件表达式＞的记录追加到当前表中，缺省该选项，则将源表中所有记录都追加到当前表中。

[例4-11]　将“成绩.dbf”表中所有女学生的学号、姓名、性别和专业班级字段数据追加到“学生.dbf”表，操作命令如下：

```
USE  学生   && 打开目标表使之成为当前表
APPEND  FROM  成绩  FIELDS 学号,姓名,性别,专业班级  FOR  性别="女"
```

从其他表文件中追加记录时应注意以下几点：

(1) 源表中的字段至少要有一个与当前表(目标表)的字段同名、同类型，否则将不能追加。

(2) 若当前表中的字段有不同于源表中的字段，则不同于源表的字段数据为空。

3. 插入记录

使用INSERT命令可以向当前打开的表中插入新记录，命令格式：

```
INSERT [BEFORE] [BLANK]
```

说明：

(1) 若有BEFORE选项，则在当前表当前记录之前插入一条新记录，否则在当前表当前记录之后插入一条新记录。

(2) 若有BLANK选项则仅插入一条空白记录，并不立即进入新记录数据的输入状态，否则立即打开新记录的编辑窗口，输入新记录中的数据。

[例4-12]　在当前记录之后插入记录。

```
USE 学生                        && 打开“学生”表，使之成为当前表
INSERT                          && 在“学生”第1条记录之后插入新记录
```

［例 4-13］ 在当前记录之前插入记录。

```
USE 学生                        && 打开"学生"表,使之成为当前表
INSERT BEFORE BLANK             && 在"学生"表第 1 条记录之前插入一条空记录
```

注意:如果在表上建立的主索引或候选索引,则不能用 APPEND 和 INSERT 命令插入记录,而应用 SQL 命令插入记录。索引的概念将在后面章节中介绍。

4.2.5 数据表的复制

在数据管理的实际应用中,数据表的复制是保证数据安全、提高效率的有效措施之一。为了满足用户的这些需求,Visual FoxPro 提供了相应的操作命令。

1. 复制部分记录或整个表

使用 COPY TO 命令可以将当前表的全部或部分记录复制到指定的新数据表中。

命令格式:COPY TO ＜新数据表名＞［＜范围＞］［FOR ＜条件表达式＞］［FIELDS ＜字段名表＞］

说明:

(1) 执行 COPY 命令之前,必须打开要被复制的表(源表),命令执行之后复制的新数据表处于未打开的状态,需要打开之后才能对其进行操作。

(2) 若 FIELDS ＜字段名表＞选项缺省,则新表的结构与源表(当前表)的一致,否则新数据表中仅包含由 FIELDS ＜字段名表＞指定的部分字段。

(3) 新数据表(目标表)的数据记录由＜范围＞短语和 FOR＜条件表达式＞短语指定,若缺省则默认包含全部记录。

［例 4-14］ 将"学生"表中所有女学生的学号、姓名、性别、专业班级字段数据复制到 D:\"女学生"新表中,命令操作如下:

```
USE    学生                                  && 打开学生表使之成为当前表
COPY TO  D:\女学生   FIELDS 学号,姓名,性别,专业班级  FOR  性别 ="女"
USE  D:\女学生                               && 打开"女学生"表使之成为当前表
BROWSE                                       && 显示"女学生"表中数据,结果如图 4-21 所示
```

女学生

学号	姓名	性别	专业班级
201224002	王琳	女	计算机01
201214022	王小小	女	会计01
201201008	刘小婷	女	会计01
201202005	刘玉琴	女	计算机01
201222007	刘莉	女	计算机01
201201009	唐小虹	女	会计02
201201014	付晓	女	会计01

图 4-21 "女学生"表中数据

2. 复制表的结构

若只想新建一个与当前表结构相同或类似,但没有任何记录的表,则可以使用表结构复制命令操作,快速创建一个只有表结构而没有任何记录的表,从而提高表的创建效率。

命令格式：COPY STRUCTURE TO ＜新表文件名＞［FIELDS ＜字段名表＞］

说明：若有 FIELDS ＜字段名表＞选项，则新表中只包含＜字段名表＞中出现的字段；若缺省该选项，则新表的结构与当前表的结构完全相同。

［**例 4-15**］　在 D:\下创建一个包含学号、姓名、出生日期、专业班级字段（这些字段与“学生”表中字段完全相同）的“男生表”，并且该表中不包含任何数据，命令操作如下：

```
USE    学生                && 打开学生表使之成为当前表
COPY STRUCTURE TO D:\男学生  FIELDS  学号,姓名,出生日期,专业班级
&& 将当前表中学号,姓名,出生日期,专业班级字段复制到“D:\男学生”新数据表中
&& 作为该数据表的字段
USE D:\男学生               && 打开“男学生”表使之成为当前表
LIST  STRUCTURE            && 显示“男学生”表的结构,结果如图 4-22 所示
```

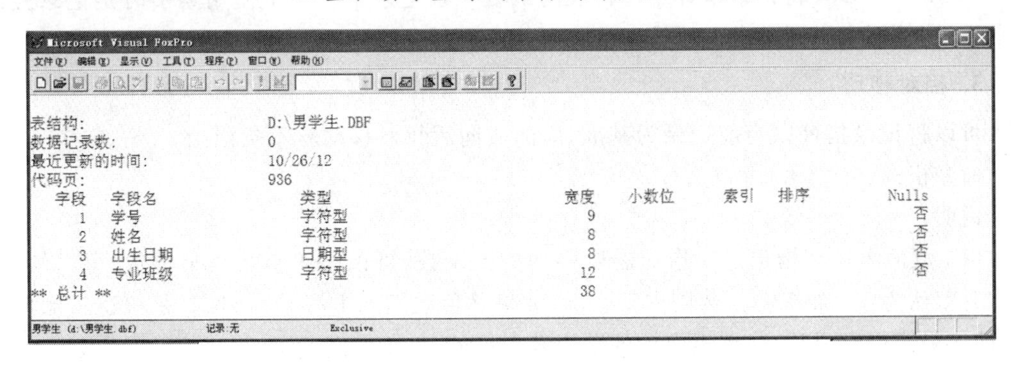

图 4-22　“男学生”表的结构

4.2.6　记录定位

Visual FoxPro 中，每打开一个表，系统就为它设置一个记录指针，记录指针总是指向数据表中的某一条记录、文件头（BOF）或文件尾（EOF），并可以随着命令的执行改变指向的位置。记录指针指向某一条记录时，该记录就被称为当前记录。

文件头（BOF）和文件尾（EOF）是表中的两个特殊的位置。BOF 处于表中第一条记录之前，记录号为 1，可以用函数 BOF()测试记录指针是否指向文件头，当函数值为.T.时记录指针指向文件头，当函数值为.F.时记录指针不指向文件头；EOF 处于表中最后一条记录之后，记录号为总记录数加 1，可以用函数 EOF()测试记录指针是否指向文件尾，当函数值为.T.时记录指针指向文件尾，当函数值为.F.时记录指针不指向文件尾。

在 Visual FoxPro 中，通常使用表测试函数来表示当前表的记录信息。常用的测试函数包括以下两种。

(1) RECNO()：该函数返回当前表文件中当前记录的记录号。

(2) RECCOUNT()：该函数返回当前表文件中的记录个数。

记录的定位实际上是指将记录指针指向需要进行操作处理或用户关心的记录上。Visual FoxPro提供了多种操作命令和操作方式，用于移动记录指针，实现记录的定位。

1. “浏览”窗口中移动记录指针

当一个数据表在“浏览”窗口中显示时，其中的某一条记录的左侧会出现一个带黑色三角形按钮标记，表示该记录为当前记录（即记录指针的位置），此时若用鼠标单击在其他记录

左端按钮或按“↑”、“↓”键等移动插入点时，当前记录标记也会随之移动，指向其他记录。

2. 绝对移动

GO和GOTO命令可以直接快速地将记录指针移动到指定的记录上，两个命令是等价的。

命令格式：GO|GOTO <记录号>|TOP|BOTTOM

说明：

(1) <记录号>指定一个物理记录号，命令执行之后记录指针将移至该记录。

(2) TOP将记录指针定位在表的第一条记录上，若使用索引则是索引项排在最前面的索引对应的记录。

(3) BOTTOM将记录指针定位在表的最后一条记录上。当不使用索引时是记录号最大的记录，使用索引则是索引项排在最后面的索引对应的记录。

3. 相对移动

可以将记录指针以当前记录为基准，向前或向后相对移动若干条记录。

命令格式：SKIP [数值表达式]

说明：

(1) 数值表达式指定记录指针需要移动的记录数，可以是正整数或负整数，可以缺省，缺省时默认为1。如果是正数则向下移动，如果是负数则向上移动。SKIP是按逻辑顺序定位，即如果使用索引时，是按索引项的顺序来定位的。

(2) 使用SKIP命令，可显式地将记录指针指向文件头(BOF)和文件尾(EOF)。

[**例4-16**] 当前记录指针的移动。

```
USE 学生
? RECNO(),BOF()                     && 结果为 1,.F.
SKIP-1                              && 记录指针上移一个,指向 BOF
? RECNO(),BOF()                     && 结果为 1,.T.
GO 6                                && 将记录指针移动到第 6 条记录上
? RECNO(),RECCOUNT()                && 结果为 6,18
GO BOTTOM                           && 将记录指针移动到最后一条记录上
? RECNO(),EOF()                     && 结果为 18,.F.
SKIP                                && 记录指针下移一个,指向 EOF
? RECNO(),EOF()                     && 结果为 19,.T.
```

4. 查询定位

在当前表中，从指定的范围内的第一条记录开始，按记录号的顺序依次查找满足某种条件的第一条记录，并将该记录设置为当前记录，如果没有记录满足某种条件，则将指定范围内的最后一条记录作为当前记录。

命令格式：LOCATE [范围] FOR <条件表达式>

说明：

(1) LOCATE命令执行时，从当前表中指定范围内的第一条记录开始，按记录号的顺序依次查找符合<条件表达式>的第一条记录。范围短语如缺省，系统默认为ALL。

(2) 系统提供了FOUND()函数专门用于测试LOCATE的结果。若查找到记录，并将记录指针指向该记录,FOUND()函数的返回值为.T.,EOF()返回为.F.,如果未找到相应的记录,并将记录指针指向表末尾,FOUND()函数的返回值为.F.,EOF()返回为.T.。

LOCATE命令只能将记录指针定位到第一个符合条件的记录上,若要继续查找满足条件的其他记录,可以执行继续查找命令CONTINUE。

命令格式:CONTINUE

说明:CONTINUE必须在LOCATE命令之后使用,用来继续查找满足条件的记录,并且可以多次使用,直到记录指针移到文件尾或超出范围。

[**例4-17**] 将"学生"中的第一条和第二条女学生的记录信息显示出来,命令操作如下:

```
USE 学生                  && 打开"学生"表,使之成为当前表
LOCATE FOR 性别="女"       && 将记录指针到第一条女学生记录上
DISPLAY                   && 显示第一条女学生记录信息
CONTINUE                  && 将记录指针到第二条女学生记录上
DISPLAY                   && 显示第二条女学生记录信息
```

5. 通过菜单方式移动记录指针

在打开数据表的"浏览"窗口后,"表"菜单中的"转到记录"菜单将出现一个级联菜单。在级联菜单中,选择"第一个"命令,记录指针指向第一条记录(相当于执行GO TOP命令);选择"最后一个"命令,记录指针指向最后一条记录(相当于执行GO BOTTOM命令);选择"下一个"命令,记录指针指向当前记录的下一条记录(相当于执行 SKIP 1 命令);选择"上一个"命令,记录指针指向当前记录的上一条记录(相当于执行 SKIP -1 命令);选择"记录号"命令,将弹出对话框让用户输入一个记录号,记录指针则指向该记录号(相当于执行GO 记录号 命令)选择"定位"命令,将弹出一个"定位记录"对话框,如图4-23所示。其中"作用范围"下拉列表中有"All "、"Next"、"Record"、"Rest"4个选项,表示定位记录的作用范围。"For"文本框,用于输入或选择表达式作为记录定位操作的条件,右边的按钮是表达式生成器按钮,单击会弹出"表达式生成器"对话框,以方便构造记录定位操作条件。

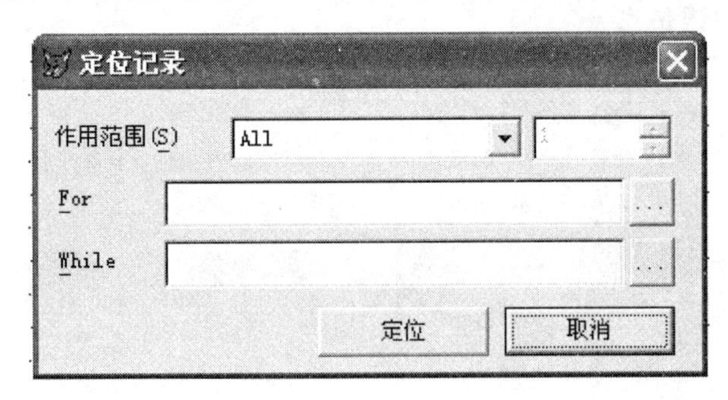

图4-23 "记录定位"对话框

4.2.7 记录的编辑与修改

在Visual FoxPro中可以在"浏览"、"编辑"窗口中交互修改记录,也可以用命令修改记录。

1. "浏览"窗口中修改记录

Visual FoxPro中,若需要修改数据记录的量不是很大,且修改的数据没有规律,则可在

表的“浏览”窗口中直接编辑修改。

首先打开需要修改的数据表，然后执行“编辑”菜单下的“浏览”命令，或者执行BROWSE［FIELDS ＜字段名表＞］FOR＜条件＞命令打开“浏览”窗口后，将插入点移到要修改的字段上，即可进行修改操作。修改结束后，关闭窗口或按“Ctrl＋W”组合键可以保存修改结果，按Esc键或“Ctrl＋Q”组合键则放弃修改。

2. “编辑”窗口中修改记录

Visual FoxPro中，若需要修改少量数据记录，且修改的数据没有规律，则可在表的“浏览”窗口中直接编辑修改。

首先打开需要修改的数据表，然后执行“编辑”菜单下的“编辑”命令，或者执行EDIT|CHANGE［＜范围＞］［FIELDS ＜字段名表＞］［FOR ＜条件表达式＞］命令打开“编辑”窗口后，将插入点移到要修改的字段上，即可进行修改操作。修改结束后，关闭窗口或按“Ctrl＋W”组合键可以保存修改结果，按Esc键或“Ctrl＋Q”组合键则放弃修改。

3. 用REPLACE命令直接修改

针对量大且有规律的数据记录修改，Visual FoxPro提供了REPLACE命令进行批量的直接修改，大大提高了数据修改效率。

命令格式：REPLACE［＜范围＞］＜字段名1＞ WITH ＜表达式1＞［,＜字段名2＞ WITH ＜表达式2＞［,…］］［FOR ＜条件表达式＞］

说明：

(1) 命令执行后，将对当前表中指定＜范围＞内满足＜条件表达式＞的记录分别用WITH后的表达式的值替换其前面字段名指定字段原来的值。

(2) 若缺省了＜范围＞短语和FOR ＜条件表达式＞短语，则只对当前记录进行修改；若只缺省了FOR ＜条件表达式＞短语，则对指定＜范围＞内的所有记录进行修改；若只缺省了＜范围＞短语，则对所有符合＜条件表达式＞的记录进行修改。

(3) WITH前后的各个字段名与表达式的数据类型必须一致，否则会拒绝修改并给出数据类型不匹配的错误信息。

［**例4-18**］ 将“学生”表中所有学生的入学成绩增加5分。

```
USE 学生                                   && 打开“学生”表，使之成为当前表
REPLACE ALL  入学成绩  WITH  入学成绩 + 5    && 修改“入学成绩”字段的数据
```

修改之前的数据如图4-24所示，修改之后的数据如图4-25所示。

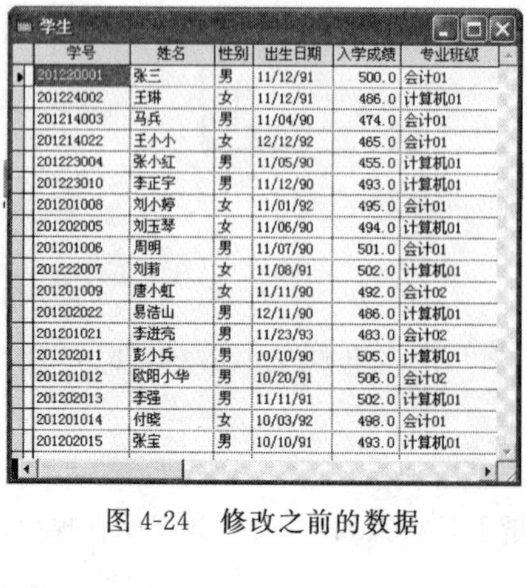

学生

学号	姓名	性别	出生日期	入学成绩	专业班级
201220001	张三	男	11/12/91	500.0	会计01
201224002	王琳	女	11/12/91	486.0	计算机01
201214003	马兵	男	11/04/90	474.0	会计01
201214022	王小小	女	12/12/92	465.0	会计01
201223004	张小红	男	11/05/90	455.0	计算机01
201223010	李正宇	男	11/12/90	493.0	计算机01
201201008	刘小婷	女	11/01/92	495.0	会计01
201202005	刘玉琴	女	11/06/90	494.0	计算机01
201201006	周明	男	11/07/90	501.0	会计01
201222007	刘莉	女	11/08/91	502.0	计算机01
201201009	唐小虹	女	11/11/90	492.0	会计02
201202022	易浩山	男	12/11/90	486.0	计算机01
201201021	李进亮	男	11/23/93	483.0	会计02
201202011	彭小兵	男	10/10/90	505.0	计算机01
201201012	欧阳小华	男	10/20/91	506.0	会计02
201202013	李强	男	11/11/91	502.0	计算机01
201201014	付晓	女	10/03/92	498.0	会计01
201202015	张宝	男	10/10/91	493.0	计算机01

图4-24 修改之前的数据

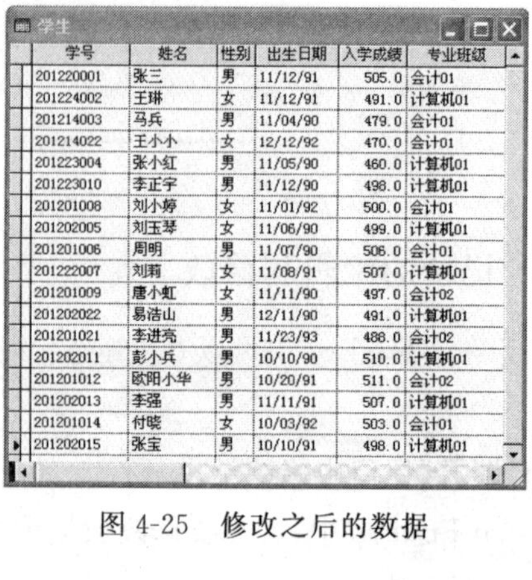

学生

学号	姓名	性别	出生日期	入学成绩	专业班级
201220001	张三	男	11/12/91	505.0	会计01
201224002	王琳	女	11/12/91	491.0	计算机01
201214003	马兵	男	11/04/90	479.0	会计01
201214022	王小小	女	12/12/92	470.0	会计01
201223004	张小红	男	11/05/90	460.0	计算机01
201223010	李正宇	男	11/12/90	498.0	计算机01
201201008	刘小婷	女	11/01/92	500.0	会计01
201202005	刘玉琴	女	11/06/90	499.0	计算机01
201201006	周明	男	11/07/90	506.0	会计01
201222007	刘莉	女	11/08/91	507.0	计算机01
201201009	唐小虹	女	11/11/90	497.0	会计02
201202022	易浩山	男	12/11/90	491.0	计算机01
201201021	李进亮	男	11/23/93	488.0	会计02
201202011	彭小兵	男	10/10/90	510.0	计算机01
201201012	欧阳小华	男	10/20/91	511.0	会计02
201202013	李强	男	11/11/91	507.0	计算机01
201201014	付晓	女	10/03/92	503.0	会计01
201202015	张宝	男	10/10/91	498.0	计算机01

图4-25 修改之后的数据

4.2.8 删除记录

在 Visual FoxPro 中，删除记录分为逻辑删除和物理删除。逻辑删除只对记录添加删除标记，并未从表中真正删除这些记录，这些记录仍然保存在表中，并可在必要时恢复成正常的记录；物理删除是将已作过逻辑删除的记录真正从表中清除，物理删除的记录将不能再恢复。

1. 逻辑删除

逻辑删除有以下三种方式。

（1）在 Visual FoxPro 中，逻辑删除最简单的方法是在“浏览”窗口中单击要删除记录左边的小方框，小方框由白变黑，表示该记录打上了删除标记，被逻辑删除，如图 4-26 所示，姓名为“王琳”的记录已经被逻辑删除。

学生

学号	姓名	性别	出生日期	入学成绩	专业班级	团员	备注	照片
201220001	张三	男	11/12/91	505.0	会计01	T	Memo	Gen
201224002	王琳	女	11/12/91	491.0	计算机01	T	memo	Gen
201214003	马兵	男	11/04/90	479.0	会计01	F	memo	gen
201214022	王小小	女	12/12/92	470.0	会计01	T	memo	gen
201223004	张小红	男	11/05/90	460.0	计算机01	T	memo	gen
201223010	李正宇	男	11/12/90	498.0	计算机01	F	memo	gen
201201008	刘小婷	女	11/01/92	500.0	会计01	T	memo	gen
201202005	刘玉琴	女	11/06/90	499.0	计算机01	F	Memo	gen
201201006	周明	男	11/07/90	506.0	会计01	F	memo	gen
201222007	刘莉	女	11/08/91	507.0	计算机01	T	memo	gen
201201009	唐小虹	女	11/11/90	497.0	会计02	F	memo	gen
201202022	易浩山	男	12/11/90	491.0	计算机01	T	memo	Gen
201201021	李进亮	男	11/23/93	488.0	会计02	F	memo	gen
201202011	彭小兵	男	10/10/90	510.0	计算机01	F	memo	gen
201201012	欧阳小华	男	10/20/91	511.0	会计02	T	memo	gen
201202013	李强	男	11/11/91	507.0	计算机01	T	memo	gen
201201014	付晓	女	10/03/92	503.0	会计01	F	memo	gen
201202015	张宝	男	10/10/91	498.0	计算机01	T	memo	gen

图 4-26 “浏览”窗口中记录的逻辑删除标记

（2）菜单操作

若要逻辑删除多条记录，则可在“浏览”窗口打开的情况下，执行“表”菜单下的“删除记录”命令，则弹出如图 4-27 所示的“删除”对话框，然后在“删除”对话框中设定删除记录的“范围”和“条件”，最后单击“删除”按钮即可。例如，要逻辑删除“学生”表中所有男学生的记录，范围选项设置为：“ALL”，FOR 条件设置为：“FOR 性别="男"”，执行后的结果如图 4-28所示。

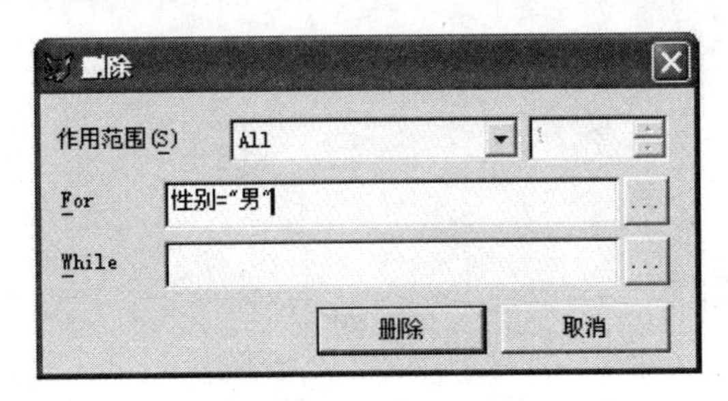

图 4-27 “删除”对话框

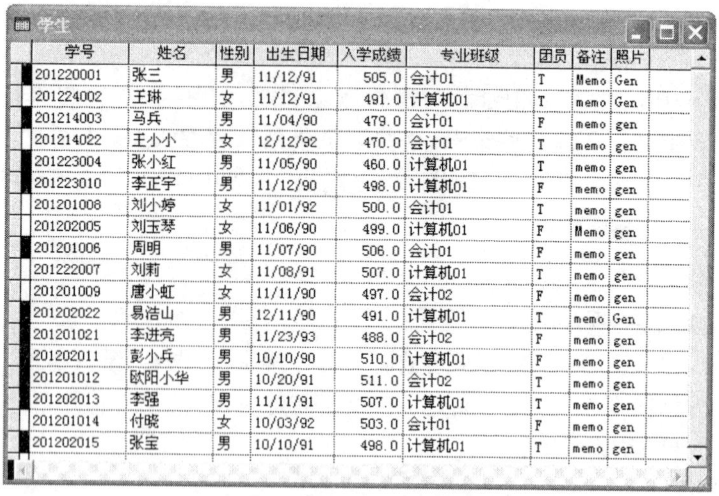

学生

学号	姓名	性别	出生日期	入学成绩	专业班级	团员	备注	照片
201220001	张三	男	11/12/91	505.0	会计01	T	Memo	Gen
201224002	王琳	女	11/12/91	491.0	计算机01	T	memo	Gen
201214003	马兵	男	11/04/90	479.0	会计01	F	memo	gen
201214022	王小小	女	12/12/92	470.0	会计01	T	memo	gen
201223004	张小红	男	11/05/90	460.0	计算机01	T	memo	gen
201223010	李正宇	男	11/12/90	498.0	计算机01	F	memo	gen
201201008	刘小婷	女	11/01/92	500.0	会计01	T	memo	gen
201202005	刘玉琴	女	11/06/90	499.0	计算机01	F	Memo	gen
201201006	周明	男	11/07/90	506.0	会计01	F	memo	gen
201222007	刘莉	女	11/08/91	507.0	计算机01	T	memo	gen
201201009	唐小虹	女	11/11/90	497.0	会计02	F	memo	gen
201202022	易浩山	男	12/11/90	491.0	计算机01	T	memo	Gen
201201021	李进亮	男	11/23/93	488.0	会计02	F	memo	gen
201202011	彭小兵	男	10/10/90	510.0	计算机01	F	memo	gen
201201012	欧阳小华	男	10/20/91	511.0	会计02	T	memo	gen
201202013	李强	男	11/11/91	507.0	计算机01	T	memo	gen
201201014	付晓	女	10/03/92	503.0	会计01	F	memo	gen
201202015	张宝	男	10/10/91	498.0	计算机01	T	memo	gen

图 4-28 逻辑删除男学生的结果

(3) 命令方式

命令格式:DELETE [<范围>] [FOR <条件表达式>]

说明:

(1) 命令执行后,将对当前表中指定<范围>内满足<条件表达式>的记录进行逻辑删除。

(2) 若缺省<范围>短语和 FOR <条件表达式>短语,则仅删除当前记录;若只缺省了 FOR <条件表达式>短语,则对指定<范围>内的所有记录进行删除;若只缺省了<范围>短语,则对所有符合<条件表达式>的记录进行删除。

(3) 命令执行后,若使用 LIST 或 DISPLAY 命令显示数据记录,则作了逻辑删除的记录第一个字段前会显示一个"*"号。

[例 4-19] 逻辑删除"学生"表中"计算机 01"专业班级的记录。

```
USE 学生                                  && 打开"学生"表,使之成为当前表
DELETE  ALL  FOR 专业班级 ="计算机 01"    && 逻辑删除计算机 01 专业班级的记录
LIST                                      && 显示逻辑删除后的记录情况,结果如图 4-29 所示
```

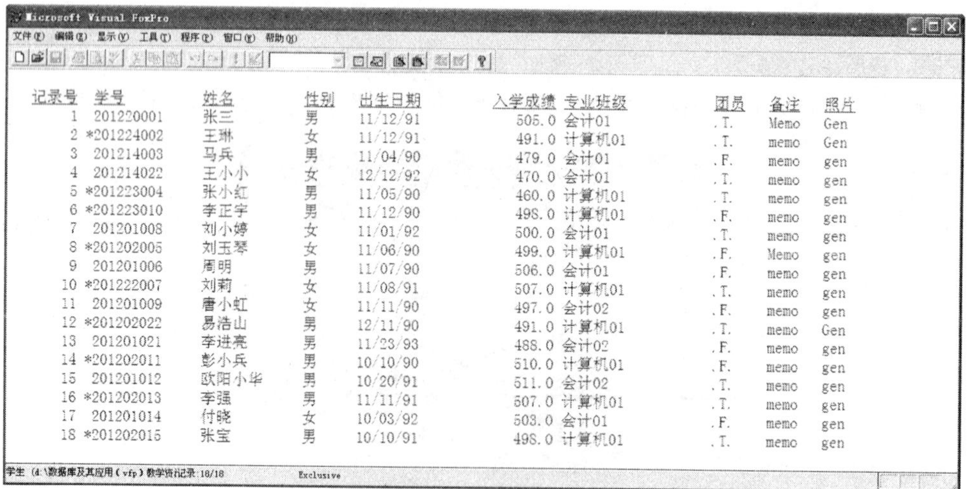

Microsoft Visual FoxPro

记录号	学号	姓名	性别	出生日期	入学成绩	专业班级	团员	备注	照片
1	201220001	张三	男	11/12/91	505.0	会计01	.T.	Memo	Gen
2	*201224002	王琳	女	11/12/91	491.0	计算机01	.T.	memo	Gen
3	201214003	马兵	男	11/04/90	479.0	会计01	.F.	memo	gen
4	201214022	王小小	女	12/12/92	470.0	会计01	.T.	memo	gen
5	*201223004	张小红	男	11/05/90	460.0	计算机01	.T.	memo	gen
6	*201223010	李正宇	男	11/12/90	498.0	计算机01	.F.	memo	gen
7	201201008	刘小婷	女	11/01/92	500.0	会计01	.T.	memo	gen
8	*201202005	刘玉琴	女	11/06/90	499.0	计算机01	.F.	Memo	gen
9	201201006	周明	男	11/07/90	506.0	会计01	.F.	memo	gen
10	*201222007	刘莉	女	11/08/91	507.0	计算机01	.T.	memo	gen
11	201201009	唐小虹	女	11/11/90	497.0	会计02	.F.	memo	gen
12	*201202022	易浩山	男	12/11/90	491.0	计算机01	.T.	memo	Gen
13	201201021	李进亮	男	11/23/93	488.0	会计02	.F.	memo	gen
14	*201202011	彭小兵	男	10/10/90	510.0	计算机01	.F.	memo	gen
15	201201012	欧阳小华	男	10/20/91	511.0	会计02	.T.	memo	gen
16	*201202013	李强	男	11/11/91	507.0	计算机01	.T.	memo	gen
17	201201014	付晓	女	10/03/92	503.0	会计01	.F.	memo	gen
18	*201202015	张宝	男	10/10/91	498.0	计算机01	.T.	memo	gen

图 4-29 逻辑删除"计算机 01"专业班级记录情况

注意：

(1) 对于逻辑删除的记录，只有执行 SET DELETE ON 命令后，这些记录才会被隐藏起来不显示，也不参与有关的操作。

(2) 若执行 SET DELETE OFF（系统的默认状态）后，被逻辑删除的记录和其他记录一样被显示，参与操作。

2. 恢复逻辑删除

恢复逻辑删除的记录实际上是取消记录前面的逻辑删除标记，有以下三种方式。

(1) 在 Visual FoxPro 中，恢复逻辑删除最简单的方法，在“浏览”窗口中，用鼠标单击已被逻辑删除记录左边的小方框，小方框由黑变白，表明该记录已恢复为正常记录。

(2) 若要恢复逻辑删除的多条记录，在打开“浏览”窗口情况下，执行“表”菜单下“恢复记录”命令，则弹出“恢复记录”对话框，在该对话框中设置“范围”和“For 条件”，单击“恢复记录”按钮，即可恢复在指定范围内满足条件的逻辑删除记录。

(3) 命令方式

命令格式：RECALL [＜范围＞] [FOR ＜条件表达式＞]

说明：

(1) 命令执行后，将对当前表中指定＜范围＞内满足＜条件表达式＞的被逻辑删除的记录进行恢复。

(2) 若缺省＜范围＞短语和 FOR ＜条件表达式＞短语，则仅恢复当前记录；若只缺省了 FOR ＜条件表达式＞短语，则对指定＜范围＞内所有被逻辑删除的记录进行恢复；若只缺省了＜范围＞短语，则对所有符合＜条件表达式＞的被逻辑删除的记录进行恢复。

[**例 4-20**]　恢复在上例中逻辑删除男学生记录

```
USE    学生                          &&  打开“学生”表，使之成为当前表
RECALL   FOR  性别="男"              &&  恢复全部被逻辑删除的男学生记录
```

3. 物理删除

物理删除是将已作过逻辑删除的记录真正从表中清除，物理删除的记录将不能再恢复，有以下两种物理删除方式。

(1) 菜单方式

打开表的“浏览”窗口后，执行“表”菜单下的“彻底删除”命令，弹出一个确认对话框，单击“确定”按钮即可实现逻辑删除记录的物理删除，彻底将其从表中删除。

(2) 命令方式

命令格式：PACK

功能：物理删除当前打开表中已被逻辑删除的记录。

4. 一次性物理删除表中的全部记录

命令格式：ZAP

功能：物理删除当前表中的所有记录，删除后表只有结构，没有记录。ZAP 命令等效于依次执行 DELETE ALL 和 PACK 两条命令。

由于 ZAP 命令删除的记录不能恢复，所以要慎用该命令。执行 ZAP 命令时，Visual FoxPro 将弹出如图 4-30 所示的“确定”对话框，单击“是”按钮，则彻底删除所有记录。

图 4-30 “确认”对话框

4.3 索引与统计

索引是 Visual FoxPro 中的一种重要排序技术，索引不仅是实现数据表中数据快速显示与快速查询、控制数据完整性的手段，而且也是创建表间关联关系的基础。根据不同应用的要求，可以灵活地对同一个表创建和使用不同的索引，方便按不同顺序处理记录。

4.3.1 索引的基本概念

在 Visual FoxPro 中，数据表中记录的排序分为物理排序和逻辑排序两种。其中，物理排序是由记录输入时的先后顺序来决定记录的排列；而逻辑排序是指借助于索引，根据表中某些字段的大小来对记录进行排序，逻辑排序并没有改变记录的物理顺序。索引排序并不需要复制出一个与原表内容相同的有序文件，而是只按索引关键字排序后，建立关键字段与其记录号之间的对应关系，并将其存储到“索引文件”的文件中，索引文件主名与数据表文件主名相同，扩展名为.cdx。索引文件随着数据表文件的打开和关闭而自动地打开和关闭，在对表进行添加、删除、更改操作时，索引文件自动维护。

在 Visual FoxPro 中的索引分为主索引、候选索引、唯一索引和普通索引四种，任何一种索引均可以设置升序或降序。索引类型主要是根据数据表中索引字段的数据是否有重复值而定，用户可依据数据表中的实际情况和使用上的需要进行选择。

1. 主索引

索引字段值不允许出现重复值的索引，用来确保索引字段输入值的唯一性。只能在没有重复数据的字段上才能建立主索引，如果在已含有重复数据的字段上建立主索引，Visual FoxPro 将产生错误信息，如果一定要在这样的字段上建立主索引，则必须首先删除重复数据的记录才可以建立主索引。一个数据表中只能创建一个主索引，而且只有数据库表才能建立主索引，自由表不能建立主索引。

2. 候选索引

候选索引与主索引一样，要求索引字段值不允许出现重复，用来确保索引字段输入值的唯一性。一个数据表中可以创建多个候选索引，而且在数据库表和自由表中都可以建立候选索引。

3. 唯一索引

索引字段值允许有重复值的索引，对于索引字段出现重复值的记录，只取第一次出现的记录。如果按唯一索引顺序来处理数据表中的数据,则只能对索引字段出现的重复值的记录中的第一条记录进行处理,其他记录不作处理。一个数据表中可以创建多个唯一索引,而且在数据库表和自由表中都可以建立唯一索引。

4. 普通索引

索引字段值允许有重复值的索引,对于索引字段出现重复值的记录,按原先顺序集中排列在一起。一个数据表中可以创建多个普通索引,而且在数据库表和自由表中都可以建立普通索引。

4.3.2 建立索引

在 Visual FoxPro 中,建立索引有以下两种方式。

1. 利用表设计器建立索引

(1) 打开需要建立索引的数据表,再打开该表的表设计器,并选择“索引”选项卡,如图 4-31所示。

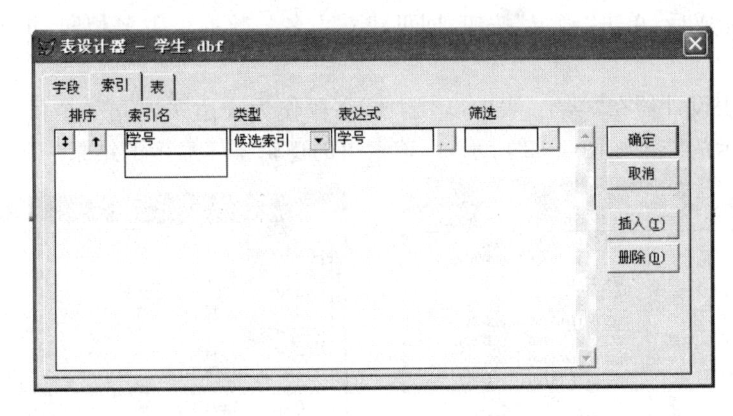

图 4-31 表设计器“索引”选项卡

(2) 在“索引名”列下面的文本框中输入索引的名称,单击“类型”列下面的下拉式列表框,从中选择所要建立的索引的类型。

(3) 在“表达式”列下面的文本框中输入索引表达式(排序的标准)或单击表达式栏右侧的按钮,打开“表达式生成器”对话框,如图 4-32 所示,设置索引表达式。索引表达式可以是数据表的单个字段,也可以是数据表的多个字段,或包含数据表字段的表达式,如果是多个字段,往往需要将各个字段的类型转换成字符型,然后各个字段之间用“+”相连。索引表达式是数据表中单个字段,这样的索引称为单项索引,索引表达式是数据表的多个字段,这样的索引称为复合索引。例如,如图需要建立按照“专业班级”排序,在“专业班级”相同的情况下,按“性别”排序的索引,则需要建立一个复合索引,该索引的表达式就应该为:“专业班级+性别”。

(4) 若要设置排序方式,则需要单击索引名左侧的箭头按钮,箭头方向向上时按升序方式排序,箭头方向向下则按降序方式排序,用鼠标单击进行切换。

(5) 若需要对数据表中只满足条件的记录进行排序,则可以在“筛选”列下面的文本框中输入筛选条件或单击筛选栏右侧的按钮打开“表达式生成器”对话框,设置筛选条件。

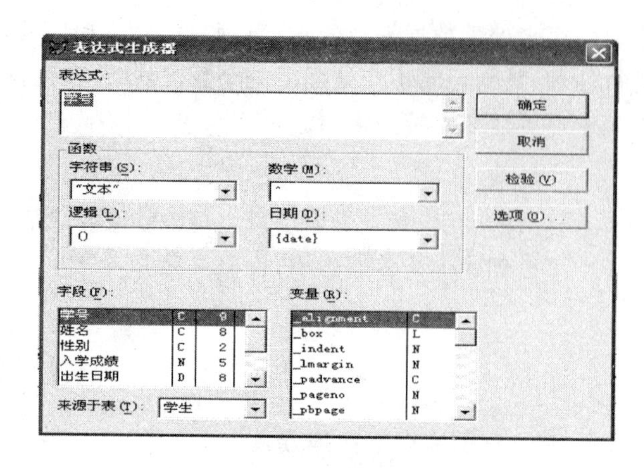

图 4-32 “表达式生成器”对话框

(6) 若要再建立其他的索引，则可以继续在第一索引名列下的文本框中输入第二个索引的名称并进行索引类型、索引表达式、排序方式的设置，依此类推。

(7) 设置完成后，单击“确定”按钮，即可建立主名与数据表主名相同、扩展名为.cdx的索引文件。

例如利用表设计器在“学生”表中以“学号”字段作为表达式建立一个候选索引，则该表的物理排序显示的结果如图 4-33 所示，以该索引的逻辑排序显示的结果如图 4-34 所示。

学生

学号	姓名	性别	入学成绩	出生日期	专业班级
201220001	张三	男	500.0	11/12/91	会计01
201224002	王琳	女	486.0	11/12/91	计算机01
201214003	马兵	男	474.0	11/04/90	会计01
201214022	王小小	女	465.0	12/12/92	会计01
201223004	张小红	男	455.0	11/05/90	计算机01
201223010	李正宇	男	493.0	11/12/90	计算机01
201201008	刘小婷	女	495.0	11/01/92	会计01
201202005	刘玉琴	女	494.0	11/06/90	计算机01
201201006	周明	男	501.0	11/07/90	会计01
201222007	刘莉	女	502.0	11/08/91	计算机01
201201009	唐小虹	女	492.0	11/11/90	会计02
201202022	易浩山	男	486.0	12/11/90	计算机01
201201021	李进亮	男	483.0	11/23/93	会计02
201202011	彭小兵	男	505.0	10/10/90	计算机01
201201012	欧阳小华	男	506.0	10/20/91	会计02
201202013	李强	男	502.0	11/11/91	计算机01
201201014	付晓	女	498.0	10/03/92	会计01
201202015	张宝	男	493.0	10/10/91	计算机01

图 4-33 物理排序

学生

学号	姓名	性别	入学成绩	出生日期	专业班级
201201006	周明	男	501.0	11/07/90	会计01
201201008	刘小婷	女	495.0	11/01/92	会计01
201201009	唐小虹	女	492.0	11/11/90	会计02
201201012	欧阳小华	男	506.0	10/20/91	会计02
201201014	付晓	女	498.0	10/03/92	会计01
201201021	李进亮	男	483.0	11/23/93	会计02
201202005	刘玉琴	女	494.0	11/06/90	计算机01
201202011	彭小兵	男	505.0	10/10/90	计算机01
201202013	李强	男	502.0	11/11/91	计算机01
201202015	张宝	男	493.0	10/10/91	计算机01
201202022	易浩山	男	486.0	12/11/90	计算机01
201214003	马兵	男	474.0	11/04/90	会计01
201214022	王小小	女	465.0	12/12/92	会计01
201220001	张三	男	500.0	11/12/91	会计01
201222007	刘莉	女	502.0	11/08/91	计算机01
201223004	张小红	男	455.0	11/05/90	计算机01
201223010	李正宇	男	493.0	11/12/90	计算机01
201224002	王琳	女	486.0	11/12/91	计算机01

图 4-34 逻辑排序

2. 创建单项索引

在表设计器界面中有“字段”、“索引”和“表”三个选项卡，在“字段”选项卡中定义字段时就可以直接指定某些字段是否是索引项，用鼠标单击要建立索引的字段后定义索引的下拉列表框可以看到有三个选项：无、升序和降序（默认是无）。如果选定了升序或降序，则表示在该字段上建立了一个普通索引，索引名与字段名同名，索引表达式就是对应的字段。

如果要将索引定义为其他类型的索引或建立复合索引，则须将界面切换到“索引”选项卡，按上述的方法建立需要的索引。

3. 命令方式创建索引

命令格式：INDEX ON <表达式> TAG <索引名> [FOR <条件表达式>][COMPACT]
[UNIQUE | CANDIDATE] [ASCENDING | DESCENDING]

说明：

(1) <表达式>是索引表达式，可以是数据表的单个字段，也可以是数据表的多个字段，或包含数据表字段的表达式，如果是多个字段，往往需要将各个字段的类型转换成字符型，然后各个字段之间用“+”相连。

(2) TAG <索引名>表示索引的名称。

(3) FOR <条件表达式>给出索引过滤条件，索引文件只为满足条件的记录创建索引关键字。

(4) ASCENDING | DESCENDING 用来指定索引的排序方式：升序/降序，默认为升序。

(5) UNIQUE|CANDIDATE 用来指定索引的类型：唯一索引/候选索引，默认为普通索引。从以上命令格式可以看出，不能创建主索引。

[例 4-21] 在“学生”表中建立一个按“学号”升序排序的名称为“XH”的普通索引，命令如下：

```
USE 学生                        && 打开“学生”表，使之成为当前表
INDEX ON 学号 TAG XH            && 以“学号”字段为表达式建立名称为“XH”的普通索引
```

[例 4-22] 在“学生”中建立一个先按照“性别”排序，在性别相同的情况下，再按“出生日期”排序的名称为“性别日期”的普通索引，命令如下：

```
USE 学生                                      && 打开“学生”表，使之成为当前表
INDEX ON 性别+DTOC(出生日期) TAG 性别日期     && 显示的结果如图 4-35 所示
```

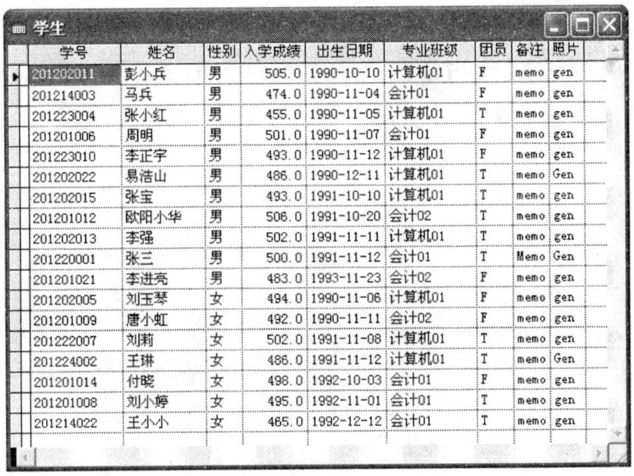

学生

学号	姓名	性别	入学成绩	出生日期	专业班级	团员	备注	照片
201202011	彭小兵	男	505.0	1990-10-10	计算机01	F	memo	gen
201214003	马兵	男	474.0	1990-11-04	会计01	F	memo	gen
201223004	张小红	男	455.0	1990-11-05	计算机01	T	memo	gen
201201006	周明	男	501.0	1990-11-07	会计01	F	memo	gen
201223010	李正宇	男	493.0	1990-11-12	计算机01	F	memo	gen
201202022	易浩山	男	486.0	1990-12-11	计算机01	T	memo	Gen
201202015	张宝	男	493.0	1991-10-10	计算机01	T	memo	gen
201201012	欧阳小华	男	506.0	1991-10-20	会计02	T	memo	gen
201202013	李强	男	502.0	1991-11-11	计算机01	T	memo	gen
201220001	张三	男	500.0	1991-11-12	会计01	T	Memo	Gen
201201021	李进亮	男	483.0	1993-11-23	会计02	F	memo	gen
201202005	刘玉琴	女	494.0	1990-11-06	计算机01	F	memo	gen
201201009	唐小虹	女	492.0	1990-11-11	会计02	F	memo	gen
201222007	刘莉	女	502.0	1991-11-08	计算机01	T	memo	gen
201224002	王琳	女	486.0	1991-11-12	计算机01	T	memo	Gen
201201014	付晓	女	498.0	1992-10-03	会计01	F	memo	gen
201201008	刘小婷	女	495.0	1992-11-01	会计01	T	memo	gen
201214022	王小小	女	465.0	1992-12-12	会计01	T	memo	gen

图 4-35 先按性别和出生日期顺序显示

4.3.3 索引的使用

1. 主控索引的设置

一个数据表中往往包含多个索引，每一个索引对应着一种记录的逻辑排序方式，但任何

时刻只能有一个索引控制着记录的排序方式，当前起控制作用的索引的称为主控索引。利用命令刚刚创建的索引，系统会自动将其设置为主控索引，而用表设计器所创建的索引则不能自动设置为主控索引，可以使用以下两种方式将某个索引设置为主控索引。

（1）菜单操作

① 在“浏览”窗口中打开数据表的情况下，执行“表”菜单的“属性”命令，则弹出“工作区属性”对话框，如图 4-36 所示。

② 在“索引顺序”的下拉列表中，选择某个索引名称(其中“无顺序”表示不按任何索引排序记录，即按数据表的物理顺序排列)，单击“确定”按钮，即可将对应的索引设置为主控索引。

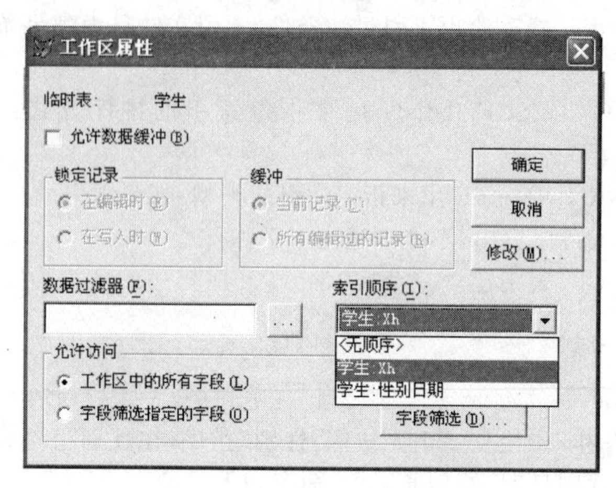

图 4-36 “工作区属性”窗口

（2）命令方式

命令格式：SET ORDER TO [[TAG]<索引名称>

功能：在打开表的情况下，将指定的索引名称设置为主控索引。不带参数的 SET ORDER TO 命令，则取消设置的主控索引，就按数据表的物理顺序排列。

［**例 4-23**］ 将“学生”表中的“XH”索引设置为主控索引的命令如下：

```
USE  学生                        && 打开“学生”表，使之成为当前表
SET ORDER TO  ATG  XH            && 将“XH”索引设置为主控索引
```

注意：

（1）主控索引只是改变了记录的输出顺序，记录在数据表中的物理顺序并没有发生改变，而且指定主控索引后，TOP、BOTTOM 均是指索引排序后逻辑上的第一条和最后一条记录，同样，用 SKIP 命令移动记录指针时，也是排序后的逻辑顺序。

（2）不要将主索引和主控索引搞混淆，主索引是指索引的一种类型，主控索引是指在多个索引中，哪一个索引有效。

2. 删除索引

如果某个索引不再使用了则可以删除它，删除索引有以下两种方式。

（1）在“表设计器”中“索引”选项卡选择要删除的索引，单击“删除”按钮即可。

（2）命令方式。

命令格式：DELETE TAG <索引名>

说明：其中＜索引名＞指出了要删除的索引名称。如果要删除全部索引可以使用命令：

```
DELETE TAG ALL
```

3. 修改索引

如果需要对索引的某些设置进行修改，需在“表设计器”中“索引”选项卡下进行，其操作过程与索引的创建基本相同。

4. 索引查询

在数据表中建立的索引并设置了主控索引后，则可以采用索引查询，对表中的记录快速查找。

命令格式：SEEK ＜表达式＞

功能：按当前数据表中的主控索引的记录排序顺序，快速将记录指针指向与所指定的＜表达式＞值相匹配的第一条记录。

说明：

(1) ＜表达式＞一定要与主控索引表达式中的字段数据一致。

(2) 若查找到记录，并将记录指针指向该记录，FOUND()函数的返回值为.T.，EOF()返回为.F.，如果未找到相应的记录，并将记录指针指向表末尾，FOUND()函数的返回值为.F.，EOF()返回为.T.。

［**例 4-24**］　在“学生”中建立以“学号”排序名为“XH”的索引，现希望快速查找学号为“201202011”的记录，命令如下：

```
USE  学生                        && 打开“学生”表，使之成为当前表
SET ORDER TO  ATG  XH            && 将“XH”索引设置为主控索引
SEEK  "201202011"                && 快速查找学号为“201202011”的记录
```

4.3.4　数据表的统计

数据表统计操作是指对表中数值型字段进行纵向计算，这里主要介绍 Visual FoxPro 提供的 4 种统计命令，即统计记录个数命令、求和命令、求平均值命令和分类汇总命令。

1. 统计记录个数命令

格式：COUNT　［＜范围＞］　［FOR＜条件＞］［TO　＜内存变量＞］

功能：统计当前表中指定＜范围＞内满足 FOR＜条件＞的记录个数。

说明：

(1) 缺省＜范围＞选项，系统默认范围为 ALL。

(2) 通常记录数显示在主窗口的状态条中，使用 TO 短语，可将结果保存到指定的内存变量中。

［**例 4-25**］　统计出“学生”表中女学生的人数，并把结果存放在变量 A 中，命令如下：

```
USE  学生                        && 打开“学生”表，使之成为当前表
COUNT FOR  性别="女" TO  A       && 统计女学生记录的个数，并把结果保存在 A 中
```

2. 纵向求和命令

格式：SUM ［＜数值表达式表＞］［＜范围＞］［FOR　＜条件＞］［TO　＜内存变量表＞］

功能：对当前表中指定＜范围＞内满足 FOR＜条件＞记录的＜数值表达式表＞进行纵

向求和计算。

说明：

（1）缺省＜范围＞选项，系统默认范围为ALL。

（2）＜数值表达式表＞指定进行求和数值表达式或数值型字段名，可以有多个数值表达式，如果有多个，需要使用逗号将各表达式隔开，若省略数值表达式表，则对当前表中所有的数值型字段分别纵向求和。

（3）TO短语指定将求和的结果存放在内存变量中，内存变量的个数要与求和数值表达式的个数相同，并用逗号隔开，缺省该项时，结果显示在工作区窗口中。

［例4-25］ 计算出“学生”表中所有男学生的年龄和入学成绩的总和，并把结果分别存入A、B变量中，命令如下：

```
USE  学生                        && 打开“学生”表，使之成为当前表
SUM  YEAR(DATE())-YEAR(出生日期)，入学成绩  FOR  性别="男"  TO  A，B
                                 && 其中YEAR(DATE())-YEAR(出生日期)表达式用来计算学生的年龄
```

3. 纵向求平均值命令

格式：AVERAGE［＜数值表达式表＞］［＜范围＞］［FOR＜条件＞］［TO ＜内存变量表＞］

功能：对当前表中指定＜范围＞内满足FOR＜条件＞记录的＜数值表达式表＞进行纵向求平均值计算。

［例4-26］ 计算出“学生”表中所有男学生的年龄和入学成绩的平均值，并把结果分别存入A、B变量中，命令如下：

```
USE  学生                        && 打开“学生”表，使之成为当前表
AVERAGE  YEAR(DATE())-YEAR(出生日期)，入学成绩  FOR  性别="男"  TO  A，B
```

4. 分类汇总命令

格式：TOTAL ON＜关键字＞ TO＜文件名＞［＜范围＞］［FOR＜条件＞］［FIELDS字段名表］

功能：在当前数据表中，分别对关键字值相同的记录，其数值型字段值分别纵向求和，并将结果存入一个新表中。一组关键字值相同的记录在新表中只产生一个记录，对于非数值型字段，只将关键字值相同的第一个记录的字段值放入该记录，数值型字段为该字段的数据总和。

说明：

（1）使用该命令前，必须按分类汇总的＜关键字＞作为索引表达式建立索引，并将该索引设置为主控索引。

（2）FIELDS短语，指出要汇总的数值型字段，若省略，则对表中所有数值型字段分别汇总。

（3）缺省＜范围＞选项，系统默认范围为ALL。

（4）＜文件名＞指定存储分类汇总结果的表，命令执行后，该表处于未打开的状态，若想使用，必须用USE命令打开。

［例4-27］ 统计出“学生”表中各个专业班级学生入学成绩的总和，并把结果存储在“E:\班级成绩”表中，命令如下：

```
USE  学生                                  && 打开“学生”表，使之成为当前表
INDEX  ON  专业班级  TAG ZYBJ              && 以“专业班级”作为表达式建立“ZYBJ”索引
```

```
SET ORDER TO ZYBJ                                && 将"ZYBJ"索引设置为主控索引
TOTAL ON 专业班级  TO  E:\班级成绩  FIELDS 入学成绩
                                                 && 按"专业班级"对"学生"表的入学成绩分类汇
                                                    总,并把结果存储在"E:\班级成绩"
USE  E:\班级成绩                                 && 打开"班级成绩"表,使之成为当前表
BROWSE                                           && 显示"班级成绩"表中的数据,如图 4-37 所示
```

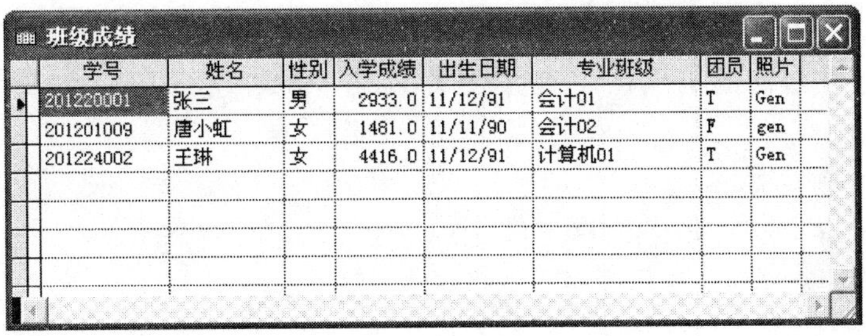

班级成绩

学号	姓名	性别	入学成绩	出生日期	专业班级	团员	照片
201220001	张三	男	2933.0	11/12/91	会计01	T	Gen
201201009	唐小虹	女	1481.0	11/11/90	会计02	F	gen
201224002	王琳	女	4416.0	11/12/91	计算机01	T	Gen

图 4-37　按"专业班级"分类汇总的结果

4.4　工作区和表的联系

实际数据库应用中,不仅要对一个数据表中的数据进行操作,还需要对两个或两个以上的数据表同时进行操作,如果要想实现多表操作,就需要在多表间建立联系。

4.4.1　工作区

对数据表进行操作之前,需要打开数据表,打开数据表的过程,就是将数据表文件从磁盘上调入到内存的某一工作区的过程。每个工作区只允许打开一个数据表,在同一工作区打开另一个数据表时,以前打开的数据表将会自动关闭。反之,一个数据表只能在一个工作区中打开,在其没有关闭时,若想试图在其他工作区中打开,Visual FoxPro 会弹出错误信息框,显示"文件正在使用"的出错信息。

1. 工作区号和别名

Visual FoxPro 提供了 32 767 个工作区,每个工作区只能打开一个表,所以在 Visual FoxPro 中能同时打开的表的最大个数是 32 767 个。

工作区可用区号或别名来标识,工作区号为 1～32 767,前 10 个工作区的别名为 A～J,之后的工作区别名为 W11～W32767。Visual FoxPro 提供了众多的工作区,但在任意一个时刻只有一个工作区能够被操作,该工作区称为当前工作区。在对数据表进行操作时,往往必须先确定数据表所在的工作区,然后将该工作区设置为当前工作区,最后才能对数据表进行操作,Visual FoxPro 默认 1 号工作区作为当前的工作区。

2. 数据表别名

除了利用工作区编号或别名来标记工作区外,还可以通过某一工作区所打开的数据表的别名来标记工作区,以便于操作。数据表别名的定义通过命令的方式来完成。

命令格式:USE <表文件名>　[ALIAS　<别名>]　[IN　<工作区号> | <工作区别名>|<0>]

功能:在指定的工作区中打开数据表,并为其指定别名。

说明:

(1) 利用 ALIAS 短语为数据表定义一个别名,缺省该短语,则系统默认数据表名为其别名。

(2) IN 短语指定在哪一个工作区中打开该表,若选用 IN 0 短语,则表示在当前没有使用且编号最小的工作区中打开数据表;缺省该短语,则表示在默认的 1 号当前工作区中打开数据表。

[**例 4-28**] 在当前的工作区中打开“学生”,并为该表定义一个“STU”的别名,命令如下:

```
USE  学生  ALIAS  STU
```

[**例 4-29**] 在 2 号工作区打开“成绩”表,并为该表定义一个“SCO”的别名,命令如下:

```
USE  成绩  ALIAS  SCO  IN  2
```

4.4.2 选择工作区

许多 Visual FoxPro 数据表操作默认的情况下是针对当前工作区中打开的数据表,但在 Visual FoxPro 中,任意时刻当前工作区只能只有一个,因此,若要对非当前工作区中的数据表进行操作,往往需要进行工作区的选择,使其选择的工作区成为当前工作区。当前工作区的设置有以下两种方式。

1. 命令方式

命令格式:SELECT <工作区号> | <工作区别名> | <表名>|<表别名> | <0>

功能:将指定的工作区设置为当前工作区。

说明:

(1) <工作区号> | <工作区别名> | <表名>|<表别名> |<0> 只能选择其中之一,用来表示需要选择的工作区。<表名>|<表别名>选项表示选择以<表名>或<表别名>在哪个工作区中打开,就将该工作区作为当前工作区;选项<0>表示在当前没有使用且编号最小的工作区设置为当前工作区。

(2) 注意 SELECT 命令对各工作区中打开的数据表和数据表的记录指针无影响,它只起到切换工作区的作用。

(3) 若要在当前工作区中引用非当前工作区的数据表中字段时,必须在字段名前冠以工作区别名,引用格式为:工作区别名.字段名或工作区别名－>字段名。

(4) 为了测试当前工作区的编号,Visual FoxPro 提供了 SELECT() 函数,该函数返回当前工作区的编号。

[**例 4-30**] 在不同的工作区中打开“学生”、“成绩”和“课程”表,并显示它们所在的工作区,命令如下:

```
CLOSE ALL                    && 关闭所用工作区中打开的数据表
USE 学生 ALIAS STU           && 在默认的工作区中打开“学生”表,并设置别名为“STU”
? SELECT ()                  && 结果为 1
USE 成绩 ALIAS SCO  IN C     && 在 C 号工作区中打开“成绩”表,并设置别名为“SCO”
SELECT  C                    && 将 C 号工作区设置为当前工作区
```

```
? SELECT()                  && 结果为 3
USE 课程 ALIAS COU  IN 0
&& 在没有使用且编号最小的工作区中打开“成绩”表，并设置别名为“SCO”
SELECT COU
&& 将打开以“COU”为别名的数据表所在的工作区设置为当前工作区
? SELECT()                  && 结果为 2
SELECT 0                    && 将没有使用且编号最小的工作区设置为当前工作区
? SELECT()                  && 结果为 4
```

2. 菜单的方式

在数据表打开的情况下，执行“窗口”菜单下的“数据工作期”命令，则弹出“数据工作期”窗口，如图 4-38 所示。在“别名”列表显示了当前已经打开的数据表的别名，其中蓝色条所在的数据表的别名为当前工作区打开的数据表。若需要设置某个工作区为当前的工作区，只需在“别名”列表中单击某一表的别名，则将该数据表所在的工作区设置为当前工作区。

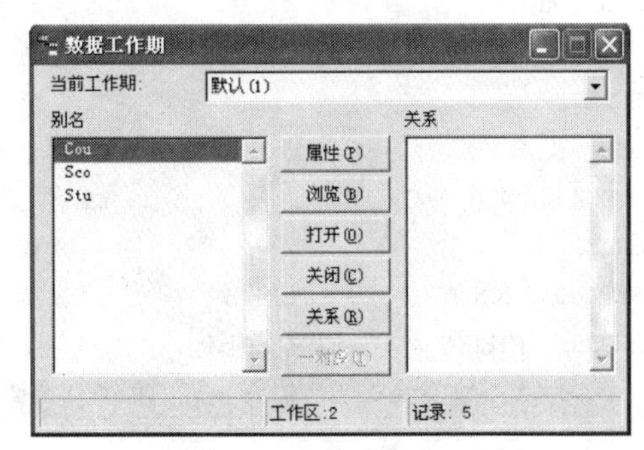

图 4-38 “数据工作期”窗口

4.4.3 建立数据表之间的临时关系

系统默认的情况下，一个工作区数据表记录指针的移动并不影响其他工作区中的数据表记录的指针移动。但在多表操作过程中，为了保证分布在不同数据表中数据的对应关系，希望当前数据表记录指针的移动，能引起其他数据表记录指针按某种条件移动到相匹配的记录上，在 Visual FoxPro 中，解决这一需求的方法之一就是建立数据表之间的临时关系。建立数据表之间的临时关系需要有关联条件，关联条件通常是比较两个数据表中相同字段值是否相等，因此，建立关联的两个表要有相同的字段(称为关联字段)，或者能建立相同的字段表达式。建立关联的两个数据表有主表(父表)和子表之分，两个数据表进行关联操作时，父表为当前表，随着父表记录的指针移动，子表的记录指针会自动移动到满足关联条件的记录上。建立数据表之间的临时关系有以下两种方式。

1. 命令方式

命令格式：SET RELATION TO ＜关键字表达式＞ INTO ＜工作区别名＞|＜表别名＞ [ADDITIVE]

功能：建立当前工作表(父表)与另外工作区打开的数据表(子表)间的临时关系。

说明：

(1) 通常情况下＜关键字表达式＞为两个要关联数据表的相同字段或相同字段表达式，子表必须以＜关键字表达式＞作为索引的表达式来建立索引，并且要求把该索引指定为主控索引。建立临时关系后，父表指针每移动到一个记录，子表则按父表当前关键字表达式的值进行索引查询，并将记录指针定位在相应记录上，若子表中有多条记录和父表的当前记录相关联，则子表的记录指针指向第一个相匹配的记录上。

(2) 建立临时关系的两个表有父表和子表之分，父表和子表的指定由用户自己确定。在命令中，用别名指定的工作区中打开的表为子表，在当前工作区打开的表为父表。

(3) ADDITIVE 选项，使父表与子表建立临时关系时，原先已存在的临时关系仍保留，缺省该选项，则取消父表与子表原先建立的临时关系。

(4) 执行 SET RELATION TO 命令，不带任何选项时，且当前工作区是父表所在的工作区时，则表示取消已与当前数据表建立的临时关系。

[**例 4-31**] “学生”表的数据如图 4-39 所示，“成绩”表的数据如图 4-40 所示，通过命令建立这两个表之间的临时关系，然后在浏览窗口中显示学生的学号、姓名、性别、专业班级、课程号、成绩字段的数据，命令如下：

```
CLOSE ALL                                  && 关闭所用工作区中打开的数据表
USE 学生                                   && 在默认的 1 号工作区打开“学生”数据表
SELECT  2                                  && 选择 2 号工作区作为当前工作区
USE  成绩                                  && 在 2 号工作区打开“成绩”数据表
INDEX ON 学号 TAG  XH                      && 在“成绩”表上以“学号”为表达式建立“XH”索引
SELECT 1                                   && 选择 1 号工作区作为当前工作区
SET RELATION TO 学号  INTO  B              && 建立父表与子表之间的临时关系
BROWSE  FIELDS 学号，姓名，性别，专业班级，B－＞课程号，B－＞成绩  && 结果如图 4-41 所示
```

学号	姓名	性别	入学成绩	出生日期	专业班级	团员	备注	照片
201220001	张三	男	500.0	11/12/91	会计01	T	Memo	Gen
201224002	王琳	女	486.0	11/12/91	计算机01	T	memo	Gen
201214003	马兵	男	474.0	11/04/90	会计01	F	memo	gen
201214022	王小小	女	465.0	12/12/92	会计01	T	memo	gen
201223004	张小红	男	455.0	11/05/90	计算机01	T	memo	gen
201223010	李正宇	男	493.0	11/12/90	计算机01	F	memo	gen
201201008	刘小婷	女	495.0	11/01/92	会计01	T	memo	gen
201202005	刘玉琴	女	494.0	11/06/90	计算机01	F	memo	gen
201201006	周明	男	501.0	11/07/90	会计01	F	memo	gen
201222007	刘莉	女	502.0	11/08/91	计算机01	T	memo	gen
201201009	唐小虹	女	492.0	11/11/90	会计02	F	memo	gen
201202022	易浩山	男	486.0	12/11/90	计算机01	T	memo	Gen
201201021	李进亮	男	483.0	11/23/93	会计02	F	memo	gen
201202011	彭小兵	男	505.0	10/10/90	计算机01	F	memo	gen
201201012	欧阳小华	男	506.0	10/20/91	会计02	T	memo	gen
201202013	李强	男	502.0	11/11/91	计算机01	T	memo	gen
201201014	付晓	女	498.0	10/03/92	会计01	F	memo	gen
201202015	张宝	男	493.0	10/10/91	计算机01	T	memo	gen

图 4-39 “学生”表的数据

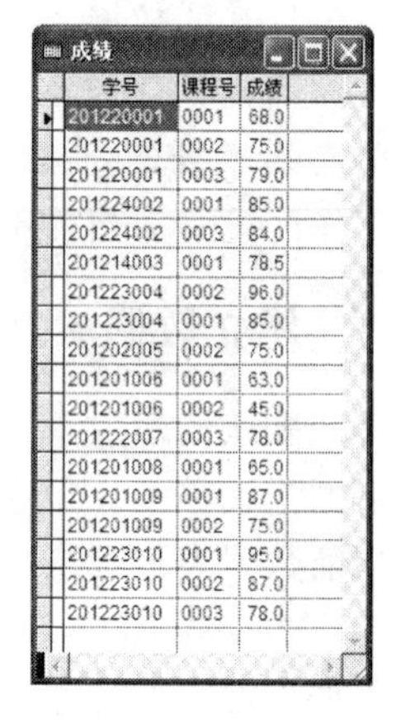

学号	课程号	成绩
201220001	0001	68.0
201220001	0002	75.0
201220001	0003	79.0
201224002	0001	85.0
201224002	0003	84.0
201214003	0001	78.5
201223004	0002	96.0
201223004	0001	85.0
201202005	0002	75.0
201201006	0001	63.0
201201006	0002	45.0
201222007	0003	78.0
201201008	0001	65.0
201201009	0001	87.0
201201009	0002	75.0
201223010	0001	95.0
201223010	0002	87.0
201223010	0003	78.0

图 4-40 “成绩”表的数据

学号	姓名	性别	专业班级	课程号	成绩
201220001	张三	男	会计01	0001	68.0
201224002	王琳	女	计算机01	0001	85.0
201214003	马兵	男	会计01	0001	78.5
201214022	王小小	女	会计01		
201223004	张小红	男	计算机01	0002	96.0
201223010	李正宇	男	计算机01	0001	95.0
201201008	刘小婷	女	会计01	0001	65.0
201202005	刘玉琴	女	计算机01	0002	75.0
201201006	周明	男	会计01	0001	63.0
201222007	刘莉	女	计算机01	0003	78.0
201201009	唐小虹	女	会计02	0001	87.0
201202022	易浩山	男	计算机01		
201201021	李进亮	男	会计02		
201202011	彭小兵	男	计算机01		
201201012	欧阳小华	男	会计02		
201202013	李强	男	计算机01		
201201014	付晓	女	会计01		
201202015	张宝	男	计算机01		

图 4-41 来自两个数据表中的数据

2. 菜单的方式

（1）在子表中以相关联的字段作为索引的表达式建立索引。

（2）执行“窗口”菜单下的“数据工作期”命令，则弹出“数据工作期”窗口，单击该窗口上的“打开”按钮将需要建立临时关系的两个数据表打开，或者通过命令方式在不同的工作区中打开需要建立临时关系的两个数据表。

（3）在“数据工作期”窗口的“别名”列表中，选定父表后，单击“关系”按钮，在“关系”列表中就会出现父表的别名，如图4-42所示。

（4）在“数据工作期”窗口的“别名”列表中选定被关联的子表，则会弹出“设置索引顺序”对话框，如图4-43所示。

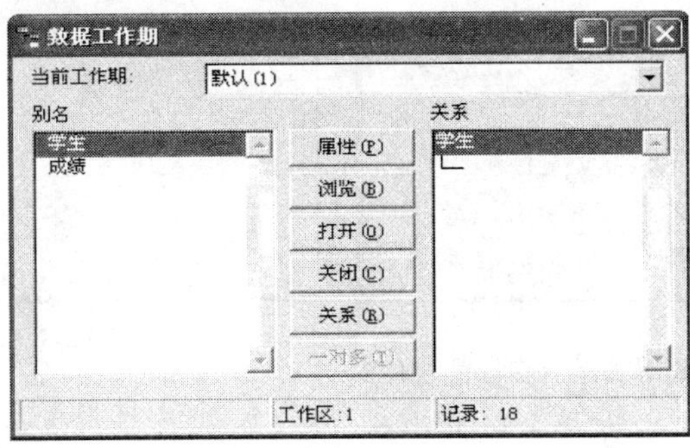
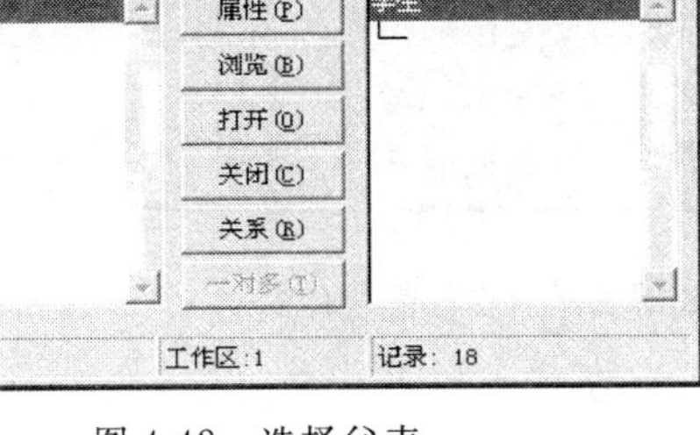

图4-42　选择父表

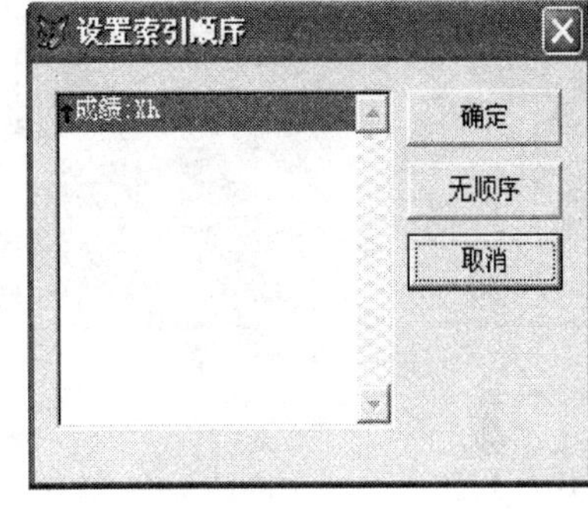

图4-43　设置子表索引顺序

（5）在“设置索引顺序”对话框中选择一个索引作为子表的主控索引，单击“确定”按钮，则弹出“表达式生成器”对话框，如图4-44所示。

（6）在“表达式生成器”对话框中，设置用于两个数据表建立临时关系的依据，一般是取两个数据表中共同的字段名或字段表达式，如图4-44所示，选择“学生”表和“成绩”表公共的字段名“学号”。

（7）单击“确定”按钮，即可完成在两个数据表之间建立的临时关系，如图4-45所示。

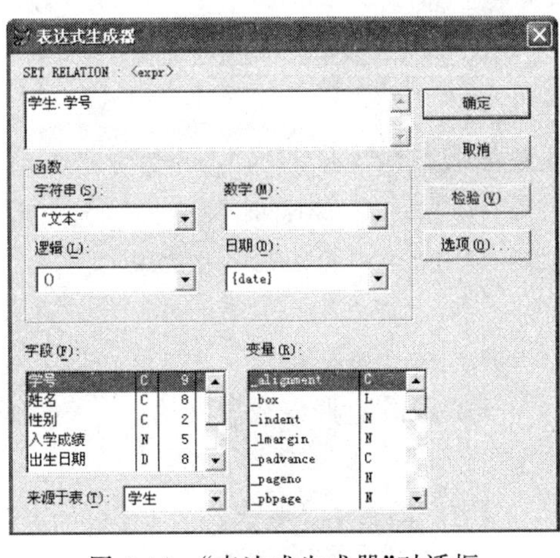
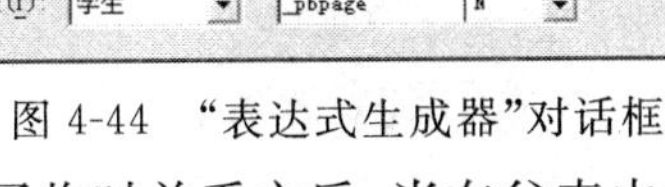

图4-44　“表达式生成器”对话框

图4-45　建立的临时关系

建立了临时关系之后，当在父表中移动记录时，子表中只显示与父表中当前记录相关联的记录。

例如在如图4-38所示的“数据工作期”窗口中，通过单击“浏览”按钮，分别打开“学生”

表和“成绩”表后，当单击“学生”表中的某个记录(改变了当前记录)时，则在“成绩”表中只会显示与父表当前记录相关的记录，如图 4-46 所示。

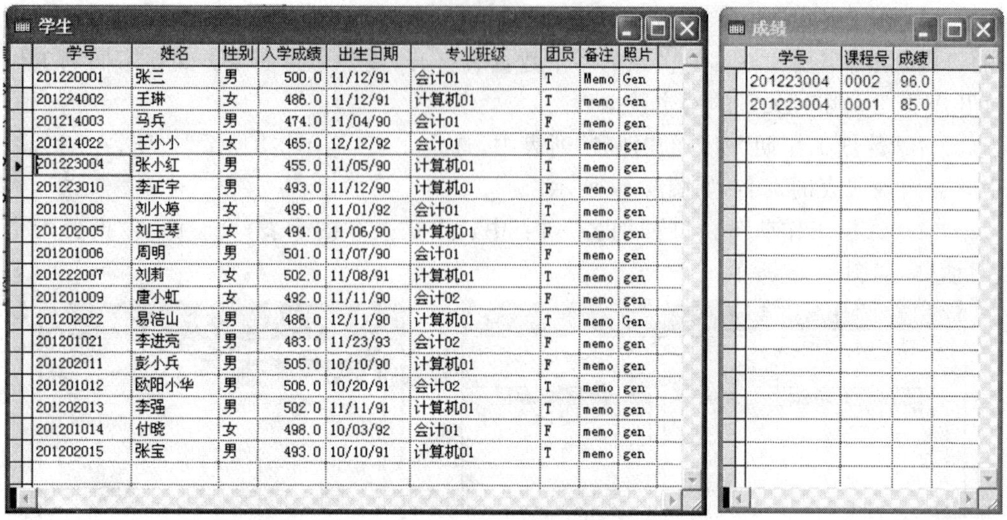

学生

学号	姓名	性别	入学成绩	出生日期	专业班级	团员	备注	照片
201220001	张三	男	500.0	11/12/91	会计01	T	Memo	Gen
201224002	王琳	女	486.0	11/12/91	计算机01	T	memo	Gen
201214003	马兵	男	474.0	11/04/90	会计01	F	memo	gen
201214022	王小小	女	465.0	12/12/92	会计01	T	memo	gen
201223004	张小红	男	455.0	11/05/90	计算机01	T	memo	gen
201223010	李正宇	男	493.0	11/12/90	计算机01	F	memo	gen
201201008	刘小婷	女	495.0	11/01/92	会计01	T	memo	gen
201202005	刘玉琴	女	494.0	11/06/90	计算机01	F	memo	gen
201201006	周明	男	501.0	11/07/90	会计01	F	memo	gen
201222007	刘莉	女	502.0	11/08/91	计算机01	T	memo	gen
201201009	唐小虹	女	492.0	11/11/90	会计02	F	memo	gen
201202022	易浩山	男	486.0	12/11/90	计算机01	T	memo	Gen
201201021	李进亮	男	483.0	11/23/93	会计02	F	memo	gen
201202011	彭小兵	男	505.0	10/10/90	计算机01	F	memo	gen
201201012	欧阳小华	男	506.0	10/20/91	会计02	T	memo	gen
201202013	李强	男	502.0	11/11/91	计算机01	T	memo	gen
201201014	付晓	女	498.0	10/03/92	会计01	F	memo	gen
201202015	张宝	男	493.0	10/10/91	计算机01	T	memo	gen

成绩

学号	课程号	成绩
201223004	0002	96.0
201223004	0001	85.0

图 4-46　建立临时关系后指针的定位

实际上在 Visual FoxPro 中，数据表之间的关系有临时关系和永久关系两种。其中，临时关系是指这种关系是临时性的，一旦退出，如退出 Visual FoxPro 或关闭父表或子表，所建立的关系自动取消，在下次使用时还需要重新建立。数据表之间的永久关系是指这种关系是永久的，一旦建立，便会一直保存在数据库文件中，只要打开数据库，数据表之间的关系便自动建立，不像临时关系那样每次打开数据表时都要重新建立，永久关系只能在数据库中建立。

习　　题

一、选择题

1. 在 Visual FoxPro 中，调用表设计器建立数据表 STUDENT. dbf 的命令是(　　)。

A) MODIFY　STRUCTURE　STUDENT　　B) CREATE　DATABSE　STUDENT

C) CREATE　STUDENT　　D) CREATE　PROJECT　STUDENT

2. MODIFY STRUCTURE 命令的功能是(　　)。

A) 修改记录值　　B) 修改表结构

C) 修改数据库结构　　D) 修改数据库或表结构

3. 以下关于空值(NULL)叙述正确的是(　　)。

A) 空值等同于空字符串　　B) 空值表示字段或变量还没有确定的值

C) Visual FoxPro 不支持空值　　D) 空值等同于数值 0

4. 要求数据表某数值型字段的整数是 4 位，小数是 2 位，其值可能为负数，该字段的宽度应定义为 (　　)。

A) 8 位　　B) 7 位　　C) 6 位　　D) 4 位

5. 若一个 Visual FoxPro 表中包含一个备注型字段和一个通用型字段，则字段的内容(　　)。

A) 分别保存在 2 个.fpt 文件中　　B) 仍保存在.dbf 文件中

C) 共同保存在 1 个.fpt 文件中　　D) 以上说法都不对

6. 当前打开的"学生"表中有日期型字段"出生日期"，要显示 1992 年出生的学生姓名字段，正确的命令是(　　)。

A) LIST　姓名 FOR 出生日期 = 1992

B) LIST　姓名 FOR 出生日期 ="1992"

C) LIST　姓名 FOR YEAR(出生日期) = 1992

D) LIST　姓名 FOR 出生日期>={1992-01-1} AND 出生日期<={1992-12-31}

7. 有关 ZAP 命令的描述，正确的是(　　)。

A) ZAP 命令只能删除当前表的当前记录

B) ZAP 命令只能删除当前表的带有删除标记的记录

C) ZAP 命令能删除当前表的全部记录

D) ZAP 命令能删除表的结构和全部记录

8. 在"显示"菜单中，单击"追加方式"命令，执行的操作是(　　)。

A) 在当前表中添加一个空记录　　B) 在当前表尾添加一个空记录

C) 使当前表进入追加状态　　D) 弹出"追加"对话框

9. 定位记录指针时，使当前记录指针向前或向后移动若干条记录位置命令是(　　)。

A) GOTO　　B) GO　　C) SKIP　　D) LOCATE

10. 在 Visual FoxPro 中，恢复被逻辑删除记录的命令是(　　)。

A) DELETE　　B) RECALL　　C) ZAP　　D) PACK

11. 在 Visual FoxPro 中，对索引快速查询的命令是(　　)。

A) LOCATE　　B) PACK　　C) SEEK　　D) CLEAR

12. 假设"学生"表已打开，若顺序执行下列命令，最后一条命令显示结果是(　　)。

```
Goto 5
Skip -2
? recno()
```

A) 3　　B) 4　　C) 5　　D) 7

13. 当前打开的"职工"表中有数值型字段"工资"和字符型字段"性别"，将所有女职工增加 100 元工资，应使用命令(　　)。

A) REPLACE　ALL 工资 WITH 工资 + 100

B) REPLACE　工资 WITH 工资 + 100　FOR 性别 ="女"

C) CHANGE　ALL 工资 WITH 工资 + 100

D) CHANGE　ALL 工资 WITH 工资 + 100 FOR 性别 ="女"

14. 假设"学生"表已打开，下列命令中，能够复制"学生"表结构的是(　　)。

A) SORT　TO　temp　　B) COPY　TO　temp

C) COPY　STRUCTURE　TO　temp　　D) CREATE　temp

15. 当前打开的"工资"表中有数值型字段"工资"，要把指针定位在第 1 个工资大于 2 000元的记录上，应该使用(　　)。

A) SEEK　FOR　工资>2 000　　B) FIND　FOR　工资>2 000

C) LOCATE　FOR　工资>2 000　　D) LIST　FOR　工资>2 000

16. 当前打开的“图书”表中有字符型字段“图书号”，要求将图书号以字母A开头的图书记录全部逻辑删除，可以使用的命令是(　　)。

A) DELETE　FOR　图书号="A"　　　　B) DELETE　FOR　"A"=图书号

C) DELETE　FOR　图书号=="A"　　　　D) DELETE　FOR　"A"　$　图书号

17. 当前打开的“职工”表中有逻辑型字段“婚否”，(已婚为.T.，未婚为.F.)字符型字段“性别”若要显示已婚的女性职工的信息，正确的命令是(　　)。

A) LIST　FOR 婚否　OR　性别="女"　　　　B) LIST　FOR 婚否　AND　性别="女"

C) LIST　FOR 已婚　OR　性别="女"　　　　D) LIST　FOR 已婚　AND　性别="女"

18. 若所有短语选项默认，则表记录显示命令LIST和DISPLAY的区别是(　　)。

A) LIST只显示当前记录，而DISPLAY则显示全部记录

B) LIST显示全部记录，而DISPLAY则只显示当前记录

C) LIST和DISPLAY都只显示当前记录

D) LIST和DISPLAY都只显示全部记录

19. 下面关于索引的描述正确的是(　　)。

A) 建立索引以后，原来的数据库表文件中记录的物理顺序将被改变

B) 索引与数据表的数据存储在一个文件中

C) 创建索引是创建一个指向数据表文件记录的指针构成的文件

D) 使用索引并不能加快对表的查询操作

20. 在表设计器中的“字段”选项卡中可以创建的索引类型是(　　)。

A) 唯一索引　　B) 候选索引　　C) 主索引　　D) 普通索引

21. 若表中的某字段包含重复数据，则该字段能够指定(　　)。

① 候选索引　　② 主索引　　③ 普通索引　　④ 唯一索引

A) ①②④　　B) ②③④　　C) ①③④　　D) ③④

22. 创建索引时，索引表达式可以是一个或多个表字段，不能作为索引表达式的字段是(　　)。

A) 日期型　　B) 字符型　　C) 备注型　　D) 数值型

23. 执行命令“INDEX　on　姓名　TAG　index_name”建立索引后，叙述错误的是(　　)。

A) 此命令建立的索引是当前主控索引

B) 此命令所建立的索引将保存在.idx文件中

C) 表中记录按索引表达式升序排序

D) 此命令的索引表达式为姓名，索引名是index_name

24. 在Visual FoxPro中，将结构复合索引文件中索引标识名为“姓名”的索引设置为当前主控索引，应该使用的命令是(　　)。

A) SET　ORDER　姓名　　　　B) SET　ORDER　TAG　姓名

C) SET　ORDER　TO　TAG　姓名　　　　D) USE　INDEX　TO　TAG 姓名

25. 当前打开的“职工”表中有字符型字段“职称”和“性别”，要建立一个索引，要求首先按职称排序，职称相同时再按性别排序，正确的命令是(　　)。

A) INDEX　职称+性别 TAG　ttt　　　　B) INDEX ON 性别+职称 TAG　ttt

C) INDEX 职称，性别 TAG　ttt　　　　D) INDEX ON 性别，职称 TAG　ttt

第5章 数据库及其操作

在 Visual FoxPro 中，数据库是一个容器，用于管理存储在其中的对象，这些对象包括数据库表、试图、查询、表之间的关系和存储过程等，主要是数据库表，而且一个数据库中可以包括多个数据库表。数据库表是数据库中数据组织与存储的基本单元，把若干个相关的数据库表集中起来放在一个数据库中管理，在数据库表间可以建立关联关系、数据有效性规则、参照完整性等，在数据库的管理下，各个数据库表协调工作，可解决复杂的数据处理问题。本章主要介绍 Visual FoxPro 数据库和数据库表的建立与编辑等相关操作。

5.1 数据库创建和维护

5.1.1 创建数据库

Visual FoxPro 中，创建数据库主要有以下三种方式。

1. 通过“新建”对话框建立数据库

单击工具栏上的“新建”按钮或者选择“文件”菜单下的“新建”命令，打开如图 5-1 所示的“新建”对话框。在“文件类型”单选框中选择“数据库”，然后单击“新建文件”按钮，则打开“创建”对话框，在其中输入数据库的文件名(扩展名为. dbc 的文件名)，并选择数据库文件的保存位置，单击“保存”按钮则完成数据库的建立，并打开“数据库设计器”窗口，如图 5-2 所示。

此时，表明已经成功建立了一个数据库，但目前还是一个空的数据库，没有存放任何对象。空的数据库还没有数据，也不能输入数据，只有建立数据库表和其他数据库对象后，才能输入数据和实施其他数据库操作。

创建一个数据库时，系统自动生成三个文件，分别是：数据库文件，扩展名为. dbc；数据库备注文件，扩展名为. dct；数据库索引文件，扩展名为. dcx。即建立数据库后，用户可以在保存数据库文件目录中看到文件名相同但扩展名分别为. dbc、. dct 和. dcx 的 3 个文件。

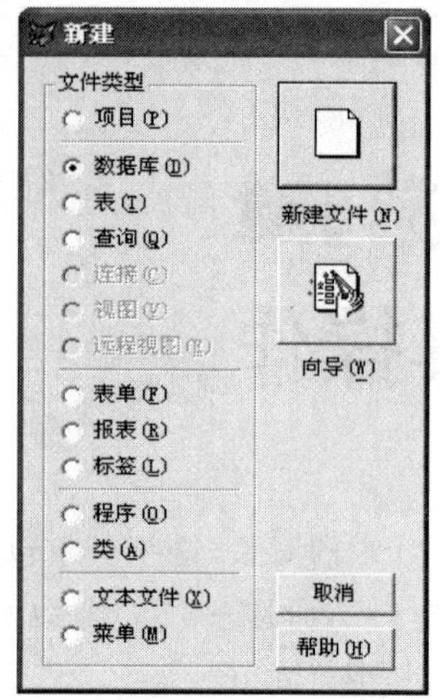

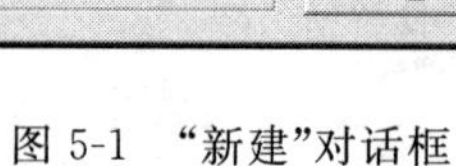

图 5-1 “新建”对话框

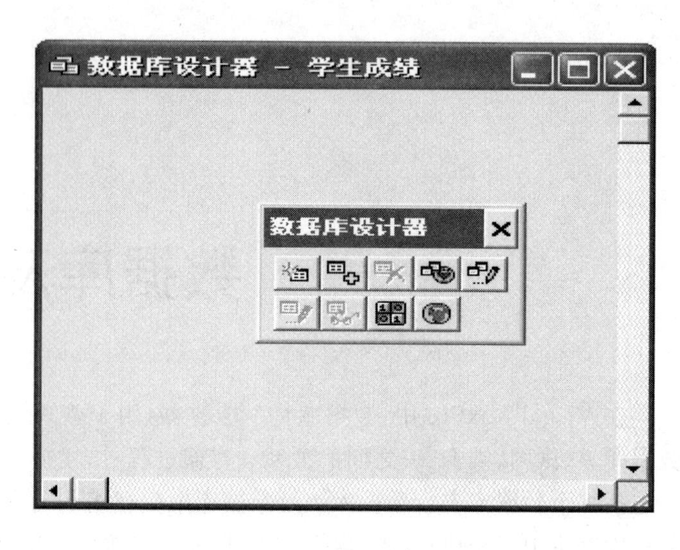

图 5-2 “数据库设计器”窗口

2. 在项目管理器中建立数据库

首先打开需要建立数据库的项目,然后在项目管理器中选择“数据库”选项卡,单击“新建”按钮并选择“新建数据库”按钮,后面的操作和步骤与通过“新建”对话框建立数据库相同。如图 5-3 所示,在“学生成绩”管理项目中创建了“学生信息”数据库。

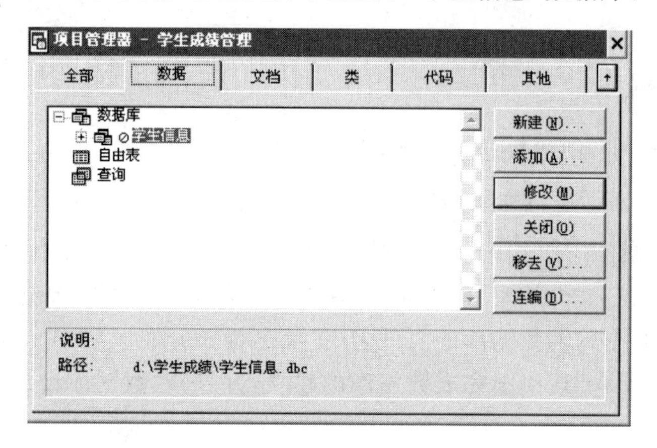

图 5-3 “项目管理器”对话框

3. 使用命令方式建立数据库

命令格式:CREATE DATABASE [<数据库名|?>]

功能:创建一个数据库

说明:

<数据库名>:需要建立的数据库名称,在数据库名前如果指定了目录,则将数据库文件保存在指定的目录中,如果不指定目录,则将数据库文件保存在默认的工作目录中;如果不指定数据库名或使用问号“?”都会弹出“创建”对话框,请用户输入数据库名称和选择保存数据库文件的目录。与前两种建立数据库的方法不同,使用命令建立数据库后不打开数据库设计器,但数据库处于打开状态,即不必再使用 OPEN DATABASE 命令来打开数据库。

例如，在 E 盘下建立学生成绩数据库，命令如下：

```
CREATE  DATABASE  E:\学生成绩
```

5.1.2 打开、关闭和删除数据库

1. 打开数据库

若要对数据库进行操作，需要先打开数据库，主要有以下三种方式。

(1) 通过“打开”对话框打开数据库

单击工具栏上的“打开”按钮或者选择“文件”菜单下的“打开”命令，显示“打开”对话框，如图 5-4 所示。在“文件类型”下拉列表框中选择“数据库(＊.dbc)”，在“查找范围”中选择需要打开数据库所在位置，然后选择或在“文件名”文本框后输入数据库文件名，单击“确定”按钮则打开数据库。在“打开”对话框中还有“以只读方式打开”和“独占”复选框可供选择，“以只读方式打开”即不容许对数据库进行修改，默认的打开方式是读/写方式，即可修改。“独占”方式打开即不允许其他用户在同一时刻也使用该数据库。

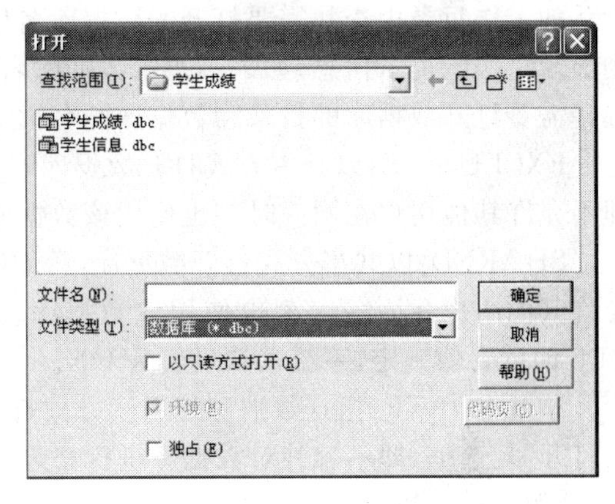

图 5-4 “打开”对话框

Visual FoxPro 为了实现数据库的操作专门提供了一个“数据库设计器”。在数据库设计器中，可以非常方便地创建、添加和删除数据表，显示数据库中包含的全部表、视图，建立与编辑表间的永久关系等。在打开数据库的同时也打开该数据库设计器，并会在主菜单栏中增加“数据库”菜单项，并同时将打开的数据库显示在工具栏中，如图 5-5 所示。

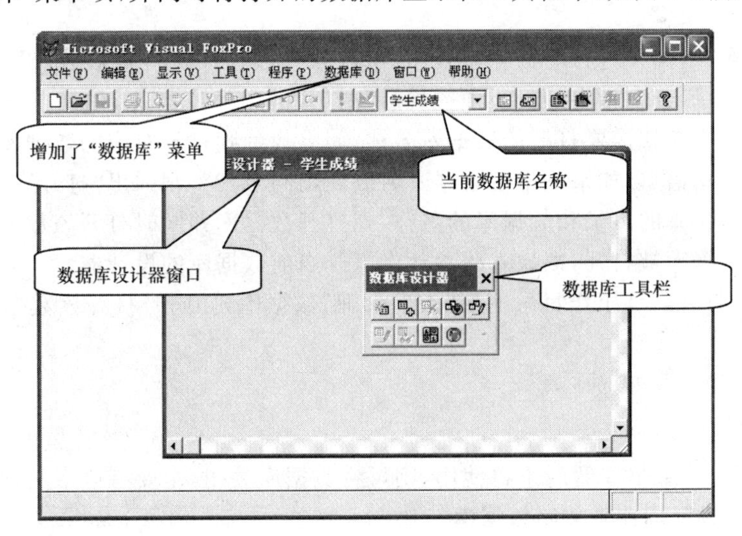

图 5-5 “打开数据库”系统主界面

(2) 从项目管理器中打开数据库

首先打开需要打开数据库的项目，然后展开数据库分支，选择需要打开的数据库，单击

“修改”按钮，则打开所选数据库，并同时打开该数据库设计器。

(3) 使用命令打开数据库

命令格式：OPEN DATABASE [＜数据库名＞|?] [EXCLUSIVE|SHARED] [NOUPDATE]

功能：打开指定名称的数据库。

说明：

＜数据库名＞：需要打开的数据库名称，可以缺省数据库文件扩展名.dbc，在数据库名前如果指定了目录，则在指定的目录中查找需要打开的数据库名称，如果不指定目录，则在默认的工作目录中查找需要打开的数据库名称，如果找到则打开对应的数据库，如果找不到则显示错误的提示信息；如果不指定数据库名或使用问号“?”，则弹出“打开”对话框，请用户选择需要打开数据库的目录和数据库的名称。

EXCLUSIVE：以独占方式打开数据库，与在“打开”对话框中选择“独占”复选框等效，即不允许其他用户在同一时刻也使用该数据库。

SHARED：以共享方式打开数据库，等效于在“打开”对话框中不选择“独占”复选框，即允许其他用户在同一时刻也使用该数据库。默认的打开方式由 SET EXCLUSIVE ON|OFF 的设置值确定，系统默认设置为 ON。

NOUPDATE：指定数据库按只读方式打开，等效于在“打开”对话框中选择“以只读方式打开”复选框，即不容许对数据库进行修改，默认的打开方式是读/写方式，即可修改。

[**例 5-1**] 以独占的方式打开 E 盘下的“学生成绩”数据库，命令如下：

```
OPEN DATABASE E:\学生成绩  EXCLUSIVE
```

使用命令的方式打开数据库时，不能够同时打开该数据库的设计器，如果需要打开数据库设计器则还需要使用打开数据库设计器的命令。

命令格式：MODIFY DATABASE [＜数据库名＞|?]

功能：打开指定名称的数据库，同时打开数据库的设计器窗口。

说明：

＜数据库名＞：需要打开的数据库名称，可以缺省数据库文件扩展名.dbc，在数据库名前如果指定了目录，则在指定的目录中查找需要打开的数据库名称，如果不指定目录，则在默认的工作目录中查找需要打开的数据库名称，如果找到则打开对应的数据库，如果找不到则显示错误的提示信息；如果不指定数据库名或使用问号“?”，则弹出“打开”对话框，请用户选择需要打开数据库的目录和数据库的名称，则打开数据库并同时打开该数据库的设计器；如果当前已有数据库被打开，则缺省此参数将打开当前数据库的设计器。

[**例 5-2**] 打开默认工作目录下的“人事管理”数据库，并同时打开该数据库的设计器，命令如下：

```
MODIFY  DATABASE 人事管理
```

2. 关闭数据库

在使用过程中，数据库暂时不再使用，则可将数据库关闭，主要有以下两种方式。

(1) 使用项目管理器来关闭数据库

首先打开需要关闭数据库的项目，然后展开数据库分支，选择需要关闭的数据库(如图 4-3所示)，单击“关闭”按钮，则关闭所选数据库，如果选定的数据库已关闭，此按钮变为“打开”。

(2) 使用命令关闭数据库

命令格式：CLOSE ＜ DATABASE [ALL] | ALL ＞

功能：关闭数据库。

说明：

(1) ALL：关闭在 Visual FoxPro 中所打开的各种对象。

(2) DATABASE：用于关闭当前数据库以及数据库所包含的数据库表等对象。

(3) DATABASE ALL：用于关闭所有打开数据库库以及以及数据库所包含的数据表等对象。

[**例 5-3**]　关闭当前的数据库，命令如下：

```
CLOSE DATABASE
```

[**例 5-4**]　关闭所有打开的数据库，命令如下：

```
CLOSE DATABASE ALL
```

[**例 5-5**]　关闭系统所有打开的对象，命令如下：

```
CLOSE  ALL
```

3. 删除数据库

在使用过程中，如果一个数据库不再使用了，随时都可以删除，主要有以下两种方式。

(1) 从项目管理器中删除数据库

首先打开需要删除数据库的项目，然后展开数据库分支，选择需要删除的数据库（如图 5-3所示），最后单击“移去”按钮，则会弹出如图 5-6 所示的提示对话框，这时可以选择以下几种方式。

图 5-6　提示对话框

① 移去：从项目管理器中删除数据库，但并不从磁盘上删除相应的数据库；

② 删除：从项目管理器中删除数据库，并从磁盘上删除相应的数据库文件；

③ 取消：取消当前的操作，即不进行删除数据库的操作。

Visual FoxPro 的数据库文件并不真正含有数据库表或其他数据库对象，只是在数据库文件中记录了相关的信息，表、视图或其他数据库对象是独立存放在磁盘上的。所以不管是“移去”操作还是“删除”操作，都没有删除数据库中的表等对象。要在删除数据库时同时删除表等对象，需要使用命令方式删除数据库。

(2) 使用命令删除数据库

命令格式：DELETE DATABASE <数据库名> | ?

功能：删除指定名称的数据库。

说明：

<数据库名>：给出要从磁盘上删除数据库文件名，此时要删除的数据库必须处于关闭状态；如果使用问号“?”，则会打开“删除”对话框，请用户选择要删除的数据库文件。

[**例 5-6**]　删除默认工作目录下的“人事管理”数据库，命令如下：

```
DELETE DATABASE 人事管理
```

5.2　数据库表的创建与设置

5.2.1　数据库表的创建

根据数据表的存在形式，Visual FoxPro 中的数据表可分为自由表和数据库表两种，自由表不隶属于任何数据库,以独立于数据库之外而存在,而数据库表则隶属于某一数据库,数据库表比自由表具有更多的属性和功能。数据库表与自由表之间的主要区别如下。

(1) 字段名称长度

数据库表中字段名长度最大长度可达128个字符,而自由表的字段名长度最大长度为10个字符。

(2) 字段属性

数据库表可以设置字段的标题、格式、输入掩码等格式,使数据的输入和显示更加规范,而自由表则不具备。

(3) 字段与记录有效规则

数据库表可以设置字段的默认值、字段与记录有效规则,从而保证字段与记录数据有效性和一致性,避免错误数据的非法收入,而自由表则不具备。

(4) 主索引与永久关系

数据库表可以建立主索引以及建立数据库表之间的永久关系,而自由表则不具备。

1. 创建数据库表

Visual FoxPro中,创建数据库表主要有以下三种方式。

(1) 菜单方式

在某一数据库已经打开的情况下,执行"文件"菜单下的"新建"命令,选择"创建"对话框中的"表"选项,单击"新建文件"按钮,则所建立的表属于当前数据库的数据库表。

(2) 命令方式

在某一数据库已经打开的情况下,执行"CREATE ＜数据表名＞"命令,则所建立的表属于当前数据库的数据库表。

(3) 数据库设计器方式

当在"数据库设计器"窗口打开的情况下,用鼠标右键单击"数据库设计器窗口"的空白处,从弹出的快捷菜单中选择"新建表"命令,弹出"新建表"对话框,单击该对话框中的"新建表"按钮,则弹出"创建"对话框,在该对话框中指定数据库表文件名和存储目录单击"确定"按钮,则创建表属于当前数据库的数据库表。

无论采用哪种方式来创建数据库表,都将打开如图5-7所示的数据库表设计器窗口,与自由表设计器窗口相比,在每个字段下方都增加了"显示"、"字段有效性"、"匹配字段类型到类"和"字段注释"4个区域,用于设置数据库表的属性。

有关数据库表结构的创建和数据记录的输入与自由表的操作相同。

2. 将自由表添加到数据库

虽然自由表不具有数据库表的许多特性,但可以将自由表添加到数据库中,使之成为数据库表。把自由表添加到数据库中可以有以下三种方式。

(1) 使用项目管理器添加自由表

打开项目管理器,将要添加自由表的数据库展开至表,并选择"表",如图5-8所示。然后单击"添加"按钮,从弹出的"打开"对话框中选择要添加到当前数据库的自由表,即扩展名为.dbf的文件。

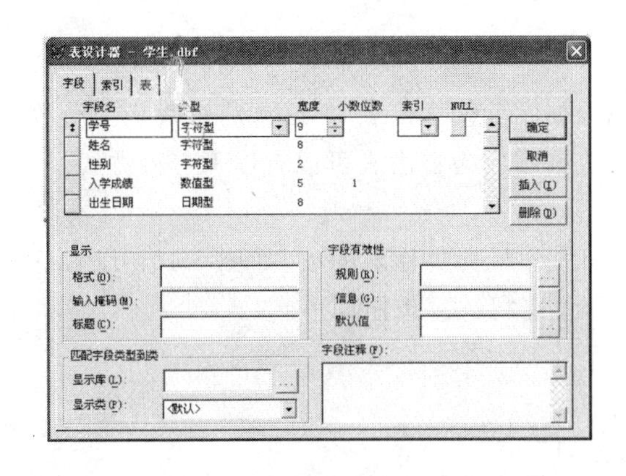

图 5-7 数据库表设计器窗口

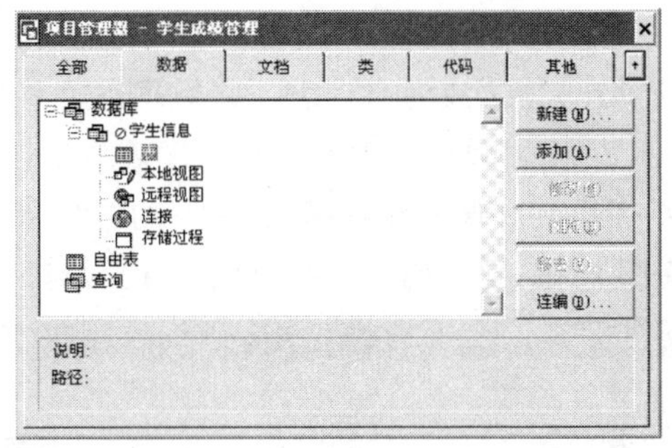

图 5-8 通过项目管理器添加自由表到数据库

(2) 使用数据库设计器添加自由表

打开数据库设计器后,可以从“数据库”菜单中选择“添加表”命令,然后从“打开”对话框中选择要添加到当前数据库的自由表;或者在数据库设计器窗口的空白处右击鼠标,从弹出的快捷菜单中选择“添加表”命令,然后从“打开”对话框中选择要添加到当前数据库的自由表。

(3) 使用命令方式添加自由表

命令格式:ADD TABLE ＜自由表名＞|?

功能:将指定的自由表添加到当前的数据库中,使之成为数据库表。

说明:

＜自由表名＞:需要添加到当前数据库的自由表名称;如果使用“?”则显示“打开”对话框,从中可以选择要添加到当前数据库中的自由表。

注意:一个数据库表只能属于一个数据库,当一个自由表添加到某个数据库后就不再是自由表了,所以不能把已经属于某个数据库的数据库表添加到其他数据库中,否则会有出错提示。

[**例 5-7**] 将 E 盘下“学生”、“成绩”和“课程”自由表添加到 E 盘下“学生成绩”数据库中,命令如下:

```
MODIFY DATABASE E:\学生成绩          && 打开“学生成绩”数据库,并使之成为当前数据库
ADD  TABLE  E:\学生                 && 将“学生”表添加到当前的数据库中
ADD  TABLE  E:\成绩                 && 将“成绩”表添加到当前的数据库中
ADD  TABLE  E:\课程                 && 将“课程”表添加到当前的数据库中
```

结果如图 5-9 所示。

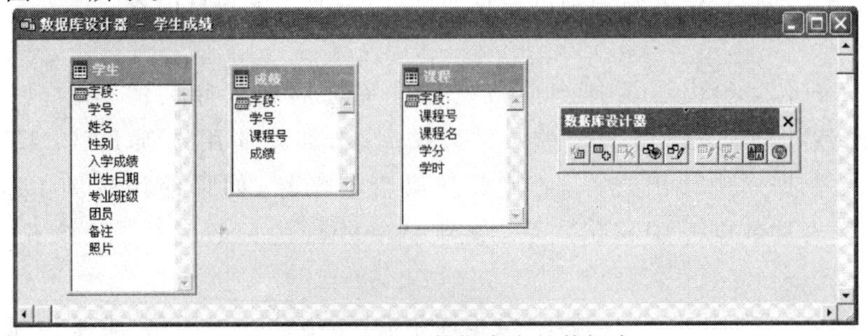

图 5-9 含有三个数据库表的数据库

3. 从数据库中移去数据库表

当数据库不再使用某个数据库表，而其他数据库要使用该表时，必须将该表从当前数据库中移出，使之成为自由表。将数据库表移出数据库成为自由表可以有以下三种方式。

(1) 使用项目管理器将数据库表移出数据库

打开项目管理器，将数据库下的“表”展开，并选择所要移出的表，如图 5-10 所示，单击“移去”按钮，弹出如图 5-11 所示的提示对话框，单击“移去”按钮即可。

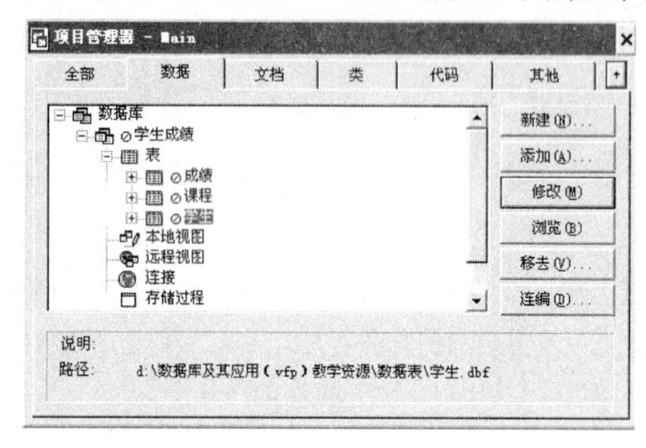

图 5-10 使用项目管理器移去数据库表

图 5-11 移去/删除确认框

(2) 使用数据库设计器将数据库表移出数据库

打开数据库设计器，选择要移去的数据库表，然后从“数据库”菜单中选择“移去”命令，或者单击鼠标右键从快捷菜单中选择“删除”命令，也会弹出如图 5-11 所示的提示对话框，单击“移去”按钮即可。

注意：

① 以上操作是从数据库中移出数据库表，使被移出的表成为自由表，所以应该选择“移去”；如果选择删除，则不仅从数据库中将数据库表移出，并且还从磁盘上删除该表，即扩展名为.dbf 的文件。

② 一旦某个数据库表从数据库中移出，那么与之相关的所有主索引、默认值及有效性规则都随之消失，因此，将某个数据库表移出的操作会影响到当前数据库中与该表有联系的其他表。

③ 命令方式移去表

命令格式：REMOVE TABLE <数据库表名>|? [DELETE][RECYCLE]

功能：将指定的数据库表从当前的数据库中移去，使之成为自由表。

说明：

<数据库表名>给出了要从当前数据库中移去的数据库表的名称；如果使用“?”则显示“移去”对话框，从中选择要移去的数据库表；如果使用选项 DELETE，则在把所选数据库表从数据库中移出之外，还将其从磁盘上删除；如果使用选项 RECYCLE，则把所选数据库表从数据库中移出之后，放到 Windows 的回收站中，而并不立即从磁盘上删除。

[**例 5-8**] 在 E 盘下的“学生成绩”数据库中有“学生”、“成绩”和“课程”数据库表，现要

将“学生”从“学生成绩”数据库中移去，命令如下：

```
OPEN DATABASE E:\学生成绩          && 打开“学生成绩”数据库，并使之成为当前数据库
REMOVE TABLE 学生                  && 将“学生”数据库表从当前数据库中移去
```

5.2.2　数据库表的设置

因为数据库表具有一些自由表所没有的属性，例如显示格式、输入掩码、默认值、字段级和记录级的有效规则以及触发器等，因此当创建或修改数据库表时，可以通过相应属性的设置，从而使数据库表的管理和维护更为方便、准确、有效。

1. 数据库表字段属性的设置

数据库表字段属性的设置主要包括字段数据显示格式、字段输入掩码以及字段标题等。

（1）字段标题设置

使用标题属性可以指定字段名在浏览窗口中显示时的标题文字。如果没有设置字段标题，则默认情况下将字段名作为标题显示。

[**例 5-9**]　将“学生成绩”数据库中的“学生”数据库表中“学号”字段的标题为“学生编号”。其操作步骤如下：

（1）打开“学生成绩”数据库，进入“数据库设计器”窗口。

（2）在“数据库设计器”窗口中，选中“学生”数据库表并右击鼠标，在弹出的快捷菜单中选择“修改”命令，打开“表设计器”对话框。

（3）在“表设计器”对话框中选定“学号”字段，在标题框中输入“学生编号”，单击“确定”按钮。如图 5-12 所示。

（4）在“数据库设计器”窗口中，选中“学生”数据库表并右击鼠标，在弹出的快捷菜单中选择“浏览”命令，则原来的“学号”字段标题已经变成“学生编号”，如图 5-13 所示。

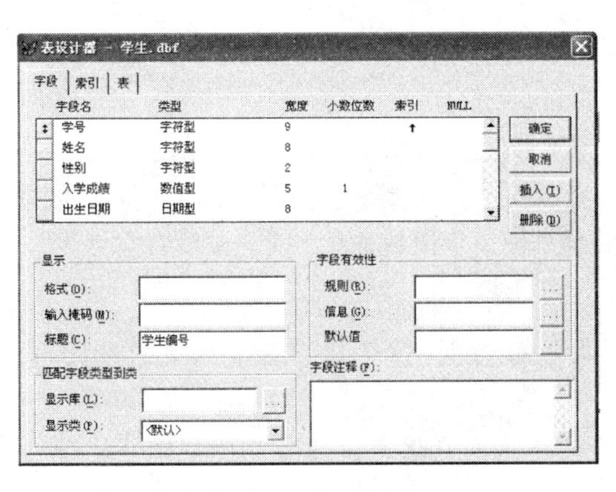

图 5-12　设置字段的标题

学生

学生编号	姓名	性别	入学成绩	出生日期	专业班级	团员	备注	照片
201220001	张三	男	500.0	11/12/91	会计01	T	Memo	Gen
201224002	王琳	女	486.0	11/12/91	计算机01	T	memo	Gen
201214003	马兵	男	474.0	11/04/90	会计01	F	memo	gen
201214022	王小小	女	465.0	12/12/92	会计01	T	memo	gen
201223004	张小红	男	455.0	11/05/90	计算机01	T	memo	gen
201223010	李正宇	男	493.0	11/12/90	计算机01	F	memo	gen
201201008	刘小婷	女	495.0	11/01/92	会计01	T	memo	gen
201202005	刘玉琴	女	494.0	11/06/90	计算机01	F	memo	gen
201201006	周明	男	501.0	11/07/90	会计01	F	memo	gen
201222007	刘莉	女	502.0	11/08/91	计算机01	T	memo	gen
201201009	唐小虹	女	492.0	11/11/90	会计02	F	memo	gen
201202022	易浩山	男	486.0	12/11/90	计算机01	T	memo	Gen
201201021	李进亮	男	483.0	11/23/93	会计02	F	memo	gen
201202011	彭小兵	男	505.0	10/10/90	计算机01	F	memo	gen
201201012	欧阳小华	男	506.0	10/20/91	会计02	T	memo	gen
201202013	李强	男	502.0	11/11/91	计算机01	T	memo	gen
201201014	付晓	女	498.0	10/03/92	会计01	F	memo	gen
201202015	张宝	男	493.0	10/10/91	计算机01	T	memo	gen

图 5-13　在浏览窗口中显示的字段标题

（2）字段值输入和输出格式设置

要求字段中数据按特定的格式来显示，或者要求用户按特定格式在字段中输入数据，可以通过设置字段的“格式”属性和“输入掩码”来完成。

格式实际上是字段的一个输出掩码，决定字段在浏览窗口、表单或报表中数据的显示格式。可以使用的格式控制码和功能见表 5-1。

表 5-1　格式控制码和功能

控制码	功能
A	只允许字母字符
L	数值型数据显示前导 0
T	删除前导空格和结尾空格
!	字母字符转换成大写
$	货币型数据前显示货币符号

输入掩码用于控制字段的输入格式,用来限制输入数据的范围,控制输入数据的正确性。可以使用的输入掩码和功能见表 5-2。

表 5-2　输入掩码和功能

输入掩码	功能
X	该位置可以输入任意字符
A	该位置只能输入字母字符
9	该位置只能输入数字字符或数字、正负号
!	该位置只能输入大写字母
. , ( )	该位置只能输入指定的符号

［**例 5-10**］　设置"学生成绩"数据库中的"学生"数据库表的"学号"字段,其输入值只能是 9 个数字字符;同时设置 "专业班级"字段,显示时删除该字段数值前导空格。操作步骤如下:

(1) 打开"学生成绩"数据库,进入"数据库设计器"窗口。

(2) 在"数据库设计器"窗口中,选中"学生"数据库表并单击右键,在弹出的快捷菜单中选择"修改"命令,打开"表设计器"对话框。

(3) 在"表设计器"对话框中,选中"学号"字段,在"显示"区域的"输入掩码"框中输入"999999999"。

(4) 在"表设计器"对话框中,选中"专业班级"字段,在"显示"区域的"格式"框中输入"T"。

(5) 单击"确定"按钮,返回"数据库设计器"窗口。

经过上述设置后,在输入"学生"数据库表中的"学号"字段数据时,如果输入的不是数字字符,则系统拒绝输入并发出响声警告输入的数据不满足输入格式要求。同时在浏览"学生"数据库表时,则能够将"专业班级"字段数据的前导空格删除,使该字段数据显示时左端没有空格。

2. 数据库表字段的有效规则设置

字段的有效性规则是域完整性的体现。"字段有效性"设置是对字段值约束的设计,包括规则、信息和默认值,其功能如下。

(1) 规则:是一个逻辑表达式,用于设置字段值输入的有效范围或限制的规则。

(2) 信息:是一个字符型表达式,用于指定违返字段有效性规则时的出错提示信息。

(3) 默认值:其类型由所要设置的字段类型决定,默认值就是向数据库表中添加新记录时,为字段自动填入的值。

在插入或修改字段值时,字段有效性规则被激活,对输入的数据进行正检查。如果检查字段数据不满足规则,系统将显示出错提示信息,用户必须进行修改,直到符合要求时光标才能离开该字段。通过设置字段有效性规则,可有效地提高表中数据输入的准确度,避免数据的输入错误。

［例 5-11］　在“学生成绩”数据库中，为“学生”数据库表中的“性别”字段设置有效性规则，要求性别的值只能是“男”或“女”，出错提示信息“性别只能输入男或女”，默认值为“女”。操作步骤如下：

(1) 打开“学生成绩”数据库，进入“数据库设计器”窗口。

(2) 在“数据库设计器”窗口中，选中“学生”数据库表并单击右键，在弹出的快捷菜单中选择“修改”命令，打开“表设计器”对话框。

(3) 在“表设计器”对话框中，选中“性别”字段，在“字段有效性”区域的“规则”框中输入表达式：性别＝“男” OR 性别＝“女”；在“信息”框中输入：“性别只能是男或女”；在“默认值”框中输入：“女”，如图 5-14 所示，最后单击“确定”按钮。

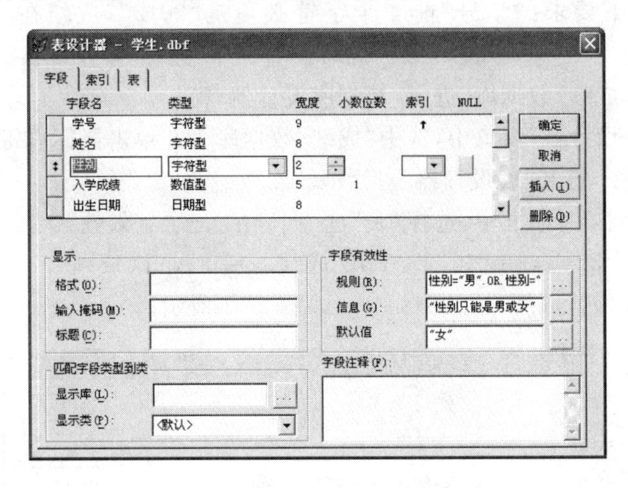

图 5-14　设置“性别”字段的有效性规则

在“学生”数据库表中追加新记录时，系统在“性别”字段中自动输入了“女”，如果用户输入的数据不是“男”或“女”的时候，系统会弹出“性别只能是男或女”的错误信息提示框，如图 5-15所示，单击“确定”按钮或“还原”按钮，都会返回字段编辑状态，直到输入有效值。

说明：

在“规则”框中，为了便于表达式的输入，可单击规则文本框右边的表达式生成器按钮，打开“表达式生成器”对话框，如图 5-16 所示，对话框提供的各种函数、运算符、字段等方便用户准确地写出表达式。

图 5-15　“性别”字段数据输入时出错提示信息框

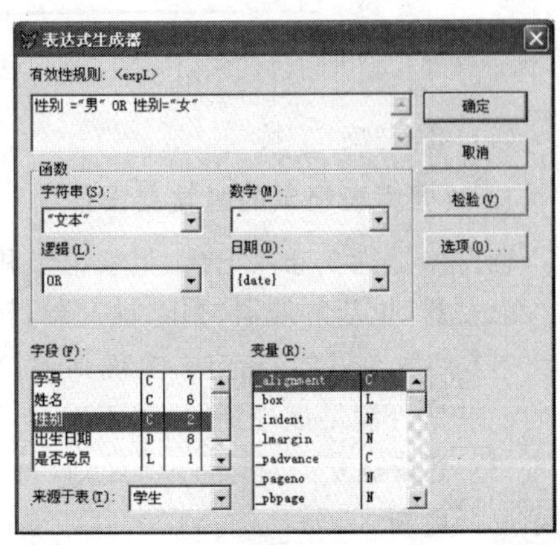

图 5-16　“表达式生成器”对话框

3. 数据库表记录的有效规则设置

记录有效性规则就是用来设置同一记录不同字段数据之间所需满足的逻辑关系，包括规则和信息两项设置。

(1) 规则：是一个逻辑表达式，用于设置记录不同字段数据之间应满足的规则。

(2) 信息：是一个字符型表达式，用于指定违反记录有效性规则时出错提示信息。

当光标离开当前记录时进行检查，如果检查记录数据不满足规则，系统将显示默认或设置的错误提示信息，用户修改满足规则后，光标才会离开该当前记录。

[**例 5-12**] 在“学生成绩”数据库中，规定“成绩”数据库表中的每条记录的学号字段和成绩字段都满足如下要求：“学号”前 4 个字符必须是“2012”，成绩在 0～100(包括 0 和 100)，出错提示信息为“必须是 2012 级且成绩在 0～100 分”。操作步骤如下：

(1) 打开“学生成绩”数据库，进入“数据库设计器”窗口。

(2) 在“数据库设计器”窗口中，选中“成绩”数据库表并单击鼠标右键，在弹出的快捷菜单中选择“修改”命令，打开“表设计器”对话框。

(3) 在“表设计器”对话框中，选择“表”选项卡，在“记录有效性”区域的“规则”文本框中输入表达式：LEFT(学号,4)=“2012” AND 成绩>=0 AND 成绩<=100；在“信息”框中输入：“必须是 2012 级且成绩在 0～100 分”，如图 5-17 所示。

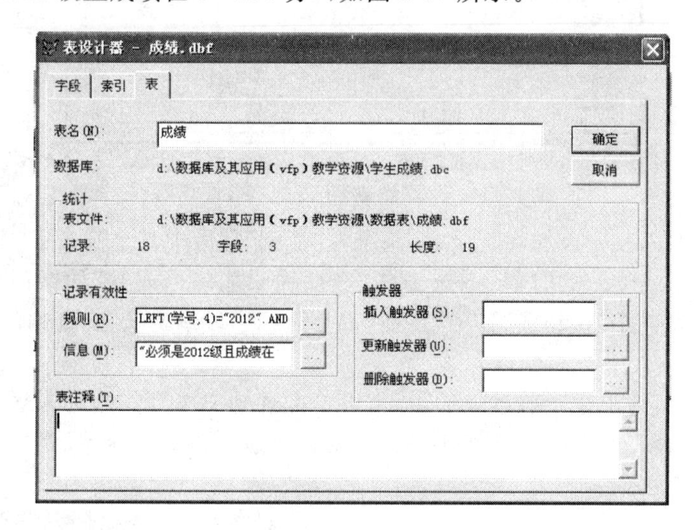

图 5-17 “成绩”数据库表记录有效性的设置

(4) 单击“确定”按钮。

4. 数据库表记录的触发器设置

触发器是指在插入记录、更新记录和删除记录时触发执行的一个表达式。触发器分为插入触发器、更新触发器、删除触发器，其功能如下。

(1) 插入触发器：指定一个规则，每次向表中插入或追加记录时触发该规则，检查新插入的记录是否满足该规则，如果不满足，则不能实现插入。

(2) 更新触发器：指定一个规则，每次更新表中记录时触发该规则，只对满足该规则的记录进行更新。

(3) 删除触发器：指定一个规则，每次在表中删除记录时触发该规则，只能删除满足该规则的记录。

［**例 5-13**］ 在“学生成绩”数据库中，为了避免用户不慎删除学生记录，可以在“学生”数据库表中创建一个简单的“删除触发器”，“删除触发器”的规则是：当删除一个记录时先弹出一个提示对话框，只有确认删除后，才能删除学生记录。操作步骤如下：

(1) 打开“学生成绩”数据库，进入“数据库设计器”窗口。

(2) 在“数据库设计器”窗口中，选中“学生”数据库表并单击右键，在弹出的快捷菜单中选择“修改”命令，打开“表设计器”对话框。

(3) 在“表设计器”对话框中，选择“表”选项卡，在触发器区域的“删除触发器”文本框中输入：MESSAGEBOX(“真的要删除记录吗”，276，“提示信息”)＝6，如图 5-18 所示。

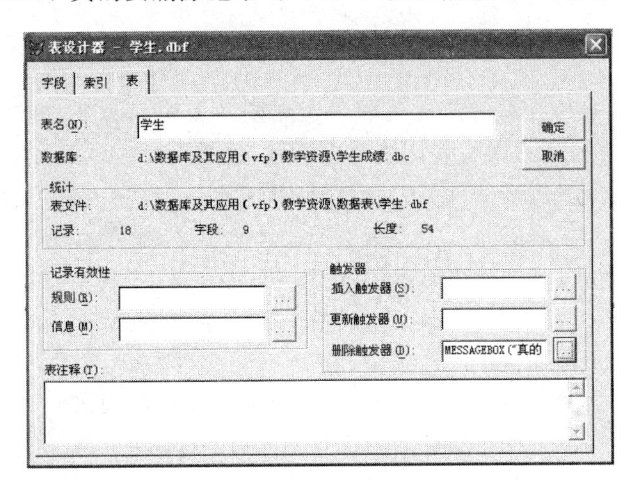

图 5-18 设置“删除触发器”规则

(4) 单击“确定”按钮，返回“数据库设计器”窗口。

在“学生”数据库表的浏览窗口中进行记录的逻辑删除，会弹出如图 5-19 所示的提示对话框，若单击“是”按钮，则能够对记录进行逻辑删除，若单击“否”按钮，则会弹出触发器的提示信息，如图 5-20 所示，并不能对记录进行逻辑删除。

注意：若从数据库中移去或删除数据库表，则该数据库表的属性都将消失，包括字段属性、字段有效规则、记录有效规则和触发器等。

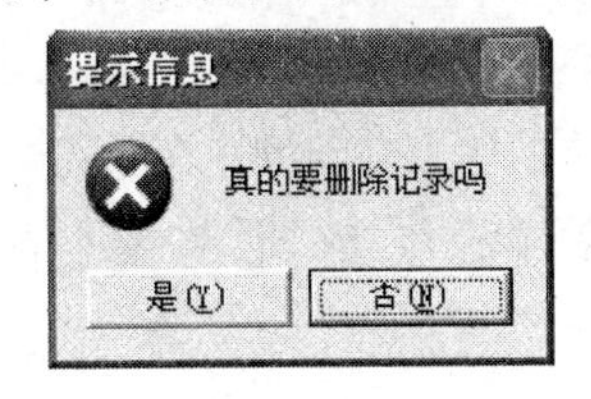

图 5-19 “提示信息”对话框

图 5-20 “触发器失败”信息提示框

5.3 参照完整性与表之间的关系

关系数据库通常是由多个数据库表组成，而这些数据库表之间往往存在着这样或那样的关系或联系。参照完整性是关系数据库管理系统的一个很重要的功能，它与数据库表之间的联系有关，它的含义是：当插入、删除或修改一个数据库表中的数据时，通过参照引用相互关联的另一个数据库表中的数据，来检查对数据库表的数据操作是否正确。例如在“学生成绩”数据库中包含“学生”、“成绩”和“课程”三个数据库表，这些数据库表之间存在一定的联系，“成绩”数据库表由学号、课程号和成绩字段构成，“学生”数据库表由学号、姓名、性别和专业班级等字段构成，当在“成绩”数据库表中插入一条记录时，如果没有参照完整性检查，则可能会使这个插入记录中的学号是一个不存在的学号(即插入的学号字段的数据在“学生”数据库表中学号字段数据中找不到，即没有这样的学生，怎么会有成绩)，这时插入的记录肯定是错误的。因此在插入记录之前，如能够进行参照完整性检查，检查指定插入学号数据在“学生”数据库表学号字段数据中是否存在，则可以保证插入成绩记录的合法性。

5.3.1 建立数据库表之间的“永久关系”

建立数据库表间永久关系的前提是需要建立永久关系的两个数据库表要有公共的字段，并且分别以公共字段作为索引表达式建立索引，数据库表之间的永久关系是基于索引的一种永久关系。数据库表之间的永久关系可分为“一对一”和“一对多”两种，它们是由子表的索引类型决定的。当子表的索引为主索引或候选索引时，建立的联系为“一对一”联系；当子表的索引为普通索引或唯一索引时，建立的联系为“一对多”联系。对于“一对一”的永久关系，在创建永久关系之前，建立永久关系的两个数据库表(父表和字表)都要以公共字段作为索引表达式建立一个主索引或候选索引；对于“一对多”的永久关系，父表(一方)必须以公共字段作为索引表达式建立主索引或候选索引，子表(多方)必须以相同的公共字段作为索引表达式建立普通索引。数据库中建立的永久关系被作为数据库的一部分保存起来。

建立数据库表之间永久关系的操作过程如下：

(1) 根据第1章中介绍的有关实体集间联系的类型分析，确定建立数据库表间永久关系的类型。

(2) 打开需要建立关系的数据库，并打开“数据库设计器”窗口。

(3) 根据永久关系的类型确定父表和子表后，利用“表设计器”以公共字段作为索引表达式为父表和子表建立相应的索引。

(4) 在“数据库设计器”窗口中，在父表的主索引或候选索引项(不是索引关键字)上按下鼠标左键并拖动至与其建立永久关系的子表中的相对应的索引项上然后释放鼠标，则两个数据库表之间就会出现一条连线，表示两个数据库表之间的永久关系。

[**例5-14**] 建立“学生成绩”数据库中“学生”、“成绩”和“课程”数据库表之间的永久关系。

经过分析和观察各个数据库表的字段，可以确定“学生”数据库表和“成绩”数据库表之间存在“一对多”的永久关系，“课程”数据库表和“成绩”数据库表之间存在“一对多”的永久关系，其操作工程如下：

(1) 打开“学生成绩”数据库，并打开“数据库设计器”窗口。

(2) 利用“表设计器”为“学生”数据库表建立以“学号”作为索引表达式名称为“xh”主索引；同样利用“表设计器”为“课程”数据库表建立以“课程号”作为索引表达式名称为“kch”主索引；同样利用“表设计器”为“成绩”数据库表建立一个以“学号”作为索引表达式名称为“xh”的普通索引，以“课程号”作为索引表达式名称为“kch”的普通索引。

(3) 用鼠标将“学生”数据库表中的“xh”主索引拖动到“成绩”数据库表的“xh”普通索引

上;同样用鼠标将“课程”数据库表中的“kch”主索引拖动到“成绩”数据库表的“kch”普通索引上,结果如图 5-21 所示。

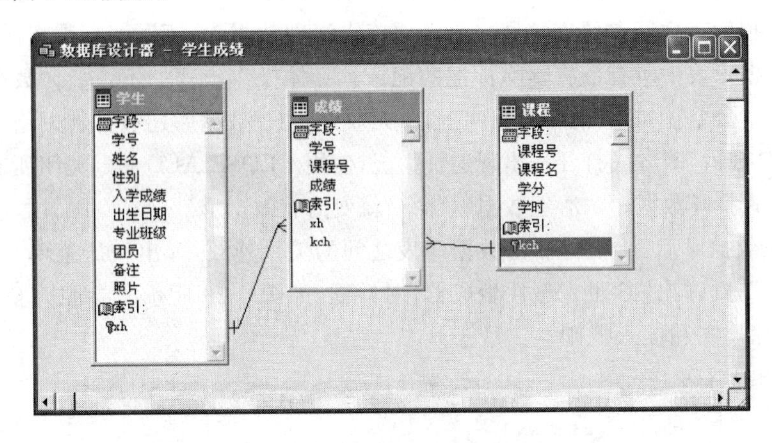

图 5-21　建立关系的数据库

如果要修改已建立的永久关系,可以通过编辑关系进行修改。方法是用鼠标右击要修改的关系连线,从弹出的快捷菜单中选择“编辑关系”,打开如图 5-22 所示的“编辑关系”对话框。在“编辑关系”对话框中,通过在下拉列表框中重新选择数据库表或相关数据库表的索引名可以达到修改关系的目的。

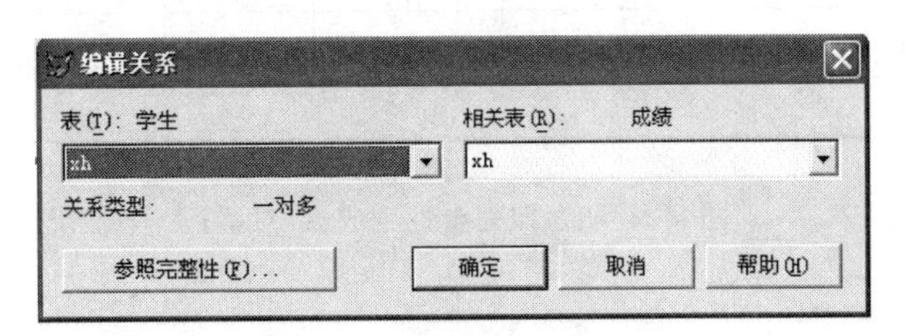

图 5-22　“编辑关系”对话框

如果要删除表间的永久联系,可以单击选中两表间的连线,然后按 Delete 键即可,或者右键单击连线,从弹出的快捷菜单中选择“删除关系”命令,也可删除永久联系。

5.3.2　设置参照完整性

针对已建立永久关系的两个数据库表,若只对其中一个数据库表进行更新、删除和插入操纵,会破坏两个数据库表之间数据的完整性与一致性。例如,存储学生基本信息的“学生”数据库表与存储成绩信息的“成绩”数据库表,通过“学号”字段建立起了一对多的永久关系,若对两个数据库表进行如下操作,则会破坏两者之间的数据完整性和一致性。

(1) 若在父表(“学生”数据库表)中删除一条记录,而未对其子表(“成绩”数据库表)中所对应的一条或多条记录删除,造成了子表中的记录在父表中没有对应的记录。

(2) 若在父表(“学生”数据库表)中修改了“学号”字段的数据,而未对其子表(“成绩”数据库表)中所对应的一条或多条记录进行修改,造成了子表中与原先父表中所对应的记录失去了对应关系。

(3) 若在子表(“成绩”数据库表)中增加了一条记录,但“学号”字段数据是父表中记录中没有的，也会造成两个数据库表之间数据的不一致性，为了解决这样的问题，Visual FoxPro 提供了创建数据库表之间的参照完整性功能，用于确保数据库表之间数据的完整性和一致性。

在建立数据库表之间参照完整性之前必须首先清理数据库，所谓清理数据库是物理删除数据库各个数据库表中所有带有删除标记的记录。具体操作步骤如下：执行"数据库"菜单下的"清理数据库"命令。如果"清理数据库"命令无效，可能是数据库还有其他网络的用户，或者数据库不是以"独占"的方式打开。出现这种情况，使用 CLOSE ALL 命令关闭所有的文件，再以"独占"的方式打开数据库，"清理数据库"命令就变为有效。

在清理完数据库后，用鼠标右击数据库表之间的关系连线，弹出快捷菜单，从中选择"编辑参照完整性"，则弹出"参照完整性生成器"对话框，如图 5-23 所示。参照完整性规则包括更新规则、删除规则和插入规则。

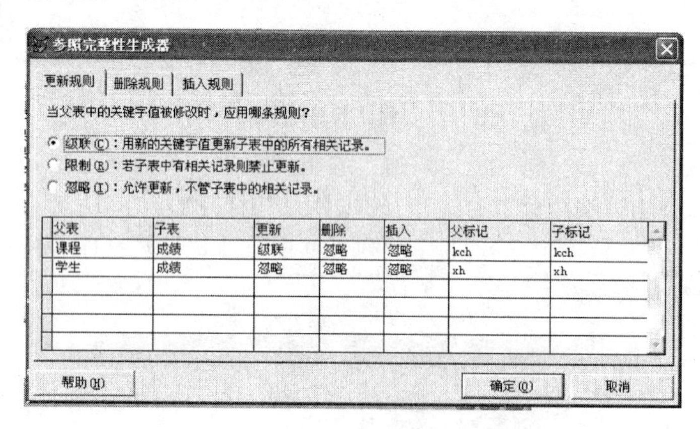

图 5-23 "参照完整性生成器"对话框

1. 更新规则

更新规则规定了当更新父表中的公共字段数据时，如何处理相关的子表中的记录。

(1) 级联：系统会自动用新的字段数据自动修改子表中的相关所有记录；

(2) 限制：若子表中有相关的记录，则禁止修改父表中公共字段数据；

(3) 忽略：可以随意更新父表中公共字段数据，子表中相关记录不做任何处理。

2. 删除规则

删除规则规定了当删除父表中的记录时，如何处理子表中相关的记录。

(1) 级联：系统自动删除子表中的相关所有记录；

(2) 限制：若子表中有相关的记录，则禁止删除父表中的记录；

(3) 忽略：可以随意删除父表中的记录，子表中相关记录不做任何处理。

3. 插入规则

插入规则规定了当插入子表中的记录或更新记录时，系统如何处理。

(1) 限制：若父表中没相匹配的记录，则禁止子表插入记录；

(2) 忽略：子表可以随意插入记录。

习　　题

一、选择题

1. 在 Visual FoxPro 中，打开数据库的命令是(　　)。

A) CREATE　DATABASE　＜数据库名＞　　B) MODIFY　DATABASE　＜数据库名＞

C) OPEN　DATABASE　＜数据库名＞　　D) USE　＜数据库名＞

2. 下面有关数据库表和自由表的叙述中，错误的是(　　)。

A) 数据库表和自由表都可以用表设计器来建立

B) 数据库表和自由表都支持表间联系和参照完整性

C) 自由表可以添加到数据库中成为数据库表

D) 数据库表可以从数据库中移出成为自由表

3. 在 Visual FoxPro 中，关于自由表的叙述正确的是(　　)。

A) 自由表和数据库表是完全相同的

B) 自由表不能建立字段级规则和约束

C) 自由表不能建立候选索引

D) 自由表不可以加入到数据库中

4. 在 Visual FoxPro 中，关于表的叙述正确的是(　　)。

A) 在数据库表和自由表中，都能给字段定义有效性规则和默认值

B) 在自由表中，能给表中的字段定义有效性规则和默认值

C) 在数据库表中，能给表中的字段定义有效性规则和默认值

D) 在数据库表和自由表中，都不能给字段定义有效性规则和默认值

5. 数据库表移出数据库后，变成自由表，该表的(　　)仍然有效。

A) 字段的有效性规则　　B) 字段的默认值

C) 长字段名　　D) 候选索引

6. 在 Visual FoxPro 中，数据库表的字段或记录的有效性规则的设置可以在(　　)。

A) 项目管理器中进行　　B) 数据库设计器中进行

C) 表设计器中进行　　D) 表单设计器中进行

7. 在数据库表中设置字段的有效性规则，是为了能保证数据的(　　)。

A) 实体完整性　　B) 表完整性

C) 参照完整性　　D) 域完整性

8. 在数据库表上的字段有效性规则是(　　)。

A) 逻辑表达式　　B) 字符表达式

C) 数字表达式　　D) 以上 3 种都有可能

9. 数据库表的字段可以定义默认值，默认值是(　　)。

A) 逻辑表达式　　B) 字符表达式　　C) 数值表达式　　D) 前 3 种都可能

10. 在 Visual FoxPro 的数据库表中只能有一个(　　)。

A) 候选索引　　B) 普通索引　　C) 主索引　　D) 唯一索引

11. 参照完整性规则中的更新规则中不包括(　　)。

A) 级联　　B) 限制　　C) 忽略　　D) 触发

12. 参照完整性规则的更新规则中“级联”的含义是(　　)。

A) 更新父表中的联接字段值时,用新的连接字段值自动修改子表中的所有相关记录

B) 若子表中有与父表相关的记录,则禁止修改父表中的连接字段值

C) 父表中的连接字段值可以随意更新,不会影响子表中的记录

D) 父表中的连接字段值在任何情况下都不会允许更新

13. 为了设置两个表间的数据参照完整性,要求这两个表是(　　)。

A) 同一个数据库中的两个表　　B) 两个自由表

C) 一个自由表和一个数据库表　　D) 没有限制

14. 设有两个数据库表,父表和子表间是一对多的关系,为控制子表和父表的关联,可设计“参照完整性”,为此要求两个表(　　)。

A) 在父表连接字段上建立普通索引,在子表连接字段上建立主索引

B) 在父表连接字段上建立主索引,在子表连接字段上建立普通索引

C) 在父表连接字段上不需要建立任何索引,在子表连接字段上建立普通索引

D) 在父表和子表的连接字段上都要建立普通索引

15. 在 Visual FoxPro 中,假定数据库表 S (学号,姓名,性别,年龄) 和 SC(学号,课程号,成绩) 之间使用“学号”建立了表之间的永久联系,在参照完整性的更新规则、删除规则和插入规则中选择设置了“限制”,如果表 S 所有的记录在表 SC 中都有相关联的记录,则(　　)。

A) 允许修改表 S 中的学号字段值

B) 允许删除表 S 中的记录

C) 不允许修改表 S 中的学号字段值

D) 不允许在表 S 中增加新的记录

16. 在 Visual FoxPro 中,如果在表间的联系中设置了参照完整性规则,并在删除规则中选择了“级联”,则当删除父表中的记录时,系统反应是(　　)。

A) 不做参照完整性检查

B) 不准删除父表中的记录

C) 自动删除子表中所有相关记录

D) 若子表中有相关记录,则禁止删除父表中记录

第6章 关系数据库标准语言SQL

SQL(Structured Query Language)是结构化查询语言的缩写，是关系数据库系统为用户提供对关系模式进行定义、对关系实例进行操纵的一种语言。目前，SQL 已成为国际标准数据库语言，如今无论是 Visual FoxPro、Access 这样的微机上常用的小型数据库管理系统，还是 Oracle、Sybase、Informix、SQL Server 这样的大型数据库管理系统，都支持 SQL 语言。

SQL 语言由数据定义语言(DDL)、数据操纵语言(DML)、数据库控制语言(DCL)三部分组成，Visual FoxPro 支持前两部分。数据控制语句用于控制用户访问数据库，实现授权和回收授权功能，由于 Visual FoxPro 自身安全控制方面的缺陷，它没有提供数据控制功能。SQL 语言中语句并不多，但每条语句的功能都很强大，通常一条 SQL 语句可以代替多条 Visual FoxPro 命令。

6.1 SQL 语言概述

SQL 语言(结构化查询语言)是一种介于关系代数与关系演算之间的语言。由于 SQL 具有功能丰富、使用方式灵活、语言简洁、易学易用等突出特点，在计算机界深受广大用户欢迎，它的主要特点如下。

1. 一体化语言

SQL 语言由数据定义语言(DDL)、数据操纵语言(DML)、数据库控制语言(DCL)三部分组成。用 SQL 语言可以实现数据库操作中的全部功能，包括简单地定义数据库和表的结构，实现表中数据的录入、修改、删除及查询、维护，数据库重构等一系列操作要求。

2. 高度非过程化语言

以前学习过的 Visual Basic 语言以及本书中 Visual FoxPro 语言是结构化语言，称为过程语言。所谓过程语言是指不但要告诉计算机做什么，还要告诉计算机怎样去做。SQL 语言是一种非过程语言，只需告诉计算机做什么，而不必告诉计算机怎么去做。使用 SQL 语言时，用户只需说明做什么操作，而不用说明怎样做，不必了解数据存储的格式及 SQL 命令的内部，就可以方便地对关系数据库进行操作。

3. 语言简洁，易学易用

SQL 语言的语法很简单，词汇相当有限，初学者经过短期的学习就可以使用 SQL 语言进行数据库的存取等操作,易学易用是它的最大特点。

4. 统一的语法结构

无论联机交互使用方式,还是嵌入到高级语言中使用,其语法结构是基本一致的,这大大改善了最终用户和程序设计人员之间的通信。

5. 视图数据结构

SQL 语言可以对两种基本数据结构进行操作:一种是表,另一种是视图(View)。当对视图操作时,由系统转换成对基本关系的操作。视图可以作为某个用户的专用数据部分,这样便于用户使用,提高了数据的独立性,有利于数据的安全保密。

6. Visual FoxPro 中的 SQL

Visual FoxPro 将 SQL 语言直接融入到自身的语言之中,使之在 Visual FoxPro 数据库管理系统中可以在命令窗口中执行,也可以在程序文件中运行。在书写的时候,如果语句太长,可以用";"换行。这为用户提供了灵活的选择余地,使用起来更方便。

6.2 SQL 的数据查询功能

数据查询是对数据库中的数据按指定条件和顺序进行检索输出。使用数据查询可以对数据源进行各种组合,有效地筛选记录、统计数据,并对结果进行排序;使用数据查询可以让用户以需要的方式显示数据表中的数据,并控制显示数据表中的某些字段、某些记录及显示记录的顺序等。

SQL 语言中的数据查询只有一条 SELECT 语句,但该语句却是 SQL 中用途最广泛的一条语句,具有灵活的使用方法和丰富的功能,这也是 SQL 标准语言中最重要的一条语句。

6.2.1 SELECT 语句语法规则

尽管 SELECT 语句语法规则中允许使用的选项很多,看似非常复杂,但使用的基本形式由 SELECT-FROM-WHERE 模块组成。SELECT 语句的一般格式如下:

```
SELECT [ALL | DISTINCT][TOP <表达式>|[PERCENT]]
[<别名.>]<列表达式>[AS<列名>][,[<别名.>]<列表达式>[AS <列名>]...]
FROM [<数据库名>!]<数据表名 1>
[,[[INNER|LEFT|RIGHT|FULL JOIN [<数据库名>!] <数据表名 2>[ON <连接条件>]]]
[WHERE <筛选条件 1> [AND | OR <筛选条件 22>…][ <连接条件 1> [AND <连接条件 2>...]
[GROUP BY <分组表达式 1> [,<分组表达式 2>...] [HAVING <筛选条件>]
[ORDER BY <排序表达式 1>[ASC | DESC] [,<排序表达式 2> [ASC| DESC]...]
[INTO ARRAY<数组名>|DBF<数据表名>|TABLE<数据表名>|CURSOR<临时数据表名>][TO PRINTER]
```

功能:从指定的数据表中筛选出满足给定条件的记录,并可以对筛选出来的记录进行排序和分类汇总,最后将结果输出。

说明:

(1) SELECT 语句执行的过程为:根据 WHERE 子句筛选条件,从 FORM 子句指定的数据表中选取满足条件的记录,再按照 SELECT 子句中指定的列表达式,选出记录中的字段值形成结果表，并根据 INTO 子句中的去向，输出结果。

(2) ALL 表示选出的记录中包括重复记录，这是默认值；DISTINCT 则表示选出的记录中不包括重复记录。选项 TOP ＜表达式＞表示在符合条件记录中选取指定数量或百分比(＜表达式＞)的记录，但如果要使用该选项，必须同时选用 ORDER BY 选项。

(3) [＜别名.＞] ＜列表达式＞ [AS＜列名＞]中的别名是字段所在的数据表的名称；列表达式可以是字段名或字段表达式；列名用于指定输出时使用的列标题，可以不同于列表达式，如果省略 AS＜列名＞该项，输出时的列标题与列表达式相同。＜列表达式＞用一个 * 号来表示时，指定数据表中所有的字段。如果数据表是当前数据表或者数据表是属于当前数据库，则可以省略别名，直接写出＜列表达式＞。

(4) FROM 子句列出要查询的数据来自哪个数据表或哪些数据表，可以对单个数据表或多个数据表进行查询。对多个数据表需给出联接类型。其中：JOIN 关键字用于连接其左右两个＜数据表名＞所指定的数据表。INNER | LEFT| RIGHT| FULL 选项指定两数据表连接时的连接类型，连接类型有 4 种，即 Inner Join 内部连接、Left Join 左连接、Right Join 右连接、Full Join 完全连接；ON 选项用于指定连接条件。如果数据库是当前数据库，则可省略数据库名。

(5) WHERE 子句说明查询的筛选条件，即筛选记录的条件。如果查询中包含不止一个数据表，并在 FROM 子句中没有给出这些数据表的连接类型，则需要在该子句中给出这些表的＜连接条件＞。

(6) GROUP BY 子句将记录按＜分组表达式＞值分组，常用于分组汇总；HAVING 子句跟随 GROUP BY 子句使用，用来限定分组必须满足的条件。

(7) ORDER BY 子句指定查询结果中记录按＜排序表达式＞排序，默认升序。选项 ASC 表示升序，DESC 表示降序。没有此项，查询结果不排序。

(8) INTO 与 TO 选项用于指定查询结果的输出去向，默认查询结果显示在浏览窗口中。INTO 选项中的＜查询结果＞有三种，即查询结果输出到数组、数据表或临时表；TO PRINTER 选项表示输出到打印机，通过打印机打印输出。

6.2.2　投影查询

投影查询是指从数据表中查询全部字段或部分字段数据。

1. 查询全部字段

如果要查询数据表中的全部字段，可在 SELECT 之后列出表中的所有字段，也可以在 SELECT 之后直接用星号“*”来表示表中所有字段，而不用逐一列出。

[**例 6-1**]　查询“学生”表中全部数据，查询语句如下：

```
SELECT  * FROM 学生
```

等价于下面的查询语句：

```
SELECT 学号，姓名，性别，入学成绩，专业班级，团员，备注，照片  FROM 学生
```

查询结果如图 6-1 所示。

2. 查询部分字段

如果用户只查询数据表的部分字段，可以在 SELECT 之后列出需要查询的字段名，字段名之间用英文逗号“,”分隔。

[**例 6-2**]　查询“学生”表中学号、姓名、性别和专业班级数据，查询语句如下：

```
SELECT 学号，姓名，性别，专业班级 FROM 学生
```

查询结果如图 6-2 所示。

学号	姓名	性别	入学成绩	专业班级	团员	备注	照片
201220001	张三	男	500.0	会计01	T	Memo	Gen
201224002	王琳	女	486.0	计算机01	T	memo	Gen
201214003	马兵	男	474.0	会计01	F	memo	gen
201214022	王小小	女	465.0	会计01	T	memo	gen
201223004	张小红	男	455.0	计算机01	T	memo	gen
201223010	李正宇	男	493.0	计算机01	F	memo	gen
201201008	刘小婷	女	495.0	会计01	T	memo	gen
201202005	刘玉琴	女	494.0	计算机01	F	memo	gen
201201006	周明	男	501.0	会计01	F	memo	gen
201222007	刘莉	女	502.0	计算机01	T	memo	gen
201201009	唐小虹	女	492.0	会计02	F	memo	gen
201202022	易浩山	男	486.0	计算机01	T	memo	Gen
201201021	李进亮	男	483.0	会计02	F	memo	gen
201202011	彭小兵	男	505.0	计算机01	F	memo	gen
201201012	欧阳小华	男	506.0	会计02	T	memo	gen
201202013	李强	男	502.0	计算机01	T	memo	gen
201201014	付晓	女	498.0	会计01	F	memo	gen
201202015	张宝	男	493.0	计算机01	T	memo	gen

图 6-1　查询“学生”数据表全部字段

学号	姓名	性别	专业班级
201220001	张三	男	会计01
201224002	王琳	女	计算机01
201214003	马兵	男	会计01
201214022	王小小	女	会计01
201223004	张小红	男	计算机01
201223010	李正宇	男	计算机01
201201008	刘小婷	女	会计01
201202005	刘玉琴	女	计算机01
201201006	周明	男	会计01
201222007	刘莉	女	计算机01
201201009	唐小虹	女	会计02
201202022	易浩山	男	计算机01
201201021	李进亮	男	会计02
201202011	彭小兵	男	计算机01
201201012	欧阳小华	男	会计02
201202013	李强	男	计算机01
201201014	付晓	女	会计01
201202015	张宝	男	计算机01

图 6-2　查询“学生”数据表部分字段

3. 取消重复记录

在 SELECT 语句中，可以使用 DISTINCT 取消查询结果中重复的记录。

［**例 6-3**］　查询“成绩”表中不同的学号，查询语句如下：

```
SELECT  DISTINCT 学号  FROM 成绩
```

查询结果如图 6-3 所示，如果去掉 DISTINCT，查询结果如果 6-4 所示。

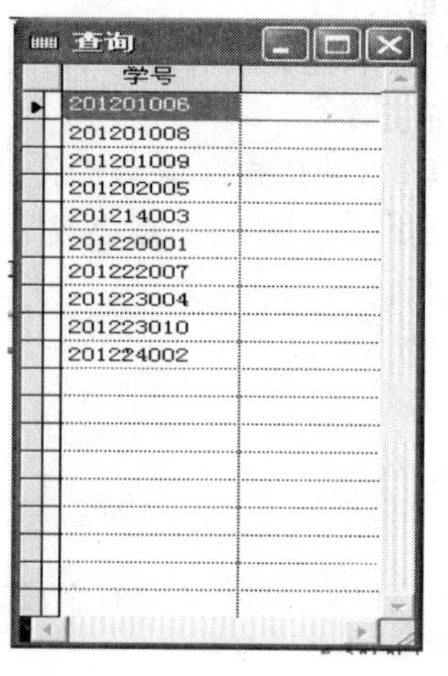

学号
201201006
201201008
201201009
201202005
201214003
201220001
201222007
201223004
201223010
201224002

图 6-3　取消查询结果中的重复记录

学号
201220001
201220001
201220001
201224002
201224002
201214003
201223004
201223004
201202005
201201006
201201006
201222007
201201008
201201009
201201009
201223010
201223010
201223010

图 6-4　显示查询结果中的全部记录

4. 查询经过计算的表达式

在 SELECT 语句中，查询的列可以是字段，也可以是对字段进行计算的表达式。

［**例 6-4**］　查询“学生”表中学号、姓名、专业班级和年龄的数据。

分析：其中要查询的年龄数据，在“学生”表中并没有年龄这个字段，但通过对出生日期字段的数据进行计算可以得到年龄的数据，其计算方法是：当时的年份－出生日期的年份。查询语句如下：

```
SELECT 学号，姓名，专业班级，YEAR(DATE())-YEAR(出生日期) AS 年龄  FROM 学生
```

查询结果如图 6-5 所示。

6.2.3 条件查询

SELECT 语句的查询方式很丰富，使用 WHERE 子句可以查询满足某些条件的记录。在 WHERE 子句中可以用关系运算符、逻辑运算符及特殊运算符构成较复杂的条件表达式。

1. 单条件查询

［**例 6-5**］ 查询“学生”表中女学生的数据，查询语句如下：

```
SELECT *  FROM 学生  WHERE 性别 ="女"
```

查询结果如图 6-6 所示。

查询

学号	姓名	专业班级	年龄
201220001	张三	会计01	21
201224002	王琳	计算机01	21
201214003	马兵	会计01	22
201214022	王小小	会计01	20
201223004	张小红	计算机01	22
201223010	李正宇	计算机01	22
201201008	刘小婷	会计01	20
201202005	刘玉琴	计算机01	22
201201006	周明	会计01	22
201222007	刘莉	计算机01	21
201201009	唐小虹	会计02	22
201202022	易浩山	计算机01	22
201201021	李进亮	会计02	19
201202011	彭小兵	计算机01	22
201201012	欧阳小华	会计02	21
201202013	李强	计算机01	21
201201014	付晓	会计01	20
201202015	张宝	计算机01	21

图 6-5 查询经过计算的表达式

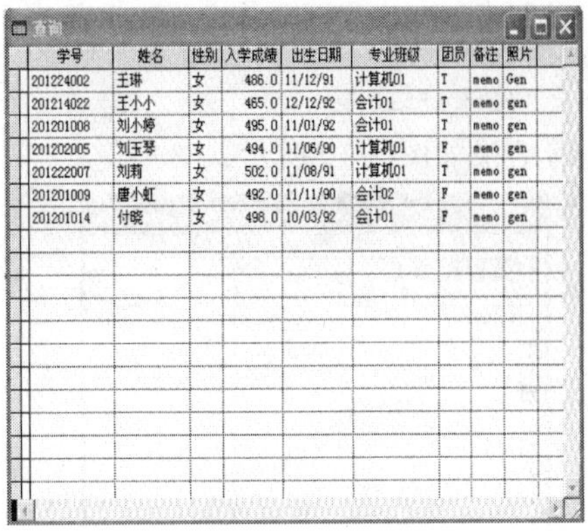

查询

学号	姓名	性别	入学成绩	出生日期	专业班级	团员	备注	照片
201224002	王琳	女	486.0	11/12/91	计算机01	T	memo	Gen
201214022	王小小	女	465.0	12/12/92	会计01	T	memo	gen
201201008	刘小婷	女	495.0	11/01/92	会计01	T	memo	gen
201202005	刘玉琴	女	494.0	11/06/90	计算机01	F	memo	gen
201222007	刘莉	女	502.0	11/08/91	计算机01	T	memo	gen
201201009	唐小虹	女	492.0	11/11/90	会计02	F	memo	gen
201201014	付晓	女	498.0	10/03/92	会计01	F	memo	gen

图 6-6 查询女学生的数据

［**例 6-6**］ 查询“学生”表中是团员学生的数据，查询语句如下：

```
SELECT *  FROM 学生  WHERE 团员
```

说明：条件“WHERE 团员”等价于“WHERE 团员＝.T.”

查询结果如图 6-7 所示。

［**例 6-7**］ 查询“学生”表中年龄小于等于 20 岁的学生的学号、姓名、专业班级和年龄数据，查询语句如下：

```
SELECT 学号，姓名，专业班级，YEAR(DATE())-YEAR(出生日期) AS 年龄  FROM 学生；
WHERE YEAR(DATE())-YEAR(出生日期) <= 20
```

查询结果如图 6-8 所示。

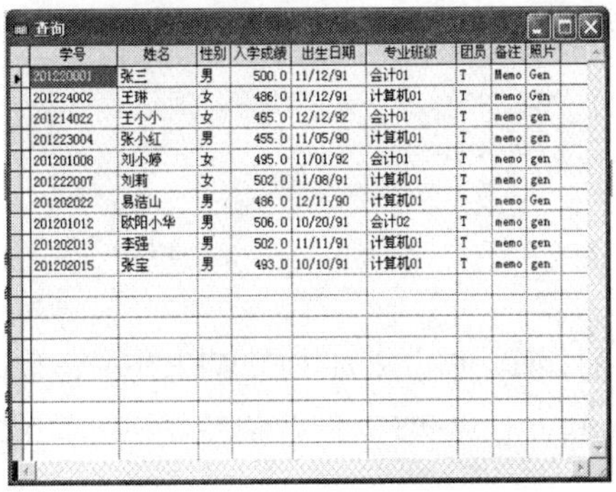

查询

学号	姓名	性别	入学成绩	出生日期	专业班级	团员	备注	照片
201220001	张三	男	500.0	11/12/91	会计01	T	Memo	Gen
201224002	王琳	女	486.0	11/12/91	计算机01	T	memo	Gen
201214022	王小小	女	465.0	12/12/92	会计01	T	memo	gen
201223004	张小红	男	455.0	11/05/90	计算机01	T	memo	gen
201201008	刘小婷	女	495.0	11/01/92	会计01	T	memo	gen
201222007	刘莉	女	502.0	11/08/91	计算机01	T	memo	gen
201202022	易浩山	男	486.0	12/11/90	计算机01	T	memo	Gen
201201012	欧阳小华	男	506.0	10/20/91	会计02	T	memo	gen
201202013	李强	男	502.0	11/11/91	计算机01	T	memo	gen
201202015	张宝	男	493.0	10/10/91	计算机01	T	memo	gen

图 6-7 查询团员学生数据

查询

学号	姓名	专业班级	年龄
201214022	王小小	会计01	20
201201008	刘小婷	会计01	20
201201021	李进亮	会计02	19
201201014	付晓	会计01	20

图 6-8 按年龄查询学生数据

2. 多重条件查询

如果需要多个条件查询，在 WHERE 子句中可以用 AND 和 OR 连接。其中 AND 的优先级高于 OR。可以用括号改变优先级。

［例 6-8］ 查询“学生”表中会计 01 班女学生的学号、姓名、性别和专业班级数据，查询语句如下：

```
SELECT 学号，姓名，性别，专业班级 FROM 学生 ;
      WHERE  性别 ="女"  AND  专业班级 ="会计 01"
```

查询结果如图 6-9 所示。

［例 6-9］ 查询“学生”表中姓“王”或姓“刘”学生的学号、姓名、性别和专业班级数据，查询语句如下：

```
SELECT 学号， 姓名，性别，专业班级 FROM 学生；
      WHERE LEFT(姓名,2) ="王"  OR  LEFT(姓名,2) ="刘"
```

查询结果如图 6-10 所示。

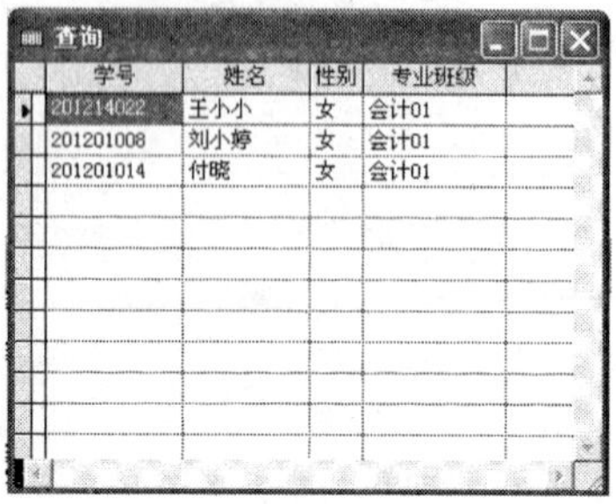

学号	姓名	性别	专业班级
201214022	王小小	女	会计01
201201008	刘小婷	女	会计01
201201014	付晓	女	会计01

图 6-9 查询会计 01 班女学生数据

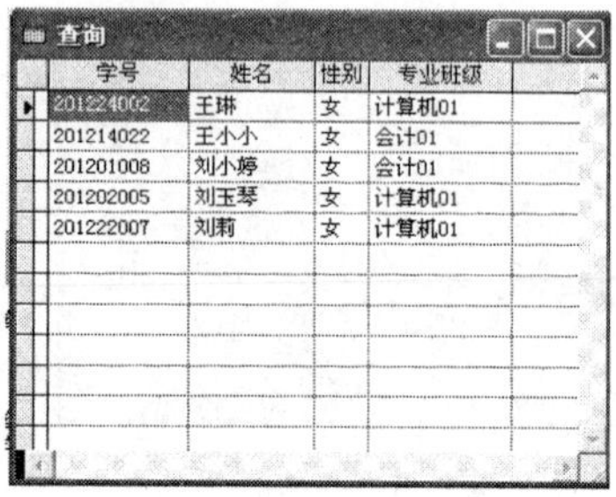

学号	姓名	性别	专业班级
201224002	王琳	女	计算机01
201214022	王小小	女	会计01
201201008	刘小婷	女	会计01
201202005	刘玉琴	女	计算机01
201222007	刘莉	女	计算机01

图 6-10 查询姓“王”或姓“刘”学生数据

3. 特殊运算符查询

在 WHERE 子句的查询中，常常会遇上查询条件为一些特殊的值或在某个特定的条件范围内，这可以使用特殊运算符，使查询条件变得更加简单。特殊运算符包括 BETWEEN、IN、IS NULL 和 LIKE。

(1) BETWEEN…AND 运算符

在查询中，如果要求某字段的数据在某个区间内，可使用该运算符。

［例 6-10］ 查询“学生”表中入学成绩在 480～500 的学生的学号、姓名、专业班级和入学成绩的数据，查询语句如下：

```
SELECT 学号，姓名，专业班级，入学成绩  FROM 学生 ;
      WHERE 入学成绩 BETWEEN 480 AND 500
```

等价于

```
SELECT 学号，姓名，专业班级，入学成绩  FROM 学生 ;
      WHERE 入学成绩 >= 480 AND 入学成绩 <= 500
```

查询结果如图 6-11 所示。

说明：与 BETWEEN…AND 运算符含义相反的，可以使用 NOT BETWEEN…AND 运算符。

［例 6-11］ 查询“学生”表中入学成绩不在 480～500 的学生的学号、姓名、专业班级和入学成绩的数据，查询语句如下：

```
SELECT 学号，姓名，专业班级，入学成绩  FROM 学生 ;
```

```
    WHERE 入学成绩 NOT BETWEEN 480 AND 500
```

等价于

```
SELECT 学号，姓名，专业班级，入学成绩  FROM 学生 ;
    WHERE 入学成绩<480 OR 入学成绩>500
```

查询结果如图 6-12 所示。

查询

学号	姓名	专业班级	入学成绩
201220001	张三	会计01	500.0
201224002	王琳	计算机01	486.0
201223010	李正宇	计算机01	493.0
201201008	刘小婷	会计01	495.0
201202005	刘玉琴	计算机01	494.0
201201009	唐小虹	会计02	492.0
201202022	易洁山	计算机01	486.0
201201021	李进亮	会计02	483.0
201201014	付晓	会计01	498.0
201202015	张宝	计算机01	493.0

图 6-11　BETWEEN AND 运算符

查询

学号	姓名	专业班级	入学成绩
201214003	马兵	会计01	474.0
201214022	王小小	会计01	465.0
201223004	张小红	计算机01	455.0
201201006	周明	会计01	501.0
201222007	刘莉	计算机01	502.0
201202011	彭小兵	计算机01	505.0
201201012	欧阳小华	会计02	506.0
201202013	李强	计算机01	502.0

图 6-12　NOT BETWEEN AND 运算符

(2) IN 运算符

在查询中，经常会遇到要求表的字段数据是某几个数据中的一个，可使用该运算符。

[**例 6-12**]　查询“学生”表中姓“张”、姓“王”和姓“李”学生的学号、姓名、性别和专业班级的数据，查询语句如下：

```
SELECT 学号，姓名，性别，专业班级 FROM 学生;
    WHERE  LEFT(姓名,2)  IN ("张","李","王")
```

等价于：

```
SELECT 学号，姓名，性别，专业班级 FROM 学生;
    WHERE  LEFT(姓名,2) ="张" OR  LEFT(姓名,2) ="李" OR  LEFT(姓名,2) ="王"
```

查询结果如图 6-13 所示。

说明：同样可以使用 NOT IN 运算符来表示与 IN 运算符完全相反的含义。

[**例 6-13**]　查询“学生”表中不是姓“张”、姓“王”和姓“李”学生的学号、姓名、性别和专业班级的数据，查询语句如下：

```
SELECT 学号，姓名，性别，专业班级 FROM 学生;
    WHERE  LEFT(姓名,2)  NOT IN ("张","李","王")
```

等价于：

```
SELECT 学号，姓名，性别，专业班级 FROM 学生;
    WHERE LEFT(姓名,2)! ="张" AND LEFT(姓名,2)! ="李" AND LEFT(姓名,2) ! ="王"
```

查询结果如图 6-14 所示。

查询

学号	姓名	性别	专业班级
201220001	张三	男	会计01
201224002	王琳	女	计算机01
201214022	王小小	女	会计01
201223004	张小红	男	计算机01
201223010	李正宇	男	计算机01
201201021	李进亮	男	会计02
201202013	李强	男	计算机01
201202015	张宝	男	计算机01

图 6-13　IN 运算符

查询

学号	姓名	性别	专业班级
201214003	马兵	男	会计01
201201008	刘小婷	女	会计01
201202005	刘玉琴	女	计算机01
201201006	周明	男	会计01
201222007	刘莉	女	计算机01
201201009	唐小虹	女	会计02
201202022	易洁山	男	计算机01
201202011	彭小兵	男	计算机01
201201012	欧阳小华	男	会计02
201201014	付晓	女	会计01

图 6-14　NOT IN 运算符

(4) LIKE 运算符

在查询中,LIKE 运算符专门对字符型数据进行字符串比较。LIKE 运算符提供两种字符串匹配方式:一种是使用下画线符号"_"表示任意一个字符,另一种是使用百分号"%"表示 0 个或多个字符的字符串。

[**例 6-14**] 查询"学生"表中姓名含有"小"的学生的学号、姓名、性别和专业班级数据,查询语句如下:

```
SELECT 学号,姓名,性别,专业班级 FROM 学生 WHERE 姓名 LIKE"%小%"
```

等价于:

```
SELECT 学号,姓名,性别,专业班级 FROM 学生 WHERE  "小" $  姓名
```

或等价于:

```
SELECT 学号,姓名,性别,专业班级 FROM 学生 WHERE  AT("小",姓名)>0
```

查询结果如图 6-15 所示。

[**例 6-15**] 查询"学生"表中姓名第二个字是"小"的学生的学号、姓名、性别和专业班级数据,查询语句如下:

```
SELECT 学号,姓名,性别,专业班级 FROM 学生 WHERE 姓名 LIKE"_小%"
```

等价于:

```
SELECT 学号,姓名,性别,专业班级 FROM 学生 WHERE SUBSTR(姓名,3,2)="小"
```

查询结果如图 6-16 所示。

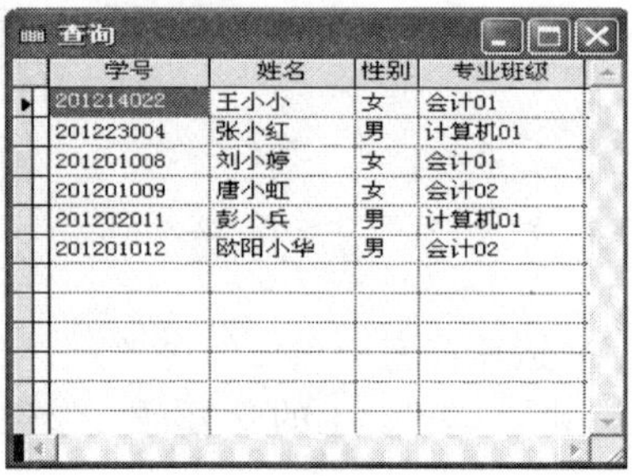

查询

学号	姓名	性别	专业班级
201214022	王小小	女	会计01
201223004	张小红	男	计算机01
201201008	刘小婷	女	会计01
201201009	唐小虹	女	会计02
201202011	彭小兵	男	计算机01
201201012	欧阳小华	男	会计02

图 6-15 LILE 运算符中"%"使用

查询

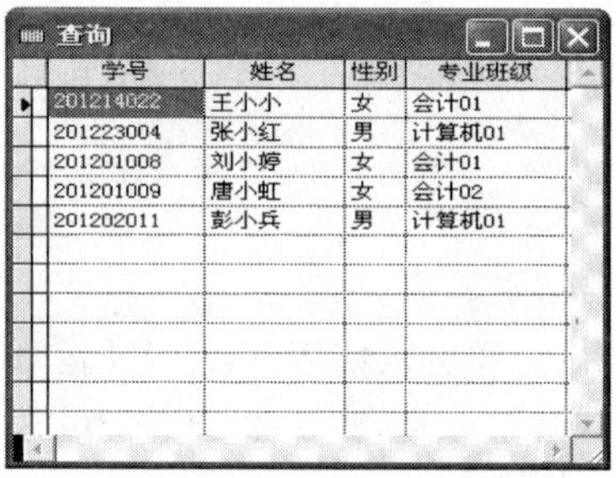

学号	姓名	性别	专业班级
201214022	王小小	女	会计01
201223004	张小红	男	计算机01
201201008	刘小婷	女	会计01
201201009	唐小虹	女	会计02
201202011	彭小兵	男	计算机01

图 6-16 LILE 运算符中"_"使用

说明:同样可以使用 NOT LIKE 运算符表示与 LIKE 运算符相反的含义。

[**例 6-16**] 查询"学生"表中姓名不含有"小"的学生的学号、姓名、性别和专业班级数据,查询语句如下:

```
SELECT 学号,姓名,性别,专业班级 FROM 学生 WHERE 姓名 NOT LIKE"%小%"
```

查询结果如图 6-17 所示。

(4) IS NULL 运算符

IS NULL 运算符的功能是测试属性值是否为空值。在查询时应使用"列名 IS [NOT] NULL"的形式,不能写成"列名=NULL"或"列名!=NULL"。

[**例 6-17**] 查询"学生"表中专业班级为空的学生的学号、姓名、性别和专业班级的数据,查询语句如下:

```
SELECT 学号,姓名,性别,专业班级 FROM 学生 WHERE  专业班级 IS NULL
```

查询结果如图 6-18 所示。

学号	姓名	性别	专业班级
201220001	张三	男	会计01
201224002	王琳	女	计算机01
201214003	马兵	男	会计01
201223010	李正宇	男	计算机01
201202005	刘玉琴	女	计算机01
201201006	周明	男	会计01
201222007	刘莉	女	计算机01
201202022	易浩山	男	计算机01
201201021	李进亮	男	会计02
201202013	李强	男	计算机01
201201014	付晓	女	会计01
201202015	张宝	男	计算机01

图 6-17　NOT LIKE 运算符

学号	姓名	性别	专业班级

图 6-18　IS NULL 运算符

6.2.4　统计及分组查询

1. 统计查询

SQL 不仅具有一般查询数据的功能，而且还有统计查询的功能。SQL 用于统计查询的函数有 COUNT(计数)、SUM(求和)、AVG(求平均值)、MAX(求最大值)、MIN(求最小值)。在这些函数中，可以使用 DISTINCT 或 ALL。如果指定了 DISTINCT，在计算时可以取消计算值中的重复值；如果不指定 DISTINCT 或 ALL，则取默认值 ALL，不取消重复值。注意：函数 SUM 和 AVG 只能用于数值型字段。

[**例 6-18**]　统计“学生”表中入学成绩大于 500 分的学生人数，查询语句如下：

```
SELECT  COUNT(*) AS 入学成绩大于500分的学生人数  FROM 学生;
  WHERE 入学成绩>500
```

查询结果如图 6-19 所示。

说明：特殊形式 COUNT(*)，统计满足 WHERE 子句中逻辑表达式的记录的行数。

[**例 6-19**]　统计“学生”表中不同专业班级的个数，查询语句如下：

```
SELECT COUNT(DISTINCT 专业班级) AS 专业班级数  FROM 学生
```

查询结果如图 6-20 所示。

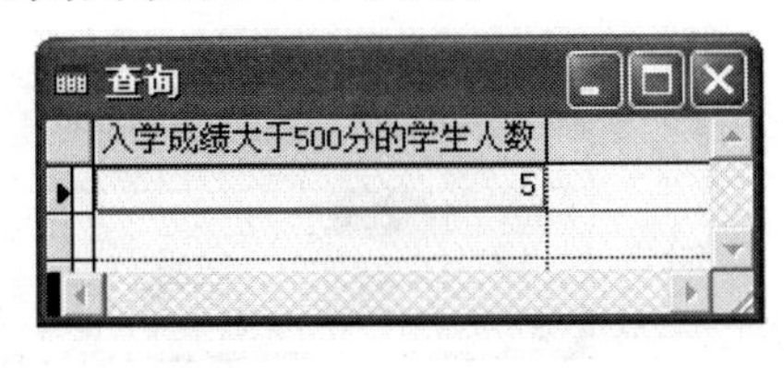

入学成绩大于500分的学生人数
5

图 6-19　学生人数的统计

专业班级数
3

图 6-20　专业班级数的统计

说明：计算专业班级数应排除相同的项，故用 DISTINCT 选项。若无 DISTINCT 选项，将对记录个数进行计数。

[**例 6-20**]　统计“学生”表中入学成绩的最高分、最低分、平均分和总分，查询语句如下：

```
SELECT  MAX(入学成绩) AS  最高分, MIN(入学成绩) AS 最低分, ;
AVG(入学成绩) AS 平均分, SUM(入学成绩) AS 总分  FROM  学生
```

查询结果如图 6-21 所示。

[**例 6-21**]　统计“学生”表中年龄的最大值、最小值和平均值，查询语句如下：

```
SELECT  MAX(YEAR(DATE())-YEAR(出生日期))  AS  年龄最大值，;
        MIN(YEAR(DATE())-YEAR(出生日期))  AS  年龄最小值，;
        AVG(YEAR(DATE())-YEAR(出生日期))  AS  年龄平均值  FROM  学生
```

查询结果如图 6-22 所示。

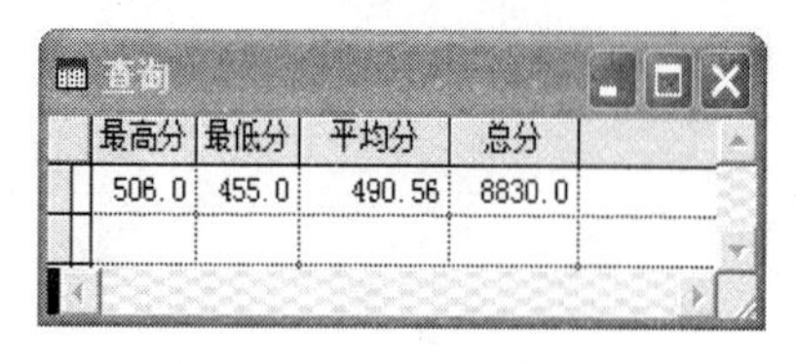

最高分	最低分	平均分	总分
506.0	455.0	490.56	8830.0

图 6-21　入学成绩的统计

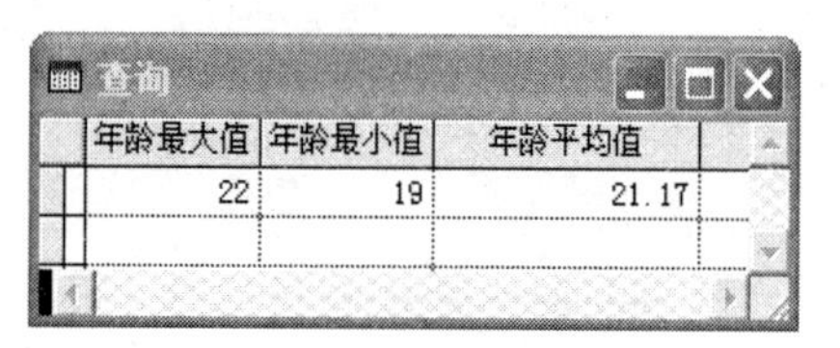

年龄最大值	年龄最小值	年龄平均值
22	19	21.17

图 6-22　年龄的统计

2. 分组查询

SQL 可以利用 GROUP BY 子句按某个字段或多个字段进行分组，每组在某个字段或多个字段组合上的值要相同。

如果没有对查询结果分组，使用统计函数是对查询结果中的所有记录进行统计。对查询结果分组后，使用统计函数是对相同分组的记录进行统计。

如果查询要求分组满足某些特定条件，则需要 HAVING 子句进一步限定分组。HAVING 子句总是在 GROUP BY 子句之后使用，不能单独使用。

[**例 6-22**]　统计"学生"表中男女学生的入学成绩的最高分、最低分和平均分，查询语句如下：

```
SELECT  性别，MAX(入学成绩) AS  最高分，MIN(入学成绩) AS 最低分，;
        AVG(入学成绩) AS 平均分 FROM  学生 GROUP BY 性别
```

查询结果如图 6-23 所示。

[**例 6-23**]　统计"学生"表中至少有 4 人以上各专业班级学生的人数：

```
SELECT 专业班级，COUNT(*) AS 专业班级人数  FROM 学生
GROUP BY 专业班级 HAVING COUNT(*)>4
```

查询结果如图 6-24 所示。

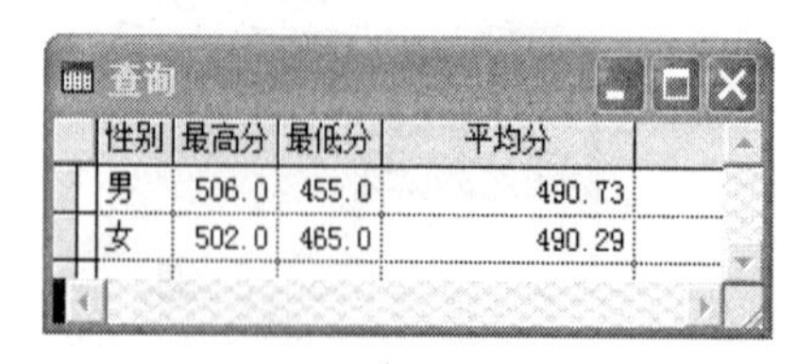

性别	最高分	最低分	平均分
男	506.0	455.0	490.73
女	502.0	465.0	490.29

图 6-23　男女学生成绩的统计

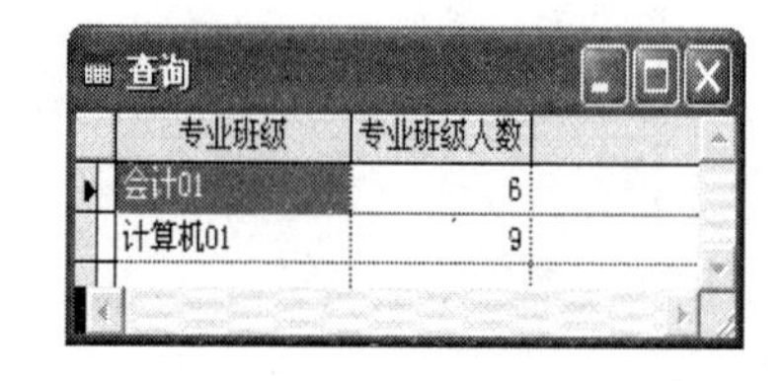

专业班级	专业班级人数
会计01	6
计算机01	9

图 6-24　各个专业班级人数的统计

6.2.5　排序查询

在 SQL 语言中，ORDER BY 子句用于对查询结果按一个或多个查询列进行排序。其中包括升序(ASC)和降序(DESC)，默认值为升序。

1. 单列排序

查询结果中按一个查询列排序。

[**例 6-24**]　查询"学生"表中入学成绩 480 分以上学生的学号、姓名、性别和入学成绩数据，查询结果按入学成绩降序排列，查询语句如下：

```
SELECT 学号，姓名，性别，入学成绩 FROM 学生 WHERE 入学成绩>500 ORDER BY 入学成绩 DESC
```

查询结果如图 6-25 所示。

2. 多列排序

查询结果中按多个查询列排序。

[**例 6-25**] 查询“学生”表中，专业班级为计算机 01 班学生的学号、姓名、性别、年龄和专业班级数据，查询结果按性别的升序、年龄的降序排列：

```
SELECT 学号，姓名，性别，YEAR(DATE())-YEAR(出生日期) AS 年龄，专业班级；
    FROM 学生 WHERE 专业班级 ="计算机 01" ORDER BY 性别，年龄 DESC
```

查询结果如图 6-26 所示。

说明：多列排序指的是将查询结果先按<排序表达式 1>排序，在<排序表达式 1>的值相同的情况下，按<排序表达式 2 >进行排序，依此类推。

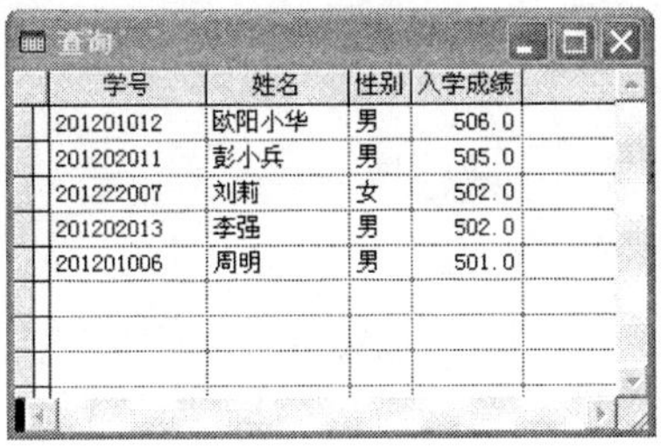

学号	姓名	性别	入学成绩
201201012	欧阳小华	男	506.0
201202011	彭小兵	男	505.0
201222007	刘莉	女	502.0
201202013	李强	男	502.0
201201006	周明	男	501.0

图 6-25 单列排序

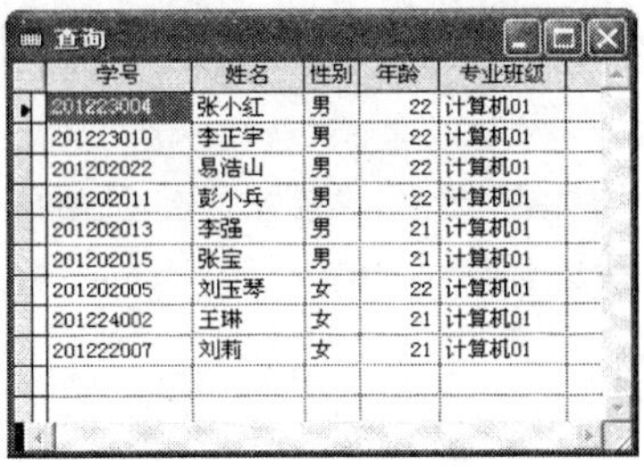

学号	姓名	性别	年龄	专业班级
201223004	张小红	男	22	计算机01
201223010	李正宇	男	22	计算机01
201202022	易浩山	男	22	计算机01
201202011	彭小兵	男	22	计算机01
201202013	李强	男	21	计算机01
201202015	张宝	男	21	计算机01
201202005	刘玉琴	女	22	计算机01
201224002	王琳	女	21	计算机01
201222007	刘莉	女	21	计算机01

图 6-26 多列排序

3. 前面部分记录查询

在查询语句中，TOP <表达式>[PERCENT]子句查询满足条件的前面部分记录，其中的表达式必为数值表达式。如果有 PERCENT，则显示前面百分数值的记录。特别提示的是，使用该子句时必须与 ORDER BY 子句同时使用。

[**例 6-26**] 查询“学生”表中入学成绩前三名学生的学号、姓名、性别和入学成绩数据，查询语句如下：

```
SELECT TOP 3 学号，姓名，性别，入学成绩 FROM 学生 ORDER BY 入学成绩 DESC
```

查询结果如图 6-27 所示。

[**例 6-27**] 查询“学生”表中，年龄最小的 20%的学生的学号、姓名、性别和年龄的数据，查询语句如下：

```
SELECT TOP 20 PERCENT 学号，姓名，性别，YEAR(DATE())-YEAR(出生日期)AS 年龄；FROM 学生. ORDER BY 年龄
```

查询结果如图 6-28 所示。

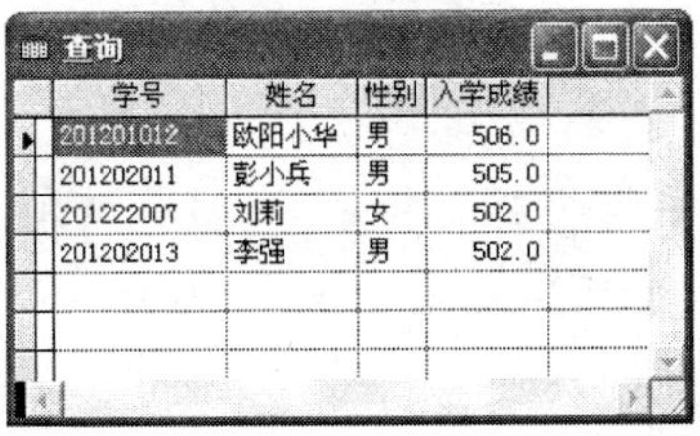

学号	姓名	性别	入学成绩
201201012	欧阳小华	男	506.0
201202011	彭小兵	男	505.0
201222007	刘莉	女	502.0
201202013	李强	男	502.0

图 6-27 按数值显示前面部分记录

学号	姓名	性别	年龄
201201021	李进亮	男	19
201214022	王小小	女	20
201201008	刘小婷	女	20
201201014	付晓	女	20

图 6-28 按百分比显示前面部分记录

6.2.6 连接查询

一个数据库中的多个数据表之间一般都存在某种内在联系，它们共同提供有用的信息。前面的查询数据都只涉及一个数据表，若一个查询数据同时涉及两个以上的数据表时，则需要使用连接查询。

1. 内连接查询

命令的语法格式如下：

```
SELECT <查询列> FROM <数据表 1>，< 数据表 2> WHERE 连接条件 AND 查询条件
```

［**例 6-28**］ 从“学生成绩”数据库中，查询学习过课程名为“计算机应用基础”的学生的学号，成绩数据。

分析：课程名数据来自“课程”，学号和成绩数据来自“成绩”表，所查询的数据来自多个数据表，所以需要使用连接查询，查询语句如下：

```
SELECT 学号，课程名，成绩  FROM  成绩 ，课程；
        WHERE  成绩.课程号 = 课程.课程号 AND 课程名 ="计算机应用基础"
```

查询结果如图 6-29 所示。

说明：

连接条件为：数据表 1.公共字段＝数据表 2.公共字段；不同数据表中的同名字段需要用别名或数据表名加以限定。

［**例 6-29**］ 从“学生成绩”数据库中，查询男学生的学号、姓名、性别、所学课程名以及该课程的成绩数据。

分析：学号、姓名和性别数据来自“学生”表，而课程名数据来自“课程”表，该课程的成绩数据来自“成绩”表，所要查询的数据来自多个表，所以需要采用连接查询，查询语句如下：

```
SELECT  a.学号，姓名，性别，课程名，成绩  FROM 学生 a，课程 b，成绩 c；
         WHERE  a.学号 = c.学号 AND c.课程号 = b.课程号 AND  性别 ="男"
```

查询结果如图 6-30 所示。

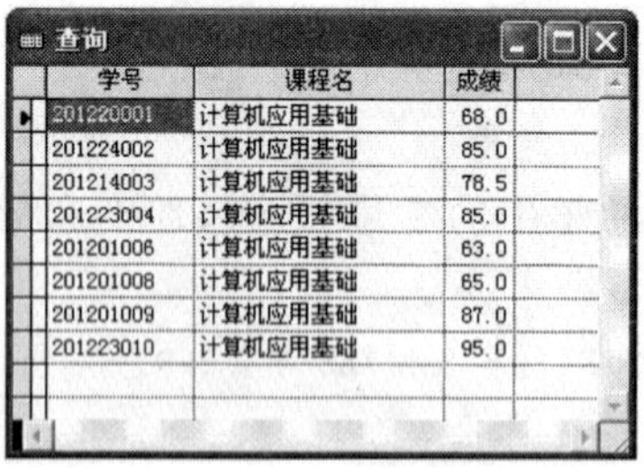

查询

学号	课程名	成绩
201220001	计算机应用基础	68.0
201224002	计算机应用基础	85.0
201214003	计算机应用基础	78.5
201223004	计算机应用基础	85.0
201201006	计算机应用基础	63.0
201201008	计算机应用基础	65.0
201201009	计算机应用基础	87.0
201223010	计算机应用基础	95.0

图 6-29 两个数据表连接查询

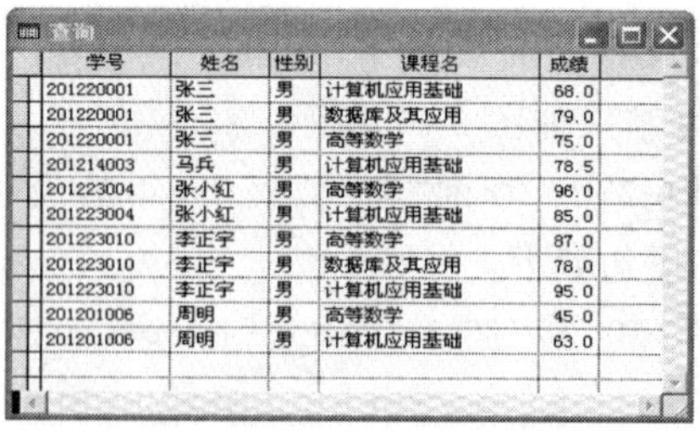

查询

学号	姓名	性别	课程名	成绩
201220001	张三	男	计算机应用基础	68.0
201220001	张三	男	数据库及其应用	79.0
201220001	张三	男	高等数学	75.0
201214003	马兵	男	计算机应用基础	78.5
201223004	张小红	男	高等数学	96.0
201223004	张小红	男	计算机应用基础	85.0
201223010	李正宇	男	高等数学	87.0
201223010	李正宇	男	数据库及其应用	78.0
201223010	李正宇	男	计算机应用基础	95.0
201201006	周明	男	高等数学	45.0
201201006	周明	男	计算机应用基础	63.0

图 6-30 三个数据表连接查询

说明：

在连接查询中，为了区分字段名，常用数据表名作为字段名的前缀，有时显得很麻烦。因此，SQL 语言中允许数据表名定义别名。命令的语法格式为：<表名> <别名>。

2. 自连接查询

自身连接查询指连接操作不仅可以在两个表之间进行，也可以是一个数据表与其自己

进行连接的查询。

［例 6-30］ 查询“学生”表中，入学成绩比“张三”入学成绩高的学生学号、姓名、专业班级和入学成绩数据。

分析：虽然查询的学号、姓名、专业班级和入学成绩数据来自同一个“学生”表，但查询条件也和“学生”表中的数据有关，所以可以使用自连接查询，查询语句如下：

```
SELECT a.学号，a.姓名，a.专业班级，a.入学成绩 FROM 学生 a，学生 b；
        WHERE a.入学成绩＞b.入学成绩   AND b.姓名 ="张三"
```

查询结果如图 6-31 所示。

［例 6-31］ 查询“学生”表中，与“张三”同一个专业的学生学号、姓名、专业班级和入学成绩数据，查询语句如下：

```
SELECT a.学号，a.姓名，a.专业班级，a.入学成绩 FROM 学生 a，学生 b；
WHERE a.专业班级 = b.专业班级   AND b.姓名 ="张三"
```

查询结果如图 6-32 所示。

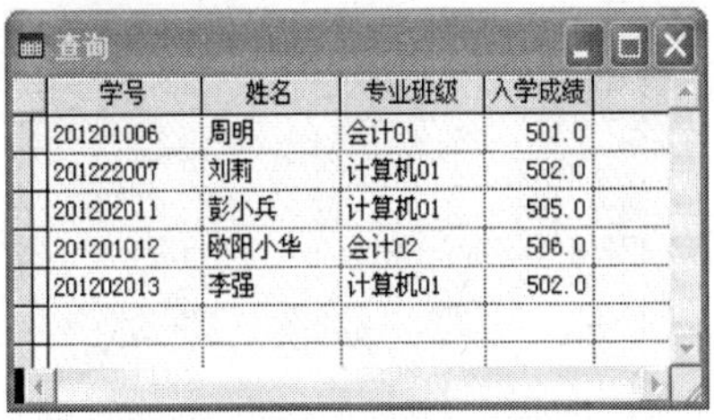

学号	姓名	专业班级	入学成绩
201201006	周明	会计01	501.0
201222007	刘莉	计算机01	502.0
201202011	彭小兵	计算机01	505.0
201201012	欧阳小华	会计02	506.0
201202013	李强	计算机01	502.0

图 6-31　自连接查询 1

学号	姓名	专业班级	入学成绩
201214003	马兵	会计01	474.0
201214022	王小小	会计01	465.0
201201008	刘小婷	会计01	495.0
201201006	周明	会计01	501.0
201220001	张三	会计01	500.0
201201014	付晓	会计01	498.0

图 6-32　自连接查询 2

6.2.7　超连接查询

同样若一个查询数据同时涉及两个以上的数据表时，不仅可以使用连接查询，还可以使用超连接查询。在 SQL 中 FROM 子句后的连接称为超连接，命令的语法格式如下：

```
SELECT...FROM [<数据库名>!]<数据表名 1>
[[INNER|LEFT|RIGHT|FULL  JOIN [<数据库名>!] <数据表名 2>[ON <联接条件>]]
```

超连接有以下四种形式。

1. 内部连接

使用 INNER　JOIN 形式的连接，称为内部连接，INNER　JOIN 等价于 JOIN。INNER　JOIN 与普通连接相同：只有满足条件的记录才出现在查询结果中。

［例 6-32］ 将“学生”表和“成绩”表按内部连接，查询包含学号、姓名、专业班级、课程号和成绩数据，查询语句如下：

```
SELECT  A.学号，姓名，专业班级，课程号，成绩；
        FROM 学生 A   INNER  JOIN 成绩  B  ON  A.学号 =B.学号
```

等价于：

```
SELECT  A.学号，姓名，专业班级，课程号，成绩 ；
        FROM 学生 A，成绩 B  WHERE  A.学号 =B.学号
```

查询结果如图 6-33 所示。

2. 左连接

使用 LEFT　JOIN 形式的连接，称为左连接，在查询结果中包含 JOIN 左侧数据表中

的所有记录，以及 JOIN 右侧数据表中匹配的记录。

[例 6-33] 将“学生”表和“成绩”表按左连接，查询包含学号、姓名、专业班级、课程号和成绩数据，查询语句如下：

```
SELECT  A.学号，姓名，专业班级，课程号，成绩；
        FROM 学生 A  LEFT  JOIN 成绩  B  ON  A.学号 =B.学号
```

查询结果如图 6-34 所示。

查询

学号	姓名	专业班级	课程号	成绩
201220001	张三	会计01	0001	68.0
201220001	张三	会计01	0003	79.0
201220001	张三	会计01	0002	75.0
201224002	王琳	计算机01	0001	85.0
201224002	王琳	计算机01	0003	84.0
201214003	马兵	会计01	0001	78.5
201223004	张小红	计算机01	0002	96.0
201223004	张小红	计算机01	0001	85.0
201223010	李正宇	计算机01	0002	87.0
201223010	李正宇	计算机01	0003	78.0
201223010	李正宇	计算机01	0001	95.0
201201008	刘小婷	会计01	0001	65.0
201202005	刘玉琴	计算机01	0002	75.0
201201006	周明	会计01	0002	45.0
201201006	周明	会计01	0001	63.0
201222007	刘莉	计算机01	0003	78.0
201201009	唐小虹	会计02	0001	87.0
201201009	唐小虹	会计02	0002	75.0

图 6-33　内部连接查询

查询

学号	姓名	专业班级	课程号	成绩
201220001	张三	会计01	0001	68.0
201220001	张三	会计01	0002	75.0
201220001	张三	会计01	0003	79.0
201224002	王琳	计算机01	0001	85.0
201224002	王琳	计算机01	0003	84.0
201214003	马兵	会计01	0001	78.5
201214022	王小小	会计01	.NULL.	NULL.
201223004	张小红	计算机01	0002	96.0
201223004	张小红	计算机01	0001	85.0
201223010	李正宇	计算机01	0001	95.0
201223010	李正宇	计算机01	0002	87.0
201223010	李正宇	计算机01	0003	78.0
201201008	刘小婷	会计01	0001	65.0
201202005	刘玉琴	计算机01	0002	75.0
201201006	周明	会计01	0001	63.0
201201006	周明	会计01	0002	45.0
201222007	刘莉	计算机01	0003	78.0
201201009	唐小虹	会计02	0001	87.0
201201009	唐小虹	会计02	0002	75.0
201202022	易浩山	计算机01	.NULL.	NULL.
201201021	李进亮	会计02	.NULL.	NULL.
201202011	彭小兵	计算机01	.NULL.	NULL.
201201012	欧阳小华	会计02	.NULL.	NULL.
201202013	李强	计算机01	.NULL.	NULL.
201201014	付晓	会计01	.NULL.	NULL.
201202015	张宝	计算机01	.NULL.	NULL.

图 6-34　左连接查询

说明：

左连接的查询过程为：首先以左侧数据表即 A 表中记录的学号为标准，在 B 表中查询相应的学号，找到了则显示，找不到相应的字段则以 NULL 显示。

3. 右连接

使用 RIGHT JOIN 形式的连接，称为右连接，在查询结果中包含 JOIN 右侧数据表中的所有记录，以及 JOIN 左侧数据表中匹配的记录。

[例 6-34] 将“学生”表和“成绩”表按右连接，查询包含学号、姓名、专业班级、课程号和成绩数据，查询语句如下：

```
SELECT  A.学号，姓名，专业班级，课程号，成绩；
        FROM 学生 A  RIGHT  JOIN 成绩  B  ON  A.学号 =B.学号
```

查询结果如图 6-35 所示。

说明：

右连接的查询过程为：首先以右侧数据表即 B 表中记录的学号为准，在 A 表中检索相应的学号，找到了则显示，找不到相应的字段以 NULL 显示。

4. 完全连接

使用 FULL JOIN 形式的连接，称为完全连接，在查询结果中包含 JOIN 两侧表中的所有匹配记录和不匹配的记录。

[例 6-35] 将“学生”表和“成绩”表按完全连接，查询包含学号、姓名、专业班级、课程

号和成绩数据，查询语句如下：

```
SELECT  A.学号，姓名，专业班级，课程号，成绩；
        FROM 学生 A  FULL  JOIN 成绩  B  ON  A.学号 = B.学号
```

查询结果如图 6-36 所示。

查询

学号	姓名	专业班级	课程号	成绩
201220001	张三	会计01	0001	68.0
201220001	张三	会计01	0002	75.0
201220001	张三	会计01	0003	79.0
201224002	王琳	计算机01	0001	85.0
201224002	王琳	计算机01	0003	84.0
201214003	马兵	会计01	0001	78.5
201223004	张小红	计算机01	0002	96.0
201223004	张小红	计算机01	0001	85.0
201202005	刘玉琴	计算机01	0002	75.0
201201006	周明	会计01	0001	63.0
201201006	周明	会计01	0002	45.0
201222007	刘莉	计算机01	0003	78.0
201201008	刘小婷	会计01	0001	65.0
201201009	唐小虹	会计02	0001	87.0
201201009	唐小虹	会计02	0002	75.0
201223010	李正宇	计算机01	0001	95.0
201223010	李正宇	计算机01	0002	87.0
201223010	李正宇	计算机01	0003	78.0
.NULL.	.NULL.	.NULL.	0001	85.0
.NULL.	.NULL.	.NULL.	0002	82.0

图 6-35　右连接查询

查询

学号	姓名	专业班级	课程号	成绩
201220001	张三	会计01	0001	68.0
201220001	张三	会计01	0002	75.0
201220001	张三	会计01	0003	79.0
201224002	王琳	计算机01	0001	85.0
201224002	王琳	计算机01	0003	84.0
201214003	马兵	会计01	0001	78.5
201223004	张小红	计算机01	0002	96.0
201223004	张小红	计算机01	0001	85.0
201202005	刘玉琴	计算机01	0002	75.0
201201006	周明	会计01	0001	63.0
201201006	周明	会计01	0002	45.0
201222007	刘莉	计算机01	0003	78.0
201201008	刘小婷	会计01	0001	65.0
201201009	唐小虹	会计02	0001	87.0
201201009	唐小虹	会计02	0002	75.0
201223010	李正宇	计算机01	0001	95.0
201223010	李正宇	计算机01	0002	87.0
201223010	李正宇	计算机01	0003	78.0
.NULL.	.NULL.	.NULL.	0001	85.0
.NULL.	.NULL.	.NULL.	0002	82.0
201214022	王小小	会计01	.NULL.	.NULL.
201202022	易浩山	计算机01	.NULL.	.NULL.
201201021	李进亮	会计02	.NULL.	.NULL.
201202011	彭小兵	计算机01	.NULL.	.NULL.
201201012	欧阳小华	会计02	.NULL.	.NULL.
201202013	李强	计算机01	.NULL.	.NULL.
201201014	付晓	会计01	.NULL.	.NULL.
201202015	张宝	计算机01	.NULL.	.NULL.

图 6-36　完全连接查询

说明：

完全连接的查询过程为：首先以右表为准，和右连接过程相同，然后再以左表为准，和左连接相同，连接完成后，在生成的记录中，将重复记录删除即可。

6.2.8　嵌套查询

当查询的数据来自一个数据表，而查询条件的数据与其他的数据表有关时，则需要使用嵌套查询。在一个 SELECT 语句的 WHERE 子句中，如果还出现另一个 SELECT 语句，则这种查询称为嵌套查询，其中 WHERE 子句中的 SELECT 语句称为子查询（内查询），另一个 SELECT 语句称为父查询（外查询）。执行嵌套查询时，首先查询子查询的结果，然后将子查询的结果用于父查询的查询条件。

1. 带有比较运算符的子查询

在嵌套查询中，当子查询的结果是一个单值（只有一个记录或一个字段值），可以用＞、＜、＞＝、＜＝、＜＞等比较运算符来生成父查询的查询条件。

［例 6-36］　查询“成绩”表中学习过“计算机应用基础”这门课程的学生的学号、课程号和成绩数据。

分析：查询的学号和成绩数据在“成绩”表中，但对应的查询条件数据与“课程”表中的数据有关，观察“成绩”和“课程”表可以发现，这两个表中有公共的字段课程号，所以可以先从“课程”表中根据课程名称查询出该课程名称所对应的课程号，再在“成绩”表中根据查询出的课程号来查询学生的学号和成绩，查询语句如下：

```
SELECT 学号，课程号，成绩  FROM 成绩  WHERE 课程号 =（SELECT 课程号；
      FROM 课程  WHERE 课程名 ="计算机应用基础"）
```

查询结果如图 6-37 所示。

说明：

SQL 语句执行的是两个过程，首先在“课程”表中查询出计算机应用基础的课程号，由“课程”表得出该课程号为“0001”，然后再在“成绩”表中查询出课程号等于“0001”的记录，显示出这些记录的数据。

2. 带有 IN 谓词的子查询

在嵌套查询中，子查询的结果是多个值(集合)，因此在父查询中，可以用 IN 谓词来作为查询条件。

［**例 6-37**］ 查询计算机 01 班学生的学号和所学课程的课程号与成绩。

分析：查询的学号和成绩数据在“成绩”表中，但对应的查询条件数据与“学生”表中的数据有关，观察“成绩”和“学生”表可以发现，这两个表中有公共的字段学号，所以可以先从“学生”表中根据专业班级查询出属于该专业班级的所有学号，再在“成绩”表中根据查询出的学号来查询学生的学号和成绩，查询语句如下：

```
SELECT 学号， 课程号，成绩  FROM 成绩  WHERE 学号 IN (SELECT 学号；
      FROM 学生 WHERE 专业班级 ="计算机 01"）
```

查询结果如图 6-38 所示。

查询

学号	课程号	成绩
201220001	0001	68.0
201224002	0001	85.0
201214003	0001	78.5
201223004	0001	85.0
201201006	0001	63.0
201201008	0001	65.0
201201009	0001	87.0
201223010	0001	95.0
201223067	0001	85.0

图 6-37 单值的子查询

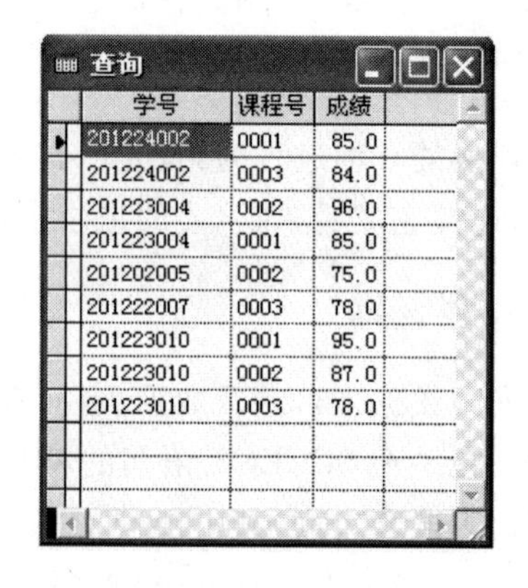
查询

学号	课程号	成绩
201224002	0001	85.0
201224002	0003	84.0
201223004	0002	96.0
201223004	0001	85.0
201202005	0002	75.0
201222007	0003	78.0
201223010	0001	95.0
201223010	0002	87.0
201223010	0003	78.0

图 6-38 多值的子查询

说明：

该查询先从“学生”表中查询出所有计算机 01 专业班级学生的学号(201224002、201223004、201202005、201222007、201223010)，然后在“成绩”表中查询学号属于上述学号集合的记录。IN 是属于的意思，即等于子查询中任何一值。

6.2.9 查询去向

SELECT 语句默认的输出去向是在浏览窗口中显示查询结果，可使用特殊的子句来修改 SELECT 语句的查询结果的输出去向。

1. 将查询结果存放到永久表中

使用子句 INTO DBF|TABLE <数据表名>,可以将查询结果存放到永久数据表文件中(.dbf),语句执行后,生成的数据表自动成为当前数据表。

[**例 6-38**] 将"学生"表男学生的学号、姓名、性别、专业班级和年龄并按年龄的降序排列数据保存在 E:\男学生的数据表中,查询语句如下:

```
SELECT 学号, 姓名, 性别,专业班级 , YEAR(DATE())-YEAR(出生日期) AS 年龄;
FROM 学生 WHERE 性别 ="男" ORDER BY 年龄 DESC  INTO TABLE  E:\男学生
```

上述语句执行后,执行 BROWSE 查看,结果如图 6-39 所示。

2. 将查询结果存放到临时文件中

使用子句 INTO CURSOR <临时文件名>,将查询结果存放在临时数据表文件中。生成的临时文件在查询结束后是当前文件,可以像一般的.dbf 文件一样使用(只读文件)。当关闭查询相关的数据表文件时,该临时文件自动删除。

[**例 6-39**] 将"学生"表女学生的学号、姓名、性别、专业班级和年龄按年龄的降序排列数据复制到临时数据表女学生中,查询语句如下:

```
SELECT 学号, 姓名, 性别,专业班级 , YEAR(DATE())-YEAR(出生日期) AS 年龄;
      FROM 学生 WHERE 性别 ="女" ORDER BY 年龄 DESC  INTO  CURSOR 女学生
```

上述语句执行后,执行 BROWSE 查看,结果如图 6-40 所示。

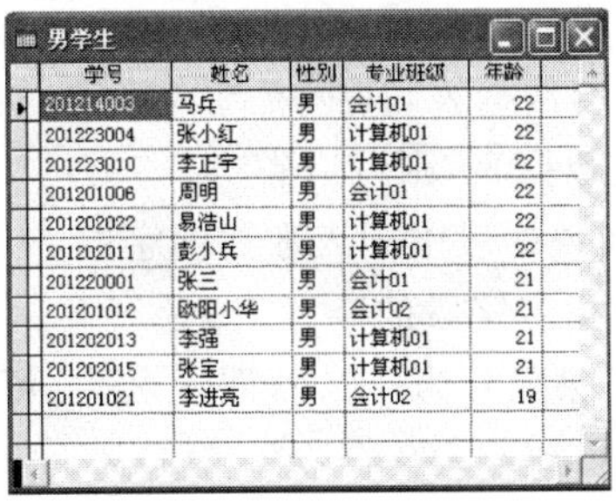

男学生

学号	姓名	性别	专业班级	年龄
201214003	马兵	男	会计01	22
201223004	张小红	男	计算机01	22
201223010	李正宇	男	计算机01	22
201201006	周明	男	会计01	22
201202022	易浩山	男	计算机01	22
201202011	彭小兵	男	计算机01	22
201220001	张三	男	会计01	21
201201012	欧阳小华	男	会计02	21
201202013	李强	男	计算机01	21
201202015	张宝	男	计算机01	21
201201021	李进亮	男	会计02	19

图 6-39 输出到永久表

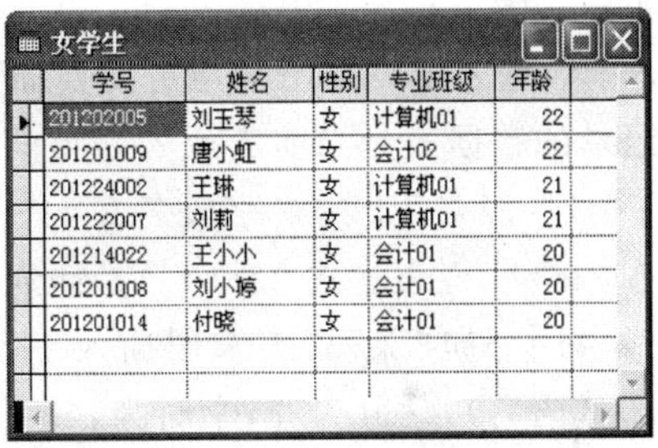

女学生

学号	姓名	性别	专业班级	年龄
201202005	刘玉琴	女	计算机01	22
201201009	唐小虹	女	会计02	22
201224002	王琳	女	计算机01	21
201222007	刘莉	女	计算机01	21
201214022	王小小	女	会计01	20
201201008	刘小婷	女	会计01	20
201201014	付晓	女	会计01	20

图 6-40 输出到临时表

3. 将查询结果存放到数组中

使用子句 INTO ARRAY <数组名>,将查询结果存放到数组中,数组名可以是任意的数组变量名。一般存放查询结果的数组作为二维数组来使用,每行一条记录,每列对应查询结果的一列。查询结果存放在数组中,可以方便地在程序中使用。

[**例 6-40**] 查询"学生"表中学生的学号、姓名和入学成绩,将结果保存到数组 A 中,查询语句如下:

```
SELECT 学号, 姓名, 入学成绩 FROM 学生 INTO ARRAY  A
```

执行以下命令:

```
?  A(1, 1) , A(1, 2) , A(1, 3)
```

结果如下:

```
201220001   张三    500.0
```

4. 将查询结果直接输出到打印机

使用子句 TO PRINTER [PROMPT]将查询结果输出到打印机。如果增加 PROMPT

选项，在开始打印之前，系统会弹出“打印机设置”对话框。

6.3 SQL 的数据操纵功能

SQL 语言的数据操纵也称为数据更新，主要包括插入数据、修改数据和删除数据。SQL 语言通过 INSERT、DELETE、UPDATE 命令来实现数据更新操作。

6.3.1 插入数据

插入数据就是向数据表中插入新记录，除了 Visual FoxPro 本身提供向数据表中插入记录命令 INSERT 或 APPEND 外，也可以使用 SQL 中的 INSERT 语句来实现，语句格式如下：

```
INSERT INTO <数据表名>[(<字段名 1>[,<字段名 2>,…])]VALUES (<表达式 1>[,<表达式 2>…])
```

功能：在指定数据表的表尾插入一条新记录，其值为 VALUES 后面表达式的值，表达式与字段的前后顺序一一对应，并且表达式的数据类型与对应字段的数据类型必须一致。如果省略字段名，则表示要插入数据表中所有字段的数据，按数据表中字段的前后顺序与表达式一一对应，插入数据的类型必须与数据表中对应的字段类型一致。反复使用该语句可以向数据表中添加多条数据记录。

说明：

(1) <数据表名>是用来指定需要插入数据记录的数据表，其中应包含路径，如果要插入数据记录的数据表是当前表或者为当前数据库中的数据表，则可以省略。

(2) (<字段名 1>[,<字段名 2>,…指定需要向数据表中插入数据的字段，VALUES (<表达式 1>[,<表达式 2>…])是插入到数据表中指定字段的字段值。

[**例 6-41**] 向“课程”表末尾插入一条新记录，其课程号为：0006，课程名为：可视化程序设计(VB 语言)，学分为：3，学时为：48，插入语句如下：

```
INSERT INTO 课程( 课程号, 课程名, 学分, 学时) ;
        VALUE( "0006", "可视化程序设计(VB 语言)", 3, 48)
```

等价于：

```
INSERT INTO 课程 VALUE( "0006", "可视化程序设计(VB 语言)", 3, 48)
```

浏览“课程”表，结果如图 6-41 所示。

[**例 6-42**] 向“课程”表末尾插入一条新记录，其课程号为：0007，课程名为：会计学原理，插入语句如下：

```
INSERT INTO 课程(课程号, 课程名) VALUE("0007", "会计学原理")
```

浏览“课程”表，结果如图 6-42 所示。

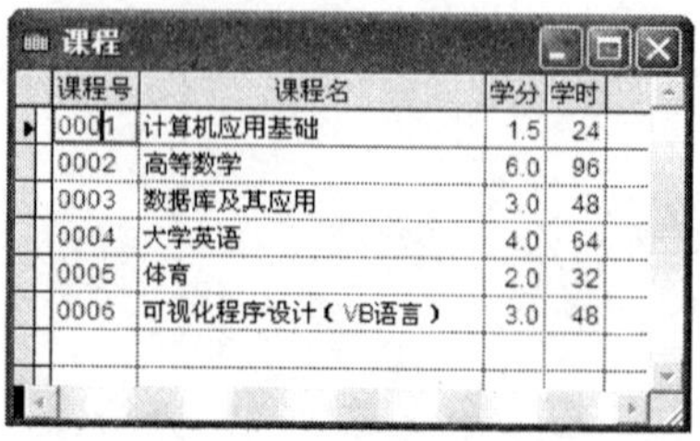

课程号	课程名	学分	学时
0001	计算机应用基础	1.5	24
0002	高等数学	6.0	96
0003	数据库及其应用	3.0	48
0004	大学英语	4.0	64
0005	体育	2.0	32
0006	可视化程序设计（VB语言）	3.0	48

图 6-41 插入数据表全部字段数据

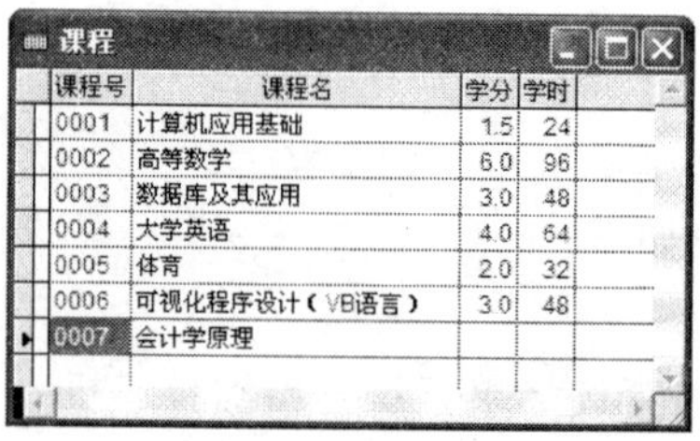

课程号	课程名	学分	学时
0001	计算机应用基础	1.5	24
0002	高等数学	6.0	96
0003	数据库及其应用	3.0	48
0004	大学英语	4.0	64
0005	体育	2.0	32
0006	可视化程序设计（VB语言）	3.0	48
0007	会计学原理		

图 6-42 插入数据表部分字段数据

6.3.2 更新数据

更新数据就是对存储在数据表中的记录进行修改，除了 Visual FoxPro 本身提供修改记录命令 REPLACE 外，也可以使用 SQL 中的 UPDATE 语句来实现，语句格式如下：

```
UPDATE <数据表名> SET <子段名 1> = <表达式 1>[,<字段名 2> = <表达式 2>…]
[WHERE <条件表达式>]
```

功能：对指定的数据表中满足条件的记录，用指定的表达式值来更新指定的字段值。

说明：

(1) SET <字段名>=<表达式>：指定要更新的字段及该字段的新值，如省略 WHERE 子句，则该字段每一行都用同样的表达式的值更新。

(2) WHERE <条件表达式>：指明将要更新数据的记录应满足的条件，如省略 WHERE 子句，则将对所有记录的指定字段进行数据更新。

[**例 6-43**] 将“学生”表中所有团员的学生的入学成绩增加 5 分，更新语句如下：

```
UPDATE 学生 SET 入学成绩 = 入学成绩 + 5 WHERE 团员 = .T.
```

更新之前的数据如图 6-43 所示，更新之后的数据如图 6-44 所示。

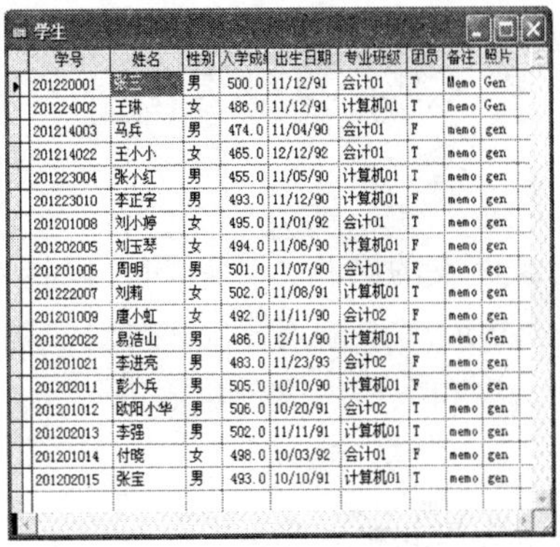

学生

学号	姓名	性别	入学成	出生日期	专业班级	团员	备注	照片
201220001	张三	男	500.0	11/12/91	会计01	T	Memo	Gen
201224002	王琳	女	486.0	11/12/91	计算机01	T	memo	Gen
201214003	马兵	男	474.0	11/04/90	会计01	F	memo	gen
201214022	王小小	女	465.0	12/12/92	会计01	T	memo	gen
201223004	张小红	男	455.0	11/05/90	计算机01	T	memo	gen
201223010	李正宇	男	493.0	11/12/90	计算机01	F	memo	gen
201201008	刘小婷	女	495.0	11/01/92	会计01	T	memo	gen
201202005	刘玉琴	女	494.0	11/06/90	计算机01	F	memo	gen
201201006	周明	男	501.0	11/07/90	会计01	F	memo	gen
201222007	刘莉	女	502.0	11/08/91	计算机01	T	memo	gen
201201009	唐小虹	女	492.0	11/11/90	会计02	F	memo	gen
201202022	易浩山	男	486.0	12/11/90	计算机01	T	memo	Gen
201201021	李进亮	男	483.0	11/23/93	会计02	F	memo	gen
201202011	彭小兵	男	505.0	10/10/90	计算机01	F	memo	gen
201201012	欧阳小华	男	506.0	10/20/91	会计02	T	memo	gen
201202013	李强	男	502.0	11/11/91	计算机01	T	memo	gen
201201014	付晓	女	498.0	10/03/92	会计01	F	memo	gen
201202015	张宝	男	493.0	10/10/91	计算机01	T	memo	gen

图 6-43 更新之前的数据

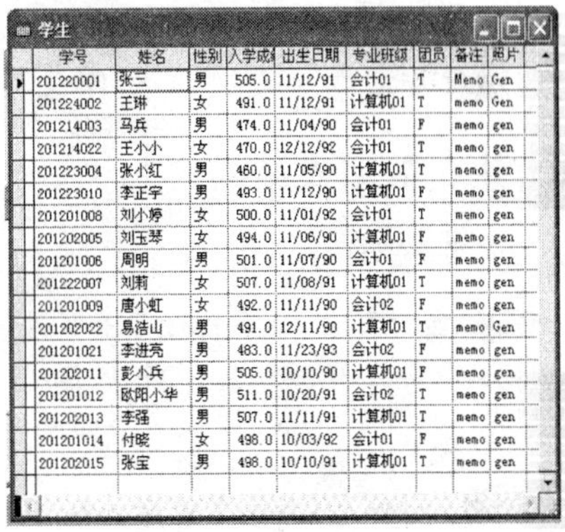

学生

学号	姓名	性别	入学成	出生日期	专业班级	团员	备注	照片
201220001	张三	男	505.0	11/12/91	会计01	T	Memo	Gen
201224002	王琳	女	491.0	11/12/91	计算机01	T	memo	Gen
201214003	马兵	男	474.0	11/04/90	会计01	F	memo	gen
201214022	王小小	女	470.0	12/12/92	会计01	T	memo	gen
201223004	张小红	男	460.0	11/05/90	计算机01	T	memo	gen
201223010	李正宇	男	493.0	11/12/90	计算机01	F	memo	gen
201201008	刘小婷	女	500.0	11/01/92	会计01	T	memo	gen
201202005	刘玉琴	女	494.0	11/06/90	计算机01	F	memo	gen
201201006	周明	男	501.0	11/07/90	会计01	F	memo	gen
201222007	刘莉	女	507.0	11/08/91	计算机01	T	memo	gen
201201009	唐小虹	女	492.0	11/11/90	会计02	F	memo	gen
201202022	易浩山	男	491.0	12/11/90	计算机01	T	memo	Gen
201201021	李进亮	男	483.0	11/23/93	会计02	F	memo	gen
201202011	彭小兵	男	505.0	10/10/90	计算机01	F	memo	gen
201201012	欧阳小华	男	511.0	10/20/91	会计02	T	memo	gen
201202013	李强	男	507.0	11/11/91	计算机01	T	memo	gen
201201014	付晓	女	498.0	10/03/92	会计01	F	memo	gen
201202015	张宝	男	498.0	10/10/91	计算机01	T	memo	gen

图 6-44 更新之后的数据

6.3.3 删除数据

删除数据就是对存储在数据表中的记录进行逻辑删除。除了 Visual FoxPro 本身提供删除记录命令 DELETE 外，也可以使用 SQL 中的 DELETE 语句来实现，语句格式如下：

```
DELETE FROM <数据表名> [WHERE <条件表达式]
```

功能：对指定表中满足条件的记录进行逻辑删除。

注意：

加了删除标记的记录并没有从物理上删除，只有执行了 PACK 命令后，有删除标记的记录才能真正从物理上删除。加了删除标记的记录可以用 RECALL 命令取消删除标记。

[**例 6-44**] 对“学生”表中男学生进行逻辑删除，删除语句如下：

```
DELETE FROM 学生 WHERE 性别 ="男"
```

浏览“学生”表，结果如图 6-45 所示。

[**例 6-45**] 对“学生”表中女学生进行彻底删除，删除语句如下：

```
DELETE FROM 学生 WHERE 性别 ="女"
PACK
```

浏览“学生”表,结果如图 6-46 所示。

学生

学号	姓名	性别	入学成绩	出生日期	专业班级	团员	备注	照片
201220001	张三	男	505.0	11/12/91	会计01	T	Memo	Gen
201224002	王琳	女	491.0	11/12/91	计算机01	T	memo	Gen
201214003	马兵	男	474.0	11/04/90	会计01	F	memo	gen
201214022	王小小	女	470.0	12/12/92	会计01	T	memo	gen
201223004	张小红	男	460.0	11/05/90	计算机01	T	memo	gen
201223010	李正宇	男	493.0	11/12/90	计算机01	F	memo	gen
201201008	刘小婷	女	500.0	11/01/92	会计01	T	memo	gen
201202005	刘玉琴	女	494.0	11/06/90	计算机01	F	memo	gen
201201006	周明	男	501.0	11/07/90	会计01	F	memo	gen
201222007	刘莉	女	507.0	11/08/91	计算机01	T	memo	gen
201201009	唐小虹	女	492.0	11/11/90	会计02	F	memo	gen
201202022	易浩山	男	491.0	12/11/90	计算机01	T	memo	Gen
201201021	李进亮	男	483.0	11/23/93	会计02	F	memo	gen
201202011	彭小兵	男	505.0	10/10/90	计算机01	F	memo	gen
201201012	欧阳小华	男	511.0	10/20/91	会计02	T	memo	gen
201202013	李强	男	507.0	11/11/91	计算机01	T	memo	gen
201201014	付晓	女	498.0	10/03/92	会计01	F	memo	gen
201202015	张宝	男	498.0	10/10/91	计算机01	T	memo	gen

图 6-45 逻辑删除的结果

查询

学号	姓名	性别	入学成绩	出生日期	专业班级	团员	备注	照片
201220001	张三	男	505.0	11/12/91	会计01	T	Memo	Gen
201214003	马兵	男	474.0	11/04/90	会计01	F	memo	gen
201223004	张小红	男	460.0	11/05/90	计算机01	T	memo	gen
201223010	李正宇	男	493.0	11/12/90	计算机01	F	memo	gen
201201006	周明	男	501.0	11/07/90	会计01	F	memo	gen
201202022	易浩山	男	491.0	12/11/90	计算机01	T	memo	Gen
201201021	李进亮	男	483.0	11/23/93	会计02	F	memo	gen
201202011	彭小兵	男	505.0	10/10/90	计算机01	F	memo	gen
201201012	欧阳小华	男	511.0	10/20/91	会计02	T	memo	gen
201202013	李强	男	507.0	11/11/91	计算机01	T	memo	gen
201202015	张宝	男	498.0	10/10/91	计算机01	T	memo	gen

图 6-46 彻底删除的结果

6.4 SQL 的数据定义功能

SQL 数据定义语言主要是针对不同的数据库对象(表、视图和索引)进行操作。可以方便地完成对各类数据对象的创建、修改和删除,如数据库、数据表、视图、索引和永久关系。

6.4.1 建立数据表结构

在 SQL 语言中,用 CREATE TABLE 语句建立数据表的结构。该语句可以指明数据表名及结构,包括数据表中各字段的名、类型、宽度、是否允许空值、索引及参照完整性规则等。数据表分为自由表和数据库表,以下分别介绍自由表和数据库表创建的语句。

1. 建立自由表

不属于任何数据库的数据表称为自由表,建立自由表语句格式如下:

```
CREATE TABLE | DBF <数据表名>[FREE]
    (<字段名1>  <字段类型>[(<宽度>[,<小数位数>])][NULL | NOT NULL]
     ...
[,<字段名n>  <字段类型>[(<宽度>[,<小数位数>])][NULL | NOT NULL]]
)
```

功能:用于建立自由表。

说明:

(1) TABLE 和 DBF 是等价的,前者是标准 SQL 关键词,后者是 Visual FoxPro 的关键词。

(2) 数据表名用于需要建立自由表的名称,其中也可以指定路径,如果不指定路径则将所建立的自由表的文件保存在当前工作目录中。

(3) 在有当前数据库的情况下,FREE 子句限定建立的表不添加到当前数据库中,即建立一个自由表,如果没有当前数据库,则 FREE 子句可省略。

(4) 字段类型符号表示对应字段的数据类型,例如,某字段是数值型,宽度为 10,小数点的位数为 2,则字段类型写成 N(10,2),若是字符型,宽度为 6,则写成 C(6),对于一些固定宽度的数据类型,只说明数据类型符号,不指定宽度和小数位,例如,日期型写成 D。

(5) 在输入数据时,NOT NULL(默认)指明该字段不允许为空值,而 NULL 指明该字段允许为空值。

[**例 6-46**] 建立一个包含学号、姓名、性别、入学成绩、出生日期、专业班级、团员、备注和照片字段的"学生"自由表,各个字段的要求如表 6-1 所示,语句如下。

表 6-1 "学生"表中各个字段的要求

字段名	字段类型	字段宽度	小数位数	是否为空
学号	字符型(C)	9	—	否
姓名	字符型(C)	8	—	否
性别	字符型(C)	2	—	否
入学成绩	数值型(N)	5	1	否
出生日期	日期型(D)	固定	—	否
专业班级	字符型(C)	8	—	否
团员	逻辑型(L)	固定	—	否
备注	备注型(M)	固定	—	是
照片	通用型(G)	固定	—	是

```
CREATE  TABLE  D:\学生 ( 学号 C(9), 姓名 C(8), 性别 C(2), 入学成绩 N(5,1);
    出生日期 D, 专业班级 C(8), 团员 L, 备注 M  NULL , 照片 G  NULL )
```

此语句执行后,在 D 盘下,可以找到"学生.dbf"表文件,此文件中只有表结构,没有数据记录。使用显示该表的结构的命令:

```
LIST STRUCTURE      && 该命令执行后,结果如图 6-47 所示
```

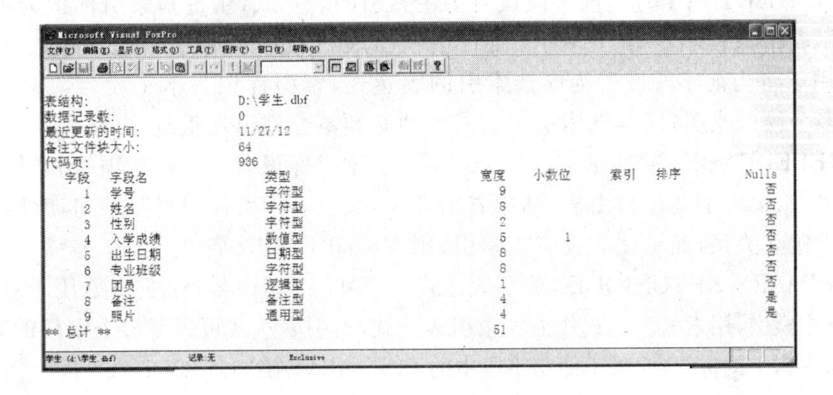

图 6-47 "学生"数据表结构

2. 建立数据库表

属于某个数据库的表称为数据库表,数据库表不仅包含表结构,而且还包含字段的有效规则和主键等信息,因此,在建立自由表语句的基础上还需要进一步地扩充,建立数据库表的语句格式如下:

```
CREATE TABLE | DBF <数据表名 1>
(<字段名 1><字段类型>[(<宽度>[,<小数位数>])][NULL | NOT NULL]
[CHECK <逻辑表达式> [ERROR <字符表达式>]]
```

```
[DEFAULT ＜表达式＞]
[PRIMARY KEY | UNIQUE]
[REFERENCES ＜父表名＞[TAG＜主表索引标识名＞]]
…
[,＜字段名 n＞＜字段类型＞[(＜宽度＞ [,＜小数位数＞])][NULL | NOT NULL]
[CHECK ＜逻辑表达式有效规则＞ [ERROR ＜字符表达式＞]]
[DEFAULT ＜表达式＞]
[,PRIMARY KEYUNIQUE ＜索引表达式＞ TAG ＜标识名＞]
[,UNIQUE ＜索引表达式＞ TAG ＜标识名＞]
[,FOREIGN KEY＜外部关键字＞ TAG ＜标识名 1＞ REFERENCES ＜父表名＞[TAG ＜标识名 2＞]]
)
```

功能：在打开数据库的情况下，建立数据库表。

说明：其中字段名及字段类型描述部分与建立自由表语句的对应部分完成相同，其他短语的说明如下。

(1) CHECK ＜逻辑表达式＞ [ERROR ＜字符表达式＞]：任选项，用于设置当前字段的有效规则，即用于控制存入表中数据的合法性，提高数据正确性。在输入或修改该字段数据时，如果逻辑表达式的值为真(.T.)，则表示数据正确，通过合法检查；如果逻辑表达式的值为假(.F.)，则表示数据不正确，此时系统提示出错信息或显示 ERROR 选项中字符表达式的值。

(2) DEFAULT ＜表达式＞：任选项，用于设置当前字段的默认值，在增加新记录数据时，系统自动将该字段的值设置为表达式的值。如果该字段也设置了有效规则，默认值应符合有效规则。

(3) PRIMARY KEY | UNIQUE：任选项，用于为当前字段建立主索引或候选索引，其中 PRIMARY KEY 用于将当前字段设置为主索引的表达式(主键)，索引标识为本字段名，一个数据库表中只能有一个主索引，而且主索引表达式的值必须不允许出现重复的值；UNIQUE用于将当前字段设置为候选索引的表达式，索引标识为本字段名，一个数据库表中可以有多个候选索引，但候选索引表达式的值必须不允许出现重复的值。

(4) REFERENCES ＜主表名＞[TAG＜主表索引标识名＞]：任选项，用于指定建立永久关系的父表，父表不能是自由表，如果省略 TAG＜主表索引标识名＞子句，就用父表的主索引表达式建立关系，如果父表没有主索引，则 Visual FoxPro 产生错误。

(5) PRIMARY KEYUNIQUE＜索引表达式＞ TAG ＜标识名＞：任选项，用于对当前的数据库表建立主索引，用索引表达式作为主索引表达式，索引表达式可以是多个字段的表达式，用标识名作为主索引的标识，此项不能与字段中的 PRIMARY KEYUNIQUE 选项同时使用。

(6) UNIQUE ＜索引表达式＞ TAG ＜标识名＞：任选项，用于对当前的数据库表建立候选索引，用索引表达式作为候选索引表达式，索引表达式可以是多个字段的表达式，用标识名作为候选索引的标识。

(7) FOREIGN KEY＜外部关键字＞ TAG ＜标识名 1＞ REFERENCES ＜父表名＞ [TAG ＜标识名 2＞]：任选项，用于指定建立永久关系的子表，用外部关键字作为索引表达式，用标识名 1 作为索引标识建立索引，并与 REFERENCES 后指定父表中的以标识名 2 为索引名的索引(无 TAG ＜标识名 2＞子句时，则与父表的主索引)建立永久关系。

注意：语句中大多数子句使用时需要打开一个数据库，即在数据库中建立表。如果没有打开数据库，创建表时会产生错误。

[例 6-47]　建立一个“学生成绩管理”数据库，并在该数据库中建立“学生”数据库表，该表的字段要求如表 6-1 所示，以“学号”字段作为表达式和索引标识建立主索引，“性别”字段设置为只能输入“男”或“女”的有效规则，如果违反该规则，则提示“性别数据只能输入男或女”的提示信息，并为该字段设置为“男”的默认值；建立“课程”数据库表，该表的字段要求如表 6-2 所示，并以“课程号”字段作为表达式和索引标识建立主索引；建立“成绩”表，该表的字段要求如表 6-3 所示，以“学号＋课程号”作为索引表达式建立一个索引标识为“学号课程号”的主索引，并根据“学号”字段与“学生”表建立永久关系，同时根据“课程号”字段与“课程”表建立永久关系，语句如下。

表 6-2　“课程”表中各个字段的要求

字段名	字段类型	字段宽度	小数位数	是否为空
课程号	字符型(C)	4	—	否
课程名	字符型(C)	30	—	否
学分	数值型(N)	4	1	否
学时	数值型(N)	4	0	否

表 6-3　“成绩”表中各个字段的要求

字段名	字段类型	字段宽度	小数位数	是否为空
学号	字符型(C)	9	—	否
课程号	字符型(C)	4	—	否
成绩	数值型(N)	5	1	否

```
CREATE DATABASE  D:\学生成绩管理
CREATE TABLE 学生( 学号 C(9)  PRIMARY KEY, 姓名 C(8);
性别 C(2)  CHECK (性别 ="男" OR 性别 ="女");
ERROR"性别数据只能输入男或女"  DEFAULT  "男" ;
入学成绩 N(5,1), 出生日期 D, 专业班级 C(8), 团员 L, 备注 M ,照片 G)
CREATE TABLE 课程 (课程号 C(4) PRIMARY KEY , 课程名 C(30);
学分 N(4,1), 学时 N(4) )
CREATE TABLE 成绩 (学号 C(9), 课程号 C(4), 成绩 N(5,1);
                PRIMARY KEY 学号 + 课程号 TAG 学号课程号;
                FOREIG KEY 学号 TAG 学号 REFERENCE 学生;
                FOREIG KEY 课程号 TAG 课程号 REFERENCE 课程)
```

执行上述创建数据库和 3 个数据库表语句后，在 Visual FoxPro 的数据库设计器窗口中打开后，会得到如图 6-48 所示结果。

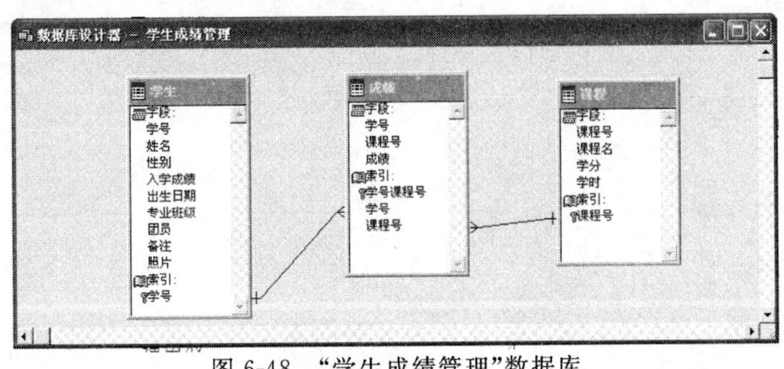

图 6-48　“学生成绩管理”数据库

6.4.2 修改表结构

在SQL语言中,可使用ALTER TABLE命令修改表的结构,包括增加字段、删除字段、修改字段。对于数据库表,可以使用ALTER TABLE命令增加字段有效性规则和默认值、删除字段有效规则和默认值、修改字段有效规则和默认值。

1. 增加字段及属性

语句格式如下:

```
ALTER TABLE <表名>;
ADD [COLUMN] <字段名> <字段类型> [(宽度[,小数位数])][NULL | NOT NULL];
[CHECK 逻辑表达式 [ERROR 字符表达式]];
[DEFAULT 表达式];
[PRIMARY KEY | UNIQUE]
```

功能:对当前数据库中的数据库表或自由表增加一个新字段,同时还可以设置该字段的有效规则、默认值和主索引等信息。

注意:只有数据库表才能设置有效规则、默认值和主索引。

[例6-48] 为"课程"表添加一个"开课学期"字段,字段类型为字符型,长度为1,其值只能为"1"或"2"的有效规则,如果违反该规则,则提示"开课学期数据只能输入1或2",并将该字段的默认值设置为"1",语句如下:

```
ALTER TABLE 课程 ADD 开课学期 C(1) CHECK 开课学期 ="1" OR 开课学期 ="2";
          ERROR "开课学期必须输入1或2" DEFAULT  "1"
```

执行该语句之前"课程"表结构如图6-49所示,执行该语句之后"课程"表结构如图6-50所示。

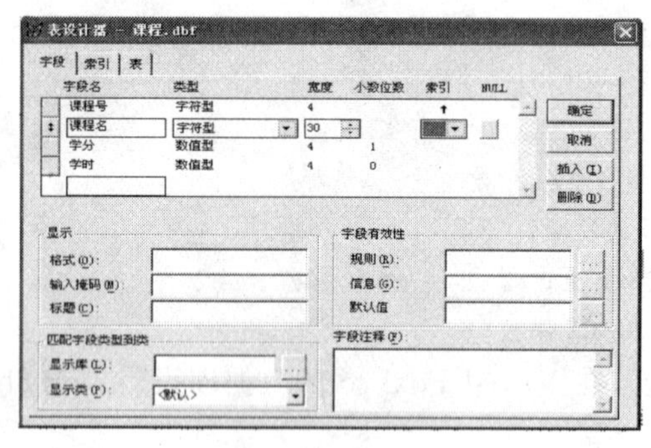

图6-49 增加字段之前"课程"表结构

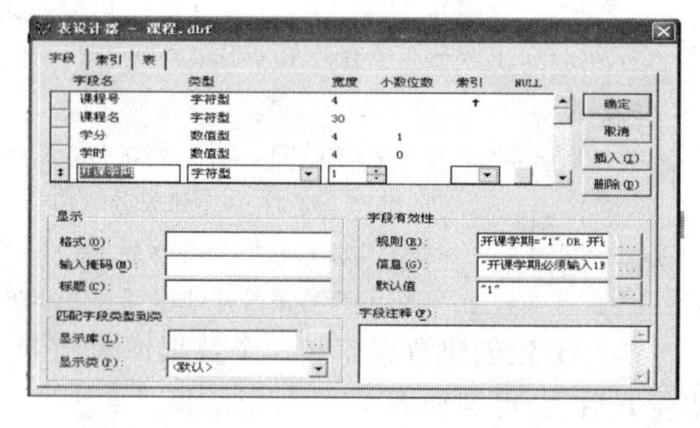

图6-50 增加字段之后"课程"表结构

2. 修改字段及属性

语句格式如下:

```
ALTER TABLE <表名>
ALTER [COLUMN]  <字段名> <字段类型> [(宽度[,小数位数])][NULL | NOT NULL];
[CHECK 逻辑表达式 [ERROR 字符表达式]];
[DEFAULT 表达式];
[PRIMARY KEY | UNIQUE]
```

功能：修改数据表中已有字段的字段类型、字段宽度、小数点位数、是否允许为空值、默认值、有效规则和主索引等信息。

［**例 6-49**］　将“成绩”表中“成绩”字段的数据宽度重新设置为 3 位而且不包含小数位，并为该字段设置有效规则，使该字段的数据只能是 0～100 的数值，语句如下：

```
ALTER TABLE 成绩 ALTER 成绩  N(3) CHECK  成绩＞＝0 AND 成绩＜＝100
```

3. 添加已存在字段的有效规则和默认值

语句格式如下：

```
ALTER TABLE ＜表名＞
ALTER［COLUMN］ ＜字段名＞ ［NULL | NOT NULL］;
［SET  CHECK 逻辑表达式［ERROR 字符表达式］］|［SET  DEFAULT 表达式］;
```

功能：给数据库表中已经存在的字段增加有效规则和默认值。

［**例 6-50**］　给“学生”表中已存在的“性别”字段增加有效规则，使该字段的数据只能是“男”或“女”，以及错误提示信息，并增加该字段的默认值为“男”，语句如下：

```
ALTER TABLE 学生 ALTER 性别;
SET  CHECK  性别="男" OR  性别="女" ERROR  "性别值只能输入男或女"
ALTER TABLE 学生 ALTER 性别;
SET  DEFAULT"男"
```

4. 删除字段的有效规则和默认值

语句格式如下：

```
ALTER TABLE ＜表名＞ ALTER［COLUMN］＜字段名＞［DROP DEFAULT |DROP CHECK］
```

功能：删除数据表中字段的已有默认值或有效规则。

［**例 6-51**］　删除“学生”表中性别字段的有效规则和默认值，语句如下：

```
ALTER TABLE 学生 ALTER 性别 DROP CHECK
ALTER TABLE 学生 ALTER 性别 DROP DEFAULT
```

5. 修改字段名称

语句格式如下：

```
ALTER TABLE ＜表名＞ RENAME［COLUMN］＜原字段名＞ TO ＜新字段名＞
```

功能：修改数据表中已有的字段名称。

［**例 6-52**］　将“课程”表中的“课程名”字段名称修改为“课程名称”，语句如下：

```
ALTER TABLE  课程 RENAME 课程名 TO 课程名称
```

6. 删除字段

语句格式如下：

```
ALTER TABLE ＜表名＞ DROP［COLUMN］＜字段名＞
```

功能：删除表中指定的字段。

［**例 6-53**］　删除“课程”表中“开课学期”字段，语句如下：

```
ALTER TABLE 课程 DROP  开课学期
```

6.4.3　删除数据表

随着数据库应用的变化，往往不再需要某些数据表及其数据，这时可以删除数据表，语句格式如下：

```
DROP TABLE <表名>
```

功能：直接从磁盘上删除指定的与其他数据表没有建立永久关系的数据表文件。如果删除的是数据库表，则需打开相应的数据库。

［例 6-54］ 删除"D:\学生成绩管理"数据库中的"学生"表，语句如下：

```
OPEN  DATABASE D:\学生成绩管理
DROP TABLE 学生
```

习　　题

一、选择题

1. SQL 语言的核心是(　　)。

A) 数据查询　　B) 数据定义　　C) 数据操纵　　D)数据控制

2. 在 SQL 的 SELECT 查询的结果中，消除重复记录的方法是(　　)。

A) 通过指定主索引实现　　B) 通过指定唯一索引实现

C) 使用 DISTINCT 短语实现　　D) 使用 WHERE 短语实现

3. 标准的 SQL 基本查询语句的结构是(　　)。

A) SELECT…FROM…ORDER　BY

B) SELECT…WHERE…GROUP　BY

C) SELECT…WHERE…HAVING

D) SELECT…FROM…WHERE

4. 某数据表中有"工资"字段，在下列 SQL 语句中，与"工资 BETWEEN　1 000　AND　2 000"语句等价的表达式是(　　)。

A) (工资<=1 000) AND (工资<=2 000)

B) (工资>=1 000) AND (工资<=2 000)

C) (工资<=1 000) OR　(工资<=2 000)

D) (工资>=1 000) OR　(工资<=2 000)

5. SQL 中可使用通配符(　　)。

A) ～　　B) %　　C) _　　D) B 和 C

6. 以下有关 SELECT 语句的叙述中错误的是(　　)。

A) SELECT 语句中可以使用别名

B) SELECT 语句中只能包含表中的字段及其构成的表达式

C) SELECT 语句规定了结果集中的顺序

D) 如果 FORM 短语引用的两个表有同名的字段，则 SELECT 短语引用它们时必须使用表名前缀加以限定

7. 在 SQL 查询中，HAVING 子句的作用是(　　)。

A) 指出分组查询的范围　　B) 指出分组查询的值

C) 指出分组查询的条件　　D) 指出分组查询的字段

8. 使用 SQL 查询,显示结果时,只需显示满足条件的前几个记录,因此必须使用短语(　　)。

A) TOP　　B) BOTTOM　　C) PERCENT　　D) BY

9. 在 SQL SELECT 语句中与 INTO TABLE 等价的短语是(　　)。

A) INTO DBF　　B) TO TABLE　　C) IN TABLE　　D) INTO FILE

10. 在"工资"表中建立查询,首先应按照工资的升序排列,若工资相同,则按照职工号的降序排列,下面语句中正确的是(　　)。

A) SELECT * FROM 工资表 GROUP BY 工资 DESC,职工号

B) SELECT * FROM 工资表 GROUP BY 工资,职工号 DESC

C) SELECT * FROM 工资表 ORDER BY 工资 DESC,职工号

D) SELECT * FROM 工资表 ORDER BY 工资,职工号 DESC

11. 设有"订单"表(其中包含字段:订单号,客户号,职员号,签订日期,金额),查询2012年所签订单的信息,并按金额降序排序,正确的 SQL 命令是(　　)。

A) SELECT * FROM 订单 WHERE YEAR(签订日期)=2012 ORDER BY 金额 DESC

B) SELECT * FROM 订单 WHILE YEAR(签订日期)=2012 ORDER BY 金额 ASC

C) SELECT * FROM 订单 WHERE YEAR(签订日期)=2012 ORDER BY 金额 ASC

D) SELECT * FROM 订单 WHILE YEAR(签订日期)=2012 ORDER BY 金额 DESC

12. 已知"学生"表中有如下记录:

姓名	年龄
张三	18
李四	19
王五	16
赵六	16

则执行下列 SQL 语句,查询的结果为(　　)。

SELECT COUNT(DISTINCT 年龄) FROM 学生

A) 3　　B) 4　　C) 51　　D) 69

13～15 使用如下数据表:

客户(客户号,名称,联系人,邮政编码,电话号码)

产品(产品号,名称,规格说明,单价)

订购单(订单号,客户号,产品号,数量,订购日期)

其中:单价、数量字段为数值型;订购日期字段为日期型;其余的字段都为字符型。

13. 查询单价在600元以上、名称为"主机板"和"硬盘"的产品信息正确的命令是(　　)。

A) SELECT * FROM 产品 WHERE 单价>600 AND (名称="主机板" AND 名称="硬盘")

B) SELECT * FROM 产品 WHERE 单价>600 AND (名称="主机板" OR 名称="硬盘")

C) SELECT * FROM 产品 FOR 单价>600 AND (名称="主机板" AND 名称="硬盘")

D) SELECT * FROM 产品 FOR 单价>600 AND (名称="主机板" OR 名称="硬盘")

14. 查询客户名称中有"网络"二字的客户信息的正确 SQL 语句是(　　)。

A) SELECT * FROM 客户 FOR 名称 LIKE "%网络%"

B) SELECT * FROM 客户 FOR 名称 ="%网络%"

C) SELECT * FROM 客户 WHERE 名称 ="%网络%"

D) SELECT * FROM 客户 WHERE 名称 LIKE"%网络%"

15. 查询订购单的数量和所有订购单平均金额的正确命令是(　　)。

A) SELECT COUNT(订单号), AVG(数量 * 单价);
   FROM 产品 INNER JOIN 订购单 ON 产品.产品号 = 订购单.产品号

B) SELECT COUNT(订单号), AVG(数量 * 单价);
   FROM 产品 INNER JOIN 订购单 WHERE 产品.产品号 = 订购单.产品号

C) SELECT COUNT(订单号), AVG(数量 * 单价);
   FROM 产品,订购单 ON 产品.产品号 = 订购单.产品号

D) SELECT COUNT(订单号), AVG(量 * 单价);
   FROM 产品,订购单 FOR 产品.产品号 = 订购单.产品号

16. 下列不属于 SQL 数据操作功能的是(　　)。

A) 新建表　　B) 添加记录　　C) 修改记录　　D) 删除记录

17. 下列关于 SQL 中对表的定义的说法错误的是(　　)。

A) 利用 CREATE TABLE 语句可以定义一个新的数据表结构

B) 利用 SQL 的表定义语句可以定义表中的主索引

C) 利用 SQL 的表定义语句可定义表的域完整性、字段有效性规则

D) 对于自由表的定义,SQL 同样可实现其完整性、有效性规则等信息的设置

18. 在 SQL 语句中,删除表的命令是(　　)。

A) DELETE TABLE　　B) DROP TABLE　　C) ALTER TABLE　　D) ZAP TABLE

19. 若用如下命令创建一个数据库表文件:

```
CREATE  TABLE  temp;
( no  C(4)  NOT  NULL, ;
name  C(8)  NOT  NULL,;
sex  C(2), ;
age  N(2) )
```

则下列记录中,可以插入到 temp 表中的是(　　)。

A) ("1031","张华", NULL, NULL)

B) ("1031","张华","女","23")

C) (NULL,"张华","女", 23)

D) ("1031", NULL,"女", 23)

20. 将"stock"表的"股票名称"字段的宽度由 8 改为 10,应该使用的 SQL 语句是(　　)。

A) ALTER TABLE stock 股票名称 WITH C(10)

B) ALTER TABLE stock 股票名称 C(10)

C) ALTER TABLE stock ALTER 股票名称 C(10)

D) ALTER stock 股票名称 WITH C(10)

21. 在工资表中增加"工资"字段的有效性和错误信息的语句是(　　)。

A) ALTER TABLE 工资表 ALTER 工资 ;
   SET CHECK 工资>0 ERROR "工资只能为正数"

B) ALTER TABLE 工资表 ALTER 工资 ;

SET CHECK 工资>0 ERROR 工资只能为正数

C) ALTER TABLE 工资表 ALTER 工资；

CHECK 工资>0 ERROR "工资只能为正数"

D) ALTER TABLE 工资表 ALTER 工资 ；

CHECK 工资>0 ERROR 工资只能为正数

22. 在 Visual FoxPro 中，在数据库中创建表的 CREATE TABLE 命令中定义主索引、实现实体完整性规则的短语是(　　)。

A) FOREIGN KEY　　B) DEFAULT　　C) PRIMARY KEY　D) CHECK

23. 在 Visual FoxPro 中，如果要将“学生”表(学号、姓名、性别年龄)中“年龄”字段删除，正确的 SQL 命令是(　　)。

A) ALTER TABLE 学生 DROP COLUMN 年龄　　B) DELETE 年龄 FROM 学生

C) ALTER TABLE 学生 DELETE COLUMN 年龄　　D) ALTEER TABLE 学生 DELETE 年龄

24. 在“学生”表中，添加数值型字段“平均分数”的 SQL 语句是(　　)。

A) ALTER TABLE 学生 ADD 平均分数 N(6,2)　　B) ALTER DBF 学生 ADD 平均分数 N (6,2)

C) CHANGE TABLE 学生 ADD 平均分数 N(6,2)　　D) CHANGE TABLE 学生 INSERT 平均分数 N(6,2)

第7章 查询与视图

查询和视图是查询数据库数据的一种操作方式，而且视图还可以实现对数据库表中数据的更新操作。通过查询和视图，可以快速地从数据库中提取所需数据，尤其是对多表信息的显示提供了简便的方法。

7.1 查询创建与使用

查询是检索数据的一种简便方法，是从指定的表或视图中提取满足条件的记录，然后按照预定的输出类型输出查询结果，如可以按数据表、图形、报表等形式输出。可以利用查询设计器和查询向导创建查询。

7.1.1 利用查询设计器建立查询

利用查询设计器建立查询基本步骤如下：

(1) 打开查询设计器。

(2) 进行查询设置，例如，设置被查询的表、连接条件、字段等输出要求、查询结果的去向等。

(3) 保存和执行查询。

查询文件的扩展名为“.qpr”，可以省略，查询文件存放的是实现查询的一条 SELECT-SQL 语句，并不存放查询结果。

1. 打开“查询设计器”

打开“查询设计器”窗口常用的方法有如下三种。

(1) 从“项目管理器”中启动“查询设计器”

在“项目管理器”对话框的“数据”选项卡中选择“查询”项，单击右侧的“新建”按钮，打开“查询设计器”窗口，如图 7-1 所示。

(2) 从“文件”菜单启动“查询设计器”

单击“文件”菜单中的“新建”命令，选择“查询”选项，单击“新建文件”按钮。

(3) 用命令方式打开“查询设计器”

命令格式：

```
CREATE    QUERY  <查询文件名>
```

2. “查询设计器”组成

“查询设计器”窗口如图 7-1 所示，分为上、下两部分。上半部是数据环境显示区，用于显示所选择的表或视图，如果是多表查询，还可以在表之间建立可视化的联接，这种联接用表之间的连线表示。若用户已经打开数据库，则启动查询设计器后，系统将自动打开“添加表或视图”对话框，同过该对话框可以向数据环境中添加表或视图，如果没有打开数据库，则可右击数据环境区的空白处，在弹出的快捷菜单中选择“添加表”或“移去表”命令实现向数据环境中添加表或从数据环境中移去表的操作。下半部分有 6 个选项卡，分别是“字段”、“联接”、“筛选”、“排序依据”、“分组依据”和“杂项”。下面依次介绍这 6 个选项卡。

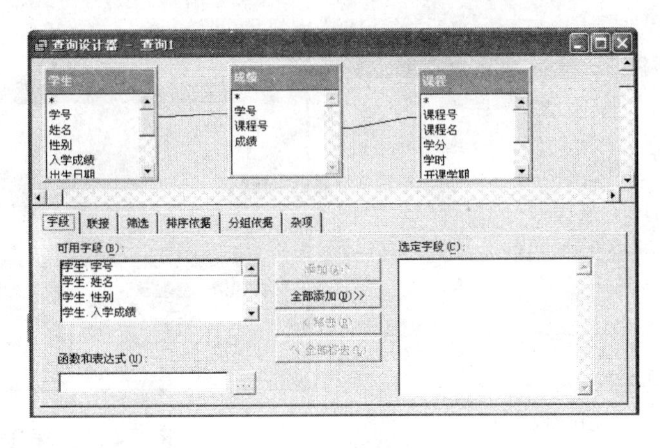

图 7-1 “查询设计器”窗口

(1)“字段”选项卡：用于指定查询输出字段或表达式，在“可用字段”列表框中列出了查询数据环境中添加数据表和视图所有的字段；“函数和表达式”文本框用于建立查询结果中输出的表达式；在“选定字段”列表框中显示在查询结果中输出的字段或表达式；在“可用字段”列表框和“选定字段”列表框之间有“添加”、“全部添加”、“移去”和“全部移去”4 个按钮，用于添加或删除选定的字段或表达式。“字段”选项卡对应于 SQL 语句的SELECT短语。

(2)“联接”选项卡：进行多表查询时，需要把所有有关的表或视图添加到查询设计器的数据环境中，并为这些表建立联接。当向查询设计器中添加多个表时，如果新添加的表与已存在的表之间在数据库中已经建立永久关系，则系统将以该永久关系作为默认的联接条件，否则，系统会打开“联接条件”对话框，并以两个表的同名字段作为默认的联接条件，如图 7-2所示。

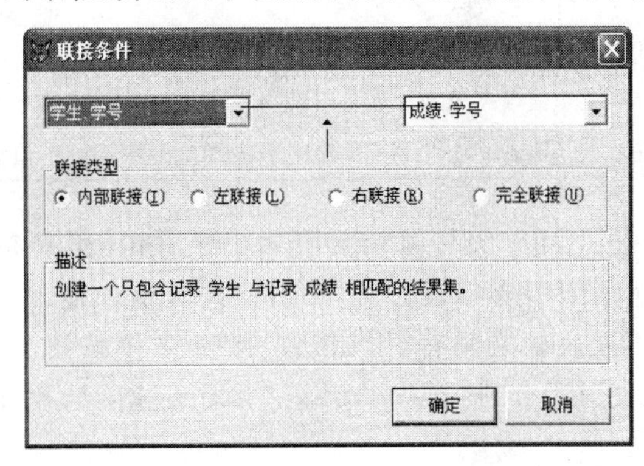

图 7-2 “联接条件”对话框

两表之间的联接条件也可以通过“联接”选项卡来设置和修改，如图 7-3 所示。在“类型”下拉列表框中选择“联接”的类型，在“字段名”、“条件”、“值”下拉列表框中选择需要联接的字段、对应条件和对应的值，如果有需要，还应选择联接条件之间满足的逻辑关系。“联接”选项卡对应于 SQL 语句的“INNER　JOIN”短语。

(3)“筛选”选项卡:用于设置选取记录的筛选条件,如图 7-4 所示。其中“字段名”下拉列表框用于选择要比较的字段;“条件”下拉类表框用于设置比较的类型,其取值及含义如表 7-1所示;“实例”文本框用于指定比较的值;“大小写”按钮用于指定比较字符值时,是否区分大小写;“否”按钮用于指定设置相反的比较条件。“逻辑”下拉类表框用于指定多个条件之间的逻辑关系。“筛选”选项卡中的一行就是一个关系表达式,所有的行构成了一个逻辑表达式。“筛选”选项卡对应于 SQL 语句的“WHERE”短语。

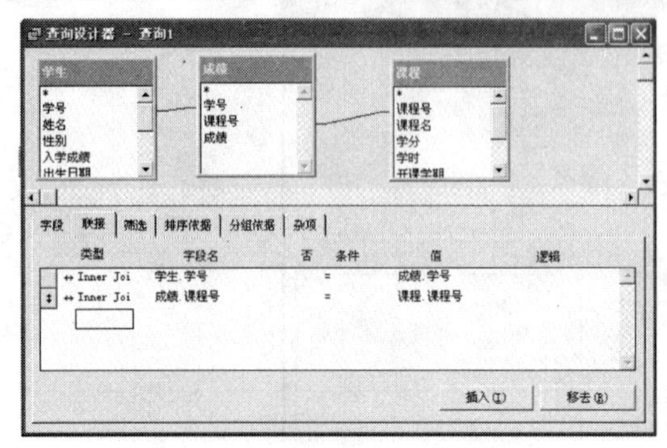

图 7-3　“联接”选项卡

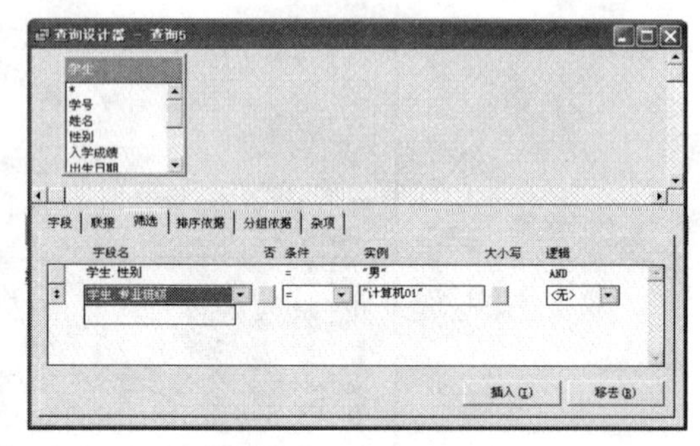

图 7-4　“筛选”选项卡

表 7-1　“条件”下拉列表框的取值及含义

条件类型	说明
＝	字段值等于实例值
Like	字符型字段值与实例值匹配
＝＝	字符型字段值与实例值严格相等
＞	字段值大于实例值
＞＝	字段值大于等于实例值
＜	字段值小于实例值
＜＝	字段值小于等于实例值
Is Null	字段值为“空”值
Between	字段值在某个值域内,值域由实例给出,实例中给出两个值,两个值之间用逗号隔开
In	字段值在某个值表中,值表由实例给出,实例中给出若干个值,值与值之间用逗号隔开

(4)“排序依据”选项卡:用于设置排序字段和排序方式,如图 7-5 所示。其中“选定字段”列表框列出了查询输出的所有字段,“排序条件”列表框中显示排序的条件;在“选定字段”列表框与“排序条件”列表框之间有“添加”和“移去”2 个按钮,用于添加或删除排序条件;“排序选项”单选框组用于选择排序方式。“排序依据”选项卡对应于 SQL 语句的“ORDER　BY”短语。

(5)“分组依据”选项卡:用于设置记录的分组字段和分组条件,如图 7-6 所示。其中“可用字段”列表框列出了查询数据环境中所有数据表的所有字段,“分组字段”列表框中显示分组的字段;在“可用字段”列表框与“分组字段”列表框之间有“添加”和“移去”2 个按钮,用于添加或删除分组字段;“满足条件”按钮用于设置分组应满足的条件。“分组依据”选项卡对应于 SQL 语句的“GROUP　BY”短语和“HAVING”短语。

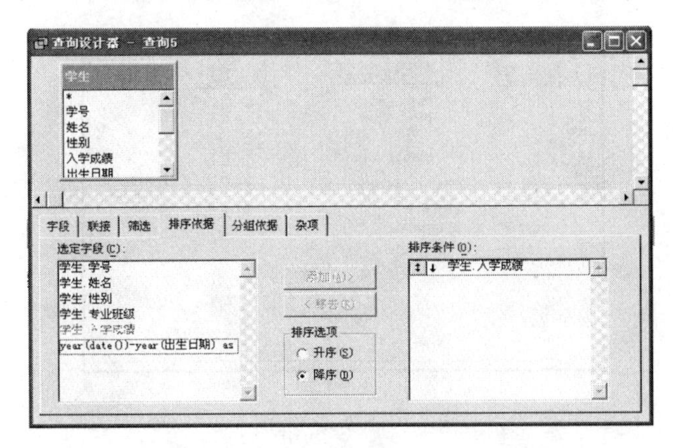

图 7-5　“排序依据”选项卡

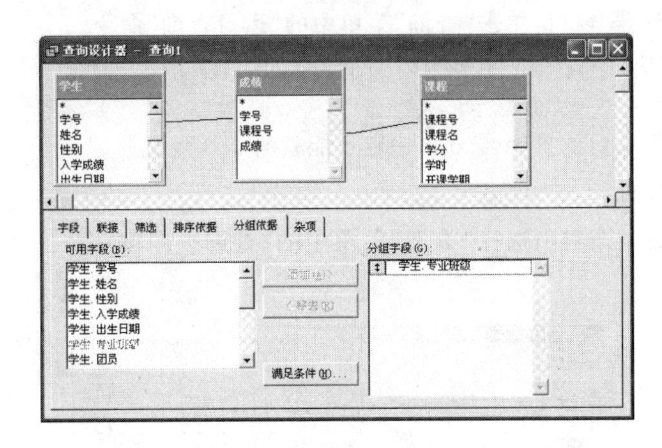

图 7-6　“分组依据”选项卡

(6)“杂项”选项卡：用于设置查询结果中是否有重复的记录及列在前面的记录个数等，如图 7-7 所示。选中“无重复记录”复选框，则查询结果中将排除所有相同的记录；否则允许重复记录的存在；选中“交叉数据表”复选框，将把查询结果以交叉表的格式传送给 Microsoft Graph、报表或表。注意：只有当“选定字段”刚好为 3 项时，才可以选中“交叉数据表”复选框，选定的 3 项代表 X 轴、Y 轴和图形的单元值。如果选中“全部”复选框，则满足条件的所有记录都包括在查询结果中，这是查询设计器的默认设置。只有在取消“全部”复选框选中的情况下，才可以设置“记录个数”和“百分比”。“记录个数”用于指定查询结果中包含多少记录。当没有选中“百分比”复选框时，“记录个数”微调框中的整数表示只将满足条件的前多少条记录包括在查询的结果中；当选中“百分比”时，“记录个数”微调框表示只将满足条件的百分之多少个记录包括到查询结果中。“杂项”选项卡对应于 SQL 语句的“DISTINCT”短语和“TOP”短语。

3. 执行查询

执行查询常用的方法有如下三种。

(1) 在“项目管理器”中执行

在“项目管理器”对话框的“数据”选项卡的“查询”项中，选择要执行的查询文件，再单击右侧的“运行”按钮。

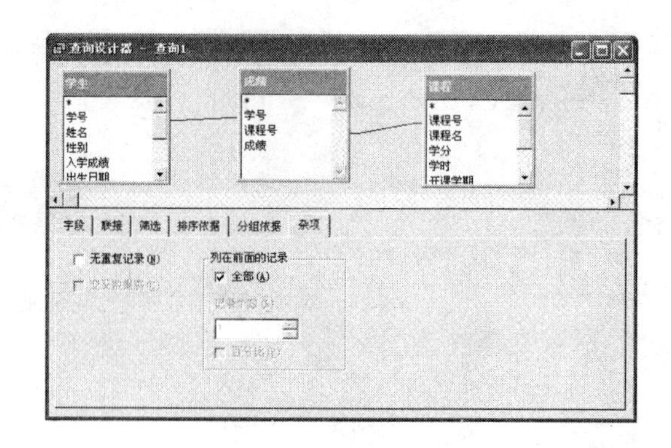

图 7-7 “杂项”选项卡

(2) 菜单方式执行

打开“查询设计器”窗口，单击“查询”菜单中的“运行查询”命令。

(3) 命令方式执行

命令格式：DO ＜查询文件名.qpr＞

注意：查询文件名后的扩展名.qpr 一定不能省略。

4. 定位查询去向

打开“查询设计器”窗口，选择“查询”菜单中的“查询去向”命令，打开“查询去向”对话框，如图 7-8 所示。

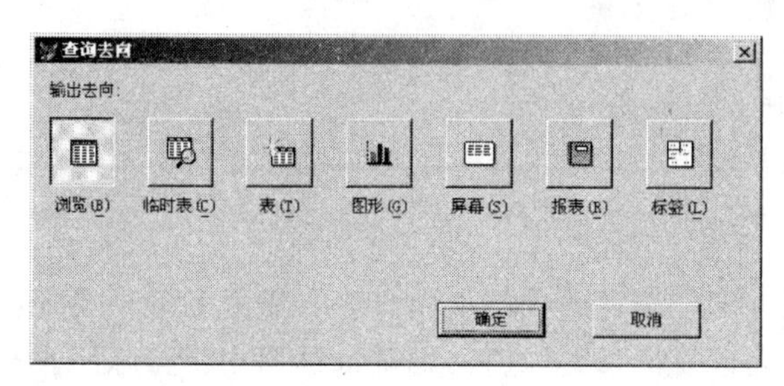

图 7-8 “查询去向”对话框

“查询去向”对话框中的 7 个按钮功能分别如下。

(1) 浏览：以“浏览”方式显示查询结果，它是默认的查询去向。

(2) 临时表：将查询结果存储在一个由用户命名的临时表中。

(3) 表：将查询结果保存到一个扩展名为.dbf 的表文件中。

(4) 图形：将查询结果输出到 Microsoft Graph 中制作成图表。

(5) 屏幕：在 Visual FoxPro 主窗口中显示查询结果

(6) 报表：将查询结果输出到一个扩展名为.frx 的报表文件中。

(7) 标签：将查询结果输出到一个扩展名为.lbx 的标签文件中。

5. 生成 SQL 语句

创建查询其结果就是生成一条 SQL 语句，通过选择“查询”菜单(或快捷菜单)中的“查看 SQL”菜单项或单击“查询设计器”工具栏上的 SQL 按钮，即可看到生成的 SELECT-SQL 语句，如图 7-9 所示。

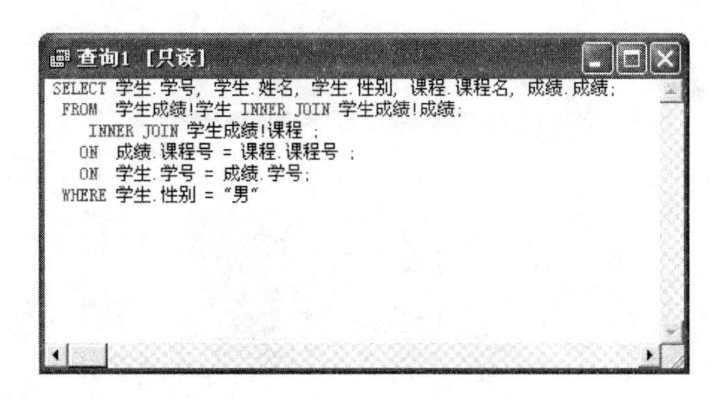

图 7-9 “查看 SQL 语句”窗口

一般情况下，用查询设计器创建查询的目的是通过交互设置，生成 SQL 语句，然后复制到应用程序中或保存到查询文件中。用户如果对 SELECT-SQL 语句比较熟悉，完全可以不使用查询设计器。

6. 单表查询

创建查询的数据源可以是一个自由表、一个数据库表或数据库中的一个视图。下面通过例题了解如何实现单表查询。

［**例 7-1**］ 使用查询设计器建立一个查询文件为“男学生. qpr”，要求：查询出“学生”表中计算机 01 班男学生的学号、姓名、性别、年龄、专业班级和入学成绩的数据，并按入学成绩从高到低将结果保存在“e:\计算机男学生”数据表中，操作步骤如下。

(1) 启动“查询设计器”并添加数据表

① 单击“文件”菜单中的“新建”命令，打开“新建”对话框，选中“查询”选项，然后单击“新建文件”按钮，打开“添加表或视图”对话框，如图 7-10 所示。

② 在“添加表或视图”对话框中选择选“学生”表，单击“添加”按钮，将其添加到“查询设计器”窗口，如图 7-11 所示，然后单击“添加表或视图”对话框中的“关闭”按钮，关闭“添加表或视图”对话框，完成数据表的添加。

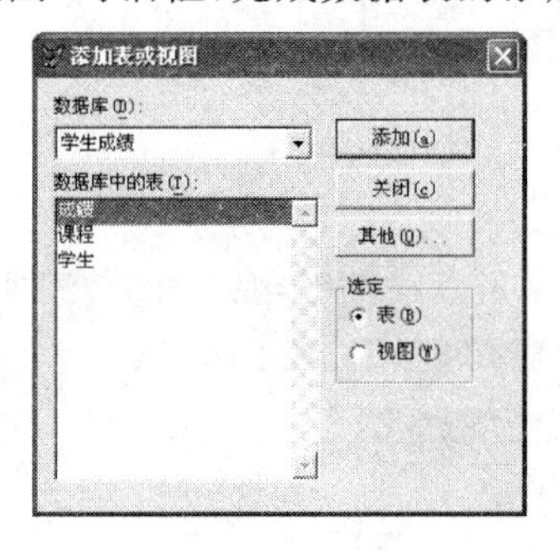

图 7-10 “添加表或视图”对话框

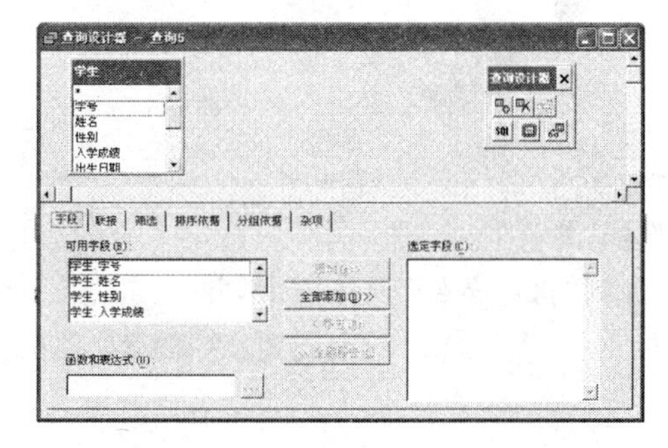

图 7-11 添加学生表的查询设计器窗口

(2) 选定输出列

选择“字段”选项卡，在“可用字段”列表框中，选中“学生. 学号”字段，单击“添加”按钮将该字段添加到“选定字段”列表中，用同样的方法将“学生. 姓名”、“学生. 性别”、“学生. 专业班级”、“学生. 入学成绩”字段添加到“选定字段”列表框中，在函数和表达式文本框中直接输入“year(date())-year(出生日期) as 年龄”或单击右边的按钮通过表达式生成器对话框输入“year(date())-year(出生日期) as 年龄”，单击“添加”按钮，将其添加到“选定字段”列表框中，如图 7-12 所示，完成字段选取操作。

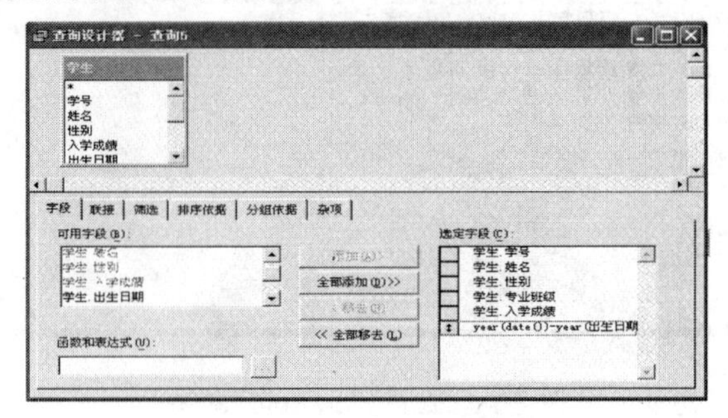

图 7-12 “字段”选项卡设置

(3) 设置筛选记录条件

为该查询设置“学生.性别＝“男” AND 学生.专业班级＝“计算机 01”，筛选条件，操作过程如下：选择“筛选”选项卡，在“字段名”列中，选择“学生.性别”，在“条件”列中选择“＝”，在“实例”中输入“男”，设置第一个条件，并用同样的方法设置“学生.专业班级”＝“计算机 01”的第二个条件，并在第一个条件和第二条件之间的“逻辑”列中选择“AND”，最后的结果如图 7-13 所示，如果所设置的条件不正确，可单击“移去”按钮删除所设置的筛选条件。

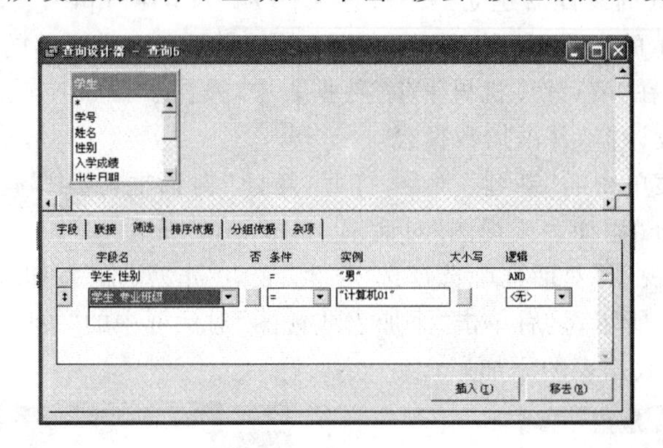

图 7-13 “筛选”选项卡设置

(4) 对查询结果进行排序

选择“排序依据”选项卡，从选定字段列表中选择“学生.入学成绩”字段，单击“添加”按钮，添加到“排序条件”列表框中，并从“排序选项”中选择“降序”，如图 7-14 所示。

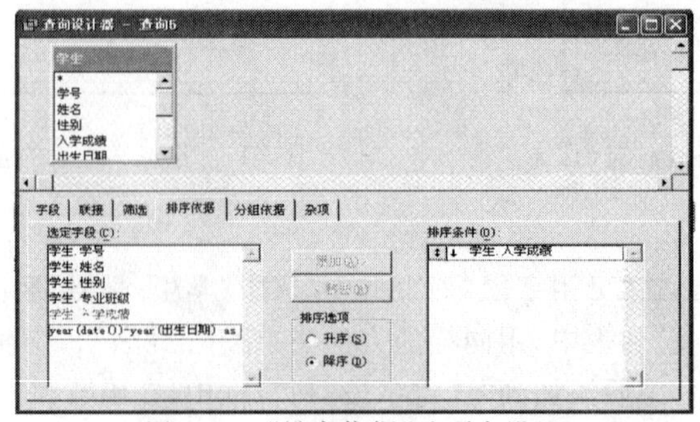

图 7-14 “排序依据”选项卡设置

(5) 设置查询结果的输出去向

选择“查询”菜单中的“查询去向”命令，打开“查询去向”对话框，单击“表”按钮，并在“表名”文本框中输入“e:\计算机男学生.dbf”，如图 7-15 所示，然后单击“确定”按钮，关闭“查询去向”对话框。

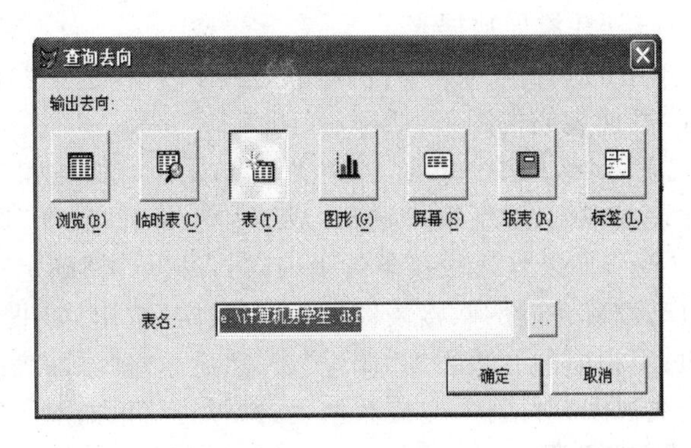

图 7-15　“查询去向”设置

(6) 执行查询

选择“查询”菜单中的“运行查询”命令或单击“常用”工具栏中的“运行”按钮，即可得到查询结果，在 E 盘下产生了“计算机男学生”数据表，该数据表中的数据如图 7-16 所示。

计算机男学生

学号	姓名	性别	专业班级	入学成绩	年龄
201202013	李强	男	计算机01	507.0	21
201202011	彭小兵	男	计算机01	505.0	22
201202015	张宝	男	计算机01	498.0	21
201223010	李正宇	男	计算机01	493.0	22
201202022	易浩山	男	计算机01	491.0	22
201223004	张小红	男	计算机01	460.0	22

图 7-16　查询结果

(7) 保存查询文件

单击“查询设计器”窗口的“关闭”按钮，弹出系统提示对话框，如图 7-17 所示。

(8) 单击“是”按钮，弹出“另存为”对话框，如图 7-18 所示，在“保存文档为”文本框中输入查询文件名“男学生”，再单击“保存”按钮，完成查询的创建操作。

图 7-17　“系统提示”对话框

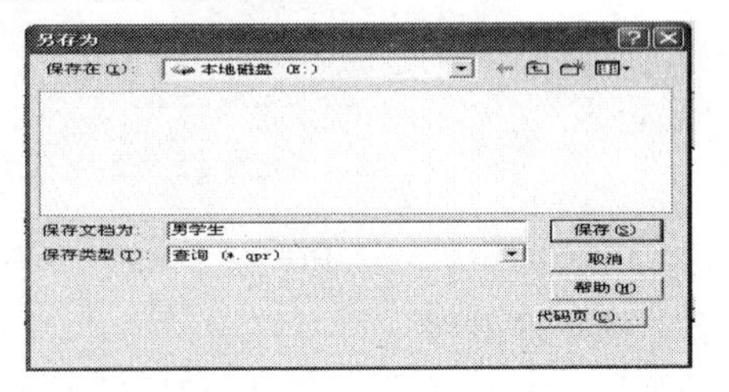

图 7-18　“另存为”对话框

7. 多表查询

创建查询的数据源也可以是多个自由表、多个数据库表或数据库中的多个视图。下面通过例题了解如何实现多表查询。

［**例 7-2**］ 使用查询设计器建立一个查询文件为“男学生课程成绩.qpr”，要求：查询出男学生的学号、姓名、性别、所学课程名以及该课程的成绩数据。操作步骤如下。

分析：学号、姓名和性别数据来自“学生”表，而课程名数据来自“课程”表，该课程的成绩数据来自“成绩”表，所要查询的数据来自多个表。

（1）启动“查询设计器”并添加数据表

① 单击“文件”菜单中的“新建”命令，打开“新建”对话框，选中“查询”选项，然后单击“新建文件”按钮，打开“添加表或视图”对话框，如图 7-19 所示。

② 在“添加表或视图”对话框中选择选“学生”表，单击“添加”按钮，将其添加到“查询设计器”窗口，再从“添加表或视图”对话框中选择“成绩”表，单击“添加”按钮，将弹出“联接条件”对话框，如图 7-20 所示，如果默认联接条件正确，则直接单击“确定”按钮，如果默认的联接条件不正确，则可自己设置正确的联接条件后单击“确定”按钮，如果无法正确设置联接条件，则单击“取消”按钮；用相同的方法添加“课程”表，然后单击“添加表或视图”对话框的“关闭”按钮，关闭“添加表或视图”对话框，完成数据表的添加，结果如图 7-21 所示。

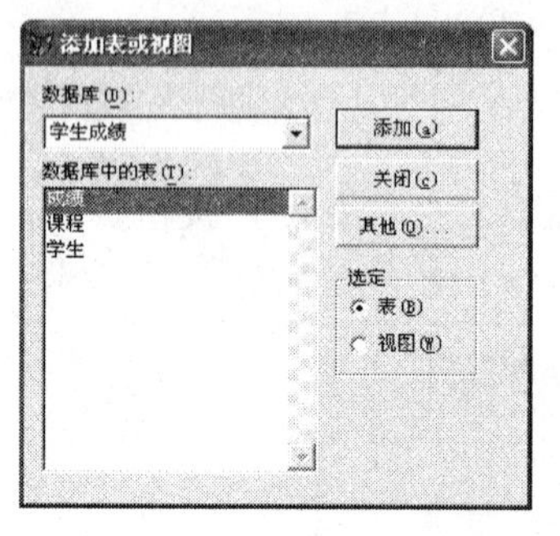

图 7-19 “添加表或视图”对话框

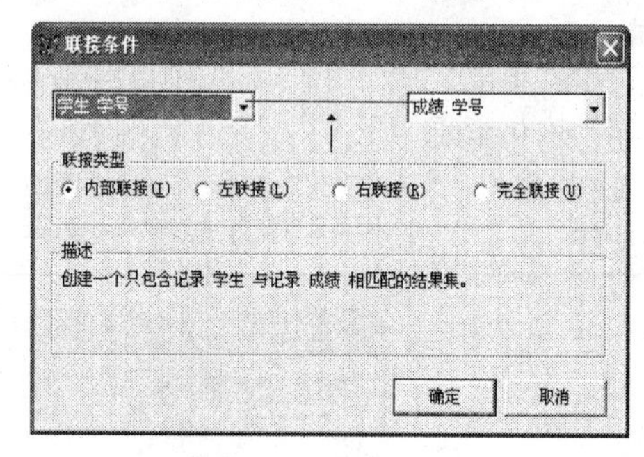

图 7-20 “联接条件”对话框

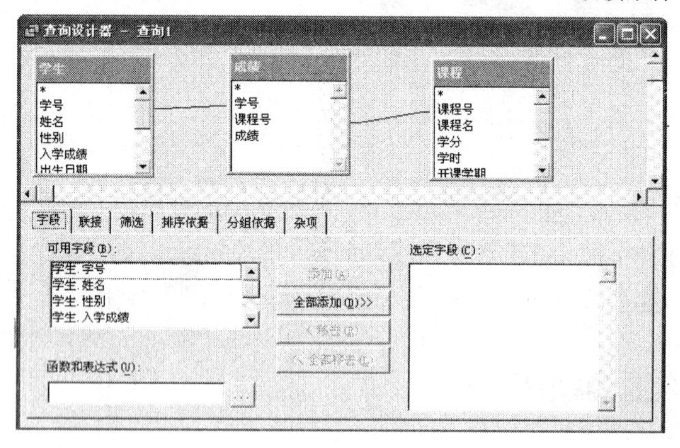

图 7-21 添加了多个数据表的查询设计器窗口

（2）选定输出列

选择“字段”选项卡，在“可用字段”列表框中，选中“学生.学号”字段，单击“添加”按钮将该字段添加到“选定字段”列表中，用同样的方法将“学生.姓名”、“学生.性别”、“课程.课程名”、“成绩.成绩”字段添加到“选定字段”列表框中，完成字段选取操作。

（3）设置筛选记录条件

选择“筛选”选项卡，设置“学生.性别＝“男””的筛选条件。

（4）设置联接条件

选择“联接”选项卡，显示已设置的两个关联，如图 7-22 所示，并检验联接设置是否正确，如果不正确，则单击“移去”按钮删除各个联接，然后自己进行设置，例如，设置“学生”表与“成绩”之间的联接，在“类型”列中选择“Inner Join”，在“字段名”列中选择两个表相关联的字段名“学生.学号”，在“条件”列中选择“＝”，在“值”列中选择两个表相关联的另一个字段名“成绩.学号”，用同样的方法设置“成绩”表与“课程”表之间的联接，但在设置多个联接关系时，第一个联接关系的“值”中的表应与第二个联接关系中“字段名”中的表必须是同一个表，否则出错，并依此类推。例如，在上述所建立的联接关系中，第一联接关系的“值”和第二个联接关系的“字段名”同为“成绩”表。

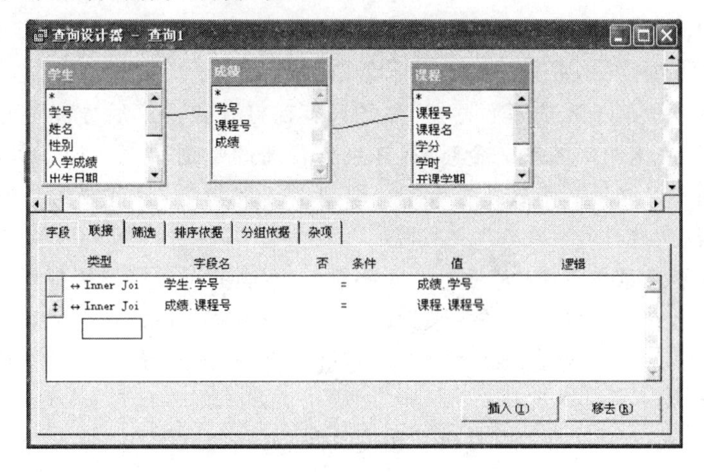

图 7-22 “联接”选项卡的设置

（5）执行查询

该查询执行的结果如图 7-23 所示。

查询

学号	姓名	性别	课程名	成绩
201220001	张三	男	计算机应用基础	68.0
201220001	张三	男	数据库及其应用	79.0
201220001	张三	男	高等数学	75.0
201214003	马兵	男	计算机应用基础	78.5
201223004	张小红	男	高等数学	96.0
201223004	张小红	男	计算机应用基础	85.0
201223010	李正宇	男	高等数学	87.0
201223010	李正宇	男	数据库及其应用	78.0
201223010	李正宇	男	计算机应用基础	95.0
201201006	周明	男	高等数学	45.0
201201006	周明	男	计算机应用基础	63.0

图 7-23 多表查询结果

（6）保存查询文件

单击“查询设计器”窗口的“关闭”按钮，弹出系统提示对话框，单击“是”按钮，弹出“另存为”对话框，在“保存文档为”框中输入查询文件名“男学生课程成绩”，再单击“保存”按钮，完成查询的创建操作。

7.2 视图创建和使用

视图是从一个或多个表或其他视图中导出的表。若从应用的角度上看,视图类似数据表,与数据表一样有名字、字段和记录等数据表特征,操作上也与数据表类似,如打开、查询、关闭等,但它不能作为一个完整的数据集合存放在外存储器中,而是作为一个"虚拟表"或"逻辑表"存在。

视图兼有"表"和"查询"的特点,与"查询"类似,都可以从一个或多个相关联的表中提取需要的数据,而且创建视图的过程与创建查询的过程也基本相同;与"表"类似,都可以根据需要更新其中的数据,并将更新后的结果永久地保存在外存储器中。

视图必须依赖于某一数据库而存在,并且只有在打开数据库后才能创建和使用。视图一旦创建,便成为数据库中的某一个对象,并且与普通的数据库表一样,可以被用户访问或使用。通过视图不仅能从一个或多个表中提取所需要的数据,更重要的是还可以通过视图来更新源数据表中的数据。

视图概念的引入意义在于,面对同一批数据源,不同的用户所感兴趣的信息内容可能是不同的,故可通过创建视图这种方式,来为用户量身定做属于他们自己的数据环境和数据对象。而从另一方面来说,视图就像一个窗口,通过它用户可以随时看到数据库中自己感兴趣的数据及其变化。

视图有两种:本地视图和远程视图。如果视图的数据取自于远地计算机中的数据,则称这种视图为远程视图;如果数据来源于本地计算机,就称为本地视图。

7.2.1 创建本地视图

创建本地视图的方法和步骤与创建查询非常相似,包括数据源的指定、所需字段的选择、筛选条件的设置等。可以利用视图设计器创建视图,还可以通过命令创建视图。

1. 利用视图设计器创建视图

使用"视图设计器"创建新的视图或修改已有的视图,"视图设计器"与"查询设计器"的界面和功能类似,创建视图的步骤如下:

(1) 启动"视图设计器";

(2) 添加表或视图;

(3) 选择需要的字段;

(4) 建立表之间的联接;

(5) 设置筛选记录的条件;

(6) 设置排序条件;

(7) 设置分组条件;

(8) 设置更新条件。

视图设计器和查询设计器的使用方式几乎完全一样,主要有三点不同:

(1) 查询以.qpr扩展名的文件形式保存在磁盘中;而视图设计完后,找不到相关的文件,它是保存在数据库中的。

(2) 由于视图是可以用于更新的,所以它有更新属性需要设置,增加了"更新条件"选项卡,如图 7-24 所示。

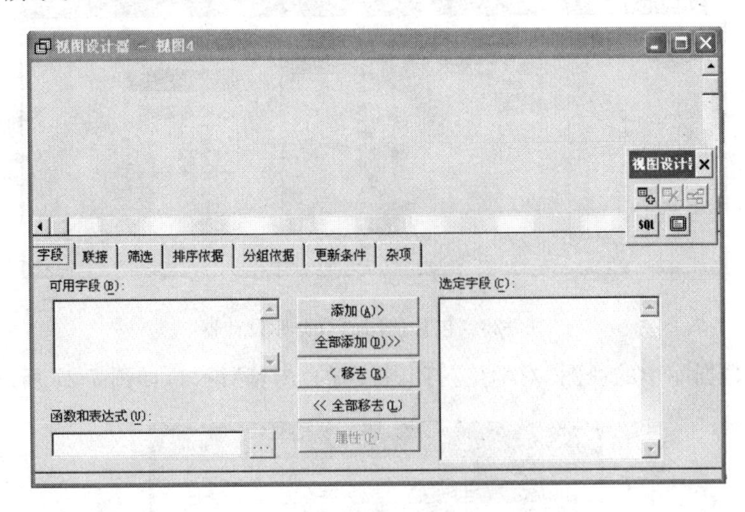

图 7-24 "视图设计器"窗口

(3) 在视图设计器中没有"查询去向"的问题。

[**例 7-3**] 在"学生成绩管理"数据库(包含"学生"表、"成绩"表和"课程"表)中,利用视图设计器创建一个用于显示"学生"表中所有女学生的学号、姓名、性别和专业班级的"女学生"视图,操作步骤如下:

(1) 打开"学生成绩管理"数据库,进入"数据库器"设计器窗口。

(2) 打开"文件"菜单,单击"新建"命令,打开"新建"对话框,选中"视图"单选按钮,单击"新建文件"按钮,进入"视图设计器"窗口,同时打开"添加表或视图"对话框。

(3) 在"添加表或视图"对话框中,选择"学生"表,单击"添加"按钮,将该表添加到"视图设计器"窗口中。单击"关闭"按钮,回到"视图设计器"窗口。

(4) 单击"字段"选项卡,将"可用字段"列表框中的"学号"、"姓名"、"性别"、"专业班级"4 个字段添加到"选定字段"列表框中。

(5) 单击"筛选"选项卡,设置"学生. 性别="女""的筛选条件。

(6) 单击"视图设计器"的"关闭"按钮,出现"系统信息提示"对话框。

(7) 单击"系统信息提示"的"是"按钮,出现视图"保存"对话框,在"视图名称"栏中输入"女学生",如图 7-25 所示。

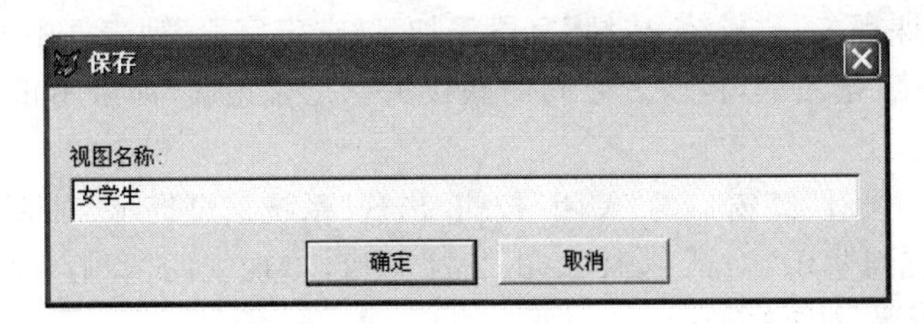

图 7-25 "视图保存"对话框

(8) 单击"确定"按钮,将视图"女学生"保存在当前数据中,并返回到"数据库设计器"窗口，如图 7-26 所示。

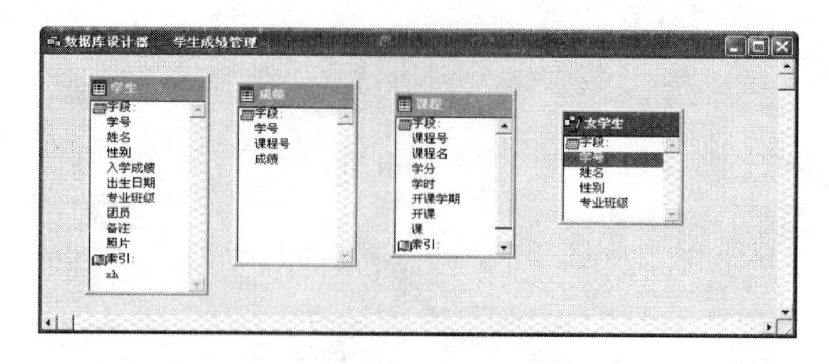

图 7-26 包含视图的数据库设计器

(9) 双击数据库中的视图“女学生”打开视图的“浏览”窗口，如图 7-27 所示。

女学生

学号	姓名	性别	专业班级
201224002	王琳	女	计算机01
201214022	王小小	女	会计01
201201008	刘小婷	女	会计01
201202005	刘玉琴	女	计算机01
201222007	刘莉	女	计算机01
201201009	唐小虹	女	会计02
201201014	付晓	女	会计01

图 7-27 “女学生”视图的内容

[**例 7-4**] 在“学生成绩管理”数据库(包含“学生”表、“成绩”表和“课程”表)中，利用视图设计器创建一个用来显示学生的学号、姓名、性别、所学课程名以及该课程的成绩数据的“学生课程成绩”视图，操作步骤如下：

(1) 打开“学生成绩管理”数据库，进入“数据库设计器”窗口。

(2) 打开“数据库”菜单，单击“新建本地视图”命令，出现“新建本地视图”对话框。

(3) 在“新建本地视图”对话框中，单击“新建视图”按钮，进入“视图设计器”窗口，同时打开“添加表或视图”对话框。

(4) 在“添加表或视图”对话框中，将“学生”表、“成绩”表和“课程”表添加到“视图设计器”窗口，单击“关闭”按钮，回到“视图设计器”窗口。

(5) 单击“字段”选项卡，将“可用字段”列表框内的字段“学生.学号”、“学生.姓名”、“学生.性别”、“课程.课程名”、“成绩.成绩”字段添加到“选定字段”列表框中。

(6) 单击“联接”选项卡，检验表之间的联接关系是否正确，如果不正确，设置正确的两表之间的联接关系。

(7) 单击“视图设计器”窗口的“关闭”按钮，出现“系统信息提示”对话框。

(8) 在“系统信息提示”对话框中，单击“是”按钮，出现视图“保存”对话框，在“视图名称”栏中输入“学生课程成绩”。

(8) 单击“确定”按钮，将视图“学生课程成绩”保存在当前数据库中，并返回“数据库设计器”，如图 7-28 所示。

(9) 双击视图“学生课程成绩”，打开该视图“浏览”窗口，如图 7-29 所示。

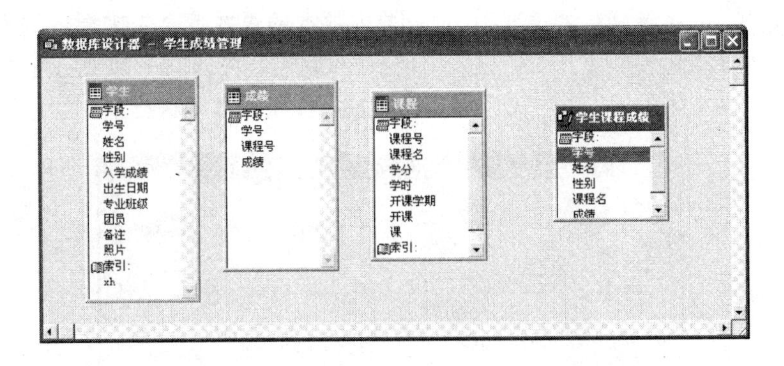

图 7-28 包含视图的数据库设计器

学生课程成绩

学号	姓名	性别	课程名	成绩
201220001	张三	男	计算机应用基础	68.0
201220001	张三	男	数据库及其应用	79.0
201220001	张三	男	高等数学	75.0
201224002	王琳	女	计算机应用基础	85.0
201224002	王琳	女	数据库及其应用	84.0
201214003	马兵	男	计算机应用基础	78.5
201223004	张小红	男	高等数学	96.0
201223004	张小红	男	计算机应用基础	85.0
201223010	李正宇	男	高等数学	87.0
201223010	李正宇	男	数据库及其应用	78.0
201223010	李正宇	男	计算机应用基础	95.0
201201008	刘小婷	女	计算机应用基础	65.0
201202005	刘玉琴	女	高等数学	75.0
201201006	周明	男	高等数学	45.0
201201006	周明	男	计算机应用基础	63.0
201222007	刘莉	女	数据库及其应用	78.0
201201009	唐小虹	女	计算机应用基础	87.0
201201009	唐小虹	女	高等数学	75.0

图 7-29 “学生课程成绩”视图内容

2. 利用命令创建视图

通过执行 CREATE SQL VIEW 命令，可以直接创建本地视图。其命令格式如下。

命令格式：CREATE SQL VIEW <视图名> AS SELECT-SQL 语句

功能：执行 AS 子句中 SELECT-SQL 语句的查询要求创建一个本地视图。

说明：执行 CREATE SQL VIEW 命令创建视图之前，需要打开视图所在的数据库，命令中的<视图名>指定视图的名字。

［例 7-5］ 在“学生成绩管理”数据库(包含“学生”表、“成绩”表和“课程”表)中，使用命令创建一个用于显示“学生”表中所有男学生的学号、姓名、性别和专业班级的“男学生”视图，命令如下：

```
OPEN DATABASE 学生成绩管理                && 打开学生成绩数据库
CREATE SQL VIEW "男学生";                 && 创建“男学生”视图
AS SELECT 学号,姓名,性别,专业班级  FROM 学生  WHERE 性别 ="男"
```

执行上述命令后，若打开“学生成绩管理”数据库，会发现增加了一个名为“男学生”的视图对象。

7.2.2 利用视图更新数据

视图是由一个或多个数据库表或其他视图派生出来的虚拟表，并作为数据库的组成部分保存在数据库中。在系统默认的情况下,对视图中数据的更新不会带来源数据表中数据的自动更新。为了能够通过视图更新源数据表中的数据,则需要在如图7-30所示的“视图设计器”的“更新条件”选项卡中勾选“发送SQL更新”复选框,并根据需要进行如下的相关设置。

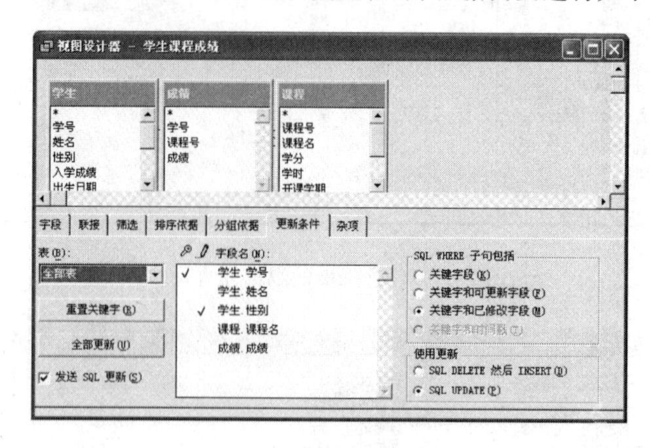

图7-30 “更新条件”选项卡

(1) 指定更新的表

若创建的视图是基于多个表的,则系统默认更新“全部表”的相关字段,若只需要更新其中某个数据表,则可以从“表”下拉列表框中指定需要更新的表。

(2) 指定更新的字段

“字段名”列表框给出了与更新有关的字段,字段名左侧“钥匙”标记所在的列表示关键字段,而“铅笔”标记所在的列表示可以更新的字段。用鼠标在某个字段前单击对应的按钮,可以改变关键字段和更新的状态。如果希望源数据库表中的字段可更新,必须至少设置一个关键字段。如果字段未标注为可更新的,用户虽然可以在视图浏览窗口中修改这些字段,但修改的值不会返回到源数据库表中。单击字段名旁边的“可更新列”(笔形),即使之前面出现“√”。如果要使数据库表中的所有字段可更新,则单击“全部更新”按钮即可。

(3) 更新合法性检查

“SQL WHERE子句”包括框中的选项用于管理遇到多个用户访问同一个数据库时,如何处理数据的更新。为了让Visual FoxPro检查使用视图操作的数据在更新前是否被别的用户修改过,可使用“SQL WHERE子句包括”框中的选项帮助管理更新记录。“SQL WHERE子句包括”框各选择项的含义如下。

① 关键字段:当基本表中的关键字字段被修改时,更新失败。

② 关键字和可更新字段:基本表中任何标记为可更新的字段被修改时,更新失败。

③ 关键字和已修改字段:当在视图中改变的任一字段的值在基本表中已被修改时,更新失败。

④ 关键字和时间戳:当远程表上记录的时间戳在首次检索之后被修改时,更新失败。

(4) 选择更新方式

当向源数据库表发送SQL更新时,由“使用更新”框的选项决定更新的方式,主要包括如下两项。

① SQL DELETE然后INSERT:先用SQL DELETE命令删除源数据库表中被更新

的旧记录，再用 SQL INSERT 命令向源数据库表插入更新后的新记录。

② SQL UPDATE：使用 SQL UPDATE 命令更新源数据库表。

［**例 7-6**］ 在“学生成绩管理”数据库（包含“学生”表、“成绩”表和“课程”表）中，利用视图设计器创建一个用来显示学生的学号、姓名、性别、所学课程名以及该课程的成绩数据的“更新学生课程成绩”视图，并且通过该视图可以更新“学生”表中的姓名，操作步骤如下：

(1) 创建“更新学生课程成绩”视图，其操作过程与例 7-5 相同。

(2) 设置更新条件，选择“更新条件”选择卡，在“字段名”列表框中“学生. 姓名”字段的左侧的“钥匙”标记列下单击，将“学号”设定为关键字，在“学生. 姓名”字段的左侧的“铅笔”标记下的列单击，将“姓名”字段设置为可修改字段，并选中“发送 SQL 更新”复选框和“SQL UPDATE”单选按钮，如图 7-31 所示。

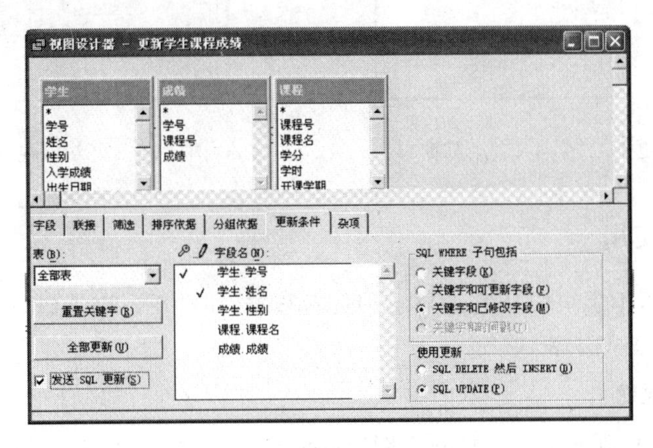

图 7-31 “更新条件”设置

(3) 关闭“视图设计器”窗口，将设计的视图保存为“更新学生课程成绩”，并返回“数据库设计器”窗口，然后用鼠标双击“更新学生课程成绩”视图，则弹出“更新学生课程成绩”的浏览窗口，如图 7-32 所示。

(4) 在“更新学生课程成绩”的浏览窗口中，将姓名为“张三”的值修改为“李四”，如图 7-33所示，并关闭浏览窗口。

更新学生课程成绩

学号	姓名	性别	课程名	成绩
201220001	张三	男	计算机应用基础	68.0
201220001	张三	男	数据库及其应用	79.0
201220001	张三	男	高等数学	75.0
201224002	王琳	女	计算机应用基础	85.0
201224002	王琳	女	数据库及其应用	84.0
201214003	马兵	男	计算机应用基础	78.5
201223004	张小红	男	高等数学	96.0
201223004	张小红	男	计算机应用基础	85.0
201223010	李正宇	男	高等数学	87.0
201223010	李正宇	男	数据库及其应用	78.0
201223010	李正宇	男	计算机应用基础	95.0
201201008	刘小婷	女	计算机应用基础	65.0
201202005	刘玉琴	女	高等数学	75.0
201201006	周明	男	高等数学	45.0
201201006	周明	男	计算机应用基础	63.0
201222007	刘莉	女	数据库及其应用	78.0
201201009	唐小虹	女	计算机应用基础	87.0
201201009	唐小虹	女	高等数学	75.0

图 7-32 视图浏览窗口

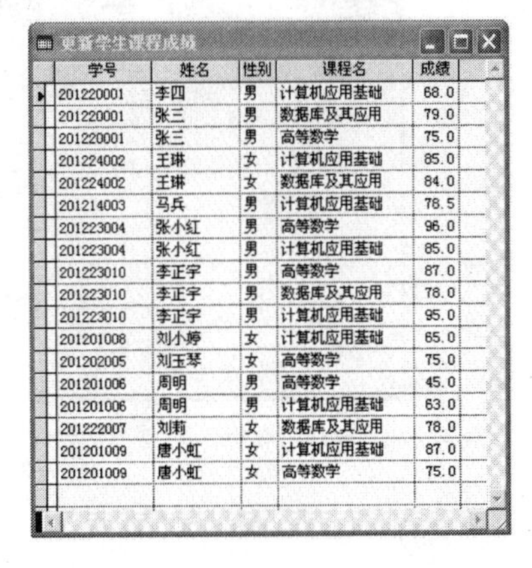

更新学生课程成绩

学号	姓名	性别	课程名	成绩
201220001	李四	男	计算机应用基础	68.0
201220001	张三	男	数据库及其应用	79.0
201220001	张三	男	高等数学	75.0
201224002	王琳	女	计算机应用基础	85.0
201224002	王琳	女	数据库及其应用	84.0
201214003	马兵	男	计算机应用基础	78.5
201223004	张小红	男	高等数学	96.0
201223004	张小红	男	计算机应用基础	85.0
201223010	李正宇	男	高等数学	87.0
201223010	李正宇	男	数据库及其应用	78.0
201223010	李正宇	男	计算机应用基础	95.0
201201008	刘小婷	女	计算机应用基础	65.0
201202005	刘玉琴	女	高等数学	75.0
201201006	周明	男	高等数学	45.0
201201006	周明	男	计算机应用基础	63.0
201222007	刘莉	女	数据库及其应用	78.0
201201009	唐小虹	女	计算机应用基础	87.0
201201009	唐小虹	女	高等数学	75.0

图 7-33 “姓名”数据的修改

(5) 在“数据设计器”窗口中,浏览“学生”数据库表,可以发现姓名为“张三”的学生的姓名已修改为“李四”,如图 7-34 所示,再次浏览“更新学生课程成绩”视图,也可以发现姓名为“张三”的学生的姓名已修改为“李四”,如图 7-35 所示。

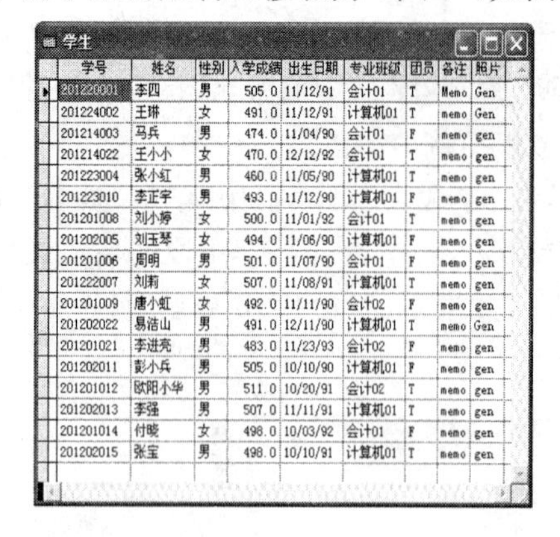

学生

学号	姓名	性别	入学成绩	出生日期	专业班级	团员	备注	照片
201220001	李四	男	505.0	11/12/91	会计01	T	Memo	Gen
201224002	王琳	女	491.0	11/12/91	计算机01	T	memo	Gen
201214003	马兵	男	474.0	11/04/90	会计01	F	memo	gen
201214022	王小小	女	470.0	12/12/92	会计01	T	memo	gen
201223004	张小红	男	460.0	11/05/90	计算机01	T	memo	gen
201223010	李正宇	男	493.0	11/12/90	计算机01	F	memo	gen
201201008	刘小婷	女	500.0	11/01/92	会计01	T	memo	gen
201202005	刘玉琴	女	494.0	11/06/90	计算机01	F	memo	gen
201201006	周明	男	501.0	11/07/90	会计01	F	memo	gen
201222007	刘莉	女	507.0	11/08/91	计算机01	T	memo	gen
201201009	唐小虹	女	492.0	11/11/90	会计02	F	memo	gen
201202022	易浩山	男	491.0	12/11/90	计算机01	T	memo	Gen
201201021	李进亮	男	483.0	11/23/93	会计02	F	memo	gen
201202011	彭小兵	男	505.0	10/10/90	计算机01	F	memo	gen
201201012	欧阳小华	男	511.0	10/20/91	会计02	T	memo	gen
201202013	李强	男	507.0	11/11/91	计算机01	T	memo	gen
201201014	付晓	女	498.0	10/03/92	会计01	F	memo	gen
201202015	张宝	男	498.0	10/10/91	计算机01	T	memo	gen

图 7-34　更新后“学生”表浏览窗口

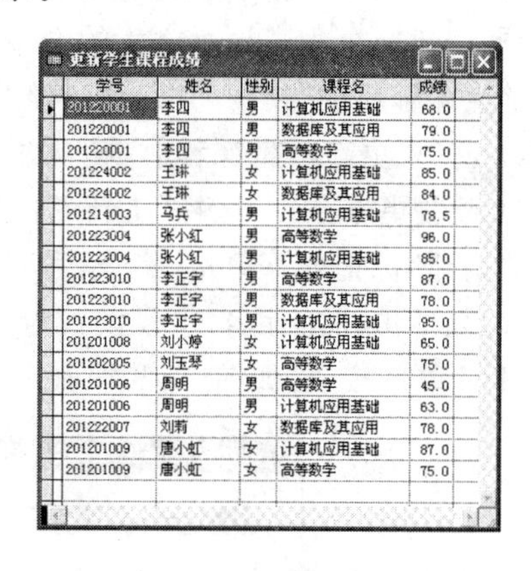

更新学生课程成绩

学号	姓名	性别	课程名	成绩
201220001	李四	男	计算机应用基础	68.0
201220001	李四	男	数据库及其应用	79.0
201220001	李四	男	高等数学	75.0
201224002	王琳	女	计算机应用基础	85.0
201224002	王琳	女	数据库及其应用	84.0
201214003	马兵	男	计算机应用基础	78.5
201223004	张小红	男	高等数学	96.0
201223004	张小红	男	计算机应用基础	85.0
201223010	李正宇	男	高等数学	87.0
201223010	李正宇	男	数据库及其应用	78.0
201223010	李正宇	男	计算机应用基础	95.0
201201008	刘小婷	女	计算机应用基础	65.0
201202005	刘玉琴	女	高等数学	75.0
201201006	周明	男	高等数学	45.0
201201006	周明	男	计算机应用基础	63.0
201222007	刘莉	女	数据库及其应用	78.0
201201009	唐小虹	女	计算机应用基础	87.0
201201009	唐小虹	女	高等数学	75.0

图 7-35　更新后视图浏览窗口

7.2.3　视图的使用

视图建立之后,不但可以用它来显示和更新数据,而且还可以通过调整它的属性来提高性能。视图的使用类似于表。

1. 打开浏览视图

打开浏览视图的数据必须先打开视图所在的数据库,然后再进行浏览,主要有以下 3 种方式。

(1) 菜单的方式

在打开的视图所在的数据库的设计器窗口,选中需要浏览的视图,单击鼠标右键弹出快捷菜单,选择“浏览”命令;或选中需要浏览的视图,选择“显示”菜单下的“浏览”命令。

[**例 7-7**]　浏览“学生成绩管理”数据库中“男学生”视图,操作如图 7-36 所示。

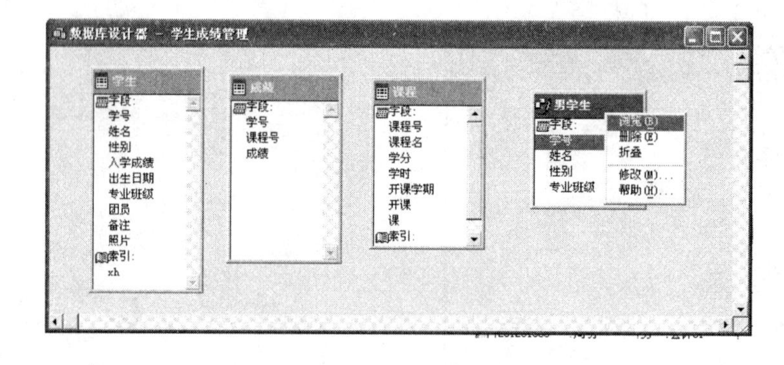

图 7-36　浏览视图操作

(2) 命令的方式

命令格式如下:

```
OPEN  DATABASE  数据库名
```

```
USE 视图名
BROWSE
```

[例 7-8] 浏览"学生成绩管理"数据库中"男学生"视图,命令如下:

```
OPEN DATABASE 学生成绩管理
USE 男学生
BROWSE
```

(3) SQL 语句的方式

在打开的视图所在的数据库的情况下,可将视图当做表一样,通过 SQL 语句中的 SELECT语句进行浏览。

[例 7-9] 浏览"学生成绩管理"数据库中"男学生"视图,语句如下:

```
SELECT * FROM 男学生
```

2. 视图的删除

当不需要某个视图时,可以将视图从数据库中删除,删除数据库视图必须先打开视图所在的数据库,主要有以下两种操作方式。

(1) 菜单的方式

在打开的视图所在的数据库的设计器窗口,选中需要浏览的视图,单击鼠标右键弹出快捷菜单,选择"删除"命令。

(2) 命令的方式

命令格式如下:

```
OPEN DATABASE 数据库名
DROP VIEW 视图名
```

[例 7-10] 删除"学生成绩管理"数据库中"男学生"视图,操作命令如下:

```
OPEN DATABASE 学生成绩管理
DROP VIEW 男学生
```

习 题

一、选择题

1. 以下关于查询描述正确的是( )。

A) 不能根据自由表建立查询

B) 只能根据自由表建立查询

C) 只能根据数据库表建立查询

D) 可以根据数据库表和自由表建立查询

2. 关于查询描述正确的是( )。

A) 可以使用"CREATE VIEW"命令打开查询设计器

B) 使用查询设计器可以生成所有的 SQL 查询语句

C) 使用查询设计器生成的 SQL 语句存盘后存放在扩展名为.qpr 的文件中

D) 使用 DO 语句执行查询时,可以不写扩展名.qpr

3. 查询设计器中包含的选项卡个数为(　　)个。

A) 5　　B) 6　　C) 7　　D) 8

4. 根据需要,可把查询的结果输出到不同的目的地。以下不可以作为查询的输出类型的是(　　)。

A) 自由表　　B) 报表　　C) 临时表　　D) 表单

5. 在 Visual FoxPro 中的查询设计器中"筛选"选项卡对应的 SQL 短语是(　　)。

A) WHERE　　B) JOIN　　C) SET　　D) ORDER　BY

6. 在 Visual FoxPro 中,"查询设计器"中的"筛选"选项卡的作用是(　　)。

A) 增加或删除查询的表　　B) 指定查询记录的条件

C) 观察查询生成的 SQL 语句　　D) 选择查询结果包含的字段

7. 在使用查询设计器创建查询时,为了指定在查询结果中是否包含重复记录(对应于 DISTINCT),应使用的选项卡是(　　)。

A) 排序依据　　B) 联接　　C) 筛选　　D) 杂项

8. 以下关于视图的叙述正确的是(　　)。

A) 视图中的字段都必须直接取自于表

B) 视图中的字段必须基于一个表

C) 视图中可以包含表中没有的字段

D) 以上叙述均正确

9. 视图是根据数据库表派生出来的,关闭数据库后,视图中(　　)。

A) 不再包含数据

B) 仍然包含数据

C) 可以由用户决定是否包含数据

D) 是否包含数据取决于数据库表中的数据

10. 在建立视图之前,首先必须打开(　　)。

A) 数据库　　B) 数据库表　　D) 自由表　　D) 查询

11. 以下关于视图的描述不正确的是(　　)。

A) 可以根据自由表建立视图　　B) 可以根据查询建立视图

C) 可以根据数据库表建立视图　　D) 可以根据视图建立视图

12. 视图设计器中含有但查询设计器却没有的选项卡是(　　)。

A) 筛选　　B) 排序依据　　C) 分组依据　　D) 更新条件

13. 在 Visual FoxPro 中,只能存在于数据库中的是(　　)。

A) 表　　B) 视图　　C) 查询　　D) 索引

14. 关于视图和查询,以下叙述正确的是(　　)。

A) 视图和查询都只能在数据库中建立

B) 视图和查询都不能在数据库中建立

C) 视图只能在数据库中建立

D) 查询只能在数据库中建立

15. 在 Visual FoxPro 中,以下叙述正确的是(　　)。

A) 利用视图可以修改数据　　B) 利用查询可以修改数据

C) 查询和视图具有相同的作用　　D) 视图可以定义输出去向

第8章 程序设计基础

Visual FoxPro 不仅支持交互操作方式，而且还支持程序执行方式。在程序执行方式中，Visual FoxPro 支持两种类型的程序，一种是过程编程方式，另一种是面向对象的编程方式(在第 9 章中讲述)。过程编程方式就是用结构化编程语言来编写程序，可以把一个复杂的程序分成多个较小的过程，分别进行编程调试，最后通过调用综合完成一个大工程。

8.1 程序文件建立与运行

到目前为止，所介绍的数据库管理操作都是按菜单或命令交互操作的方式实现的，但在实际应用中，如需要解决稍微复杂一点的问题，则往往需要编写程序，按程序执行的方式实现。程序是由一系列 Visual FoxPro 可以理解的命令、函数和语句等组成的文本文件，其扩展名为“.prg”。

8.1.1 程序文件的建立

在 Visual FoxPro 中，可以通过三种方式创建程序文件。

1. 菜单方式

(1) 在“文件”菜单中选择“新建”命令，打开“新建”对话框，在其中选择“程序”文件类型，然后单击“新建文件”按钮，在弹出的“程序代码编辑”窗口中(如图 8-1 所示)，输入所要建立的程序代码。

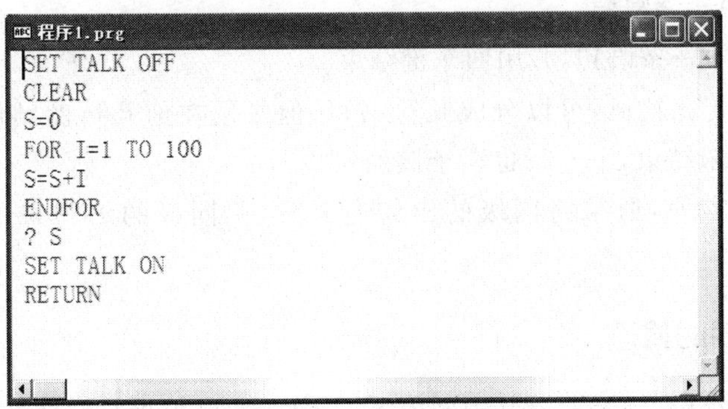

图 8-1 “程序代码编辑”窗口

（2）在“程序代码编辑”窗口中输入和编辑程序代码内容。

（3）程序代码输入和编辑完成后，执行“文件”菜单下的“保存”命令，或者按下组合键“Ctrl＋W”，系统会弹出“另存为”对话框，如图 8-2 所示，在“另存为”对话框中指定保存位置、输入文件名、选择文件保存类型为“程序（＊.prg)”，单击“确定”按钮将其保存。

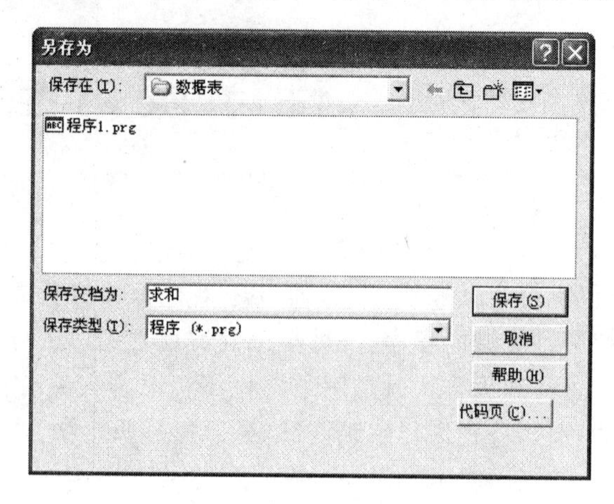

图 8-2 “程序文件另存为”对话框

2. 命令方式

命令格式：MODIFY COMMAND [〈程序文件名〉]

功能：新建或修改指定的程序文件。

说明：

执行该命令时，若指定的程序文件已存在，则在“程序代码编辑”窗口中打开该文件，若指定的程序文件不存在，则以指定的文件名创建一个新的程序文件。

例如，要建立一个名为“阶乘”的程序，可在命令窗口输入命令：

```
MODIFY COMMAND 阶乘
```

3. 项目管理器方式

在“在项目管理器”对话框中选定“代码”选项卡的“程序”项，单击“新建”按钮，在弹出的程序窗口中，输入所要建立的程序代码。

4. 程序代码书写规则

（1）一行只能写一条语句，并用回车键结束。

（2）若一条语句比较长，可以分成几行书写，但必须在前几行的结尾处加上续行标记“;”，表示该语句尚未结束，下一行也属于该语句。

（3）为了阅读方便，通常将同级的语句左对齐，不同级的语句采用缩进的方式进行区别。

8.1.2 程序文件的修改

程序文件被保存以后，若要对其中的内容进行修改，可以将其重新打开。同样有三种方法可以打开程序文件并进行修改。

1. 菜单方式

在“文件”下拉菜单中选择“打开”命令，在弹出的打开对话框中选择“程序”文件类型(*.prg; *.spr; *.mpr; *.qpr;)，然后在文件列表中选定要修改的程序后单击“确定”按钮。

2. 命令方式

命令格式：MODIFY COMMAND〈程序文件名〉

功能：在“程序代码编辑”窗口中打开想要修改的程序文件，若使用命令 MODIFY COMMAND ?，弹出“打开”对话框，在“打开”对话框中选择想要修改的程序，单击“打开”按钮，就可以在编辑器中打开想要编辑的程序文件。

3. 项目管理器方式

若程序包含在一个项目中，则在项目管理器的“代码”选项卡中展开“程序”项，选择想要修改的程序文件，然后单击“修改”按钮，即可打开想要修改的程序文件。

8.1.3 程序文件的运行

程序文件创建之后便可运行了。运行程序的方法有以下三种方式。

1. 菜单方式

在“程序”菜单中选择“运行”命令，会弹出“运行”对话框，从文件列表中选择要运行的文件，单击“运行”按钮。若需要运行当前“程序代码编辑”窗口中的程序，可以执行“运行”菜单下的“执行×××.prg”的命令，或直接单击工具栏上的“运行”按钮(感叹号!)。

程序执行过程中若发现错误，会弹出“程序错误”提示信息，如图 8-3 所示。单击“取消”按钮，将返回到程序编辑窗口，可以修改出现错误的地方，保存后再运行修改过的程序，直到能够正常运行为止。

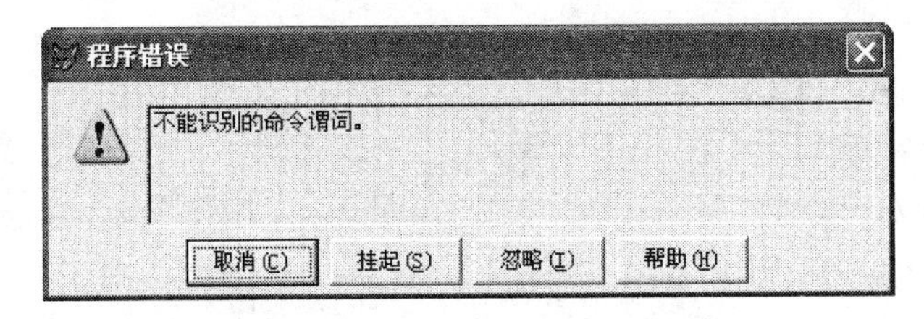

图 8-3 “程序错误”提示对话框

2. 命令方式

命令格式：DO〈程序文件名〉

功能：将〈程序文件名〉所指定的程序文件调入内存并运行。

3. 项目管理器方式

若程序包含在一个项目中，则在项目管理器中选定程序，然后单击“运行”按钮。

8.2 程序设计中的基本语句

编写 Visual FoxPro 程序时，除了允许使用前面介绍的各种数据处理命令、函数外，还经常要用到下面介绍的一些基本语句。

8.2.1 常用的辅助语句

Visual FoxPro命令几乎都可用在程序中，指定完成一个具体的操作，除此之外，还经常需要使用一些程序辅助语句，以增加程序的可读性和运行有效性。

1. 注释语句

注释语句主要用于帮组程序设计人员或其他人员阅读自己编写的程序，便于程序的交流。通常在程序的开头或程序的中间使用注释语句说明程序的功能或实现的任务，若注释语句出现在某些语句的后面，往往仅说明该语句的作用。注释语句只起注释作用，程序运行时被忽略，不会影响到程序运行的结果。注释语句的一般格式如下。

格式1：NOTE [＜注释内容＞]

格式2：* [＜注释内容＞]

格式3：&&[＜注释内容＞]

说明：

(1) ＜注释内容＞指任何注释的文本，其文本颜色一般与程序代码文本颜色不同。

(2) 格式1和格式2应从行首开始，必须单独占一行，格式3可以放在程序语句的后面。

[**例8-1**]　各种注释语句的使用，如图8-4所示。

2. SET TALK ON|OFF 语句

格式：SET TALK ON|OFF

功能：打开/关闭返回相关命令执行状态的信息提示。

说明：

(1) 许多数据处理命令(如AVERAGE、SUM、SELECT等)在执行时都会返回一些有关状态的信息并显示在系统窗口、状态栏等处。

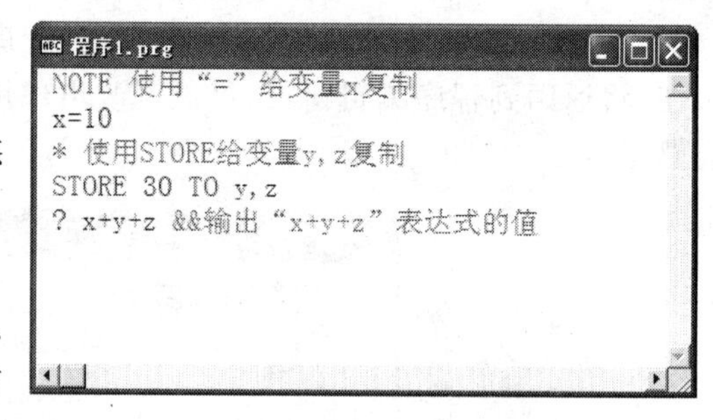

图8-4　注释语句的使用

(2) 通常在程序头部使用SET TALK OFF关闭状态信息的显示，以保持系统窗口的整洁，而在程序尾部使用SET TALK ON打开状态信息的显示。

3. RETURN 语句

格式：RETURN

功能：结束当前程序的执行，返回到命令窗口。

说明：RETURN语句通常作为程序中的最后一条语句。

8.2.2 常用的交互输入和输出语句

在程序的执行过程中，往往需要根据当时具体情况输入一些数据或及时向用户输出处理的中间或最后结果。在Visual FoxPro中，除了可以使用"?"和"??"实现输出外，还经常要用到其他的一些输入与输出语句。

1. 显示提示信息语句

格式：WAIT WINDOW [＜提示信息＞] AT 行，列 [TIMEOUT 秒数]

功能：暂停程序执行，在屏幕的指定位置显示提示信息的窗口，等待所指定的秒数后，然后继续运行后面的语句。

说明：

(1) ＜提示信息＞可以是单个字符，也可以是字符串；如果是字符串必须用引号括住。

(2) 如果缺省＜提示信息＞，则屏幕显示“按任意键继续…”。

(3) 行和列分别用整数表示，决定提示信息窗口在屏幕上显示的位置。

(4) 秒数用整数表示，决定提示信息窗口在屏幕上停留的时间。

(5) 如果缺省[TIMEOUT 秒数]，提示信息窗口一直停留在屏幕上，只有当按下任意键时才消失。

［**例 8-2**］　提示信息窗口的使用，如图 8-5 所示。

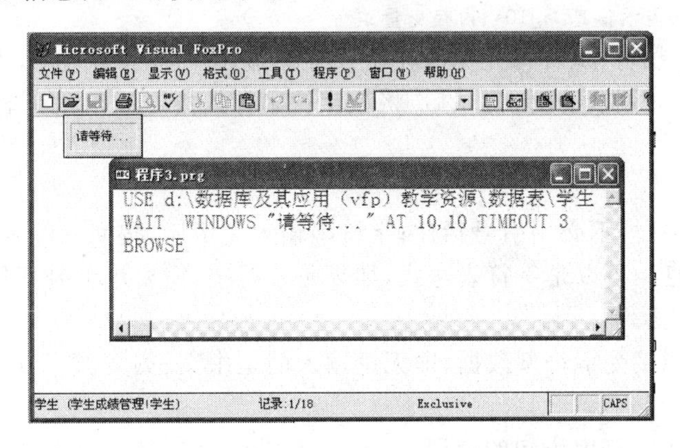

图 8-5　显示提示信息语句的使用

程序执行时，通过窗口显示“请等待…”，此时程序暂停执行，并等待 3 秒钟后程序继续执行，并输出学生表中的数据。

2. 输入一个字符语句

格式：WAIT [＜提示信息＞] [TO＜内存变量＞]

功能：暂停程序执行，从屏幕当前光标处开始显示 ＜提示信息＞ ，等待用户从键盘输入，输入一个字符后，将这个字符存入指定的内存变量中，然后继续运行后面的语句。

说明：

(1) 输入时只能输入单个字符，用户无须按回车键。

(2) ＜提示信息＞可以是单个字符，也可以是字符串；如果是字符串必须用引号括住。

(3) 如果缺省＜提示信息＞，则屏幕显示“按任意键继续…”。

(4) 如果缺省 TO＜内存变量＞，则输入的字符将不被保存。

［**例 8-3**］　输入单个字符语句的使用。

程序执行时，主窗口显示“要继续吗？(Y/N)：”，此时程序暂停执行，当按下任意键时，程序继续执行，并输出按下的字符，如图 8-6 所示。

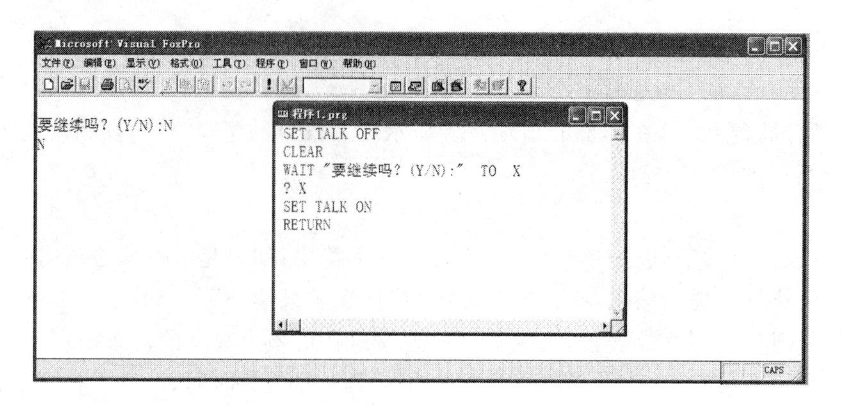

图 8-6　输入单个字符语句的使用

3. 输入字符串语句

格式：ACCEPT［＜提示信息＞］TO＜内存变量＞

功能：暂停程序执行，从屏幕光标所在位置开始显示＜提示信息＞，等待用户从键盘输入，输入一个字符串，并按回车键确认后，将该字符串存入指定的内存变量中，然后继续运行后面的语句。

说明：

(1) 输入字符串时，不必用引号括住；字符串输入完毕后，按回车键表示结束。

(2) ＜提示信息＞可以是字符表达式，如果是字符串，需要用引号括住；如果缺省，则不显示任何信息。

(3) 该语句只能接受字符型数据，即无论输入的是中文、英文、数字还是表达式，系统都将其看作字符串。

［**例 8-4**］　输入字符串语句的使用。

程序执行时，主窗口显示“请输入学生姓名：”，此时程序暂停执行，当输入一个字符串，并按下回车键后，程序继续执行，并输出输入的字符串，如图 8-7 所示。

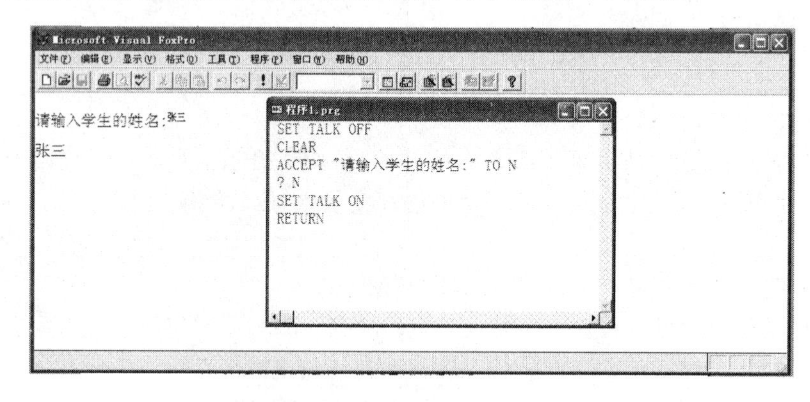

图 8-7　输入字串符语句的使用

4. 输入各种类型的数据语句

格式：INPUT［＜提示信息＞］TO＜内存变量＞

功能：暂停程序执行，从屏幕光标所在位置开始显示＜提示信息＞，等待用户从键盘输入，输入数据并按回车键确认后，将数据存入指定的内存变量中，然后继续运行后面的语句。

说明：

(1) 可以接受各种类型的数据的输入，例如数值型、字符型、逻辑型、日期型等。输入数据时必须按照 Visual FoxPro 规定的数据格式，例如输入的字符型数据，必须加定界符（例如“张三”或[张三]或‘张三’）；逻辑型数据，必须用圆点定界（例如.T.或.F.）；日期型数据，必须用大括号括定界（例如 {^2013-09-09}）；数值型数据，可以直接输入；输入完毕后，按回车键表示结束。

(2) 对于数值型数据的输入，一般都采用 INPUT 语句。

(3) 如果输入的数据格式不正确，则显示错误提示，例如希望输入字符型数据“张三”，但在输入时忘记使用定界符，结果如图 8-8 所示。

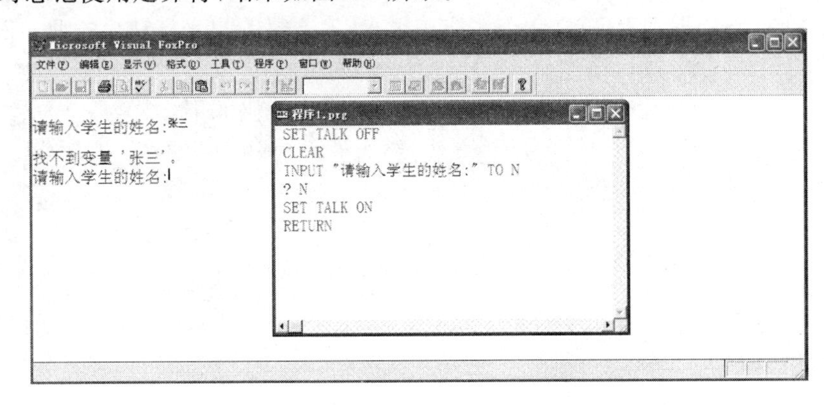

图 8-8　输入数据格式错误

［**例 8-5**］　输入各类数据语句的使用。

程序执行时，主窗口显示“请输入姓名：”，此时程序暂停执行，输入字符型数据，并按下回车键后，程序继续执行，主窗口显示“请输入出生日期：”，输入日期型数据，并按下回车键后，程序继续执行，主窗口显示“请输入年龄：”，输入数值型数据，程序继续执行，输出结果，如图 8-9 所示。

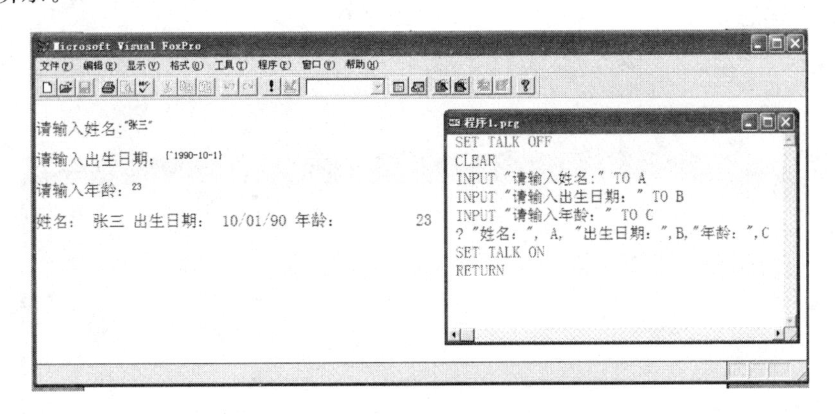

图 8-9　输入各种类型数据语句的使用

5. 屏幕格式化输入输出语句

命令格式：

@ ＜行,列＞ [SAY＜表达式 1＞] [GET＜变量名或者字段名＞] [DEFAULT＜表达式 2＞]

功能：在屏幕指定行、列输出 SAY 子句的表达式值，并允许输入或修改 GET 子句的变量值或字段值。

说明：

(1) ＜行，列＞表示数据在窗口中显示的位置，编号从 0 开始，“0，0”为 Visual FoxPro 主窗口左上角。行列都是数值表达式，还可以用十进制小数精确表示。

(2) SAY 子句用来输出数据，GET 子句用来输入或编辑数据。

(3) GET 子句中变量必须有初值，或用 DEFAULT 子句中＜表达式＞指定初值。初值一旦指定，该变量的类型在编辑期间不能被改变，字符型变量的宽度、数值型变量的小数精确位都无法再变。

(4) GET 子句的变量必须用 READ 命令来激活，也就是说在若干个 GET 子句的格式输入输出命令后，必须遇到 READ 命令才能编辑 GET 变量。当光标移出这些 GET 变量组成的区域时，READ 命令执行结束。

［**例 8-6**］ 输入正方形的边长 L，输出其面积 S，程序代码如下。

```
SET TALK OFF                          && 关闭程序运算的显示过程，使命令行和中间结果
                                         不显示
L = 0
CLEAR                                 && 清屏
@1,10 SAY "请输入正方形边长：" GET L     && 输出提示，并且从键盘输入边长 L
READ                                  && 读取数据
S = L * L
@3,10 SAY "正方形的面积 =" + STR(S,7,2)  &&STR()函数把数值型的 S 转换成字符串
SET TALK ON
RETURN
```

程序运行时，主窗口显示“请输入正方形边长：”，光标在其后的编辑框中闪烁，则可直接输入数据，按下回车键后，程序继续执行，计算出长方形面积，并输出结果，如图 8-10 所示。

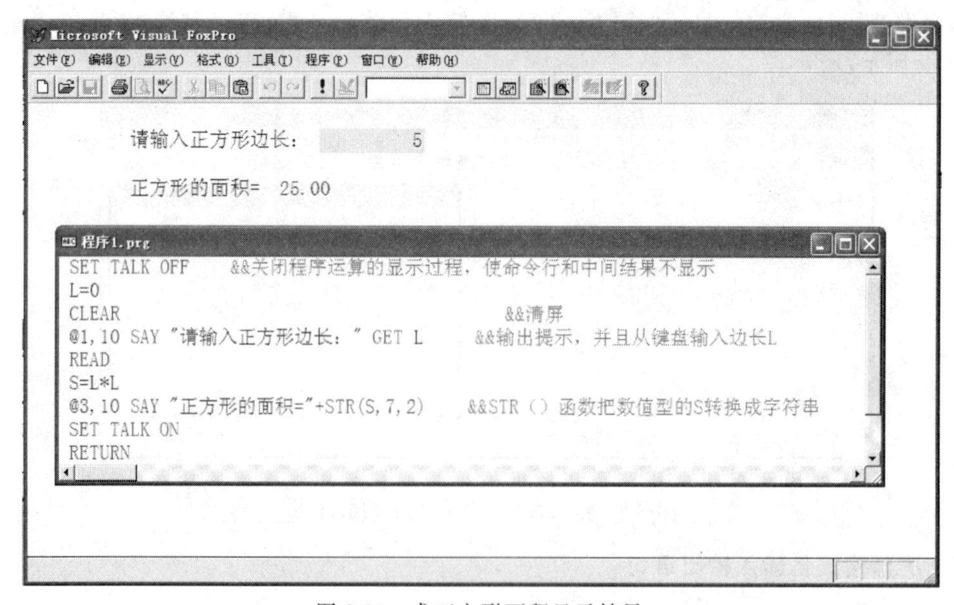

图 8-10 求正方形面积显示结果

8.3 程序的控制结构

程序结构是指程序中的命令或语句执行的流程结构。结构化程序设计是指设计的程序必须由 3 种基本结构组成，即顺序结构、选择结构（分支结构）和循环结构。与其他高级语言程序相似，Visual FoxPro 程序也有 3 种基本控制结构。顺序结构按程序中书写的命令或者语句的前后顺序依次执行，选择结构能根据指定条件的当前值在两条或多条程序路径中选择一条执行，而循环结构则由指定条件的当前值来控制循环体中的语句（或命令）序列是否要重复执行。

8.3.1 顺序结构

顺序结构的程序运行时按照语句排列的先后顺序，一条接一条地依次执行，所有的语句都会被执行，而且每条语句都执行一次，它是程序中最基本的结构，程序流程如图 8-11 所示。

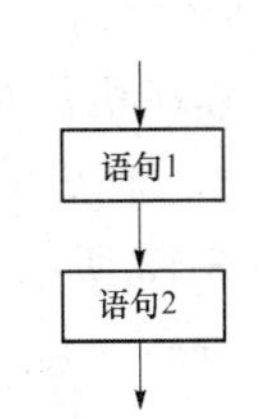

图 8-11 顺序结构

［例 8-7］ 已知数学表达式 $y=2x+3$，输入一个 x 值，求出 y 值，程序代码如下。

```
SET TALK OFF
CLEAR
INPUT "请输入 x 的值" TO x
y = 2 * x + 3
? "y 的值为：",y
SET TALK ON
RETURN
```

程序执行时，主窗口显示“请输入 x 的值：”，此时程序暂停执行，输入数值型数据，并按下回车键后，程序继续执行，计算出 y 的值并输出结果，如图 8-12 所示。

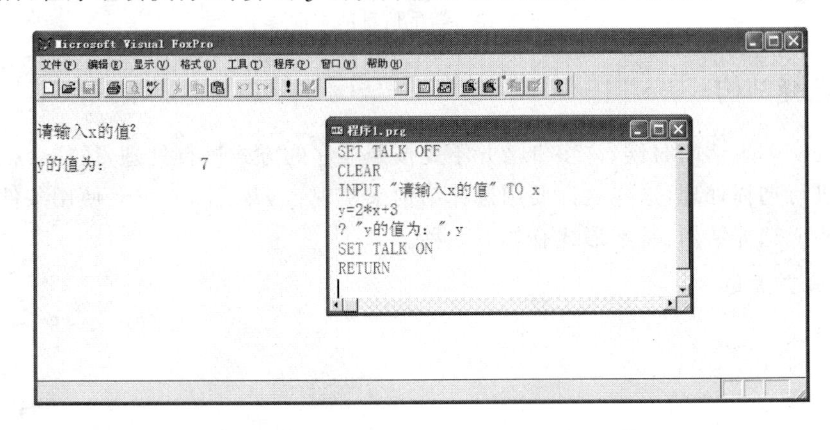

图 8-12 计算 y 值的运算结果

［例 8-8］ 从键盘上输入一个学生的姓名，从“E:\学生”表中查询该学生的其他信息，程序代码如下。

```
SET TALK OFF
```

```
CLEAR
USE E:\学生
ACCEPT "请输入欲查询的学生的姓名" TO  XM
LOCATE FOR 姓名 = XM
? "学号:" + 学号
? "姓名:" + 姓名
? "性别:" + 性别
? "专业班级:" + 专业班级
?"出生日期" + DTOC(出生日期)
USE
SET TALK ON
RETURN
```

程序执行时，主窗口显示"请输入欲查询的学生的姓名"，此时程序暂停执行，输入字符型数据，并按下回车键后，程序继续执行，查找该学生的记录并输出该记录的其他信息，结果如图 8-13 所示。

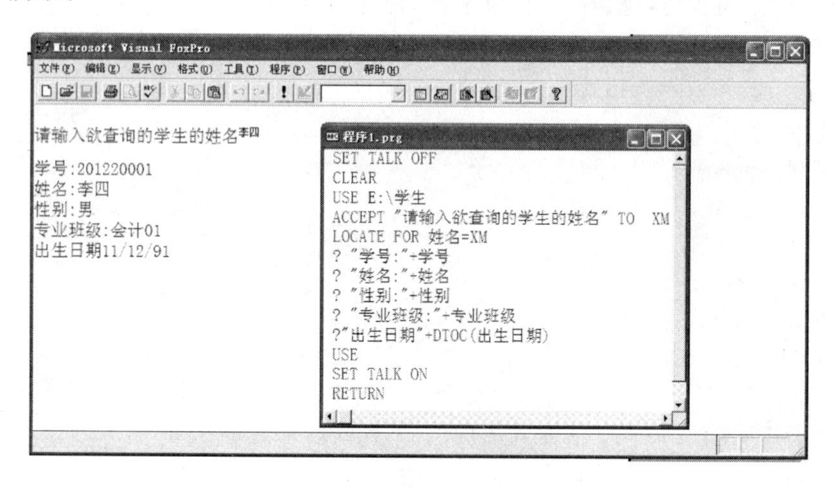

图 8-13　学生信息的查询

8.3.2　选择结构

在处理实际事情的时候，许多事情并不是按照顺序的方式进行处理，往往会根据某一或某些条件进行选择处理，这样就需要用选择结构来实现。Visual FoxPro 使用条件语句或多分支语句构成选择结构，基本形式有如下 3 种。

1. 单分支语句

语句格式：

```
IF 条件表达式
    〈语句序列〉
ENDIF
```

功能：首先计算"条件表达式"的值。若其值为真，执行 IF 与 ENDIF 之间的语句，然后执行 ENDIF 后面的语句；若其值为假，跳过 IF 与 ENDIF 之间的语句，直接执行 ENDIF 后面的语句。该语句的执行过程如图 8-14 所示。

［例 8-9］ 求数值型 a 的绝对值，程序代码如下。

```
SET TALK OFF
CLEAR
INPUT "请输入 a 的值" TO a
b = a
IF a<0
  b = -a
ENDIF
? a,"绝对值为：",b
SET TALK ON
RETURN
```

2. 双分支语句

语句格式：

```
    IF 条件表达式
〈语句序列 1〉
        ELSE
〈语句序列 2〉
    ENDIF
```

功能：根据“条件表达式”的值，选择执行两个语句序列中的一个。若“条件表达式”值为真，执行“语句序列 1”，然后跳过“语句序列 2”，执行 ENDIF 后面的语句；若其值为假，跳过语句序列 1，直接执行“语句序列 2”，然后再执行 ENDIF 后面的语句。该语句的执行过程如图 8-15所示。

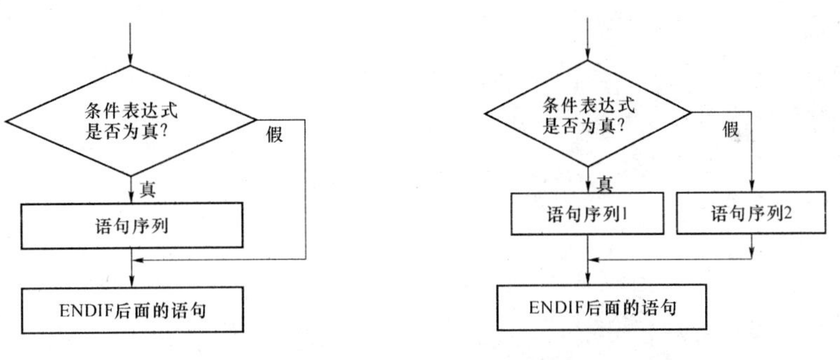

图 8-14 单分支结构　　　　图 8-15 双分支结构

［例 8-10］ 输入 x 的值，计算下面的分段函数 y 的值。

$$y=\begin{cases}2x-2 & (x>0)\\ 2x+2 & (x\leqslant 0)\end{cases}$$

程序代码如下：

```
SET TALK OFF
CLEAR
INPUT "请输入 x 的值" TO x
IF x>0
  y = 2 * x - 2
ELSE
```

```
  y = 2x + 2
ENDIF
? "y 的值是：y = ",y
SET TALK ON
RETURN
```

［**例 8-11**］ 根据所输入的姓名，从“E:\学生”表中查询该学生的基本信息，若查找到则显示该学生所有信息，若没有找到则显示“查无此人!”的提示信息，程序代码如下：

```
SET TALK OFF
CLEAR
USE E:\学生
ACCEPT "请输入欲查询的学生的姓名" TO  XM
LOCATE FOR 姓名 = XM
IF FOUND()
  DISPLAY
ELSE
  ?"查无此人!"
ENDIF
USE
SET TALK ON
RETURN
```

3. 多分支语句

语句格式：

```
DO CASE
     CASE〈条件表达式 1〉
          〈语句序列 1〉
     CASE〈条件表达式 2〉
       〈语句序列 2〉
       ⋮
     CASE〈条件表达式 n〉
       〈语句序列 n〉
     [OTHERWISE
       〈语句序列 n + 1〉]
ENDCASE
```

功能：执行多分支语句时，将依次判断条件表达式的值是否为真，若为真，则执行相应的语句序列，否则跳过不执行，判断下一个条件表达式。当所有的条件表达式都为假时，如果有 OTHERWISE 子句，则执行其语句序列（语句序列 $n+1$），然后结束该分支语句。如果没有 OTHERWISE 子句，则直接结束该分支语句。该语句的执行逻辑如图 8-16 所示。

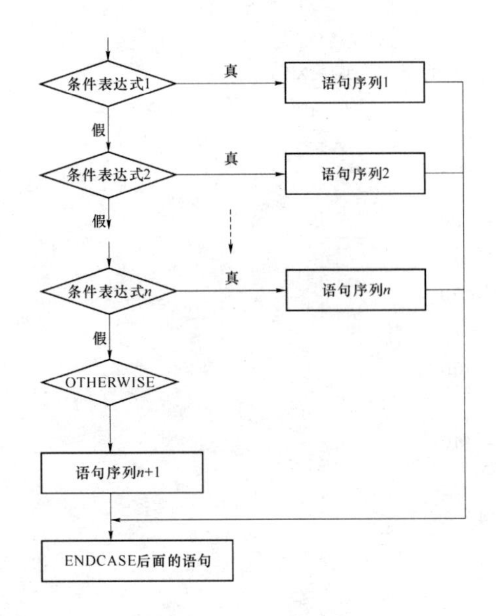

图 8-16 多分支结构

［**例 8-12**］ 输入 x 的值，计算下面的分段函数 y 的值。

$$y=\begin{cases}1 & (x>0)\\ 0 & (x=0)\\ -1 & (x<0)\end{cases}$$

程序代码如下：

```
SET TALK OFF
CLEAR
INPUT "请输入 x 的值" TO x
DO CASE
   CASE x>0
        y = 1
   CASE x = 0
      y = 0
   OTHERWISE
     y = -1
ENDCASE
?"y 的值是:y=",y
SET TALK ON
RETURN
```

［**例 8-13**］ 根据所输入的姓名，从“E:\学生”表中查询该学生记录，如果没有找到，则显示“查无此人”，如果找到，则根据“入学成绩”显示出相应的等级：若“入学成绩”大于等于500输出“优秀”，若小于500大于等于480输出“良好”，若小于480大于等于460输出“中等”，若小于460大于等于440输出“及格”，若小于440分输出“不及格”。

程序代码如下：

```
SET TALK OFF
CLEAR
```

```
USE E:\学生
ACCEPT"请输入欲查询的学生的姓名"TO  XM
LOCATE FOR 姓名=XM
IF FOUND()
   DO CASE
       CASE 入学成绩>=500
         ?XM+"优秀"
       CASE 入学成绩>=480
          ?XM+"良好"
       CASE 入学成绩>=460
          ?XM+"中等"
       CASE 入学成绩>=440
          ?XM+"及格"
       CASE 入学成绩<440
         ?XM+"不及格"
   ENDCASE
ELSE
  ?"查无此人!"
ENDIF
USE
SET TALK ON
RETURN
```

8.3.3 循环结构

在处理实际问题的过程中，有时需要重复执行相同的操作，这时可以使用循环结构。这种重复执行某一相同程序段，称为循环体。Visual FoxPro 循环语句有条件循环、步长循环、扫描循环等。

1. 条件循环

语句格式：

```
DO WHILE〈条件表达式〉
  〈语句序列〉
  [LOOP]
  [EXIT]
ENDDO
```

其中，“条件表达式”称为循环条件，“语句序列”称为循环体。循环结构流程如图 8-17 所示。

执行过程为：

(1) 首先判断“循环条件”是否成立。

(2) 当循环条件为假时，则跳过循环体，直接执行 ENDDO 后面语句。

(3) 当循环条件为真时，则执行循环体，若遇到 ENDDO 时，返回步骤(1)。

(4) 当循环体中遇到 LOOP 子句时，则直接返回步骤(1)。

(5) 当循环体中遇到 EXIT 子句时，则直接跳过后面语句，执行 ENDDO 后面的语句。循环结束。

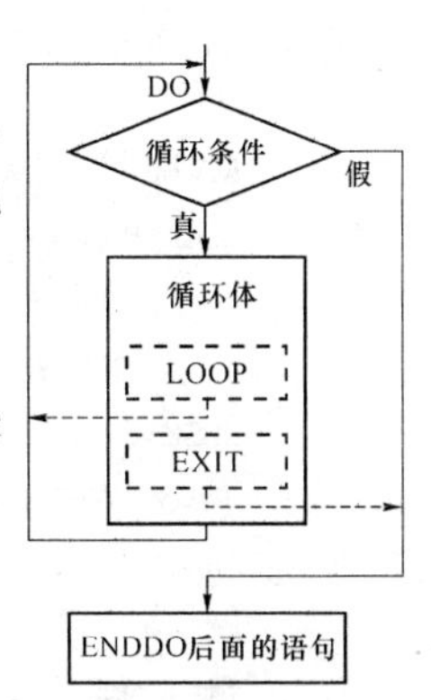

图 8-17 条件循环结构

说明：

(1) 在 DO WHILE 和 ENDDO 之间必须有能改变循环条件的语句，并最终使得循环结束。否则将出现死循环。虽然用 EXIT 可以无条件地结束循环，但是这并不符合结构化程序设计的原则，应尽量避免使用。

(2) LOOP 与 EXIT 可以出现在循环体中的任何位置。

(3) 循环可以嵌套，即循环体中可以包含其他的循环语句。但是 DO WHILE 和 ENDDO 必须配对使用。

[**例 8-14**] 编程计算 1+2+…+100 的和，并输出。

程序代码如下：

```
SET TALK OFF
CLEAR
s = 0
i = 1
DO  WHILE i< = 100
    s = s + i
    i = i + 1
ENDDO
?"1 + 2 + 3 + …… + 100 =",s
SET TALK ON
RETURN
```

[**例 8-15**] 将"E:\学生"表中女学生记录逐条输出，并统计出女学生的人数。

程序代码如下：

```
SET TALK OFF
CLEAR
n = 0
USE  E:\学生
LOCATE FOR 性别 ="女"
DO WHILE  NOT EOF()
     DISPLAY
     n = n + 1
     CONTINUE
     WAIT"按任意键继续"
ENDDO
?"女学生的人数为:",n
USE
SET TALK ON
RETURN
```

[**例 8-16**] 循环查询"E:\学生"表中学生的情况，要求：根据输入的学生的姓名进行查询，若找到，则显示该学生的信息，若找不到，则显示"查无此人!"信息，查询完后提示"是否继续查询"如果输入"Y 或 y"则重复上述查询，如果输入"N 或 n"则结束整个查询。

程序代码如下：

```
SET TALK OFF
CLEAR
```

```
USE  E:\学生
DO WHILE .T.
     ACCEPT "请输入学生姓名:" TO xm
     LOCATE FOR  姓名 = xm
     IF  FOUND()
        DISPLAY
     ELSE
        ?"查无此人!"
     ENDIF
     ACCEPT"是否继续查询(Y/N)?" TO z
     IF UPPER(z) = "N"
        EXIT
      ENDIF
ENDDO
USE
SET TALK ON
RETURN
```

2. 步长循环

若已知循环执行次数,则可以使用步长循环语句,步长循环又称 FOR 循环。

语句格式:

```
FOR〈变量〉=〈初值〉TO〈终值〉[STEP〈步长〉]
    〈语句序列〉
      [LOOP]
      [EXIT]
ENDFOR | NEXT
```

执行过程如下:

(1) 比较初值与终值的大小。

(2) 若变量值不在初值与终值之间,则结束循环,执行 ENDFOR 后面语句。

(3) 若变量值在初值与终值之间,则执行循环语句,并按照步长大小改变变量值。最后遇到 ENDFOR 语句时,回到步骤(1)。

说明:

(1) 语句执行时,通过比较循环变量值与终值来决定是否执行“语句序列”。

(2) 步长为正数时,循环变量每次增加一个步长大小值,所以当循环变量值不大于终值就执行循环体;

(3) 步长为负数时,循环变量每次减少一个步长绝对值大小值,所以当循环变量值不小于终值就执行循环体。

(4) 直到遇到 ENDFOR 或 NEXT,循环变量值即加上步长值,然后程序重新返回到 FOR 语句,与终值比较,以决定是否继续循环。结构中 LOOP 和 EXIT 的功能用法,与 DO WHILE 结构中相同。

(5) 步长如果省略,则默认值为 1。

[**例 8-17**] 输入一个整数 x,判断它是否为素数(质数)。

程序代码如下：

```
SET TALK OFF
CLEAR
INPUT "请输入一个整数:" TO X
N = INT(SQRT(X))
FOR  I = 2 TO N
     IF  MOD(X, I) = 0
           flag = 0
           EXIT
     ELSE
           flag = 1
           LOOP
      ENDIF
ENDFOR
IF flag = 1
? X,"是素数"
ELSE
? X,"不是素数"
ENDIF
SET TALK ON
RETURN
```

3. 扫描循环

该循环语句一般用于处理表中记录，语句可指明需要处理的记录范围以及应该满足的条件。

语句格式：

```
SCAN[范围][FOR〈条件〉
        〈语句序列〉
   [LOOP]
   [EXIT]
ENDSCAN
```

功能：对当前数据表中在所指定的范围内满足条件的记录，逐个进行语句序列中所规定的操作，直到范围结束或数据表结束为止。

说明：

(1) [范围]用来指定扫描语句的作用范围，默认值为 ALL。

(2) FOR 用来设置条件，当扫描的记录符合条件时，才能执行语句序列。

(3) LOOP 和 EXIT 得用法和功能同 DO WHILE。

［**例 8-18**］ 统计“E:\学生”表前 15 个记录中入学成绩高于 480 分的男学生、女学生人数。

程序代码如下：

```
SET TALK OFF
CLEAR
USE  E:\学生
```

```
STORE  0 TO  M, N
SCAN NEXT 15 FOR  入学成绩>480
    IF  性别="男"
        M=M+1
     ELSE
        N=N+1
    ENDIF
ENDSCAN
?"前 15 条记录中入学成绩高于 480 分男学生的人数:",  M
?"前 15 条记录中入学成绩高于 480 分女学生的人数:",  N
USE
SET TALK ON
RETURN
```

4. 嵌套循环

若一个循环语句的循环体内又包含其他循环，就构成了嵌套循环，也称为多重嵌套。嵌套循环的层次可以根据需要而定，嵌套一层称为二重循环，嵌套二层称为三重循环。常用的嵌套循环是二重循环：外层循环称为外循环，内层循环称为内循环。二重循环的执行过程仍遵循循环语句的原则，首先执行外循环，外循环没执行一次，内循环则执行一个完整的循环。

［**例 8-19**］ 计算 1！+2！+3！+…+10！的结果。

程序代码如下：

```
SET TALK OFF
CLEAR
s=0
FOR  i=1 TO 10
   w=1
   j=1
  DO WHILE j<=i
        w=w*j
        j=j+1
   ENDDO
   s=s+w
ENDFOR
?"1! +2! +3! +…+10! =" , s
SET TALK ON
RETURN
```

［**例 8-20**］ 在屏幕上输出九九乘法口诀。

程序代码如下：

```
SET TALK OFF
CLEAR
?"                        九九乘法表"
?
FOR i=1 TO 9
   FOR j=1 TO i
```

```
    ?? ALLTRIM(STR(i))+"*"+ALLTRIM(STR(j))+"="+ALLTRIM(STR(i*j))+"  "
  NEXT
  ?
NEXT
SET TALK ON
RETURN
```

程序执行的结果如图 8-18 所示。

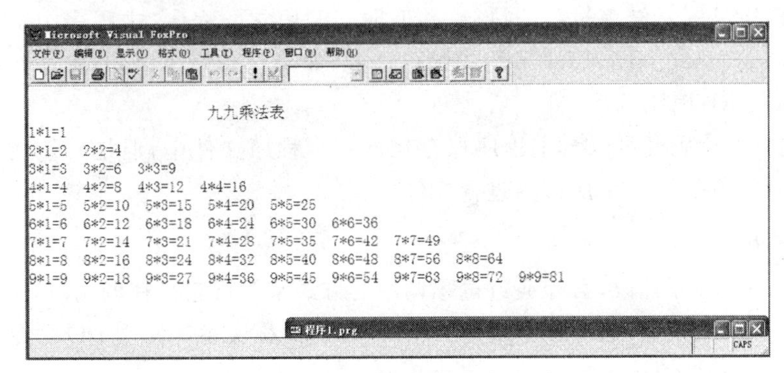

图 8-18 九九乘法表显示结果

8.4 过程和自定义函数

在处理大型复杂问题的时候,往往将复杂的任务分解成若干个小问题,然后每个小问题通过过程或函数分别加以实现,最后再统一调用这些过程或函数,达到处理最初复杂问题的目的。除此之外,在程序设计时,常遇到在一个程序的不同处,或在不同程序中重复出现具有相同功能的程序段。如果每次都重复编写,将使程序变得十分冗长,而且浪费存储空间。对于这样的情况,则可以将重复出现相同功能的程序段单独定义成一个过程或函数,在需要时调用过程或函数。

8.4.1 过程定义与调用

1. 过程定义

格式 1:

```
PROCEDURE <过程名>[(形式参数列表)]
  <过程体>
ENDPROC
```

格式 2:

```
PROCEDURE <过程名>
PARAMETERS <形式参数列表>
  <过程体>
  [RETURN]
ENDPROC
```

功能:定义一个过程。

说明：

(1) 每个过程都有一个名字，即过程名。

(2) 格式 1 中<形式参数列表>用来接收调用它的程序（主程序）传来的实际参数，而格式 2 使用 PARAMETERS 来接收实际参数。使用格式 2，PARAMETERS 语句必须是过程内部第一条语句。

(3) <过程体>往往是一组语句序列，指定该过程完成的操作。

(4) RETURN 表示结束过程的执行，并返回到调用它的程序（主程序中），执行调用该过程序语的句后面语句。RETURN 语句是可选的，如果没有修改语句，则遇到 ENDPROC 时自动执行一条 RETURN 语句。

(5) 过程程序代码既可以与主程序保存在同一个程序文件中，但是必须放在主程序的后面，也可以单独存放在一个所谓的过程文件中。

2. 过程调用

过程只是一个程序片段，必须通过过程调用的方式来执行它。在调用时，可能需要通过参数向过程传递一些数据，这些数据被称为实际参数，简称实参。使用 DO 命令调用过程。

格式 1：DO <过程名> [WITH <实参列表>]

格式 2：<过程名>(<实参列表>)

功能：调用指定的过程。

说明：

(1) <实参列表>中的参数可以是变量、常量或表达式，如果有多个参数需要使用逗号分开，实参个数和类型应与过程定义的形参的个数和类型相匹配。调用过程时，先计算每个实参的值，然后传给相应的形式参数。若不需要参数，可省略 WITH <实参列表>。

(2) 如果实参数量少于形参个数，系统会给其余的形参赋值为 .F.，如果实参个数多于形参个数，系统会提示错误信息。

(3) 若调用程序通过 DO 语句调用一个过程，程序转去执行相应的过程，执行到过程内部的 RETURN 或 ENDPROC 时，返回调用程序，继续执行 DO 语句后面的语句。

[例 8-21] 输出一个如下所示的图形。其中输出由“*”组成的三角形由过程来实现。

```
  *
 **
***
  *
 **
***
****
*****
```

程序代码如下：

```
SET TALK OFF
CLEAR
DO TX WITH 3                && 用 3 作为实际参数调用过程 TX
TX ( 5 )                    && 用 5 作为实际参数调用过程 TX
```

```
SET TALK ON
RETURN

PROCEDURE TX(n)                && 过程 TX 的定义
FOR I = 1 TO N
   FOR J = 1 TO I
     ??"*"
   NEXT
   ?
NEXT
ENDPROC
```

［**例 8-22**］ 从键盘上输入内外圆的半径，计算出圆环的面积。其中圆面积的计算由过程来实现。

程序代码如下：

```
SET TALK OFF
CLEAR
INPUT"请输入大圆的半径："TO  r1
INPUT"请输入小圆的半径："TO  r2
STORE 0 TO s1, s2              && 定义变量 s1,s2 用于存放大圆和小圆的面积
DO MJ WITH r1, s1              && 调用过程 MJ,计算半径为 r1 圆的面积,并结果在 s1 保存
DO MJ WITH r2, s2              && 调用过程 MJ,计算半径为 r2 圆的面积,并结果在 s2 保存
area = s1 - s2
?"圆环的面积为：", area
SET TALK ON
RETURN

PROCEDURE MJ(r, s)             && 定义过程,计算半径为 r 圆的面积,且结果在 s 保存
s = PI() * r * r
ENDPROC
```

8.4.2 自定义函数定义与调用

尽管 Visual FoxPro 为用户提供了很多函数(称为标准函数或内部函数)，但 Visual FoxPro 还允许用户根据需要定义进行某种运算或操作的函数，这些函数称为自定义函数。自定义函数和过程的主要区别在于函数通常将返回一个值。

1. 自定义函数的定义

自定义函数实际也是一段程序，需要像过程一样定义与调用。

格式 1：

```
FUNCTION <函数名> [(形式参数列表)]
        <函数体>
        [RETURN <表达式>]
ENDFUNC
```

格式 2：

```
  FUNCTION <函数名>
```

```
  PARAMETERS <形式参数列表>
      <函数体>
      [RETURN <表达式>]
  ENDFUNC
```

功能：定义一个自定义函数。

说明：

(1) 每个自定义函数都有一个名字，即函数名。

(2) 格式1中<形式参数列表>用来接收调用它的程序(主程序)传来的实际参数，而格式2使用PARAMETERS来接收实际参数，使用格式2，PARAMETERS语句必须是自定义函数内部第一条语句。

(3) <函数体>往往是一组语句序列，指定该自定义函数完成的操作。

(4) 函数往往需要一个返回值，其返回值由RETURN语句后面的<表达式>决定，在缺省情况下，函数返回值是.T.。

(5) 自定义程序代码既可以与主程序保存在同一个程序文件中，但是必须放在主程序的后面，也可以单独存放在一个所谓的过程文件中。

2. 自定义函数的调用

和系统提供的标准函数调用方法一样，自定义函数调用格式如下。

格式1：DO <函数名> [WITH <实参列表>]

格式2：<函数名>(<实参列表>)

说明：

<实参列表>中的参数可以是变量、常量或表达式，如果有多个参数需要使用逗号分开，实参个数和类型应该与自定义函数定义的形参的个数和类型相匹配。调用函数时，先计算每个实参的值，然后传给相应的形式参数。

[**例8-23**] 从键盘上输入两个整数，并计算两个数阶乘的和，例如，输入5、8，则计算5!+8!，其中阶乘的计算由函数实现。

程序代码如下：

```
SET TALK OFF
CLEAR
INPUT "请输入第一个数" TO a
INPUT "请输入第二个数" TO b
num1 = JC(a)        &&  a 作为实际参数，调用函数 JC,计算出 a 的阶乘
num2 = JC(b)        &&  b 作为实际参数，调用函数 JC,计算出 b 的阶乘
sum = num1 + num2
? ALLTRIM(STR(a)) + "!  +" + ALLTRIM(STR(b)) + "!  +" + "=" + ALLTRIM(STR(sum))
SET TALK ON
RETURN

FUNCTION JC( n)     && 定义自定义函数 JC,用于计算机形参 n 的阶乘
t = 1
IF (n<0)
   MESSAGEBOX("n 不能小于 0!")
   RETURN NULL
```

```
ELSE
FOR I = 1 TO N
   T = T * I
ENDFOR
RETURN T
ENDFUNC
```

8.4.3 参数传递

为了使过程或自定义函数具有一定的灵活性，可以由调用程序向过程或函数传递一些参数，使其可以根据不同的参数进行不同的处理。在 Visual FoxPro 中，参数传递有按赋值方式传递和按引用方式传递两种。

1. 按赋值方式传递

赋值方式传递也称为按值传递，这种传递方式的特点是实际参数只将其值传递给形式参数，即将实际参数值赋给形式参数，从此以后实际参数和形式参数没有任何关系，即使形式参数的值发生变化也不会影响到实际参数。

2. 按引用方式传递

引用方式传递也称为按地址传递，这种传递方式的特点是将实际参数的地址(变量在内存中存储的单元位置)传递给形式参数，使实际参数的地址和形式参数的地址相同，即形式参数与实际参数共用一个地址，从此以后实际参数和形式参数就相当于同一个变量，形式参数的值发生变化，实际参数的值也有应变化。

默认情况下，调用过程或自定义函数时，参数传递是以引用方式传递的，若要在调用过程或自定义函数时，采用指定的方式，可使用命令进行设定，格式如下。

(1) 按引用方式

```
SET  UDFPARMS TO REFERENCE
```

(2) 按赋值方式

```
SET  UDFPARMS TO VALUE
```

说明：

(1) 若设置为按值方式传递参数，但采用 DO… WITH…形式调用过程或自定义函数时，则按引用的方式传递参数。

(2) 不管使用命令设置为何种传递方式，不管采用何种形式调用过程或自定义函数时，如果在变量两边括号“( )”则按传值方式传递参数。

(3) 不管使用命令设置为何种传递方式，采用<过程名/函数名>(<实参列表>)形式调用过程或自定义函数时，如果在变量前加“@”则按传引用式传递参数。

(4) 若实际参数为表达式不是独立的变量，则按值传递方式传递参数。

(5) 若采用 DO…WITH…形式调用过程或自定义函数时，如果在变量前加“@”则产生错误。

[**例 8-24**] 赋值方式传递与引用方式传递。

程序代码如下：

```
SET TALK OFF
CLEAR
```

```
STORE 100 TO X1, X2
DO PRO WITH X1,X2                       && 按引用传递
?"第一次调用后", X1, X2
STORE 100 TO X1, X2                     && 按引用传递
PRO (X1, X2)
?"第二次调用后",  X1, X2
STORE 100 TO X1, X2                     && 按值传递
PRO (X1 + 1, X2 + 2)
?"第三次调用后",  X1, X2
STORE 100 TO X1, X2                     && 按值传递
DO PRO WITH X1 + 1, X2 + 2
?"第四次调用后",  X1, X2

SET UDFPARMS TO VALUE                   && 设置参数传递的方式为按值传递
STORE 100 TO X1, X2                     && 按值传递
PRO (X1, X2)
?"第五次调用后",  X1, X2
STORE 100 TO X1, X2                     && 按引用传递
DO PRO WITH X1,X2
?"第六次调用后", X1, X2
STORE 100 TO X1, X2                     && 按引用传递
PRO (@X1, @X2)
?"第七次调用后",  X1, X2

SET UDFPARMS TO REFERENCE               && 设置参数的传递方式为按引用传递
STORE 100 TO X1, X2                     && 按值传递
DO PRO WITH (X1), (X2)
?  "第八次调用后", X1, X2
STORE 100 TO X1, X2                     && 按值传递
PRO ((X1), (X2))
?"第九次调用后",  X1, X2
STORE 100 TO X1, X2                     && 按值传递
PRO (X1 + 1, X2 + 2)
?"第十次调用后",  X1, X2
STORE 100 TO X1, X2                     && 按值传递
DO PRO WITH X1 + 1, X2 + 2
?"第十一次调用后",  X1, X2
SET TALK ON
RETURN

PROCEDURE PRO                           && 也可以用"FUNCTION PRO"定义一个自定义函数
PARAMETERS X1,X2
X1 = X1 + 1
X2 = X2 + 1
ENDPROC
```

程序执行结果如下：

```
第一次调用后        101      101
第二次调用后        101      101
第三次调用后        100      100
```

```
第四次调用后        100     100
第五次调用后        100     100
第六次调用后        101     101
第七次调用后        101     101
第八次调用后        100     100
第九次调用后        100     100
第十次调用后        100     100
第十一次调用后      100     100
```

8.4.4 过程文件

Visual FoxPro 中的一个应用程序往往由多个程序模块(过程或自定义函数)组成,若每个模块都作为一个独立的程序文件保存,则应用程序运行时每调用一个模块就需要打开一个程序文件,频繁地打开每个程序文件就会影响到系统的整体的运行效率。为了减少组成整个应用程序的文件个数,加快运行速度并方便文件管理,人们通常将整个应用程序所包含的程序模块保存在同一个程序文件中,该文件称为过程文件,一旦打开这个过程文件,就可以随意调用其中任意的程序模块。

1. 创建过程文件

与程序文件一样,过程文件也是 Visual FoxPro 源程序文件,其建立方法和一般建立程序文件方法相同,可以使用"文件"菜单下的"新建"命令,也可以用 MODIFY COMMAND 创建,扩展名是".prg"。过程文件中的内容如下。

```
PROCEDURE < 过程名 1> [(形式参数列表)]
    <过程体>
  ENDPROC
PROCEDURE < 过程名 2> [(形式参数列表)]
    <过程体>
  ENDPROC
⋮
FUNCTION <函数名 1> [(形式参数列表)]
        <函数体>
        [RETURN <表达式>]
ENDFUNC
FUNCTION <函数名 2> [(形式参数列表)]
        <函数体>
        [RETURN <表达式>]
ENDFUNC
…
```

2. 关闭过程文件

Visual FoxPro 中,若要调用过程文件中的程序模块,则必须先打开程序模块所在的过程文件,通常是在调用程序中使用 SET PROCEDURE TO 命令将过程文件打开。

格式:`SET  PROCEDURE TO <过程文件名 1>[,<过程文件名 1>…][ADDTIVE]`

说明:

(1) 打开过程文件的语句一般放在主程序(调用程序)的开始部分。

(2) 若使用 ADDTIVE 选项时,则打开新的过程文件的同时而不关闭已经打开的过程文件，否则关闭已经打开的过程文件。

3. 关闭过程文件

若不再需要使用过程文件中的程序模块时，可以使用下列命令之一将打开的过程文件关闭。

格式1：SET PROCEDURE TO

格式2：CLOSE PROCEDURE

8.5 变量的作用域

一个应用系统往往划分为若干个程序模块，然后由不同的程序员来编写各个程序模块，最后再将它们通过调用组织起来。由于每个程序模块中都使用了内存变量，很难保证所定义的变量没有重名的，为了使重名的内存变量相不影响，或利用重名的内存变量在不同的程序模块间传递数据。Visual FoxPro提供了相应的说明语句来说明内存变量的作用范围，即变量的作用域。根据内存变量的有效范围，可分为局部变量、局域变量、私有变量和全局变量。

8.5.1 局部变量

局部变量是Visual FoxPro中最常见的一种变量。无论在哪个程序模块中，凡是未专门用PUBLIC、PRIVATE、LOCAL说明变量而直接使用的变量都是局部变量。局部变量具有如下特点：

(1) 局部变量仅在定义的程序模块中有效，当程序模块运行结束后，局部变量就自动被清除，因此下层程序模块中定义的局部变量不能被任何上一级程序模块使用。

(2) 上层程序模块中定义的局部变量在其下调用的下层模块中有效，因此可在下层程序模块中对上层模块中的局部变量进行修改，并将结果带回上层模块。

[**例8-25**] 局部变量的使用。

程序代码如下：

```
SET TALK OFF
CLEAR
A = 10
?"上层程序模块中,A原来的值是:", A
DO SUB
?"执行过程SUB后,A的值是:",A
SET TALK OFF
RETURN

PROCEDURE SUB
A = 20
?"下层程序模块中,A的值是:",A
ENDPROC
```

程序执行结果如下：

```
上层程序模块中,A原来的值是:      10
下层程序模块中,A的值是:          20
```

执行过程 SUB 后,A 的值是:　　　　　20

8.5.2 局域变量

与局部变量相比,局域变量只能在定义它的程序模块中使用,不能被其他任何程序模块使用,包括其调用的下层模块。定义局域变量的程序模块运行结束,则自动被清除。若要使用局域变量,必须中用 LOCAL 说明,定义局域变量的格式如下。

格式:LOCAL ＜内存变量表＞ | [ARRAY]数组名(下标 1,[,下标 2])…

说明:

(1) 局域变量定义后未赋值前,系统自动赋默认值.F.。

(2) 使用 LOCAL 定义变量时,不能把 LOCAL 简写为 LOCA,因为与 LOCATE 的前 4 个字符相同。

[**例 8-26**]　局域变量的使用。

程序代码如下:

```
SET TALK OFF
CLEAR
LOCAL A
?"上层程序模块中,A 默认值是:", A
A =10
?"上层程序模块中,A 原来的值是:", A
DO SUB
?"执行过程 SUB 后,A 的值是:",A
SET TALK OFF
RETURN

PROCEDURE SUB
A = 20
?"下层程序模块中,A 的值是:",A
ENDPROC
```

程序执行结果如下:

```
上层程序模块中,A 默认值是:.F.
上层程序模块中,A 原来的值是:10
下层程序模块中,A 的值是:20
执行过程 SUB 后,A 的值是:10
```

8.5.3 私有变量

私有变量主要用于保护与其同名的上层程序模块中定义的变量,可以在下层程序模块中使用这些同名的变量,而不会和其上层程序模块中的同名变量发生冲突。若要使用私有变量,必须用 PRIVATE 说明,定义私有变量格式如下。

格式:PRIVATE ＜内存变量表＞

说明:

(1) 私有变量只能在其定义程序模块中以及其调用的下层模块中有效,且返回上层程序模块时会自动清除。

(2) 若下层程序模块中定义了与上层程序模块中同名的私有变量,则下层程序模块执行时,上层程序模块中的同名变量被隐藏起来,执行结束后返回上层模块,则被隐藏的同名变量自动恢复到原来的状态。

［例 8-27］ 私有变量的使用。

```
SET TALK OFF
CLEAR
A = 10
B = 1
?"上层程序模块中,A和B原来的值是:", A,B
DO SUB
?"执行过程 SUB 后,A和B的值是:",A,B
SET TALK OFF
RETURN

PROCEDURE SUB
PRIVATE A
A = 20
B = 100
  ?"下层程序模块中,A和B的值是:",A,B
  ENDPROC
```

程序执行结果如下:

```
上层程序模块中,A和B原来的值是:    10        1
下层程序模块中,A和B的值是:        20        100
执行过程 SUB 后,A和B的值是:       10        100
```

8.5.4 全局变量

无论在哪个程序模块中定义的全局变量,自从其建立时刻起,就一直有效,在任何程序模块中都可以使用,即使在下层程序模块中定义的全局变量,在上层程序模块中也是有效。若要使用全局变量,必须用 PUBLIC 说明,定义全局变量格式如下。

格式:PUBLIC <内存变量表>

说明:

(1) 全局变量在程序模块运行结束后仍然保留在内存中,除非用 RELEASE 或 CLEAR ALL 命令清除。

［例 8-28］ 全局变量的使用。

```
SET TALK OFF
CLEAR
A = 10
?"上层程序模块中,A原来的值是:", A
DO SUB
?"执行过程 SUB 后,A和B的值是:",A,B
SET TALK OFF
RETURN

PROCEDURE SUB
PRIVATE A
PUBLIC B
A = 20
```

```
B = 100
? "下层程序模块中,A和B的值是:",A,B
ENDPROC
```

程序执行结果如下:

```
上层程序模块中,A原来的值是:    10
下层程序模块中,A和B的值是:    20        100
执行过程SUB后,A和B的值是:     10        100
```

8.6 程序调试

8.6.1 调试的概念

写好的程序不可能没有错误,只有反复检查和改正,才能达到最初的设计要求,投入使用。程序调试是指在发现程序有错误的情况下,确定错误的位置并且纠正错误。有些错误是靠肉眼可以观察出来,有些错误必须通过系统编译、执行来发现及定位所在位置。

程序调试通常分为3步进行:检查程序是否存在错误→确定出错的位置→纠正错误。

1. 程序中常见错误

(1) 语法错误:系统执行命令时都要进行语法检查,不符合语法规定就会提示出错信息,例如,命令字拼写错误、命令格式错误、使用未定义的变量、数据类型不匹配等。

(2) 超出系统允许范围的错误:例如,文件太大(不能大于2 GB)、嵌套层数超过允许范围(DO命令允许128层嵌套循环)等。

(3) 逻辑错误:逻辑错误指程序设计的差错,例如,计算或处理逻辑有错。

2. 查错技术

查错技术可分为两类:一类是静态检查,例如,阅读程序,从而找出程序中的错误;另一类是动态检查,即通过执行程序来考察执行结果是否与设计要求相符。动态检查又有以下4种方法。

(1) 设置断点:程序执行到某一语句暂停,则该语句处称为断点。

在调试程序时,用户常用插入暂停语句的办法来设置断点,例如,要看程序某处变量X的值,只要在该处插入下面两个语句:

```
? "X = ", X                        && 显示X值
WAIT WINDOW                        && 程序暂停执行
```

程序运行后,调试者根据变量X显示的值来判断引起错误的语句在断点前还是在断点后。除输出某些变量的中间结果外,还可使用DISP MEMORY、DISP STATUS等命令来得到更多的运行信息以帮助寻找错误原因和位置。

(2) 单步执行:一次执行一个语句行。

(3) 跟踪:在程序执行过程中跟踪某些信息的变化,有的系统还能显示执行过的语句的行号。

(4) 设置错误陷阱:在程序中设置错误陷阱可以捕捉可能发生的错误,这时若发生错误就会中断程序运行并转去执行预先编制的处理程序,处理完后再返回中断处继续执行原程

序。例如,ON ERROR 命令用于设置错误陷阱,函数 ERROR()和 MESSAGE()可用于出错处理。

8.6.2 调试器及环境

1. 调用调试器的方法

调用调试器的方法一般有以下两种。

(1) 选定 Visual FoxPro“工具”菜单的“调试器”命令,打开“调试器”窗口,如图 8-19 所示。

(2) 在命令窗口输入 DEBUG 命令。

在“调试器”窗口中包含了 5 个子窗口:跟踪、监视、局部、调用堆栈和调试输出。

(1) 跟踪窗口

用于显示正在调试执行的程序文件。要打开一个需要调试的程序,可以从“调试器”窗口的“文件”菜单中选择“打开”命令,然后找到所要调试的程序文件单击“确定”按钮,被选中的文件将显示在跟踪窗口里。

也可以控制跟踪窗口中代码是否显示行号,方法是:(Visual FoxPro 主窗口的)工具菜单→选项对话框→调试选项卡→跟踪单选按钮→显示行号复选框。

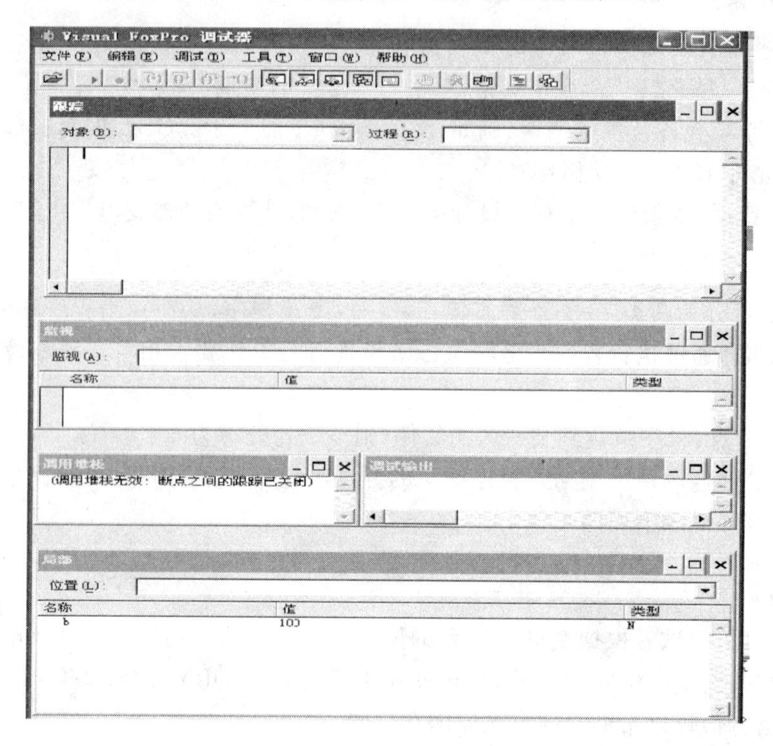

图 8-19 “调试器”窗口

(2) 监视窗口

用于监视指定表达式在程序调试执行过程中的取值变化情况。要设置一个监视表达式,可以单击窗口中的“监视”文本框,然后输入表达式内容,按回车键后表达式便添加入文本框下方的列表框中。双击列表框中的某个监视表达式就可以对它进行编辑;右击列表框中的某个监视表达式,然后在弹出的快捷菜单中选择“删除监视”,可删除这个监视表达式。

(3) 局部窗口

用于显示程序模块(过程、自定义函数)中的内存变量,显示它们的名称、当前取值和类型。从“位置”下拉列表框中选择指定一个程序模块,下方的列表框内显示在该程序模块内有效可见的内存变量的当前情况。右击局部窗口,弹出的快捷菜单中可以选择“全局”、“局部”、“常用”或“对象”等命令,控制列表框中显示的变量种类。

(4) 堆栈窗口

用于显示当前处在执行程序模块的执行状态的。

(5) 调试输出窗口

如果程序中安置了一些 DEBUGOUT 命令,则执行到这些命令时,计算机会计算出表达式的值,并把计算结果送入调试输出窗口。

DEBUGOUT 命令格式:DEBUGOUT <表达式>

2. 断点分类及设置断点方法

断点分为以下四类。

类型 1在定位处中断:指定一行代码,当程序调试执行到该行代码时中断程序运行。

类型 2表达式为“真”则定位处中断:指定一行代码以及一个表达式,当程序调试执行到该行代码时,如果表达式的值为“真”时,则在定位处中断程序。

类型 3表达式为“真”时中断:指定一表达式,当程序调试执行过程中,表达式的值变成逻辑“真”时,中断程序执行。

类型 4当表达式的值改变时中断:指定一表达式,在程序调试执行过程中,当表达式值改变时中断程序运行。

针对以上四种断点,不同的设置这些断点的方法,这些方法大致相同,但是也有一些区别。

(1) 设置类型 1 断点方法

双击需要设置断点的代码行左端的灰色区域,或将光标定位于要设置断点的代码行中,然后按 F9 键。用同样的方法可以取消已经设置的断点。

(2) 设置类型 2 断点方法

步骤如下:

① 在“调试器”窗口中,选择“工具”菜单上的“断点”命令,打开“断点”对话框。

② 从“类型”下拉列表中选择相应的断点类型。

③ 在“定位”框中输入适当的断点位置。

④ 在“文件”框中指定模块程序所在的文件。可以是程序文件,也可以是过程文件或者表单文件等

⑤ 在“表达式”框中输入相应的表达式。

⑥ 单击“添加”按钮,将该断点添加到“断点”列表框中。

⑦ 单击“确定”按钮。

(3) 设置类型 3 断点方法

步骤如下:

① 在“调试器”窗口中,选“工具”菜单上的“断点”命令,打开“断点”对话框。

② 从“类型”下拉表中选择相应的断点类型。

③ 在“表达式”框中输入相应的表达式。

④ 单击“添加”按钮，将该断点添加到“断点”列表框中。

(4) 设置类型 4 断点方法

如果所需的表达式已经作为监视表达式在监视窗口中指定，那么可以在监视窗口的列表框中找到该表达式，然后双击表达式左端的灰色区域。这样就设置了一个基于该表达式的类型 4 断点。

习　　题

一、选择题

1. 执行程序文件的命令是(　　)。

A) EXECUTE　　B) DO　　C) START　　D) RUN

2. 在 Visual FoxPro 中，用来建立程序文件的命令是(　　)。

A) CREATE COMMAND 文件名　　B) CREATE FILE 文件名

C) MODIFY FILE 文件名　　D) MODIFY COMMAND 文件名

3. 在 INPUT、ACCEPT 和 WAIT 三个命令中，必须要以回车键表示结束的命令是(　　)。

A) INPUT、ACCEPT　　B) INPUT、WAIT

C) ACCEPT、WAIT　　D) INPUT、ACCEPT、WAIT

4. 下面不属于程序基本控制结构的是(　　)。

A) 顺序结构　　B) 分支结构　　C) 模块化结构　　D) 循环结构

5. 在 DO WHILE 循环语句中，如果条件永远为真，则利用(　　)语句可以退出循环。

A) LOOP　　B) EXIT　　C) CLOSE　　D) QUIT

6. 在 DO WHILE … ENDDO 循环结构中，EXIT 命令的作用是(　　)。

A) 退出过程，返回程序开始处

B) 转移到 DO WHILE 语句行，开始下一个判断和循环

C) 终止循环，将控制转移到本循环结构 ENDDO 后面的第一条语句继续执行

D) 终止程序执行

7. 在 Visual FoxPro 中，如果希望跳出 SCAN … ENDSCAN 循环体、执行 ENDSCAN 后面的语句，应使用(　　)。

A) LOOP 语句　　B) EXIT 语句　　C) BREAK 语句　　D) RETURN 语句

8. Visual FoxPro 中修改程序的命令是(　　)。

A) MODIFY　　B) COMMAND

C) MODIFY COMMAND　　D) DO

9. 下列程序的输出结果是(　　)。

```
CLEAR
i = 0
DO  WHILE  i<10
IF  INT(i/2) = i/2
   ?"W"
ENDIF
?? "ABC"
```

```
i = i + 1
ENDDO
```

A) WABCABC 连续显示 5 次　　B) ABCABCW 连续显示 5 次

C) WABCABC 连续显示 4 次　　D) ABCABCW 连续显示 4 次

10. 下列程序段执行以后,内存变量 y 的值是(　　)。

```
CLEAR
x = 12345
y = 0
  DO WHLIE x>0
y = y + x % 10
x = int(x/10)
ENDDO
? y
```

A) 54321　　B) 12345　　C) 51　　D) 15

11. 如果在命令窗口执行命令:LIST 名称,主窗口中显示:

```
记录号  名称
  1   电视机
  2   计算机
  3   电话线
  4   电冰箱
  5   电线
```

假定名称字段为字符型,那么下面程序段的输出结果是(　　)。

```
  GO 2
  SCAN NEXT 4 FOR LEFT(名称,2) = "电"
    IF RIGHT(名称,2) = "线"
EXIT
ENDIF
ENDSCAN
? 名称
```

A) 电话线　　B) 电线　　C) 电冰箱　　D) 电视机

12. 下列程序段执行以后,内存变量 X 和 Y 的值是(　　)。

```
CLEAR
STORE 3 TO X
STORE 5 TO Y
PLUS((X),Y)
? X,Y
PROCEDURE PLUS
PARAMETERS A1,A2
A1 = A1 + A2
A2 = A1 + A2
ENDPROC
```

A) 8　13　　B) 3　13　　C) 3　5　　D) 8　5

13. 有如下程序,执行结果是(　　)。

```
  * 主程序
```

```
  LOCAL    x1
  ? x1
  DO    P1
 RETURN
 *过程文件
  PROCEDURE    P1
    x1 = 1
    ?? x1
  RETURN
```

A) .F.　1　　B) 1　.F.　　C) .F.　.F.　　D) 1　1

14. 下列程序执行的结果是(　　)。

```
  *主程序 MAIN.PRG
SET  TALK  OFF
CLEAR
STORE  1  TO  i,a,b
DO  WHILE  i<=3
   DO  PROG1
   ??"P(" + STR(i,1) + ") = " + STR(a,2) + ","
   i = i + 1
ENDDO
?? "b = " + STR(b,2)
PROCEDURE  PROG1
a = a + 2
b = b + a
RETURN
```

A) P(1) = 3, P(2) = 5, P(3) = 7, b = 16　　B) P(1) = 3, P(2) = 4, P(3) = 6, b = 15

C) P(1) = 2, P(2) = 5, P(3) = 7, b = 15　　D) P(1) = 2, P(2) = 5, P(3) = 7, b = 16

15. 关于过程文件下列说法错误的是(　　)。

A) 过程文件的建立使用 MOIDFY　COMMAND 命令

B) 过程文件的默认扩展名为.prg

C) 在调用过程文件的过程前不必打开过程文件

D) 过程文件只包含过程,可以被其他程序所调用

16. 不需要事先声明就可以使用的变量是(　　)。

A) 全局变量　　B) 私有变量　　C) 局部变量　　D) 数组变量

17. 在某个程序模块中用 PRIVATE 语句定义的内存变量(　　)。

A) 可能在该程序的任何模块中使用

B) 只能在定义该变量的模块中使用

C) 只能在定义该变量的模块中及其上层模块中使用

D) 只能在定义该变量的模块中及其下层模块中使用

18. 在程序中不需要用 PUBLIC 等命令明确声明和建立,可直接使用的内存量(　　)。

A) 局部变量　　B) 公共变量　　C) 私有变量　　D) 全局变量

第9章 表单设计及应用

表单(Form)是 Visual FoxPro 数据库中最能体现面向对象编程的内容,也是用于建立应用程序界面最主要的工具之一。表单在 Visual FoxPro 可作为一个单独的对象来处理,它有自己的属性、事件和方法。因此,通过设置表单的属性,响应表单的事件,执行表单的方法代码,就可以完成较强功能的应用程序设计。本章首先介绍面向对象程序设计的一些基本知识,接着叙述表单设计和管理方法,然后讲解常用控件在表单设计中的具体使用方法。

9.1 面向对象程序设计的基本知识

面向对象程序设计(Object Oriented Programming,OOP)是目前流行的一种新型计算机语言,其方法简单、直观、实用、自然,十分接近人类处理问题的自然思维方式,在设计程序时,它不同于 Foxbase 和 FoxPro 等过程型和逻辑型的程序设计,而是考虑如何创建对象,利用对象来简化程序设计。

9.1.1 对象、控件和类

1. 对象(Object)

对象是现实世界中某个实体的抽象,是面向对象程序设计中最基本的概念。它可以是一个具体的物体,也可以指某些概念。例如一名教师、一辆汽车、一个命令按钮等,都可作为对象。每个对象都有一定的状态,如一名教师的姓名是“彭文艺”,一辆汽车是红颜色,一个命令按钮的大小尺寸等。每个对象都有一定的行为,如教师的特长(例如教数学)、汽车的速度、命令按钮产生的动作等。

使用面向对象程序设计,解决问题的首要任务就是要从客观世界里识别出相应的对象,并抽象出为解决问题所需要的属性和方法。属性用来表示对象的状态,方法用来描述对象的行为。在 Visual FoxPro 中所使用的对象,都有自己特定的属性和方法。

对象之间的联系是通过消息来实现的。消息就是对象之间的通信手段,是一个对象向其他对象发出的带有参数的信息,让接受信息的对象执行相应的操作,完成所需要的计算、数据加工或信息处理任务,从而改变了该对象的状态。可以这样说,一个面向对象的程序就是可以相互通信的对象的集合,是由一组组相互联系、相互作用的对象构成的,通过对象间的相互作用完成程序的特定功能,例如把一个值(消息)在某一文本框中显示出来。

2. 控件(Control)

控件也是一种对象,并且是构成 Visual FoxPro 应用程序界面的主要对象之一。只是在实际应用中,为了使用方便,将一些特殊的对象进行更严格的封装,定制成用以显示数据、执行操作的一种图形对象。例如面向对象程序设计中常用的文本框、命令按钮等。

控件按照其来源可以分为三类。

(1) 内部控件:9.4 节中要介绍表单中的常用控件就是内部控件。

(2) Activex 控件:它是扩展名为".ocx"的独立文件,仅在 Visual FoxPro 专业版和企业版中提供,其中也包括了开发商提供的 Activex 控件。

(3) 可插入的对象:诸如 Microsoft Excel 工作表、Microsoft Project 日历等可以添加到工具箱中的对象,称为插入的对象。这些对象插入到工具箱后,可以被当作控件使用。

3. 类(Class)

在现实世界中,人们习惯于把具有相似特征的事物归为一类。在面向对象的技术中,类是对一类相似对象的描述,这些对象具有相同的性质、相同种类的属性以及方法。类好比是一类对象的模板,有了类定义后,基于类就可以生成这类对象中任何一个对象。这些对象虽然采用相同的属性来表示状态,但它们在属性上的取值完全可以不同。这些对象一般有着不同的状态,且彼此间相对独立。

也可以说,类是对具有相同属性和行为的一个或多个对象的描述。例如,在表单中有三个命令按钮,分别为 Cmdcommand1、Cmdcommand2、Cmdcommand3。这三个按钮虽然完成不同的任务,但是它们具有相似的属性(大小、颜色、式样、字体)、事件和方法。因此它们是同一类事物,可以用 Command 类定义,其实 Command 类就是 Visual FoxPro 系统中的一个基本类。

9.1.2 继承、封装和多态

每个对象都有特性,这些特性使对象在程序设计中可根据需要组成一个统一体。一个对象由属性和方法组成,然而,对象之所以与过程有区别是因为有三个特性:继承性、封装性和多态性。

1. 继承(Inheritance)

在面向对象的方法中,继承是指在基于现有的类创建新类时,新类继承了现有类的方法和属性。此外,可以为新类添加新的方法和属性。这里,我们把新类称为现有类的子类,而把现有类称为新类的父类。

一个子类的成员一般包括:从其父类继承的成员,包括属性、方法;由子类自己定义的成员,包括属性、方法。例如把 Windows 2000 版本定义为父类的话,则 Windows XP 版本就称为子类。实际上 Windows XP 既继承了 Windows 2000 的功能,还具有自己新的功能。编写 Windows XP 的程序代码也不是重新编写的,而是在 Windows 2000 基础上进行修改和增加而成。

在面向对象的程序设计中,继承带来了如下好处。

(1) 软件的重复使用:这表现在两个方面,其一是通过实例化对所有对象的使用,其二是通过继承进行软件的重复使用。如果一个操作是从另外一个类中继承来的,这个操作的所有源代码就不必重写。从这点来说，其贡献是明显的。在传统程序开发过程中，要花费大量时间来重复编写或修改代码，而使用继承以后，编写一次代码，就可重复使用。

(2) 代码的复用：在面向对象的技术中存在着多层次的代码复用。在同一个层次上，许多不相干的程序及项目可以使用相同的类。例如在设计一个表单时，要多次用到某一控件，编程人员可直接调用这一控件而不必每次都重复编写类似的程序代码。

(3) 界面的一致性：在面向对象的程序设计中，继承的另一大贡献是可以保持界面的一致性。首先生成一个共性的界面对象后，再添加自己特色的属性、事件和方法即可。继承既可以保持界面的一致性，又可以优化编程方式，真是一举两得。

2. 封装(Encapsulation)

封装是一种组织软件的方法。它的基本思想是把客观世界中联系紧密的元素及相关操作组织在一起，构造出具有独立含义的软件，把相互关系隐藏在内部，对外仅仅表现出与其他封装体之间的接口。

封装的目的是为了信息隐藏，即把对象的内部代码隐藏起来，用户只需知道该对象具有什么功能以及如何使用该对象，而不必了解这些功能是如何实现的。不过，信息隐藏是原则，而封装是针对这一原则的实现。

对象是按照封装的方法构造的、与客观世界具体成份相应的软件模块。对象中所封装的内容是描述这些客观事件具体成分的一组数据(称为属性)及这些数据上的一组操作(称为事件和方法)。类作为对象的抽象及描述，具有统一的属性和操作。在类中，必须给出生成一个对象的具体方法。

在 Visual FoxPro 中，封装特性使得对代码的修改和维护变得比以前更容易了，同时还可以很方便地利用系统提供的基本类库来实现某些强大的功能。

3. 多态性(Polymorphism)

在程序设计语言中，多态性是指相同的语言结构可以代表不同的实体，或者是指对不同的实体进行操作。

多态性的作用在于：它使高层的代码只写一次，而通过提供不同的低层服务来满足复用的要求。在面向对象的程序设计中，利用动态联编(表示系统在运行期间根据接受对象的类型自动联编成不同的操作)可以大大提高代码的复用。

对于 Visual FoxPro 来说，由于它是一种弱定义的语言(与大型数据库比)，因此它的多态性特点并不突出。

9.1.3 属性、事件与方法

属性、事件、方法这几个名词在前面讲解的内容中都已经提及，这里再对它们分别作出较为明确的说明。

1. 属性(Property)

属性表示一个对象的状态，这种状态是用定义的数据来表示的，具体来说，在 Visual FoxPro 中，属性是指控件、字段或数据库对象的特性。例如，Height、Width 两个属性影响一个控件的大小。

2. 方法(Method)

方法是用来描述对象的行为,也就是对象所能执行的操作。例如在 Visual FoxPro 中的表单,有 Show、Release、Hide 等方法,分别用来说明表示表单、释放表单和隐藏表单。

3. 事件(Event)

事件是一种由系统预先定义而由用户或系统发出的动作。事件作用于对象,对象识别该事件,并执行相应的事件代码。事件也可以由用户引发,比如用户用鼠标单击程序界面上的一个按钮就引发了一个 Click 事件,命令按钮识别该事件并执行相应的 Click 事件代码。事件是固定的,用户不能定义新的事件。

9.2 表单的创建与运行

数据库应用程序中,创建表单的目的是让用户在自己熟悉或方便的窗口界面下查询或输入数据库中的数据。Visual FoxPro 系统中,创建表单主要有三种方法:一是可以使用表单向导创建;二是使用表单设计器创建;三是使用表单生成器创建。无论是按哪种方法创建表单,都会建立一个扩展名为“.scx”的表单文件。

9.2.1 使用向导创建表单

Visual FoxPro 系统中,使用向导创建表单是最便捷的方法,但向导创建的表单只能是数据表表单,即对数据表进行操作的窗口,其形式一般分为对单个数据表操作的单表和同时操作具有一对多关系两个数据表的表单。

1. 启动表单向导的方法

启动表单向导有以下几种方法:

(1) 单击系统菜单中的“文件”菜单下的“新建”命令,在弹出“新建”对话框中选择“表单”文件类型,并单击“向导”按钮,弹出“向导选取”对话框,如图 9-1 所示。

在 Visual FoxPro 中,提供了两种不同形式的表单向导:一种是“表单向导”,这种形式的表单在数据源的选择上只能采用单一的表或视图进行表单设计操作;另一种是“一对多表单向导”,这种形式的表单在数据源的选择上可选用两个表或视图进行设计操作,两个表之间的关系是一对多的关系。在选择表单向导操作时,可以根据具体情况,选择相应的表单向导选项。

(2) 在“项目管理器”窗口中,选择“文档”选项卡,选择其中的“表单”图标,单击“新建”按钮,在弹出的“新建表单”对话框中单击“表单向导”按钮,弹出“向导选取”对话框。

(3) 单击“工具”菜单下“向导”命令,然后选择其子菜单中的“表单”命令,弹出“向导选取”对话框。

2. 用表单向导创建基于单个数据表的表单

用表单向导创建基于单个数据表的表单步骤如下。

(1) 打开表单向导,在“向导选取”对话框中选择“表单向导”,单击“确定”按钮,弹出“表单向导步骤 1”对话框,如图 9-2 所示。单击“数据库和表”列表框右边的按钮,从弹出的对话框中选择需要处理的数据表,然后在“可用字段”列表框中选择希望在表单中显示的字段并将其添加到“选定字段”列表框中。单击“下一步”按钮，弹出“表单向导步骤 2”对话框，如图 9-3 所示。

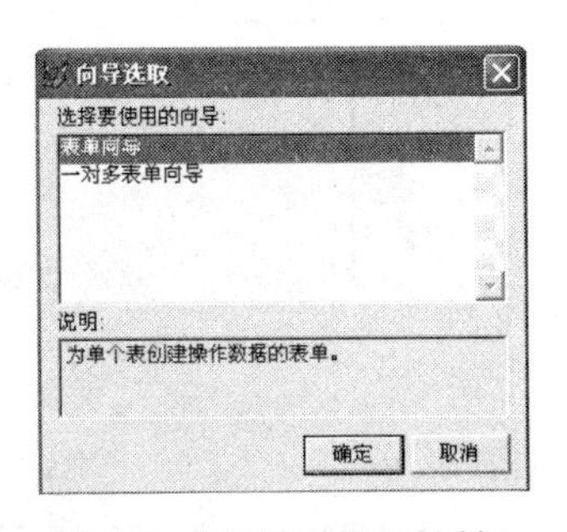

图 9-1 “向导选取”对话框

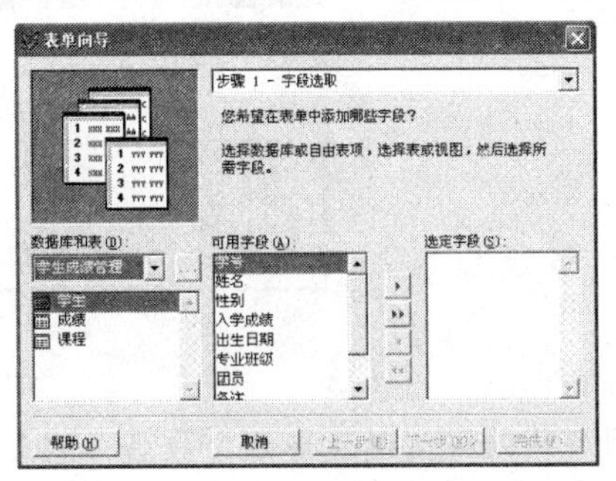

图 9-2 “表单向导步骤 1”对话框

(2) 在“表单向导步骤 2”对话框中的“样式”列表框中选择表单样式，在“按钮类型”单选按钮组中选择表单中按钮的样式，最后单击“下一步”按钮，弹出“表单向导步骤 3”对话框，如图 9-4 所示。

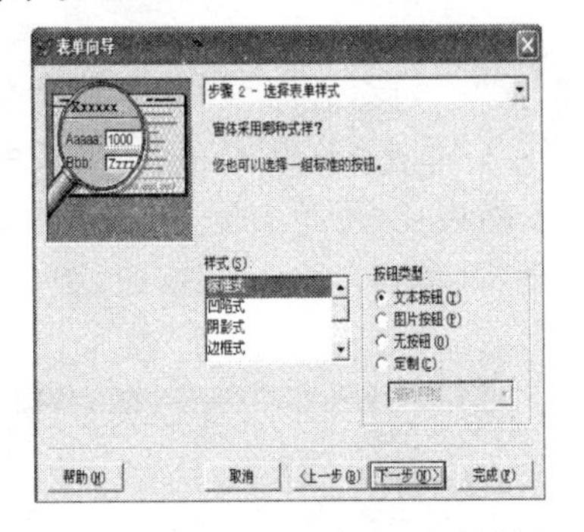

图 9-3 “表单向导步骤 2”对话框

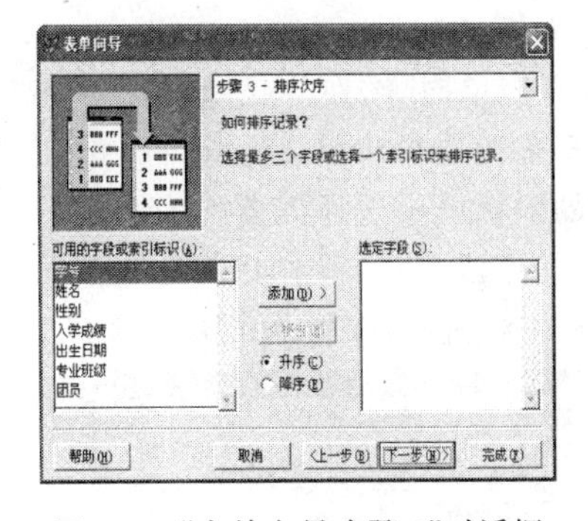

图 9-4 “表单向导步骤 3”对话框

(3) 在“表单向导步骤 3”对话框中“可用的字段或索引标识”列表框中选择字段或索引标识作为记录排序的依据并添加到“选定字段”列表框中，然后从“升序”和“降序”单选按钮组中选择记录排序的方式，最后单击“下一步”按钮，弹出“表单向导步骤 4”对话框，如图 9-5 所示。

(4) 在“表单向导步骤 4”对话框中“请键入表单标题”文本框中输入表单的标题文字，然后选择表单的保存方式，例如“保存并运行表单”，单击“预览”按钮则可预览生成表单的样子，如图 9-6 所示。如果对生成的表单不满意，单击“返回向导”回到“表单向导步骤 4”对话框，单击“上一步”按钮可以回到以前的各个步骤，并对以前的设置进行修改；如果对生成的表单满意，单击“返回向导”回到“表单向导步骤 4”对话框，单击“完成”按钮，则弹出“另存为”对话框，输入表单的文件名，单击“保存”按钮，则会运行所生成的表单，如图 9-7 所示。

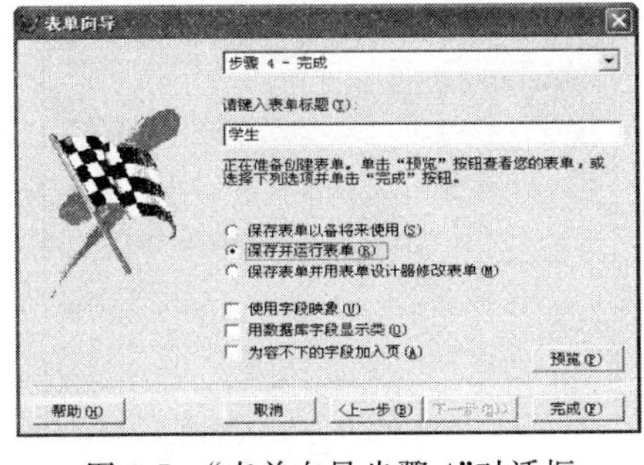

图 9-5 “表单向导步骤 4”对话框

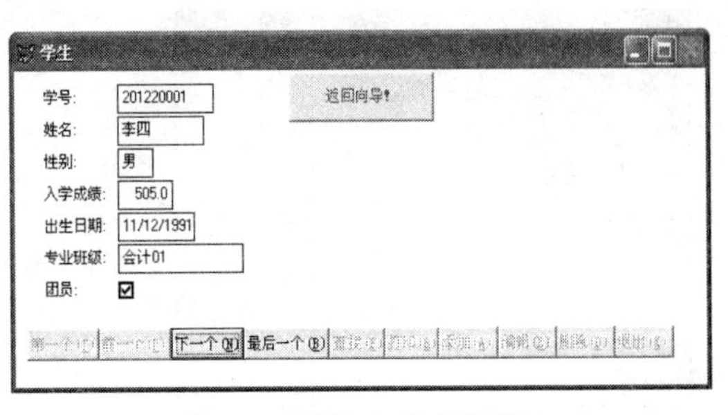

图 9-6 预览生成表单窗口

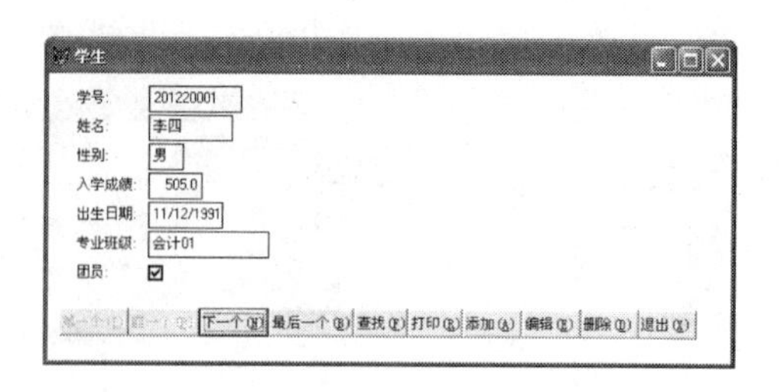

图 9-7　最终生成表单窗口

3. 用表单向导创建基于两个具有一对多关系的数据表表单

若两个数据表存在一对多的联系,则可以通过一对多表单向导快速创建一个同时对两个数据表进行操作的表单,其中父表的一条记录位于表单的上方,而和该记录对应的子表的多条记录显示在表单的下方。创建步骤如下:

(1) 首先打开需要处理的数据库表所在的数据库,并且在数据库设计中建立好两个数据表之间一对多的联系。

(2) 打开表单向导,在“向导选取”对话框中选择“一对多表单向导”,单击“确定”按钮,弹出“一对多表单向导步骤 1”对话框,如图 9-8 所示。单击“数据库和表”列表框右边的按钮,从弹出的对话框中选择需要作为父表的数据表,然后在“可用字段”列表框中选择希望在表单中显示的字段并将其添加到“选定字段”列表框中,单击“下一步”按钮,弹出“一对多表单向导步骤 2”对话框,如图 9-9 所示。

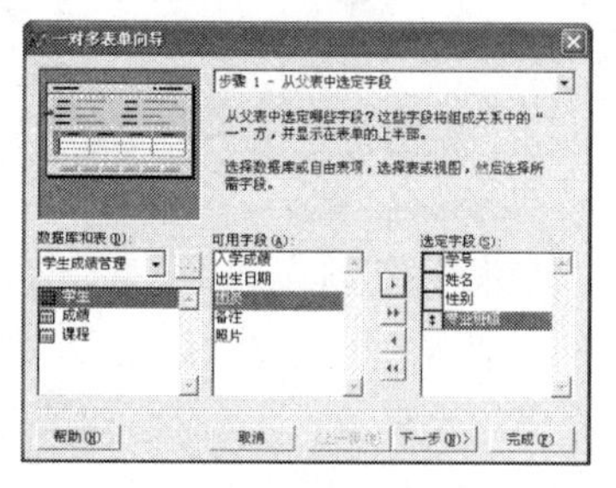

图 9-8　“一对多表单向导步骤 1”对话框

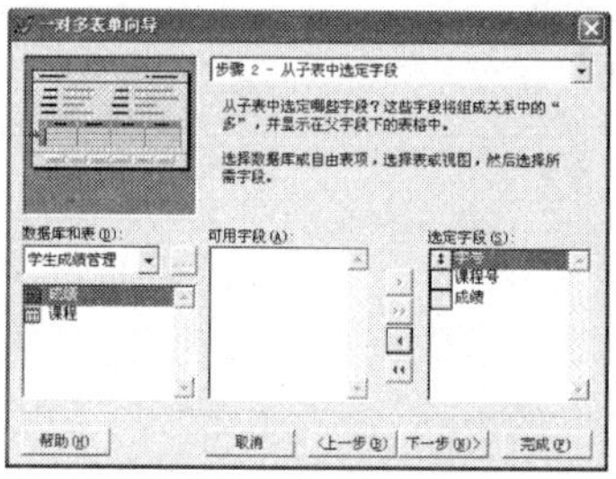

图 9-9　“一对多表单向导步骤 2”对话框

(3) 在“一对多表单向导步骤 2”对话框的“数据库和表”列表框中选择作为子表的数据表,然后在“可用字段”列表框中选择希望在表单中显示的字段并将其添加到“选定字段”列表框中,单击“下一步”按钮,弹出“一对多表单向导步骤 3”对话框,如图 9-10 所示。

(4) 在“一对多表单向导步骤 3”对话框中选择数据库中父表与子表关联的字段,单击“下一步”按钮,弹出“一对多表单向导步骤 4”对话框,如图 9-11 所示。

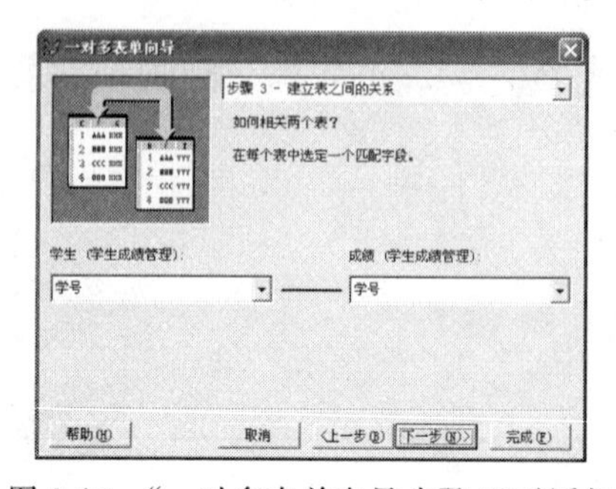

图 9-10　“一对多表单向导步骤 3”对话框

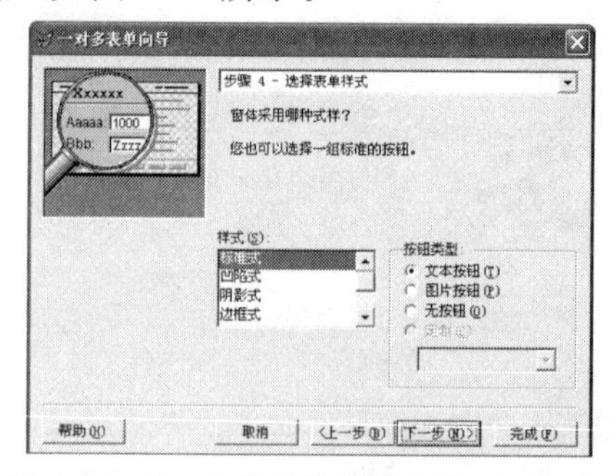

图 9-11　“一对多表单向导步骤 4”对话框

(5) 在“一对多表单向导步骤 4”对话框中“样式”列表框中选择表单的样式，在“按钮类型”单选按钮组成中选择按钮类型；单击“下一步”按钮，弹出“一对多表单向导步骤 5”对话框，如图 9-12 所示。

(6) 在“一对多表单向导步骤 5”对话框的“可用的字段或索引标识”列表框中选择字段或索引标识作为父表记录排序依据并添加到“选定字段”列表框中，然后从“升序”和“降序”单选按钮组中选择父表记录排序的方式，最后单击“下一步”按钮，弹出“一对多表单向导步骤 6”对话框，如图 9-13 所示。

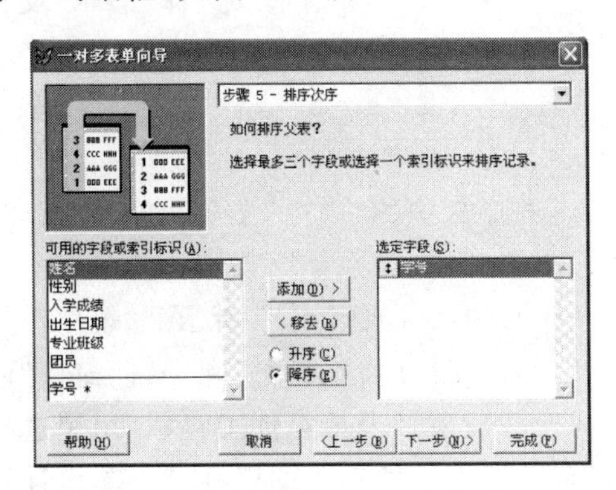

图 9-12 “一对多表单向导步骤 5”对话框

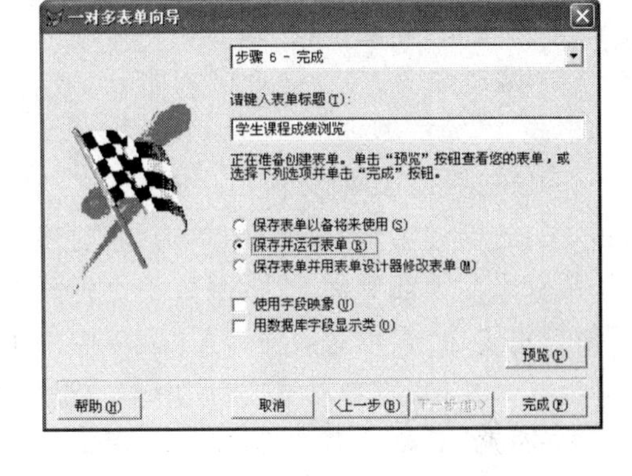

图 9-13 “一对多表单向导步骤 6”对话框

(7) 在“一对多表单向导步骤 6”对话框中“请键入表单标题”文本框中输入表单的标题文字，然后选择表单的保存方式，例如“保存并运行表单”，单击“完成”按钮，则弹出“另存为”对话框，输入表单的文件名，单击“保存”按钮，生成的一对多表单如图 9-14 所示。

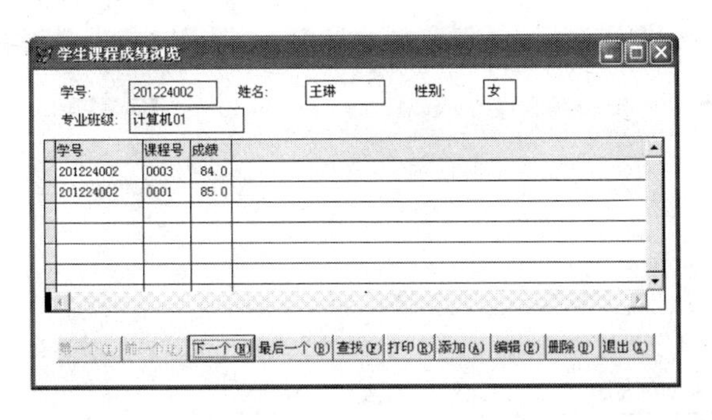

图 9-14 生成的一对多表单

注意：由表单向导生成的表单，其属性、事件和方法及其所包含的对象的属性、事件和方法都是系统提供的，可以通过表单设计器对已有的属性、事件和方法进行修改或添加，同时也向表单中添加新的对象。

9.2.2 使用表单设计器创建表单

利用表单向导创建的表单局限性较大，开发 Visual FoxPro 表单应用程序更多的时候是使用表单设计器创建表单。使用表单设计器创建表单的基本过程如下。

(1) 启动表单设计器，系统自动创建一个表单对象。

(2) 根据所设计的表单界面形式，通过“表单控件工具栏”向表单中添加需要的表单控件对象。

(3) 根据表单界面的要求,利用表单"属性"窗口,设置表单以及表单控件对象的属性。

(4) 根据表单运行时需要实现的操作,在表单事件代码编辑窗口中编写事件过程代码。

(5) 调试、运行和保存表单。

1. 启动表单设计器

启动表单设计器有以下几种方法。

(1) 单击系统菜单中的"文件"菜单下"新建"命令,打开新建对话框。选择"表单"文件类型,然后单击"新建文件"按钮。

(2) 通过命令方式,命令格式如下。

格式:CREATE FORM [<表单文件名>[.SCX]]

(3) 在"项目管理器"窗口中选择"文档"选项卡,选择其中的"表单"图标,单击"新建"按钮,弹出"新建表单"对话框,单击"新建表单"图标按钮。

不管采用上面哪种方法,系统都将打开"表单设计器"窗口,如图 9-15 所示。"表单设计器"窗口主要由"表单对象窗口"、"表单控件工具栏"、"表单设计器工具栏"和"属性窗口"四部分组成。其中"表单对象窗口"用于放置所需要的控件对象,"表单控件工具栏"用于选择所需要的控件对象类型,"属性窗口"用于在设计状态下设置控件对象的属性,"表单设计器工具栏"用于打开相应的工具栏及窗口。

2. 向表单中添加控件

启动"表单控件"工具栏的方法是:单击"表单设计器"工具栏中的"表单控件工具栏"按钮或点击"显示"菜单中的"工具栏"子菜单中的"表单控件工具栏"进行打开或关闭。

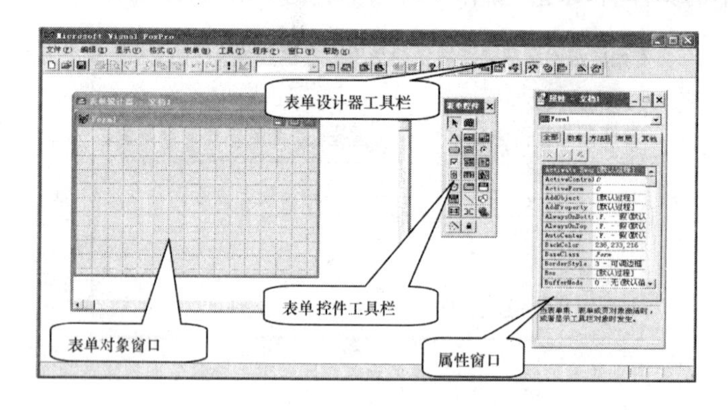

图 9-15 "表单设计器"窗口

"表单控件"工具栏如图 9-16 所示,其中包括 21 个常用控件按钮,利用它可以方便地给表单添加控件。其方法是用鼠标单击"表单控件"工具栏中相应的控件按钮,然后将鼠标移至表单窗口的合适位置单击鼠标或拖动鼠标可确定控件的大小。

在"表单控件"工具栏中,除了 21 个控件按钮外,还有 4 个辅助按钮,其功能如下。

(1) "选定对象"按钮:位于图中第 1 行中的第 1 个。当按钮处于按下状态时,表示不可以创建控件,只能对已经创建的控件进行编辑;当按钮处于未按下状态时,表示允许创建控件。

在默认状态下,该按钮处于按下状态。但当用鼠标单击选定的控件按钮时,选定对象按钮会自动弹起，当操作的控件在表单中添加好后，选定对象按钮又会自动转为按下状态。

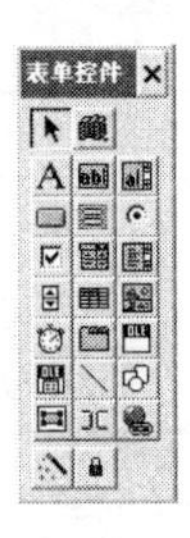

图 9-16　“表单控件”工具栏

(2) “查看类”按钮：位于图中第 1 行中的第 2 个。

在 Visual FoxPro 中，除提供基类外，还可以使用类库文件中提供的自定义类。其方法是：单击“查看类”按钮，然后在弹出的菜单中选择“添加”命令，弹出“打开”对话框，在该对话框中选定所需的类库文件，并单击“确定”按钮，就可以把它添加到“表单控件”的工具栏中。要使“表单控件”工具栏重现 Visual FoxPro 基类，可选定“查看类”按钮弹出菜单中的“常用”命令。

(3) “生成器锁定”按钮：位于图中末行的第 1 个。当按钮处于按下状态时，每次往表单添加控件，系统会自动打开相应的生成器对话框，以便用户对这些控件的属性进行设置。也可以对在表单中已设置的控件单击右键，从弹出的快捷菜单中选择“生成器”命令，打开该控件的生成器对话框。

(4) “按钮锁定”按钮：位于图中末行中的第 2 个。当按钮处于按下状态时，可以从“表单控件”工具栏中单击某个选定的控件按钮，然后在表单窗口中连续添加这种类型的多个控件。

3. 选定和调整控件

在表单设计过程中，还经常需要对表单上已有的控件进行诸如移动位置、改变大小、复制和删除等操作。

(1) 选定控件：用鼠标单击控件可以选定该控件，被选定的控件四周出现 8 个控点。也可以同时选定多个控件，如果是相邻的多个控件，只需要在“表单控件”工具栏上的“选定对象”按钮按下的情况下，拖动鼠标使出现的框围住要选的控件即可，如果要选定不相邻的多个控件，可以在按住 Shift 键的同时，依次单击各控件。

(2) 移动控件：先选定控件，然后用鼠标将控件拖动到需要的位置上。如果在拖动鼠标时按住 Ctrl 键，可以使鼠标的移动步长减小。使用方向键也可以移动已选定的控件。

(3) 调整控件大小：先选定控件，然后拖动控件四周的某一个控点，可以改变控件的宽度和高度。

(4) 复制控件：先选定控件，单击“编辑”菜单中的“复制”命令，然后单击“编辑”菜单中的“粘贴”命令即可。

(5) 删除控件：选定不需要的控件，然后按 Delete 键或选择“编辑”菜单中“剪切”命令即可。

4. 调整控件布局

在表单设计过程中，还需要经常对多个控件的布局进行调整，使用“布局”工具栏中的按钮，可以方便地调整表单窗口中被选定控件的相对大小或位置。“布局”工具栏可以通过单击表单设计器工具栏上的“布局工具栏”按钮或单击“显示”菜单中的“布局工具栏”命令打开或关闭。“布局工具栏”上的按钮及功能如表 9-1 所示。调整表单控件布局的方法是先选定一个或多个控件，并以第一选中的控件作为标准，然后在“布局”工具栏上单击相应的布局按钮。

表 9-1 “布局工具栏”上的按钮及功能

按钮	功能
左边对齐	让选定的所有控件沿其中最左边那个控件的左侧对齐
右边对齐	让选定的所有控件沿其中最右边那个控件的右侧对齐
顶边对齐	让选定的所有控件沿其中最顶端那个控件的顶边侧对齐
底边对齐	让选定的所有控件沿其中最下端那个控件的底边侧对齐
垂直居中对齐	使所有被选控件的中心处在一条垂直轴上
水平居中对齐	使所有被选控件的中心处在一条水平轴上
相同宽度	调整所有被选控件的宽度,使其与其中最宽控件的宽度相同
相同高度	调整所有被选控件的高度,使其与其中最高控件的高度相同
相同大小	使所有被选控件具有相同的大小
水平居中	使被选控件在表单内水平居中
垂直居中	使被选控件在表单内垂直居中
置前	将被选控件移至最前面,可能会把其他控件覆盖住
置后	将被选控件移至最后面,可能会把其他控件覆盖住

5. 设置或修改对象属性

刚刚添加控件对象(包括表单本身),系统会自动设置默认的属性值,若需要修改控件对象的某些属性值,则可在“属性”窗口中进行设置。

单击“表单设计器”工具栏中的“属性窗口”按钮或单击“显示”菜单中的“属性”命令打开或关闭“属性”窗口,如图 9-17 所示。“属性”窗口主要包括对象框、属性设置框、属性(包括方法和事件)列表框、属性说明框四部分。

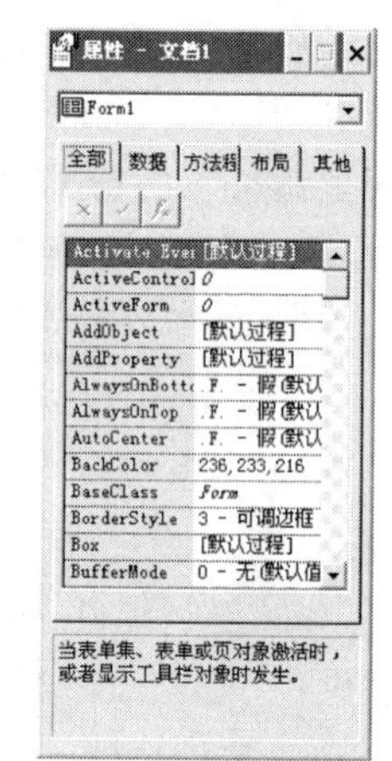

图 9-17 “属性”窗口

对象框显示当前被选定对象的名称。单击对象框右边的下拉箭头,将打开当前表单及表单中所有对象的名称列表。用户选择其中的一个对象,就会显示这个对象的所有属性、方法和事件,用户可根据具体要求选择其中一个来进行设置。如果选择的是属性项,窗口内将会出现属性设置框,用户可以在此对选定的属性进行设置。

对于表单及控件的绝大多数属性,其数据类型通常是固定的,如 Width 属性只能接受数值型数据,Caption 属性只能接受字符型数据。但有些属性的数据类型并不是固定的,如文本框的 Value 属性可以是任意数据类型,复选框的 Value 属性可以是数值型的,也可以是逻辑型的。一般来说,要为属性设置一个字符型值,可以在设置框中直接输入,不需要加定界符,否则系统会把定界符作为字符串的一部分。但对那些既可接受数值型数据又可接受字符型数据的属性来说,如果在设置框中直接输入数字如 358,系统会把它看成是数值型数据,如果要把 358 看成是字符型,可以采用表达式的形式,如=“358”。

若属性值用表达式来表示,可以在设置框中先输入等号再输入表达式,或者单击设置框左侧的函数按钮打开表达式生成器,用它来给属性指定一个表达式。表达式在运行初始化对象时会计算它的值。

有些属性的设置需要从系统提供的一组属性值中指定，此时可以单击设置框右侧的下拉箭头，打开列表框从中选择，或者在属性框中双击属性，例如表单属性中的 FontSize。有些属性需要指定文件名或颜色，这时可以单击设置框右侧的对话框按钮，打开相应的对话框进行选择，例如表单属性中的 BackColor。

要把一个属性设置为默认值，可以在属性列表框用右键单击该属性，然后从快捷菜单中选择“重置为默认值”。要把一个属性设置为一个空串，可以在选定该属性后，依次按 Back-Space 键和 Enter 键，此时在属性列表框中该属性的属性值显示为（无），例如标签的 Caption 属性设置为空串。

也可以同时选择多个对象，这时“属性”窗口显示这些对象共有的属性，用户对属性的设置也将属于所有被选定的对象。

6. 设置表单的数据环境

若利用“表单设计器”创建用于操作数据库或数据表中数据的表单，需要为所设计的表单设置相关的数据源。而数据环境泛指创建表单时所使用的数据源，是表单中一个对象，其包含与表单有联系的表和视图及表之间的关系。通常情况下，一旦设置了数据环境，数据环境中的表或视图会随着表单的打开或运行而打开，随着表单的关闭或释放而关闭。通常情况下可以用数据环境设计器来设置表单的数据环境，操作步骤如下。

（1）打开“数据环境设计器”窗口，在表单设计器环境下，单击“表单设计器”工具栏上的“数据环境”或单击“显示”菜单中的“数据环境”命令，即可打开“数据环境设计器”窗口，如图 9-18所示。

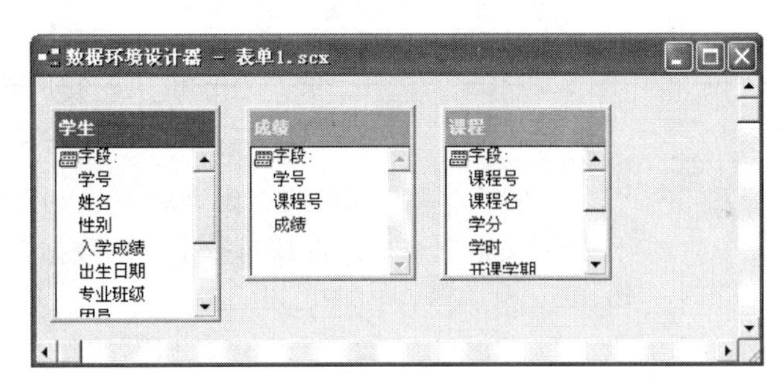

图 9-18　“数据环境设计器”窗口

（2）向数据环境添加表或视图步骤如下。

① 选择“数据环境”菜单下“添加”命令，或右击“数据环境设计器”窗口，然后在弹出的快捷菜单中选择“添加”命令，打开“添加表或视图”对话框，如图 9-19 所示。如果数据环境原来是空的，那么在打开数据环境设计器时，会自动打开该对话框。

② 在“添加表或视图”对话框中选择要添加的表或视图，并单击“添加”按钮。如果单击“其他”按钮，将调出“打开”对话框，用户可以从中选择需要的表。

（3）从数据环境中移去表或视图。

在“数据环境设计器”窗口中，选择要移去的表或视图，选择“数据环境”菜单中的“移去”命令。也可以用鼠标右击要移去的表或视图，然后在弹出的快捷菜单中选择“移去”命令。当表从数据环境中移去后，与这个表有关所有关系也将随之消失。

（4）在数据环境中设置关系。

如果添加到数据环境的表之间具有在数据库中设置的永久关系，这些关系也会自动添加到数据环境中。如果表之间没有永久关系，可以根据需要在数据环境设计器下为这些表设置关系，设置关系的方法很简单，只需将主表的某个字段(作为关联表达式)拖动到子表的相匹配的索引标记上即可。如果子表上没有与主表字段相匹配的索引，也可将主表字段拖动到子表的某个字段上，这时应根据系统提示确认创建索引。若要删除“数据环境设计器”中数据表之间的关系，可以先单击选定数据表关系的连线，然后按 DEL 键。

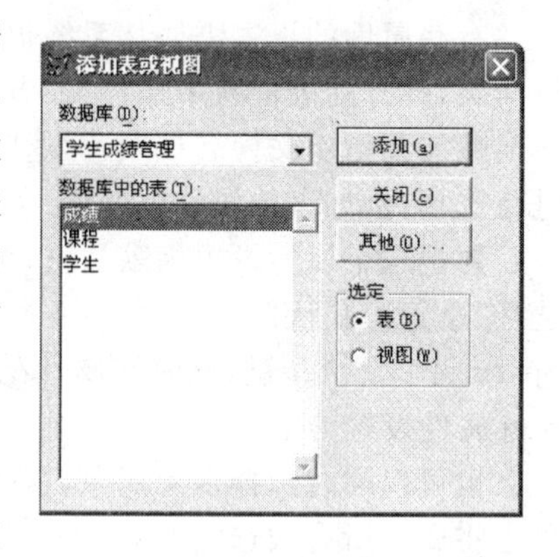

图 9-19 “添加表或视图”对话框

(5) 在数据环境中编辑关系。

关系是数据环境中的对象，它有自己的属性、方法和事件。编辑关系主要是通过设置关系的属性来完成。要设置关系属性，可以先单击表示关系的连线选定关系，然后在属性窗口中选择关系属性并设置，常用的关系属性如表 9-2 所示。

表 9-2 常用的关系属性

属性名	含义
RelationalExpr	用于指定基于主表的关联表达式
ParentAlias	用于指明主表的别名
ChildAlias	用于指明子表的别名
ChildOrder	用于指定与关联表达式相匹配的索引
OneToMany	用于指明关系是否为一对多关系

(6) 向表单添加字段。

利用“表单控件”工具栏可以方便地将标准控件放置到表单上。但很多情况下，希望通过控件来修改数据源中数据，比如用文本框来显示或编辑一个字段数据，这就需要为该文本框设置 ControlSource 属性。

可以从“数据环境设计器”窗口、“项目管理器”窗口或“数据库设计器”窗口直接将表、视图或表和视图的字段拖入到表单中，系统将产生相应的控件并与字段相联系，自动设置其 ControlSource 属性。

默认状态下，如果拖动的是字符型字段，将产生文本框控件，如果拖动的是备注型字段，将产生编辑框控件，如果拖动的是表或视图，将产生表格控件。但用户可以选择“工具”菜单中的“选项”命令，打开“选项”对话框，然后在“字段映象”选项卡中修改这种映象关系。

7. 设置 Tab 键的次序

当表单运行时，用户可以使用单击鼠标的方法来选择表单中的控件，也可以使用按 Tab 键的方法来选择，使控件焦点移动。控件的 Tab 次序决定了选择控件的次序，在 Visual FoxPro 中，可以用交互方法和列表方式两种方法来设置 Tab 次序。选择“工具”菜单下“选项”命令，打开“选项”对话框，选择“表单”选项卡，在“Tab 次序”下拉列表框中选择“交互”或“按列表”，如图 9-20 所示。

(1) 在交互方式下设置 Tab 次序的操作步骤如下：

① 选择“显示”菜单下“Tab 键次序”命令或单击“表单设计器”工具栏上的“设置 Tab 键

次序”按钮，进入 Tab 键次序状态，此时控件左上方出现深式小方块，称为 Tab 键次序盒，里面显示该控件的 Tab 键次序号码，如图 9-21 所示。

② 双击某个控件的 Tab 次序盒，该控件将成为 Tab 键次序中的第一个控件。

③ 按希望的顺序依次单击其他控件的 Tab 键次序盒。

④ 单击表单空白处，确定设置并退出设置状态；按 Esc 键，放弃设置并退出设置状态。

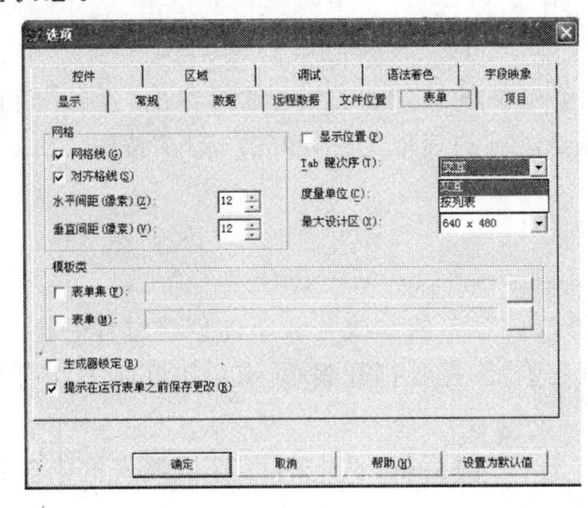

图 9-20　设置 Tab 次序方法

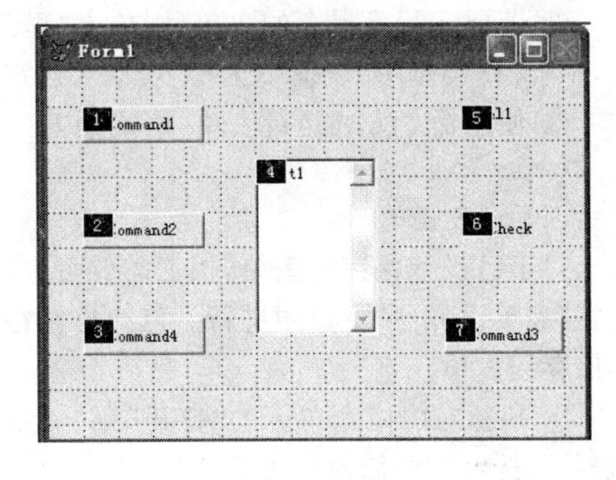

图 9-21　交互方式设置 Tab 键的次序

(2) 在列表方式下设置 Tab 次序的操作步骤如下。

① 选择“显示”菜单下“Tab 键次序”命令或单击“表单设计器”工具栏上的“设置 Tab 键次序”按钮，打开“Tab 键次序”对话框，如图 9-22 所示，列表框中按 Tab 键次序显示各控件。

② 通过拖动控件左侧的移动按钮移动控件，改变控件的 Tab 键次序。

③ 单击“按行“按钮，将按各控件在表单上的位置从左到右、从上到下自动设置好各控件的 Tab 键次序；单击“按列”按钮，将按各控件在表单上的位置从上到下、从左至右自动设置各控件的 Tab 键次序。

8. 编写事件过程代码

鼠标双击表单对象窗口或控件对象，则弹出对象事件过程编辑窗口，如图 9-23 所示。从“对象”列表框中选择需要编写事件过程的对象，从“过程”列表框中选择一种事件，最后在下方的编辑框中输入事件过程代码。

图 9-22　列表方式设置 Tab 键的次序

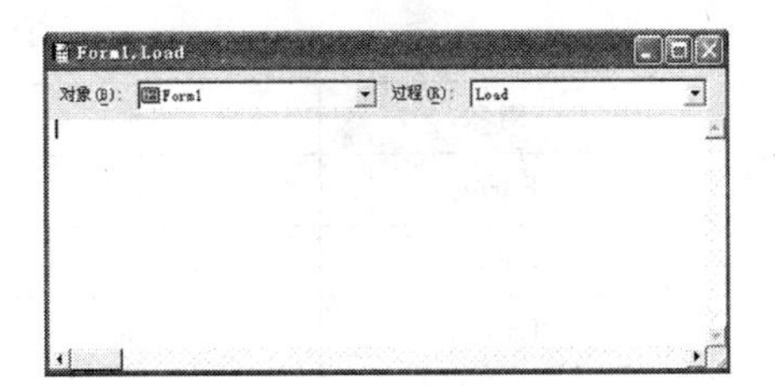

图 9-23　对象事件过程编辑窗口

9. 运行和修改表单

(1) 运行表单

使用“表单设计器”设计的表单只有在运行后才能实现表单的各种操作，有以下几种方法运行表单。

① 若要运行“表单设计器”窗口中的表单，则可单击常用工具栏上的“运行”按钮，或在表单的窗口上单击鼠标右键，从弹出的快捷菜单中选择“执行表单”命令，或单击“表单”菜单下的“执行表单”命令。

② 若要运行已保存的表单，则单击“程序”菜单下的“运行”命令，然后弹出“运行”对话框，从“文件类型”列表框中选择“表单”，选定需要运行的表单文件，单击“运行”按钮。

③ 使用命令方式运行表单，格式如下：

```
DO FORM <表单文件名>
```

(2) 修改表单

对于已设计保存的表单，根据需要可进行修改。表单的修改与表单的创建过程一样，主要在“表单设计器”窗口中进行。修改已存在的表单，首先要打开表单，有以下几种方法打开已保存的表单。

① 执行“文件”菜单下的“打开”命令，弹出“打开”对话框，从“文件类型”类表框中选择“表单”，选定需要修改的表单文件，单击“确定”按钮。

② 使用命令的方式打开已保存的表单，格式如下：

```
MODIFY FORM <表单文件名>
```

10. 表单设计器设计表单示例

[**例 9-1**] 设计一个用户登录的表单如图 9-24所示，要求通过文本框输入用户名和密码，判断用户名和密码是否正确。(正确的用户名：wenyi，密码：123456)

操作步骤：

(1) 执行“文件”菜单下的“新建”命令，在弹出的“新建”对话框中选择“表单”，然后单击“新建文件”按钮，启动表单设计器。

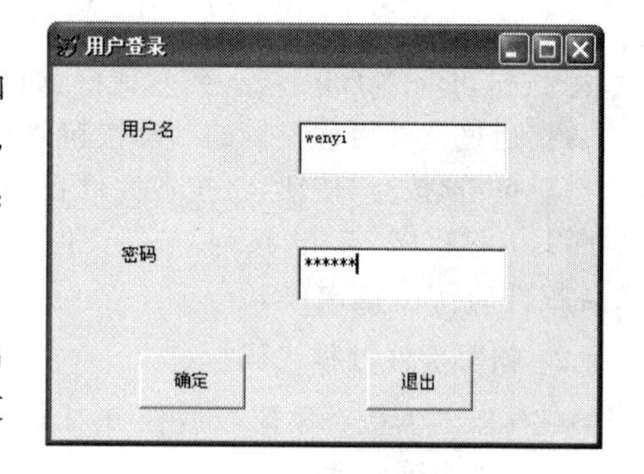

图 9-24　运行后的表单

(2) 在“表单窗口”上添加 2 个标签、2 个文本框和 2 个命令按钮控件，如图 9-24 所示。

(3) 通过属性窗口为每个控件设置相应的属性，各个控件的属性设置如表 9-3 所示。

表 9-3　控件的属性设置

对象	属性	属性值	说明
Form1	Caption	用户登录	标题栏标题
Label1	Caption	用户名	标签文字
Label1	Caption	密码	标签文字
Text2	PasswordChar	*	显示占位符
Command1	Caption	确定	按钮标题
Command2	Caption	退出	按钮标题

（4）双击“确定”按钮，打开事件代码编辑窗口，从“过程”列表框中选择“Click”后输入 Click 事件代码：

```
if  Thisform.text1.value = "wenyi" and thisform.text2.value = "123456"
     messagebox("欢迎使用该系统!!",0 + 48 + 0,"提示信息")
else
    messagebox("用户名或密码错误",0 + 16 + 0,"提示信息")
endif
```

（5）双击“退出”按钮，打开事件代码编辑窗口，从“过程”列表框中选择“Click”后输入 Click 事件代码：

```
Thisform.Release
```

（6）保存并运行该表单，表单运行后在输入正确用户名和密码后，单击“确定”按钮，则弹出如图 9-25 所示的对话框，如果输入错误的用户名或密码，单击“确定”按钮则弹出如图 9-26所示的对话框。

图 9-25　“提示信息”对话框

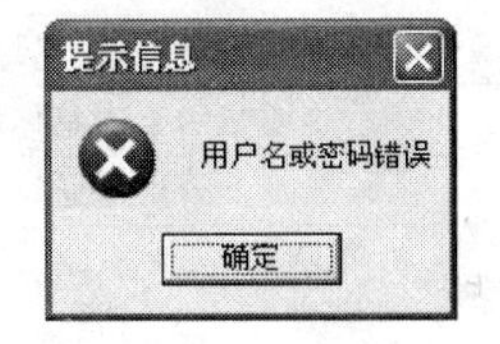

图 9-26　“提示信息”对话框

9.2.3　使用表单生成器建表单

通过系统提供的表单生成器可以将数据表或视图中字段按照一定样式直接添加到表单中，快速创建一个对数据表进行操作的表单。使用表单生成器创建一个表单的步骤如下。

（1）启动“表单设计器”窗口，然后通过数据环境添加表单中需要处理的数据表或视图。

（2）单击“表单”菜单下的“快速表单”命令，或者在“表单对象”窗口的空白处单击鼠标右键，从弹出的快捷菜单中选择“生成器”命令，弹出“表单生成器”对话框，如图 9-27 所示。

（3）在“表单生成器”对话框的“字段选取”选项卡中，从“数据库和表”列表框选择需要处理的数据表或视图，从“可用字段”列表框中选择需要处理的字段并添加到“选定字段”列表框中。

（4）在“表单生成器”对话框的“样式”选项卡中，从“样式”列表框中选择一种表单的样式。

（5）设置完毕后，单击“确定”按钮，则可按指定的表单样式快速生成一个包含选定字段的表单，如图 9-28 所示，保存后即可运行。

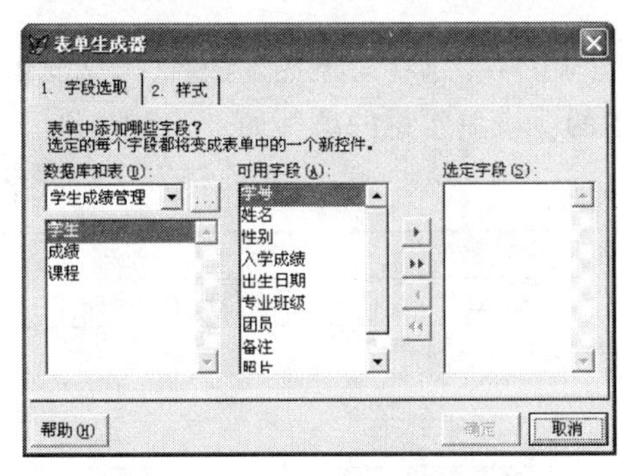

图 9-27　“表单生成器”对话框

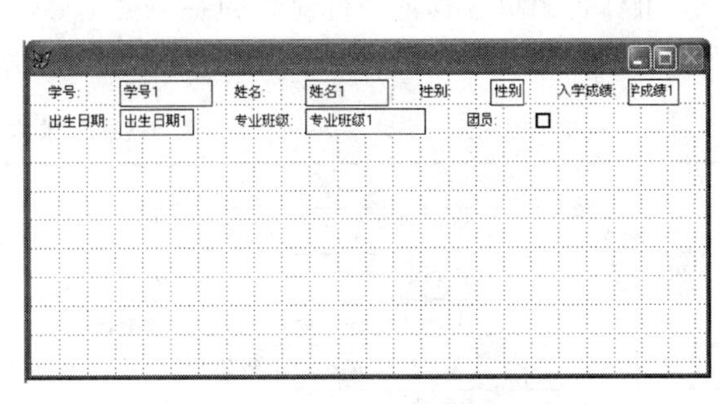

图 9-28　“表单生成器”生成的表单

通常情况下，使用表单生成器快速创建的表单一般不能满足实际需要，往往还需要在“表单设计器”窗口中打开，进行进一步的修改和完善。

9.3 表单常用属性、事件和方法

9.3.1 表单常用属性

表单属性决定了表单的外观及其特性，大约有161个属性，但绝大多数很少用到。表9-4列出了一些常用的表单属性，在创建表单时经常用到。

表9-4 表单常用属性

属性	描述	默认值
AlwaysOnTop	指定表单是否总是位于其他打开窗口之上	.F.
AutoCenter	指定表单初始化时是否自动在Visual FoxPro主窗口内居中显示	.F.
BackColor	指明表单容器的颜色	255,255,255
BorderStyle	指定表单边框的风格。取默认值(3)时，采用系统边框，用户可以改变表单大小	3
Caption	指明显示于表单标题栏上的文本	Form1
Closable	指定是否可以通过单击关闭按钮或双击关闭框来关闭表单	.T.
DataSession	指定表单里的表是在全局能访问的工作区打开(设置值为1)，还是在表单自己的工作区打开(设置值为2)	1
Height	用来确定表单的高度	250
MaxButton	确定表单是否有最大化按钮	.T.
MinButton	确定表单是否有最小化按钮	.T.
Movable	确定表单是否能够移动	.T.
Name	用来标识表单或其他对象，在程序设计中可用此属性值来引用此表单	Form1
Scrollbars	指定表单的滚动条类型。可取值为：0(无)、1(水平)、2(垂直)、3(既水平又垂直)	0
Visible	指定表单等对象是可见还是隐藏	.T.
Width	用来确定表单的宽度	375
WindowState	指明表单的状态：0(正常)、1(最小化)、2(最大化)	0

9.3.2 表单常用事件

事件是表单或其他控件对象的一个很重要的特性，事件是这些对象固定的，并由对象识别的一个动作，这些动作的响应是由编写的代码决定的。表单常用的事件如表9-5所示。

表9-5 表单常用属性

事件	说明
Click	当用户按下并松开鼠标左键按钮，或程序中包含了一个触发该事件的代码时将产生该事件
DblClick	在短时间内，如果用户用鼠标双击时，就产生该事件
Destroy	当释放事件对象时，就产生该事件
Error	当方法中有一个运行错误时将产生该事件
GotFocus	当对象无论是通过用户的动作或通过程序而获得焦点时，都会产生该事件

续 表

事件	说明
Init	当创建对象时将产生该事件
LostFocus	每当对象失去焦点时都会引发该事件
Load	在创建对象之前产生该事件
MouseDown	当用户按下鼠标按钮时,将产生该事件
MouseMove	当用户移动鼠标到一个对象时,将产生该事件
MouseUp	当用户松开鼠标按钮时,将产生该事件
Unload	释放对象时,将产生该事件

9.3.3 表单常用方法

方法也是表单或其他控件对象的一个重要特性,是对象能够执行的一个操作。通过方法能够控制对象的运行,这在程序设计中特别重要。表单常用的方法如表 9-6 所示。

表 9-6 表单常用方法

方法	说明
Hide	通过设置 Visible 属性为假来隐藏一个表单或表单集
Refresh	重新绘制表单或控件,并更新所的值。当表单更新时,表单上的所的控件也都被更新
Release	在内存中释放表单或表单集
SetFocus	让控件获得焦点,便其成为活动对象,当该控件的 Enabled 或 Visible 的属性值为.F.,将不能获得焦点
Show	显示表单,该方法将表单的 Visible 属性设置为.T.,并使表单为活动对象

9.4 常用表单控件

设计表单应用程序时,往往需要首先根据表单程序实现的功能合理规划表单界面,然后在“表单设计器”窗口通过“表单控件工具栏”向表单中添加所需要的控件。控件是面向对象程序设计的基本操作单元,是表单设计中最重要的内容,而要很好地使用和设计控件,必须首先了解控件的属性、方法和事件。

9.4.1 标签控件

标签(Label)主要作用显示一段固定的文本信息,用于标识字段或向用户显示固定的说明信息。

(1) Caption 属性:指定对象标题文本。

很多控件都具有这个属性,如表单、复选框、选项按钮、命令按钮等。用户可利用该属性为所创建的对象指定标题文本。标题文本显示在屏幕上以帮助使用者识别各对象。标题文本显示的位置视对象类型不同而不同,比如,标签的文本显示在标签区域内,表单的标题文本显示在表单的标题栏上。

(2) Name 属性:指定在代码中用以引用对象的名称。

在标签控件中,其默认名称为 Label1、Label2、Label3 等。值得注意的是,在设计代码时,应该用 Name 属性值而不是用 Caption 属性值来引用对象。在同一作用域内两个对象

(如一个表单内有两个命令按钮),可以有相同的 Caption 属性值,但不能有相同的 Name 属性值。用户在产生表单或控件对象时,系统给于对象的 Caption 属性值和 Name 属性值是相同的,如命令按钮、命令组、文本框、编辑框、复选框、选项组、列表框、表格控件、页框、微调按钮、时钟控件、线条和形状的第一个值分别是:Command1、Commandgroup1、Text1、Edit1、Check1、Optiongroup1、List1、Grid1、Pageframe1、Spinner1、Timer1、Line1、Shape1,在实际使用时,用户可以重新设置它们。

(3) Alignment 属性:指定与控件相联的文本对齐方式,其属性值为数值型。

对不同的控件,该属性的设置情况有所不同,对标签,该属性可设置为以下几个值。

- 0:(默认值)左对齐,文本显示在区域的左边。
- 1:右对齐,文本显示在区域的右边。
- 2:中央对齐,将文本居中排放,使左右两边的空白相等。

该属性在设计和运行时均可用。除了标签外,还适用于文本框、复选框、选项按钮、列表头等控件。

(4) BackColor 属性:指定控件内文本和图形的背景色,其属性值为长整数型,通常通过 RGB( )函数来得到颜色数据。除了页框、列表框等少数几个控件外,大多数控件都具有这一属性。

(5) ForeColor 属性:指定控件中显示文本和图形的前景色,其属性值为长整数型。除了命令按钮组、列表框等少数几个控件外,大多数控件都具有这一属性。

(6) FontName 属性:指定控件中显示文本的字体名,其属性值为字符型。大多数控件都具有这一属性。

(7) FontSize 属性:指定控件中显示文本的字体大小,其属性值为数值型。除了形状、线条等少数几个控件外,大多数控件都具有这一属性。

(8) Visible 属性:指定控件是可见还是隐藏,其属性值为逻辑型。在表单设计器中,默认值为.T.,即对象是可见的;在程序代码中,默认值为.F.,即对象是隐藏的。在设计和运行中可用。除了时钟等少数几个控件外,大多数控件都具有这一属性。

(9) Autosize 属性:指定控件是否自动调整其的大小以容纳其中的内容,其属性值为逻辑型,默认值为.F.,即不根据控件中的内容自动调整控件的大小。

[**例 9-2**] 设计一个表单如图 9-29 所示,当表单运行时,单击不同的按钮,标签按对应的方式显示。

图 9-29 标签使用示例

操作步骤如下:

(1) 创建表单,然后在表单中添加 Command1、Command2、Command3 3 个命令按钮和

1个标签控件Label1。

(2) 分别设置3个命令按钮的Caption属性值为“中文显示”、“英文显示”和“隐藏”。

(3) 添加事件代码。

① 表单的Init事件,代码如下:

```
thisform.caption="标签控件演示"
thisform.label1.autosize=.t.
thisform.label1.visible=.f.
```

② “中文显示”按钮的Click事件,代码如下:

```
thisform.label1.forecolor=RGB(0,255,255)
thisform.label1.visible=.t.
thisform.label1.fontsize=20
thisform.label1.fontname="黑体"
thisform.label1.caption="欢迎使用 Visual FoxPro"
```

③ “英文显示”按钮的Click事件,代码如下:

```
thisform.label1.forecolor=RGB(255,0,0)
thisform.label1.visible=.t.
thisform.label1.fontsize=20
thisform.label1.fontname="Times new Roman"
thisform.label1.caption="Welcome to use Visual FoxPro"
```

④ “隐藏”按钮的Click事件,代码如下:

```
thisform.label1.visible=.f.
```

9.4.2 命令按钮控件

命令按钮(CommandButton)主要是用来启动某个事件代码,完成特定功能,控制程序的执行过程。鼠标单击命令按钮或者其获得焦点后按回车键,会触发Click事件。命令按钮有文本按钮和图片按钮两类,文本按钮上显示的文字由Caption属性决定,而图片按钮上的图片由Picture属性指定。命令按钮的常用属性除了Caption、Name、FontSize、Fontname、Visible外,还有如下几个属性。

(1) Default属性和Cancel属性:指定表单中的“确定”按钮和“取消”按钮,属性值类型为逻辑型。

Default属性值为.T.的命令按钮为“确认”按钮,命令按钮的Default属性默认为.F.,一个表单内只能有一个“确认”按钮。Cancel属性值为.T.的命令按钮称为“取消”按钮,命令按钮的Cancel属性默认值为.F.,一个表单内只能有一个“取消”按钮。当用户将某个命令按钮设置为“确认/取消”按钮时,先前存在的“确认/取消”按钮自动变为“非确认/非取消”按钮。

在Windows状态下,“确认/取消”按钮所在表单激活的情况下。当焦点不在命令按钮上时,按Enter键可以激活“确定”按钮,执行该按钮的Click事件代码;按Esc键可以激活“取消”按钮,执行该按钮的Click事件代码。

(2) Enabled属性:指定表单或控件能否响应由用户引发的事件,属性值为逻辑型。命令按钮的Enabled默认值为.T.,即对象是有效的,能被选择,能响应用户引发的事件。

Enabled属性使用户(程序)根据应用的当前状态随时决定一个对象是有效的还是无效的,也可以限止一个对象的使用,如用一个无效的编辑框(Enabled=.F.)来显示只读信息。值得说明的是,如果一个容器控件的 Enabled 属性值为.F.,那么它里面的所有控件也都不会响应用户引发的事件,而不管这些对象的 Enabled 属性值如何。

(3) Picture 属性:指定命令按钮显示的图标,属性值类型为表示图标文件对象。

(4) DownPicture 属性:指定命令按钮被选定时显示的图标,属性值类型为表示图标文件对象。

(5) DisablePicture 属性:指定命令按钮失效时显示的图标,属性值类型为表示图标文件对象。

[**例 9-3**] 设计一个表单如图 9-30 所示,通过表单中的"上一条"按钮和"下一条"按钮,实现对"学生"表中记录逐条显示。

操作步骤如下:

(1) 在"表单设计器"窗口执行"表单"菜单下的"快速表单"命令,弹出"表单生成器"窗口,在"字段"选项卡中添加"学生"数据表,并选择所需要处理的字段,在"样式"选项卡中选择表单的样式。

(2) 在"表单设计器"窗口中调整"表单生成器"所生成的各种控件的位置,并在表单上添加 2 个命令按钮和一个标签。

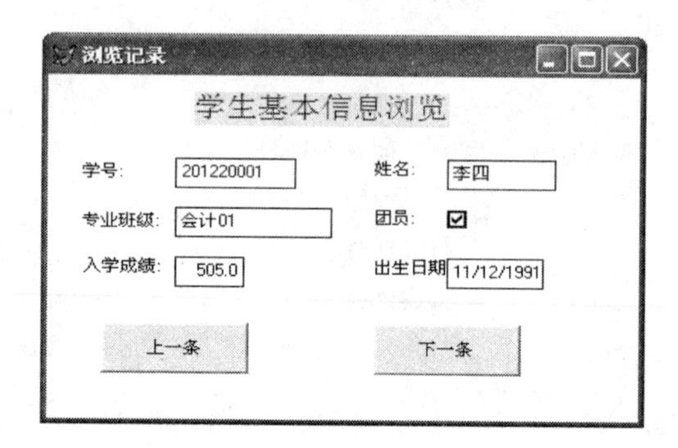

图 9-30 命令按钮使用示例

(3) 分别设置两个命令按钮的 Caption 属性值为"上一条"和"下一条";标签的 Caption 属性值为"学生基本信息浏览",标签的 Fontisze 属性值为"16",标签的 Autosize 属性值为".T.";表单的 Caption 属性值为"浏览记录"。

(4) 添加事件代码。

① "上一条"按钮的 Click 事件,代码如下:

```
if not bof()
 Skip -1
 Thisform.refresh
else
  Messagebox("已到了表头了!")
Endif
```

② "下一条"按钮的 Click 事件,代码如下:

```
if not eof()
  Skip 1
  Thisform.Refresh
else
  Messagebox("已到表尾了!")
endif
```

9.4.3 命令组控件

命令组(CommandGroup)是一组命令按钮的容器控件,用户可以单个或作为一组来操作其中的按钮。命令组按钮的常用属性除了Caption、Name、Enabled、Value、Visible外,还有如下常用的几个属性。

(1) ButtonCount属性:指定一个命令按钮组或选项按钮组中按钮的数目,其属性值类型为数值型。在表单中创建一个命令组时,ButtonCount属性的默认值是2,即包含两个命令按钮。可以通过改变ButtonCount属性的值来重新设置命令组中包含的命令按钮数目。如设置ButtonCount属性值为4,则命令组中就包含了4个命令按钮,这些命令按钮的名称(Name属性值)分别为Command1、Command2、Command3、Command4,当然用户也可以重新设置。

(2) Buttons属性:用于存取命令组中各按钮的数组,其属性值类型为数值型数组。例如,要对当前表单中命令组mycommandg中第2个按钮设置成隐藏,可使用下列命令:

```
ThisForm.mycommandg.buttons(2).Visible = .F.
```

(3) Value属性:指定控件对象的当前状态。该属性的类型可以是数值型的(这是默认情况),也可以是字符型的,若为数值型值3,则表示命令组中第3个按钮被选中;若为字符型C,则表示命令组中Caption属性值为C的命令按钮被选中。如果一个commandg命令组内有3个命令按钮,想对其中每个命令按钮进行控制,可通过对命令组设计Click事件代码,使用方法(设Value是数值型)如下:

```
Do case
   case thisform.commandg.value = 1
         *对第一个命令按钮编写代码
   case thisform.commandg.value = 2
         *对第二个命令按钮编写代码
   case thisform.commandg.value = 3
         *对第三个命令按钮编写代码
Endcase
```

Visual FoxPro中的许多控件(如命令按钮组、文本框、编辑框等)的常用属性除了可在表单设计器的属性窗口中设置外,还可以通过相应的生成器来快速设置。命令按钮组的生成器的使用方法如下。

(1) 向表单添加一个命令按钮组控件,在该控件上单击鼠标右键,从弹出的快捷菜单中选择"生成器"命令,则弹出"命令组生成器"窗口,如图9-31所示。

(2) 在"按钮"选项卡中,命令按钮组初始设置为包含名称为Command1、Command2的两个命令按钮,可在"按钮的数目"微调器框中重新设置按钮的个数,然后依次在标题列中分别设置每个按钮的标题,即Caption属性的属性值。

(3) 单击"布局"选项卡,在"布局"选项卡中可以设置按钮组的布局,如按钮是"垂直"或"水平"放置,按钮之间的间隔等,如图9-32所示。

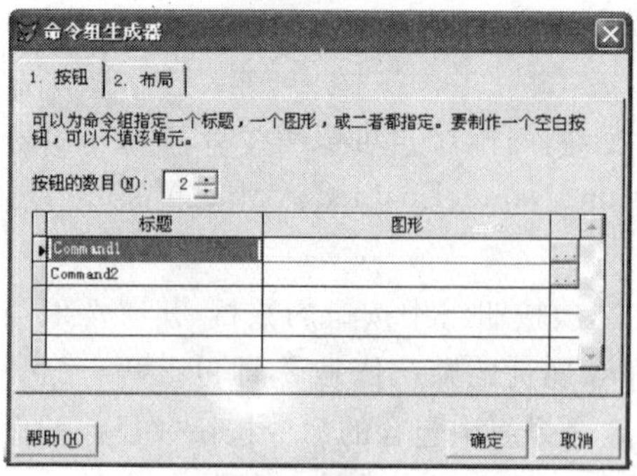

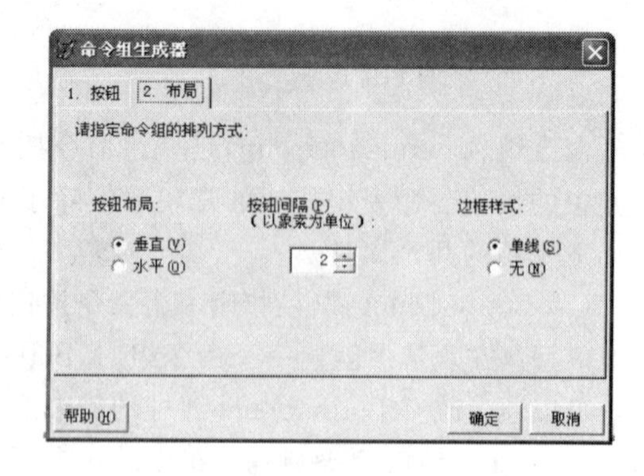

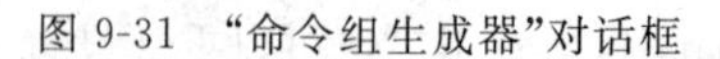

图 9-31 “命令组生成器”对话框

图 9-32 “布局”选项卡

通过命令“生成器”来设计命令按钮组的方法还适用于复选框、选项按钮、选项组、列表框、组合框、文本框、编辑框、表格等控件。

在表单设计器中，为了选择命令组中的某个按钮，以便为其单独设置属性、事件和方法，可采用以下两种方法：一是从属性窗口的对象下拉式组合框中选择所需的命令按钮；二是用鼠标右键单击命令组，然后从弹出的快捷菜单中选择“编辑”命令，这样命令组就进入了编辑状态，用户可以通过鼠标单击来选择某个其他的命令按钮。这种编辑操作方法对其他容器类控件（如选项组控件、表格控件）同样适用。

如果命令组内的某个按钮有自己的 Click 事件代码，那么一旦单击该按钮，就会优先执行为它单独设置的代码，而不会执行命令组的 Click 事件代码。

［**例 9-4**］ 设计一个表单如图 9-33 所示，实现对“学生”表中记录定位显示。

操作步骤如下：

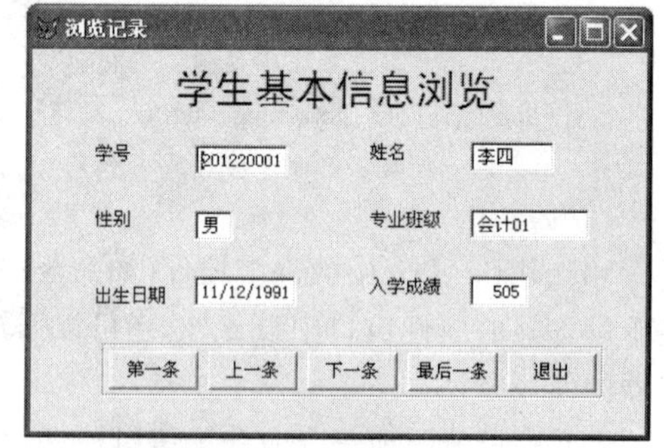

图 9-33 命令按钮组使用示例

(1) 新建表单，打开“表单设计器”窗口，并将“学生”表添加到表单的数据环境中，然后从“数据环境设计器”窗口中将“学生”需要的字段拖动到表单中。

(2) 在“表单设计器”窗口中调整所生成的各种控件的位置，并在表单上添加 1 个命令按钮组和一个标签。

(3) 设置标签的 Caption 属性值为“学生基本信息浏览”，标签的 Fontsize 属性值为“20”，标签的 Fontname 属性值为“黑体”，标签的 Autosize 属性值为“. T. ”；表单的 Caption 属性值为“浏览记录”。

(4) 通过命令按钮组生成器，设置该命令按钮组包含 5 个命令按钮，各个按钮的标题为：“第一条”、“上一条”、“下一条”、“最后一条”和“退出”，并通过“布局”选项卡，将按钮布局设置为“水平”。

(5) 添加代码：鼠标双击表单中的命令按钮组控件，打开事件代码编辑窗口，从“对象”列表中选择“CommandGroup1”，从“过程”列表中选择“Click”事件，代码如下：

```
Do case
   case  thisform.commandgroup1.value = 1
```

```
        goto  top
        thisform.refresh
    case  thisform.commandgroup1.value = 2
        if  bof() = .f.
            skip  -1
            thisform.refresh
        else
            Messagebox("已经处于表头")
        endif
    case  thisform.commandgroup1.value = 3
        if  eof() = .f.
            skip 1
            thisform.refresh
        else
            Messagebox("已经处于表尾")
        endif
    case  thisform.commandgroup1.value = 4
        goto  bottom
        thisform.refresh
    case  thisform.commandgroup1.value = 5
        thisform.release
Endcase
```

9.4.4　文本框控件

文本框(TextBox)控件主要用于在表单上编辑或显示字符型内存变量或字段变量中的数据。实际上,文本框控件主要功能是接受表中字段数据的输入、输出以及窗口向内存变量赋值等操作,所有标准 Visual FoxPro 编辑功能,如剪切、复制和粘贴,在文本框内均可使用。

文本框常用属性除了 Alignment、Enabled、Name、FontSize、Fontname、Visible 以外,还有如下常用的几个属性。

(1) ControlSource 属性:这个属性在表单设计中非常重要,一般情况下,可以使用该属性为文本框指定一个字段或内存变量,运行时,文本框首先显示该变量的内容。而用户对文本框的编辑结果,也会保存到该变量中。该属性在设计和运行时可用,除了文本框,还适用于命令组、复选框、选项按钮、选项组、列表框、组合框、编辑框等控件。

(2) Value 属性:返回当前文本框中的实际内容,Value 属性所存放数据的类型,取决于在设计时给其赋予的初值。如果 ControlSource 属性指定了字段或内存变量,则 Value 属性值的数据类型将于 ControlSource 属性指定的字段或变量的数据类型相同,如果没有设置 ControlSource 属性,用户也没有编辑文本框时,Value 属性的默认值是空串,其数据类型为字符型。

(3) PasswordChar 属性:指定文本框控件内是显示用户输入的字符还是显示占位符。并指定用作占位的字符。该属性的默认值是空串,此时没有占位符,文本框内显示的是用户输入的内容,当为该属性指定一个字符(即占位符,通常是 *)后,文本框内只显示占位符,而不会显示用户输入的内容。这在设计录入口令框时常会用到。该属性不会影响 Value 属性的设置,Value 属性总是包含用户输入的实际内容。该属性在设计和运行时可用。

可以通过文本框生成器来快速设置文本框相关的属性,其使用方法如下:

(1) 向表单添加一个文本框控件,在该控件上单击鼠标右键,从弹出的快捷菜单中选择"生成器"命令,则弹出"文本框生成器"窗口,如图 9-34 所示。

(2) 在"格式"选项卡中,用于设置当前文本框的数据类型和控制格式。

(3) 单击"样式"选项卡,在"样式"选项卡中用来设置当前文本框的样式,例如平面或三维等。

(4) 单击"值"选项卡,主要用于设置当前文本框的数据源,若文本框的值来源于字段,则单击"字段名"右边的"按钮"选择数据表,再从"字段名"组合框中选择字段。例如,若选择了"学生.学号"字段,则相当于为当前文本框设置了 ControlSource 属性,即 ControlSource ="学生.学号",若不是字段,而是内存变量,则直接在组合框中输入内存变量名。

[**例 9-5**] 设计一个表单如图 9-35 所示,在第一文本框中输入要查询学生的姓名,单击"查询"按钮,如果查询到输入姓名学生的记录,则在其他文本框中显示该学生其他字段的信息,如果没有查询到则显示"查无此人"对话框,在其他的文本框中不显示任何信息。

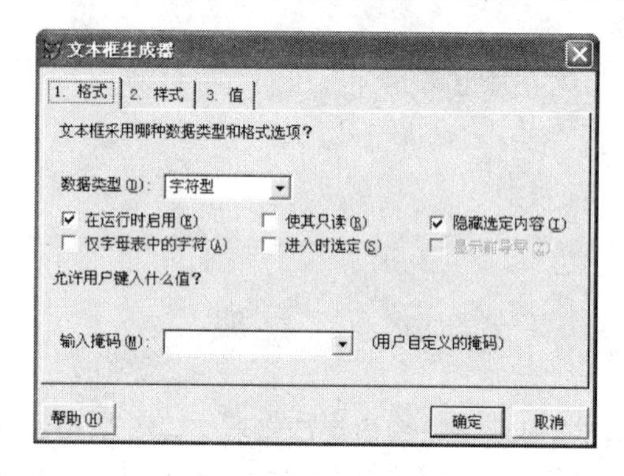

图 9-34 "文本框生成器"对话框

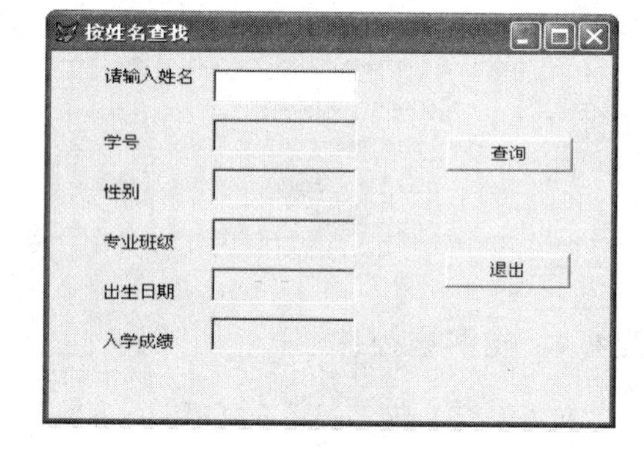

图 9-35 文本框使用示例

操作步骤如下:

(1) 新建表单,打开"表单设计器"窗口,向表单中添加 6 个标签控件、6 个文本框控件和 2 个按钮控件,并调整好各个控件的大小和位置。

(2) 选中第二个文本框,单击鼠标右键弹出系统菜单,选择"生成器"命令,打开"文本框"生成器。将"格式"选项卡中的数据类型设置为"字符型";"样式"选项卡中的特殊效果设置为"三维",边框设置为"单线",字符对齐方式设置为"左对齐";"值"选项卡中的字段名设置为"学生.学号"。用同样的方法设置第三个文本框,将"格式"选项卡中的数据类型设置为"字符型";"样式"选项卡中的特殊效果设置为"三维",边框设置为"单线",字符对齐方式设置为"左对齐";"值"选项卡中的字段名设置为"学生.性别";设置第四个文本框,将"格式"选项卡中的数据类型设置为"字符型";"样式"选项卡中的特殊效果设置为"三维",边框设置为"单线",字符对齐方式设置为"左对齐";"值"选项卡中的字段名设置为"学生.专业班级";设置第五个文本框,将"格式"选项卡中的数据类型设置为"日期型";"样式"选项卡中的特殊效果设置为"三维",边框设置为"单线",字符对齐方式设置为"左对齐";"值"选项卡中的字段名设置为"学生.出生日期";设置第六个文本框,将"格式"选项卡中的数据类型设置为"数值型";"样式"选项卡中的特殊效果设置为"三维",边框设置为"单线",字符对齐方式设置为"左对齐";"值"选项卡中的字段名设置为"学生.入学成绩"。

(3) 通过属性窗口为每个控件设置相应的属性,控件的属性设置如表 9-7 所示。

表 9-7 文本框使用示例控件属性值

对象	属性	属性值	说明
Label1	Caption	请输入姓名	标签文字
Label2	Caption	学号	标签文字
Label3	Caption	性别	标签文字
Label4	Caption	专业班级	标签文字
Label5	Caption	出生日期	标签文字
Label6	Caption	入学成绩	标签文字
Text2	Eanble	. F.	文本框无效
Text3	Eanble	. F.	文本框无效
Text4	Eanble	. F.	文本框无效
Text5	Eanble	. F.	文本框无效
Text6	Eanble	. F.	文本框无效
Command1	Caption	查询	按钮标题
Command2	Caption	退出	按钮标题
Form1	Caption	按姓名查找	标题栏标题

(4) 添加事件代码。

① 表单的 Init 事件,代码如下:

```
go bottom
skip 1
thisform.refresh
```

② "查询"按钮的 Click 事件,代码如下:

```
nm = alltrim(thisform.text1.value)
locate for 姓名 = nm
if found() = .f.
   Messagebox ("查无此人!")
   thisform.refresh
else
  thisform.refresh
endif
```

③ "退出"按钮的 Click 事件,代码如下:

```
  thisform.release
```

9.4.5 编辑框控件

编辑框(EditBox)和文本框一样用来输入、编辑数据,但它的特点是:在运行状态下成为一个完整的文字处理器,可以在框内进行选择、剪切、粘贴以及复制正文;可以实行自动换行;能够有自己的垂直滚动条;可以编辑字符型数据,包括字符型内存变量、数组元素、字段以及备注字段里的内容。

前面介绍的有关文本框的属性(不包括 PasswordChar 属性)对编辑框同样适用。编辑框常用属性除了 Alignment、Enabled、Name、FontSize、Fontname、Value、Visible 以外,还有如下常用的几个属性。

(1) AllowTabs 属性:指定编辑框控件中能否使用 Tab 键,在其属性值为.T.时,编辑框里允许使用 Tab 键;按 Ctrl+Tab 组合键时焦点移出编辑框。当值为.F.,失去焦点时,编辑框里不能使用 Tab 键,按 Tab 键时焦点移出编辑框。

(2) HideSelection 属性:指定当编辑框失去焦点时,编辑框中选定的文本是仍显示为选定状态。其属性默认值为.T.,失去焦点时,编辑框中选定的文本不显示为选定状态。当编辑框再次获得焦点时,选定文本重新显示为选定状态。其属性值为.F.;失去焦点时,编辑框中选定的文本仍显示为选定状态。

(3) ReadOnly 属性:指定用户能否编辑编辑框中的内容,其值为.T.时不能编辑编辑框中的内容;其值为.F.时(默认值)能够编辑编辑框中的内容。ReadOnly 属性与 Enabled 属性是有区别的。尽管在 readOnly 为 .T.和 Enabled 为 .F.两种情况下,都使编辑框具有只读的特点,但在前一种情况下,用户仍能移动焦点至编辑框上并使用滚动条,而后种情况则不能。该属性在设计时可用,在运行时可读写。除了编辑框,还适用于文本框、表格等控件。

(4) ScrollBars 属性:指定编辑框是否具有滚动条,当属性值为 0 时,编辑框没有滚动条;当属性值为 2 时(默认值),编辑框包含垂直滚动条。该属性在设计时可用,在运行时可读写,除了编辑框,还适用于表单、表格等控件。

(5) SelStart 属性:返回用户在编辑框中所选文本的起始点位置或插入点位置(没有文本选定时)。也可用以指定要选文本的起始位置或插入位置。属性的有效取值范围在 0 与编辑区中字符总数之间。该属性在设计时不可用,在运行时可读写,除了编辑框,还适用于文本框、组合框等控件。

(6) Selength 属性:返回用户在控件的文本区中所选定字符的数目,或指定要选定的字符数目。属性的有效取值范围在 0 与编辑区中字符总数之间,若小于 0,将产生一个错误。该属性在设计时可用,在运行时可读写,除了编辑框,还适用于文本框、组合框等控件。

(7) Seltext 属性:返回用户编辑区中的文本,如果没有选定任何文本,则返回空串。该属性在设计时可用,在运行时可读写,除了编辑框,还适用于文本框、组合框等控件。

SelStart、SelLength 和 SelText 属性配合使用,可以完成像设置插入点位置、控制插入点的移动范围、选择字串、清除文本等一些任务。在使用这些属性时,要注意以下几点。

(1) 如果把 SelLength 属性值设置成小于 0,将产生一个错误。

(2) 如果 SelStart 的设置值大于文本总字符数,系统将自动将其调整为文本的总字符数,即插入点位于文本的末尾。

(3) 如果改变了 SelStart 属性的值,系统将自动把 SelLength 属性值设置为 0。

(4) 如果将 Seltext 属性设置成一个新值,那么这个新值就会去置换编辑区中的所选文本并将 Sellength 置为 0。如果 Sellength 值本来就是 0,那么新值就会被插入到插入处。

[**例 9-6**] 设计一个表单如图 9-36 所示,单击"查找"按钮时,从编辑框中查找"计算机"字符,如果找到则标记出来,如果没有找到则显示提示信息。单击"替换"按钮时,将找到的"计算机"字符替换成"微机"。

操作步骤如下:

(1) 新建表单,打开"表单设计器"窗口,向表单中添加1个编辑框和2个命令按钮,并调整好各个控件的大小和位置。

(2) 设置编辑框的Hideselection属性值为".F.",Value属性值中输入框中文字;分别设置两个命令按钮的Caption属性值为"查找"和"替换";设置表单的Caption属性值为"字符查找与替换"。

(3) 添加事件代码。

① "查找"按钮的Click事件,代码如下:

```
n = at("计算机",thisform.edit1.value)
if n<>0
thisform.edit1.selstart = n - 1
thisform.edit1.sellength = len("计算机")
else
wait windows "没有相匹配的单词" timeout 1
endif
```

② "替换"按钮的Click事件,代码如下:

```
if thisform.edit1.seltext = "计算机"
thisform.edit1.seltext = "微机"
else
wait windows "没有选择要置换的单词" timeout 1
endif
```

9.4.6 复选框控件

一个复选框(CheckBox)用于标记一个两值状态,如为(.T.)或假(.F.)。当处于"真"状态时,复选框内显示一个对勾(√);否则,复选框为空白。

复选框常用属性除了Alignment、Caption、Enabled、Name、FontSize、Fontname、Visible以外,还有如下几个常用属性。

(1) Value属性:表示当前复选框的状态,0、1和2分别对应复选框未被选中、被选中和不确定;也可设置.F.、.T.和.null分别对应复选框未被选中、被选中和不确定。

(2) ControlSource属性:指明与复选框建立联系的数据源,作为数据源的字段变量或内存变量,其类型可以是逻辑型或数值型。对于逻辑型变量,值.F.、.T.和.null分别对应复选框未被选中、被选中和不确定。对于数值型变量,值0、1和2(或.null)分别对应复选框未被选中、被选中和不确定。用户对复选框操作结果会自动存储到数据源变量以及Value属性中。

复选框的不确定状态与不可选状态(Enabled属性值为.F.)不同,不确定状态只表明复选框的当前状态值不属于两个正常状态值中的一个,但用户仍能对其进行选择操作,并使其变为确定状态。而不可选状态则表明用户现在不合适针对它作出某种选择。在屏幕上,不确定状态复框以灰色显示,标题文字正常显示,而不可选状态复选框标题文字的显示颜色由DisabledBackColor和DisableForeColor属性值决定,通常是浅色。

[**例9-7**]　设计一个表单如图9-37所示,当单击不同的复选框时,标签中的文字会根据复选框的状态进行显示。

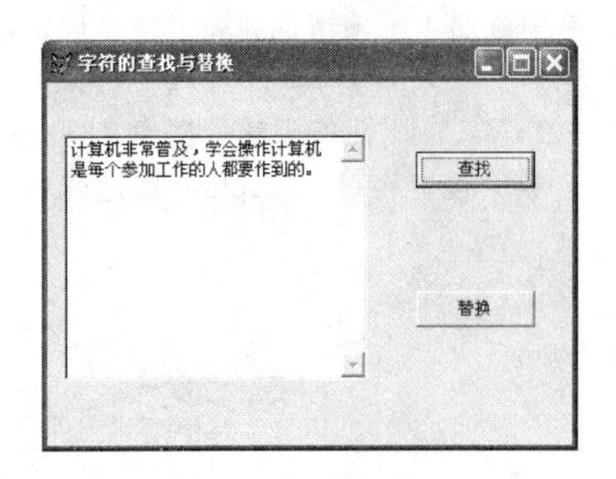

图 9-36　编辑框使用示例

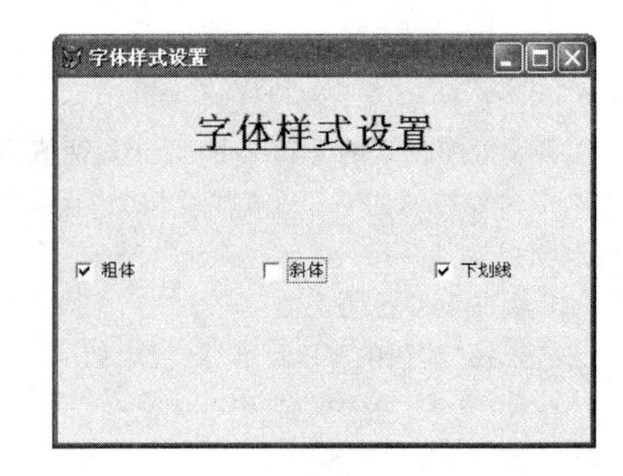

图 9-37　复选框使用示例

操作步骤如下：

(1) 新建表单，打开“表单设计器”窗口，向表单中添加 1 个标签和 3 个复选框按钮，并调整好各个控件的大小和位置。

(2) 设置标签 Caption 属性值为“字体样式设置”，Autosize 属性值为“. T. ”，Fontsize 属性值为 20；分别设置 3 复选框按钮的 Caption 属性值为“粗体”、“斜体”和“下画线”；设置表单的 Caption 属性值为“字体样式设置”。

(3) 添加事件代码。

① “粗体”复选框按钮的 Click 事件，代码如下：

```
do case
   case thisform.check1.value = 0
         thisform.label1.fontbold = .f.
   case  thisform.check1.value = 1
         thisform.label1.fontbold = .t.
  endcase
```

② “斜体”复选框按钮的 Click 事件，代码如下：

```
do case
   case thisform.check2.value = 0
         thisform.label1.fontitalic = .f.
   case  thisform.check2.value = 1
         thisform.label1.fontitalic = .t.
endcase
```

③ “下画线”复选框按钮的 Click 事件，代码如下：

```
do case
   case thisform.check3.value = 0
        thisform.label1.fontunderline = .f.
  case  thisform.check3.value = 1
        thisform.label1.fontunderline = .t.
endcase
```

9.4.7　选项组控件

选项组(OptionGroup)又称为选项按钮组，是包含选项按钮的一种容器，一个选项组中往往包含若干个选项按钮,但用户只能从中选择一个按钮,当用户选择某个选项按钮时,该选项按钮即成为被选中状态,而选项组中的其他按钮,不管原来是什么状态,都变为未选中状态。被选中的选项按钮中会显示一个圆点。

选项组常用属性除了 Enabled、Name、Visible 以外,还有如下常用的几个属性。

(1) ButtonCount 属性:指定选项组中选项按钮的数目。在表单中创建一个选项组时,ButtonCount 属性的默认值是 2,即包含 2 个选项按钮。可以通过改变 ButtonCount 属性的值来重新设置选项组中包含的选项按钮数目。例如,要想使一个选项组包含 5 个按钮,可将 ButtonCount 属性值设置为 5。

(2) Value 属性:指定选项组中哪个选项按钮被选中。该属性的类型可以是数值型的(这是默认情况),也可以是字符型的,若为数值型值 N,则表示命令组中第 *N* 个按钮被选中;若为字符型 C,则表示命令组中 Caption 属性值为 C 的命令按钮被选中。

(3) ControlSource 属性:指明与选项组建立联系的数据源。作为选项组数据源的字段变量或内存变量,其类型可以是数值型或字符型。比如,变量值为数值型 3,则选组中第 3 个按钮被选中;若变量值为字符型“Option3”,则 Caption 属性值为“Option3”的按钮被选中,用户对选项组的操作结果会自动存储到数据源变量以及 Value 属性中。

(4)Buttons 属性:用于存取选项组中每个按钮的数组,用户可以利用该属性为选项组中的按钮设置属性或调用其方法。比如,“代码”可将选项组 MyOptiong 中的第 3 个按钮的标题设置为“确定”。

[**例 9-8**] 设计一个表单如图 9-38 所示,当单击不同的选项按钮时,标签中的文字会根据选项按钮组的状态进行显示。

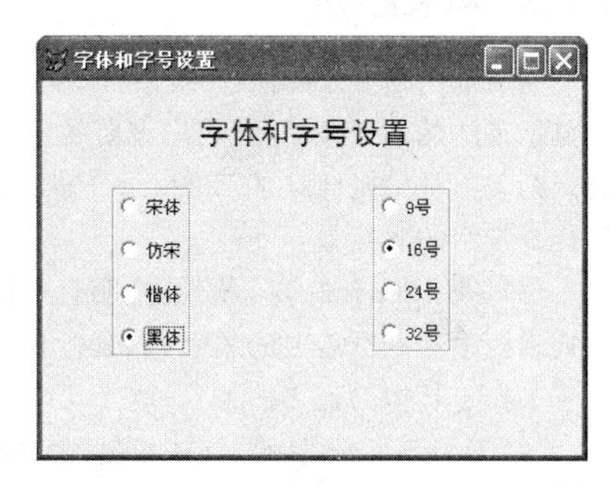

图 9-38 选项按钮组使用示例

操作步骤如下:

(1) 新建表单,打开“表单设计器”窗口,向表单中添加 1 个标签和 2 个选择按钮组。

(2) 选中选项按钮组 1,单击鼠标右键,弹出系统菜单,选择“生成器”命令,弹出“选项组生成器”对话框,在“按钮”选项卡中将按钮的数目设置为 4,并分别为每个按钮的标题设置为“宋体”、“仿宋”、“楷体”和“黑体”;在“布局”选项卡中按钮布局选择为“垂直”,按钮间隔设置为 13;用同样的方法设置选项按钮组 2,在“按钮”选项卡中将按钮的数目设置为 4,并分别为每个按钮的标题设置为“9 号”、“16 号”、“24 号”和“32 号”;在“布局”选项卡中按钮布局选择为“垂直”,按钮间隔设置为 13。

(3) 设置标签 Caption 属性值为“字体和字号设置”,Autosize 属性值为“. T. ”,Fontsize 属性值为 9;设置表单的 Caption 属性值为“字体和字号设置”,并调整好各个控件的大小和位置。

(4) 添加事件代码。

① 选项按钮组 1 的 Click 事件,代码如下:

```
do case
    case  thisform.optiongroup1.value = 1
        thisform.label1.fontname = "宋体"
```

```
    case  thisform.optiongroup1.value = 2
          thisform.label1.fontname = "仿宋"
    case  thisform.optiongroup1.value = 3
          thisform.label1.fontname = "楷体_GB2312"
    case  thisform.optiongroup1.value = 4
          thisform.label1.fontname = "黑体"
endcase
```

② 选项按钮组 2 的 Click 事件,代码如下:

```
do  case
     case thisform.optiongroup2.value = 1
         thisform.label1.fontsize = 9
     case thisform.optiongroup2.value = 2
         thisform.label1.fontsize = 16
     case thisform.optiongroup2.value = 3
         thisform.label1.fontsize = 24
     case thisform.optiongroup2.value = 4
         thisform.label1.fontsize = 32
endcase
```

9.4.8 列表框控件

列表框(ListBox)提供一组条目,用户可以从中选择一个或多个条目,一般情况下,列表框显示其中的若干条目,当用户需要的选项不在列表框中,可以通过右边滚动条浏览其他条目。列表框常用属性除了 Enabled、Name、FontSize、Fontname、Name、Visible 以外,还有如下几个常用的属性。

(1) RowSourceType 属性:指明列表框中条目数据源的类型。用户可以从该属性的下拉列表框中选择所需要的属性,该属性值有 0～9 共 10 个值。例如,要通过 RowSource 属性手工指定具体的列表框条目,取 1;要将数组中的内容作为列表框条目的来源,取 5 等。

(2) RowSource 属性:具体指定列表框的条目数据源。以上两个属性在设计和运行时可用。

(3) List 属性:用于存取列表框中数据条目的字符串数组。如要读取列表框第 3 个条目的数据项,可写成 var=thisform.mylist.list(3),如要将列表框中第 3 个条目的数据项设置为"OK",可写成:thisform.mylist.list(3)= "OK"。该属性设计时不可用,在运行时可读写。

(4) ListCount 属性:指明列表框中数据条目的数目。该属性设计时不可用,在运行时只读。

(5) ColumnCount 属性:指定列表框的列数,该属性设计和运行时可用。

(6) Value 属性:返回列表框中被选中的条目,该属性可以是数值型,也可以是字符型。若为数值型,返回的是被选条目在列表框中的次序号。若为字符型,返回的是被选条目本身内容,该属性是只读。

(7) ControlSource 属性:指定一个字段或变量来保存用户从列表框中选择的结果。

(8) Selected 属性:指定列表框内的某个条目是否处于选定状态。例如要判断第 3 个条目是否被中，可用下面的代码表示：

```
    if   thisform.mylist.selected(3)
       wait window "It's selected! "
     else
        wait window  "It's not! "
  endif
```

该属性设计时不可用，在运行时可读/写。

(9) MultiSelect 属性：指定用户能否在列表框控件内进行多重选定。该属性值取 0 或 .F.(默认值)，不允许多重选择，取 1 或.T.，允许多重选择，为了选择多个条目，按住 Ctrl 键并用鼠标单击条目。该属性设计时可用，在运行时可读/写。

列表框常用的方法如下。

(1) AddItem(字符串)：用于向类表框中添加一个由字符串所表示的项目。

(2) RemoveItem(数值 n)：用于从列表框中删除由数值 n 所指定的项目。

(3) Clear()：用于从列表框中删除所有的项目。

[**例 9-9**]　设计一个表单如图 9-39 所示，可以将“可用字段”列表框选中的项目或全部项目添加到“选用字段”列表框中，也可以将“选用字段”列表框中选中的项目或全部项目添加到“可用字段”列表框中。

操作步骤如下：

(1) 新建表单，打开“表单设计器”窗口，向表单中添加 2 个标签、2 列表框和 4 个命令按钮，并调整好各个控件的大小和位置。

(2) 设置两个标签 Caption 属性值分别为“可用字段”和“选用字段”；设置四个命令按钮的 Caption 属性值分别为“－>”、“－>>”、“<－”和“<<－”；设置表单的 Caption 属性值为“字段选择”。

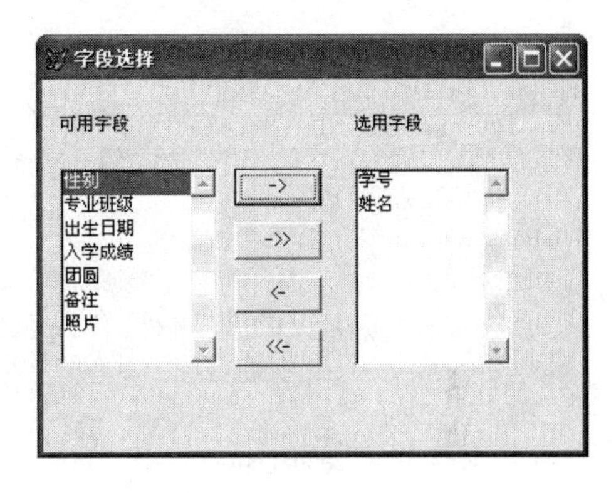

图 9-39　列表框使用示例

(3) 选中“可用字段”列表框，单击鼠标右键，弹出系统菜单，选择“生成器”命令，弹出“列表框生成器”对话框，在“列表项”选项卡中从“用此填充列表”列表框中选择“手工输入数据”，“列”设置为 1，并输入“学号”、“姓名”、“性别”、“专业班级”、“出生日期”、“入学成绩”、“团员”、“备注”和“照片”各个项目；其他的选项卡按默认值进行设置。

(4) 添加事件代码。

① “－>”按钮的 Click 事件，代码如下：

```
num = thisform.list1.listcount
flag = .f.
for i = 1 to num
   if thisform.list1.selected(i) = .t.
   flag = .t.
   exit
   endif
endfor
if flag = .t.
```

```
thisform.list2.additem  (thisform.list1.value)
thisform.list1.removeItem(thisform.list1.listindex)
else
   Messagebox("没有选中项目")
endif
```

②“—>>”按钮的 Click 事件,代码如下:

```
num = thisform.list1.listcount
for i = 1 to num
  thisform.list2.additem(thisform.list1.list(i))
endfor
thisform.list1.clear()
```

③“<—”按钮的 Click 事件,代码如下:

```
num = thisform.list2.listcount
flag = .f.
for i = 1 to num
  if thisform.list2.selected(i) = .t.
  flag = .t.
  exit
  endif
endfor
if flag = .t.
thisform.list1.additem  (thisform.list2.value)
thisform.list2.removeItem(thisform.list2.listindex)
else
  Messagebox("没有选中项目")
endif
```

④“<<—”按钮的 Click 事件,代码如下:

```
num = thisform.list2.listcount
for i = 1 to num
  thisform.list1.additem(thisform.list2.list(i))
endfor
thisform.list2.clear()
```

9.4.9 组合框控件

组合框(CombBox)与列表框类相似,也是提供一组条目供用户选择。上面介绍的列表框,有关列表框的属性、方法组合框同样具有(除 MultiSelect 外),并且具有类似的含义和用法,组合框与列表框的区别在于:

(1) 在组合框里,通常只有一个条目是可见的。用户可以单击组合框上的上、下箭头按钮打开条目列表,以便从中选择。所以相比列表框,组合框能够节约表单里的显示空间。

(2) 组合框不提供多重选择功能,没有 MultiSelect 属性。

(3) 组合框有两种形式:下拉组合框和下拉列表框。通过设置 Style 属性值可选择要想的形式。当值为 0 时,是下拉组合框,用户即可以从列表中选择,也可以在编辑区输入,在编辑区内输入的内容可以从 Text 属性中获得;当值为 2 时,用户只能从列表框中选择。

[例 9-10] 设计一个表单如图 9-40 所示,从三个组合框中选择班级、姓名和爱好,并将

选择的结果显示在文本框中。

操作步骤如下：

(1) 新建表单，打开“表单设计器”窗口，向表单中添加3个标签、1个文本框、3个组合框和2个命令按钮，并调整好各个控件的大小和位置。

(2) 设置三个标签Caption属性值分别为“专业”、“姓名”和“爱好”；设置文本框Fontsize属性值为18，Alignment属性值为2；设置两个命令按钮的Caption属性值分别为“确定”和“取消”；设置表单的Caption属性值为“班级姓名爱好选择”。

(3) 选中“专业”组合框，单击鼠标右键，弹出系统菜单，选择“生成器”命令，弹出“组合框生成器”对话框，在“列表项”选项卡中从“用此填充列表”列表框中选择“手工输入数据”，“列”设置为1，并输入“计算机”、“会计学”、“财管”和“营销”各个项目；其他的选项卡按默认值进行设置。使用同样的方法，在姓名组合框中添加“张三”、“李四”、“王五”和“赵六”各个项目，在爱好组合框中添加“唱歌”、“跳舞”、“绘画”和“旅游”各个项目。

(4) 添加事件代码。

① “确定”按钮的Click事件，代码如下：

```
thisform.text1.value = thisform.combo1.value + "专业" + thisform.combo2.value;
    + "喜欢" + thisform.combo3.value
```

② “退出”按钮的Click事件，代码如下：

```
thisform.release
```

9.4.10　微调按钮控件

微调按钮(Spinner)用于接受给定范围内的数值输入。使用微调控件，一方面可以在控件内直接从键盘上输入一个值，另一方面也可以用鼠标单击控件右侧向上或向下的箭头增减当前的值。微调按钮常用属性除了Alignment、Enabled、Name、FontSize、Fontname、Value、Visible以外，还有如下几个常用的属性。

(1) Increment属性：设置微调控件向上和向下箭头的微调量，默认值为1.00。

(2) KeyboardhighValue属性：确定在微调控件框中通过键盘可输入的最大值。

(3) KeyboardLowValue属性：确定在微调控件框中通过键盘可输入的最小值。

(4) SpinnerHighValue属性：确定在微调控件框中通过单击微调按钮可输入的最大值。

(5) SpinnerLowValue属性：确定在微调控件框中通过单击微调按钮可输入的最小值。

[例9-11]　设计一个表单如图9-41所示，实现10以内的整数的加、减、乘、除运算。

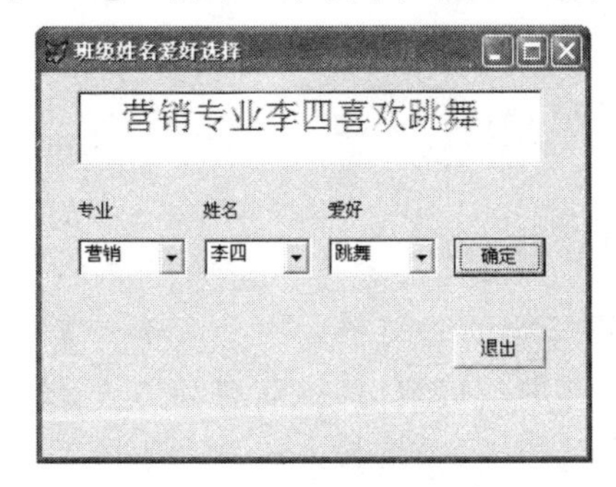

图9-40　组合框使用示例

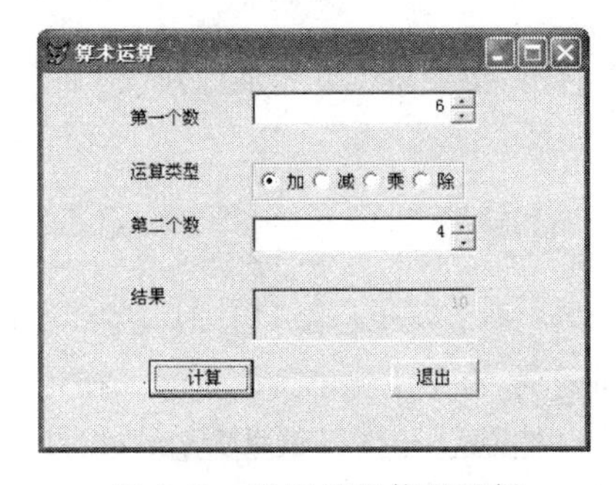

图9-41　微调按钮使用示例

操作步骤如下：

(1) 新建表单，打开“表单设计器”窗口，向表单中添加 4 个标签、2 个微调按钮、1 个选项按钮组、1 个文本框和 2 个命令按钮，并调整好各个控件的大小和位置。

(2) 选中“运算类型”选项按钮组，单击鼠标右键，弹出系统菜单，选择“生成器”命令，弹出“选项组生成器”对话框，在“按钮”选项卡中将按钮数目设置为 4，并输入“加”、“减”、“乘”和“除”各个标题；其他的选项卡按默认值进行设置。

(3) 设置 4 个标签 Caption 属性值分别为“第一个数”、“运算类型”、“第二个数”和“结果”；设置两个微调控件的 Increment 属性值为 2，KeyboardhighValue 属性值为 10，KeyboardLowValue 属性值为 0，SpinnerHighValue 属性值为 10，SpinnerLowValue 属性值为 0；设置文本框 Enabled 属性值为. F. ；设置两个命令按钮的 Caption 属性值分别为“计算”和“退出”；设置表单的 Caption 属性值为“算术运算”。

(4) 添加事件代码。

① “计算”按钮的 Click 事件，代码如下：

```
num1 = thisform.spinner1.value
num2 = thisform.spinner2.value
do case
   case  thisform.optiongroup1.value = 1
       num3 = num1 + num2
       thisform.text1.value = num3
    case  thisform.optiongroup1.value = 2
        num3 = num1 - num2
       thisform.text1.value = num3
   case  thisform.optiongroup1.value = 3
        num3 = num1 * num2
        thisform.text1.value = num3
   case  thisform.optiongroup1.value = 4
     if num2 = 0
       Messagebox("除数不能为 0")
     else
       num3 = num1/num2
       thisform.text1.value = num3
   endif
  endcase
```

② “退出”按钮的 Click 事件，代码如下：

```
thisform.release
```

9.4.11 计时器控件

计时器控件(Timer)提供计时功能，它能每隔指定的时间产生一次 Timer 事件。用以指定时间间隔，在后台监控系统时钟、在计时器计满时间间隔时，控制启动一个操作。使用此控件可以控制定时执行某些复杂的操作，例如定时进行系统检查或系统备份等工作。或者说，它像一个闹钟，但比闹钟功能要强大得多，它最短可以每毫秒一次，最长大约可 596.5

小时一次。此控件在运行时不可见。时间编程控件常用属性除了 Enabled、Name 以外，还有一个最常用的属性——Interval 属性：指定计时器事件的时间间隔，以毫秒为单位。例如要求 5 秒显示一次时间，则可选 Interval 属性值为 5000。

［**例 9-12**］ 设计一个表单如图 9-42 所示，能够使标签中的文字的字号每隔 0.5 秒自动增大 2 个单位。

操作步骤如下：

(1) 新建表单，打开“表单设计器”窗口，向表单中添加 1 个标签、2 个命令按钮和 1 个计时器，并调整好各个控件的大小和位置。

(2) 设置标签 Caption 属性值为“文字字号自动变化”；设置两个命令按钮的 Caption 属性值分别为“启动”和“暂停”；设置计时器 Interval 属性值为 500，Enabled 属性值为.F.；设置表单的 Caption 属性值为“字号变化”。

(3) 添加事件代码。

① 计时器的 Timer 事件，代码如下：

```
thisform.label1.fontsize = thisform.label1.fontsize + 2
```

② “启动”按钮的 Click 事件，代码如下：

```
thisform.timer1.enabled = .t.
```

③ “暂停”按钮的 Click 事件，代码如下：

```
thisform.timer1.enabled = .f.
```

9.4.12 表格控件

表格(Grid)类似浏览窗口。它具有网格结构，有垂直滚动条和水平滚动条，可以同时操作和显示数据表文件记录数据。表格控件是一个容器控件，它还包含了“列”控件，“列”控件包括标头和其他控件。它们都有自己的属性、事件和方法来完成相应的控制。表格控件常用属性除了 Enabled、Name、FontSize、Fontname、Value、Visible 以外，还有如下几个常用的属性。

(1) ChildOrder 属性：在表格中所显示子表与父表相关联的索引标识。单个数据库的表格不用此属性。

(2) ColumnCount 属性：确定列的数目。

(3) LinkMaster 属性：在表格中所显示子表相连接的父表，单个数据库的表格不用此属性。

(4) RecordSource 属性：指定表格中要显示的数据。它与 RecordSourceType 属性值联系紧密。

(5) RecordSourceType 属性：指定表格中显示的数据源的类型。只有设计了数据源，才能在表格中显示数据。RecordSourceType 属性包含 5 个属性值。属性值为 0 时，表示数据源为表，将自动打开 RecordSource 属性指定的表；属性值为 1 时，表示别名，可以在表格中放入打开表的字段；属性值为 2 时，表示提示，在运行时提示用户选择数据源，如果当前已经打开了数据库，可以任选一个数据库表作为数据源；属性值为 3 时，表示查询，此时 RecordSource 属性应设置为一个查询文件.qpr；属性值为 4 时，表示 SQL 语句，此时 RecordSource 属性应设置为一条 SQL 语句。

（6）RowHight 属性：指定每一行的高度。

（7）列 ControlSource 属性：列中要显示的数据，一般把它设为表中的一个字段。

（8）列 Sparse 属性：当它的逻辑值为.T.时，表示表格中控件只有列中的单元被选中时才显示为控件；当它的逻辑值为.F.时，表示在运行时就显示控件，不管该单元是否被选中。

（9）列 CurrentControl 属性：确定表格中哪个控件是活动的，系统默认值为 Text1。

在实际操作时，大多数情况下，为了不使用难记的许多属性，用表格生成器比较方便。

［**例 9-13**］ 设计一个表单如图 9-43 所示，使表格中的数据根据选项按钮组所做的选择进行显示。

操作步骤如下：

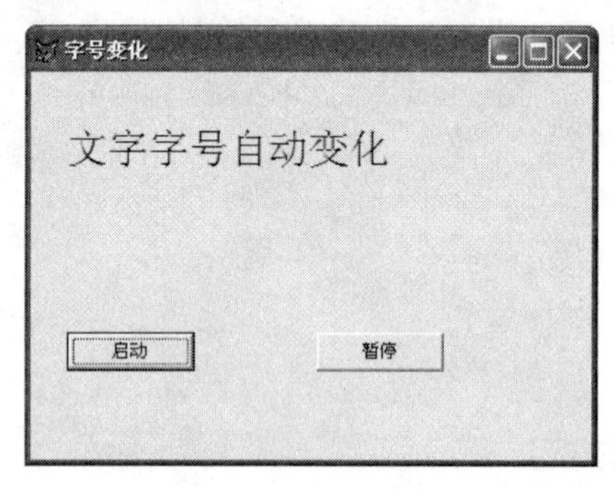

图 9-42 计时器使用示例

按专业查询

选定查询的专业

全部 会计01 会计02 计算机01

学号	姓名	性别	入学成绩	出生日期	专业班级
201220001	李四	男	505.0	11/12/91	会计01
201224002	王琳	女	491.0	11/12/91	计算机0
201214003	马兵	男	474.0	11/04/90	会计01
201214022	王小小	女	470.0	12/12/92	会计01
201223004	张小红	男	460.0	11/05/90	计算机0
201223010	李正宇	男	493.0	11/12/90	计算机0
201201008	刘小梅	女	500.0	11/01/92	会计01

图 9-43 表格使用示例 1

（1）新建表单，打开“表单设计器”窗口，向表单中添加 1 个标签、1 个选项按钮组和 1 个表格控件，并调整好各个控件的大小和位置。

（2）选中选项按钮组，单击鼠标右键，弹出系统菜单，选择“生成器”命令，弹出“选项组生成器”对话框，在“按钮”选项卡中将按钮数目设置为 4，并输入“全部”、“会计 01”、“会计 02”和“计算机 01”各个标题；在“布局”选项卡中将按钮布置设置为水平，按钮间距设置为 8；其他的选项卡按默认值进行设置。

（3）设置标签 Caption 属性值为“选定查询的专业”，Fontsize 属性值为 20，Autosize 属性值为.T.；设置表格 RecordSourceType 属性值为 4；设置表单的 Caption 属性值为“按专业查询”。

（4）将“学生”表添加到表单的数据环境中。

（5）添加事件代码。

① 表单的 Init 事件，代码如下：

```
thisform.grid1.recordsource = "select * from 学生 into cursor temp"
```

② 选项按钮组的 Click 事件，代码如下：

```
do  case
  case thisform.optiongroup1.value = 1
    thisform.grid1.recordsource = "select * from 学生 into cursor temp"
  case thisform.optiongroup1.value = 2
    thisform.grid1.recordsource = "select * from 学生  where 专业班级 = [会计 01]  ;
  into cursor temp"
```

```
    case thisform.optiongroup1.value = 3
      thisform.grid1.recordsource = "select * from 学生  where 专业班级 = [会计 02];
      into cursor temp"
    case thisform.optiongroup1.value = 4
      thisform.grid1.recordsource = "select * from 学生  where 专业班级 = [计算机 01];
      into cursor temp"
endcase
```

[例 9-14] 设计一个表单如图 9-44 所示，使用表格显示“学生”表中的数据以及与“学生”表对应的“成绩”表中的数据。

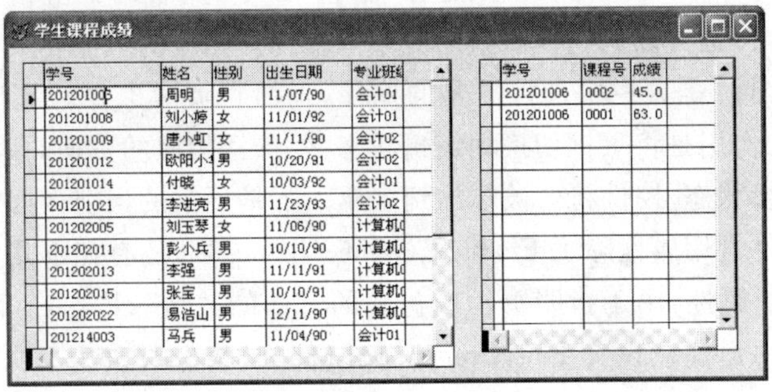

图 9-44 表格使用示例 2

操作步骤如下：

(1) 通过“表设计器”为父表“学生”表以“学号”字段作为表达式建立一个名为“XH1”的主索引(或候选索引)，为子表“成绩”表以“学号”字段作为表达式建立一个名为“XH2”的普通索引。

(2) 新建表单，打开“表单设计器”窗口，向表单中添加 2 个表格控件，并调整好各个控件的大小和位置。

(3) 选中表格 1 控件，单击鼠标右键，弹出系统菜单，选择“生成器”命令，弹出“表格生成器”对话框，在“表格项”选项卡中通过数据库和表右边的按钮添加“学生”表，并从可用字段列表框选择“学号”、“姓名”、“性别”、“出生日期”、“专业班级”字段添加到可选字段列表框中；在“关系”选项卡中“父表中的关键字段”选择为无，“子表中相关的索引”选择 XH2，其他选项卡按默认设置。

(4) 选中表格 2 控件，单击鼠标右键，弹出系统菜单，选择“生成器”命令，弹出“表格生成器”对话框，在“表格项”选项卡中通过数据库和表右边的按钮添加“成绩”表，并从可用字段列表框选择“学号”、“课程号”、“成绩”字段添加到可选字段列表框中；在“关系”选项卡中“父表中的关键字段”选择为学生.学号，“子表中相关的索引”选择 XH1，其他选项卡按默认设置。

(5) 设置表单的 Caption 属性值为“学生课程成绩”。

9.4.13 页框控件

页框(PageFrame)是包含页面(Page)的容器控件，而页面本身也是一种容器控件，其中可以包含所需要的控件。利用页框、页面和相应的控件可以构建大家熟知的选项卡对话框。

这种对话框包含若干选项卡，其中选项卡就对应着这里所说的页面。

页框定义页面的总体特性，包括大小、位置、边界类型及当前活动页等。页框中的页面相对于页框的左上角定位，并随页框在表单中移动而移动。

在表单设计器环境下，向表单添加页框的方法与添加其他控件的方法相同。默认情况下，添加的页框包括两个页面，它们的标签文本分别是 Page1 和 Page2（与它们的对象名称相同）。用户可以通过设置页框的 PageCount 属性值重新指定页面数目，通过设置页面的 Caption 属性重新指定页面的标签文本。

如果要在页面中添加控件，可用下面的方法：

(1) 右击页框，在弹出的快捷菜单中选择“编辑”命令，然后再单击相应页面的标签，使该页面成为当前活动页，也可以从属性窗口的对象框中选择相应的页面。

(2) 在“表单控件”工具栏中选择需要的控件，添加到页面中并调节其大小。

上面步骤(1)的作用是将页框切换到编辑状态，并选择相应的页面，在添加控件前，如果没有将页框切换到编辑状态，控件将会被添加到表单而不是页框的当前页面中，即使看上去好像在页面中。页框控件常用属性除了 Enabled、Name、Visible 外，还有如下几个常用的专用属性。

(1) PageCount 属性：用于指明页框所包含的页面的数量。PageCount 属性的最小值是 0，最大值是 99，当用户递减设置 PageCount 属性（例如，将 3 页改为 2 页）时，超出页框页面数的页面及其中的控件将丢失。

(2) Pages 属性：是一个数组，用于存取页框中的某个页面控件。例如，要将页框 mypageframe 中的第 2 页的 Caption 属性值设置为“列表项”，可用下面的代码：

```
Thisform.mypageframe.pages(2).caption="列表项"
```

页面的 Caption 属性值显示于页面标签上。相当于选项卡的名称。当然，也可以用页面的名称（Name 属性值，默认情况下是 Page1、Page2 等）来引用某个具体的页面对象。

(3) Tabs 属性：指定页框中是否显示页面标签栏。如果属性为.T.（默认值），页框中显示页面标签栏；如果属性值是 .F.，则不显示页面标签栏。

(4) TabStretch 属性：如果页面标题（标签）文本太长，标签栏无法在指定宽度的页框内显示出来，可以通过 TabStretch 属性指明其行为方式。当该属性值取 0 时，标签栏可根据需要分几行显示，所有的标签文本都显示出来；取 1 时，标签栏在一行内显示，太长的标签文本被截取。该属性仅在 Tabs 属性值为 .T. 时有效。

(5) activePage 属性：返回页框中活动页面的页号，或使页框中的指定页面成为活动页面。

［**例 9-15**］ 设计一个表单如图 9-45 所示，使用页框中不同的页面分别对“学生”、“成绩”和“课程”表中的数据进行浏览。

操作步骤如下：

(1) 新建表单，打开“表单设计器”窗口，向表单中添加 1 个页框和 1 个命令按钮组，并调整好各个控件的大小和位置。

(2) 在表单的空白处单击鼠标右键，从弹出的菜单中选择“数据环境”命令，打开“数据环境设计器”，并将“学生”、“成绩”和“课程”表添加到数据环境中。

(3) 设置页框 PageCount 属性值为 3，即该页框内有 3 个页面。

(4) 在页框上单击鼠标右键，从弹出的菜单中选择“编辑”命令，此时页框四周出现绿色阴影，进入编辑状态。在页框的编辑状态下，选中“Page1”页面，设置其 Caption 属性值为学生表，并将数据环境中学生表中的“学号”、“姓名”、“性别”、“出生日期”、“专业班级”和“入学成绩”字段分别拖动到该页面中，并调整好各个控件的位置和大小。在页框的编辑状态下，选中“Page2”页面，设置其 Caption 属性值为成绩表，并将数据环境中成绩表中的“学号”、“课程号”和“成绩”字段分别拖动到该页面中，并调整好各个控件的位置和大小。在页框的编辑状态下，选中“Page3”页面，设置其 Caption 属性值为课程表，并将数据环境中课程表中的“课程号”、“课程名”、“学时”和“学分”字段分别拖动到该页面中，并调整好各个控件的位置和大小。

(5) 选中命令按钮组控件，单击鼠标右键，弹出系统菜单，选择“生成器”命令，弹出“命令组生成器”对话框，在“按钮”选项卡中设置“按钮数目”为 5，并分别将每个按钮的标题设置为“第一条”、“上一条”、“下一条”、“最后一条”和“退出”，在“布局”选项卡中将按钮布局设置为水平，按钮间距设置为 5。

(6) 设置表单的 Caption 属性值为“处理多个表中的数据”。

(7) 添加事件代码。

① 页面 1(Page1)Click 事件，代码如下：

```
select 学生
thisform.refresh
```

② 页面 2(Page2)Click 事件，代码如下：

```
select 成绩
thisform.refresh
```

③ 页面 3(Page3)Click 事件，代码如下：

```
select 课程
thisform.refresh
```

④ 命令按钮组 Click 事件，代码如下：

```
do  case
    case thisform.commandgroup1.value = 1
      goto  top
      thisform.refresh
    case thisform.commandgroup1.value = 2
       if bof() = .t.
          messagebox("已经到了表头,不能显示上一条")
       else
          skip -1
          thisform.refresh
       endif
    case thisform.commandgroup1.value = 3
       if eof() = .t.
          messagebox("已经到了表尾,不能显示下一条")
       else
          skip 1
          thisform.refresh
       endif
```

```
    case thisform.commandgroup1.value = 4
       goto  bottom
      thisform.refresh
    case thisform.commandgroup1.value = 5
      thisform.release
endcase
```

⑤ 表单(Form1)Init事件,代码如下:

```
select 学生
thisform.refresh
```

9.4.14 图像框控件

图像框(Image)控件主要用于由图像文件生成的图像或图形。图像框控件可以显示的图像文件的类型有.bmp 、.ico 、.gif 和.jpg 等多种。图像控件常用属性除了 Enabled、Name、Height 、Width、Visible 以外,还有如下几个常用的属性。

(1) Picture 属性:指定图像控件中显示的图形文件保存的位置及文件名。

(2) Stretch 属性:指定图像的 3 种显示方式,为 0 时,将把图像超出图像框控件的部分剪掉;为 1 时,将自动调整图像框控件的大小正好容纳图像;为 2 时,将自动调整图像尺寸的大小正好放在图像框中。

[**例 9-16**] 设计一个表单如图 9-46 所示,能够对表单中的图像进行放大和缩小。

操作步骤如下:

(1) 新建表单,打开"表单设计器"窗口,向表单中添加 1 个图像框和 3 个命令按钮组,并调整好各个控件的大小和位置。

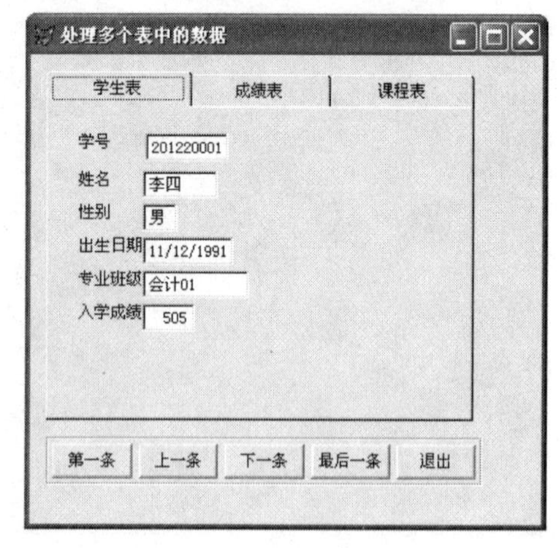

图 9-45 页框使用示例

图 9-46 图像框使用示例

(2) 设置 3 个命令按钮的 Caption 属性值分别为"放大"、"缩小"和"退出";设置图像框 Stretch 属性值为 2,Picture 属性为某个图像的文件;设置表单的 Caption 属性值为"图像处理"。

(3) 添加事件代码。

① "放大"按钮 Click 事件,代码如下:

```
thisform.image1.height = thisform.image1.height * 1.2
thisform.image1.width = thisform.image1.width * 1.2
```

② “缩小”按钮 Click 事件，代码如下：

```
thisform.image1.height = thisform.image1.height/1.2
thisform.image1.width = thisform.image1.width/1.2
```

③ “退出”按钮 Click 事件，代码如下：

```
thisform.release
```

9.4.15 形状控件

形状(Shape)控件用于产生矩形、正方形、圆形或椭圆形等。形状控件常用属性除了Enabled、Name、Height 、Width、Visible 以外，还有如下常用的几个属性。

(1) Curvature 属性：指定形状角的曲率(即决定形状的样式)，其值变化范围是 0～99。当值为 0 时，表示矩形；当值为 99 时，表示圆或椭圆。

(2) SpecialEffect 属性：指定形状是平面还是三维，仅当 Curvature 为 0 时有效。

(3) FillStyle 属性：指定填充类型。

［**例 9-17**］ 设计一个表单如图 9-47 所示，能够通过微调控件改变形状的形式。

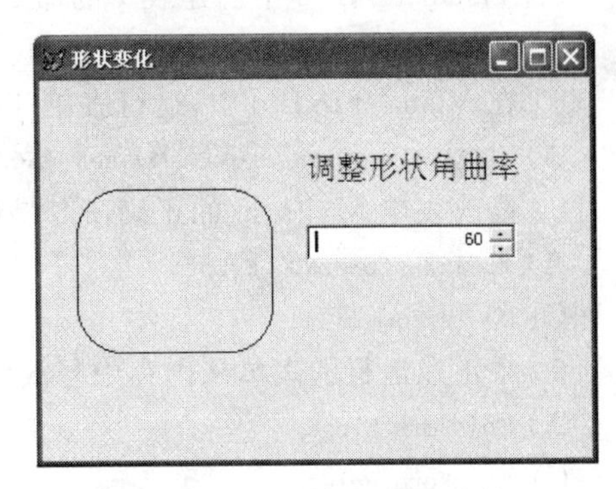

图 9-47 形状控件使用示例

操作步骤如下：

(1) 新建表单，打开“表单设计器”窗口，向表单中添加 1 个形状控件、1 个标签和 1 个微调按钮，并调整好各个控件的大小和位置。

(2) 设置标签的 Caption 属性值分别为“调整形状角曲率”，Fontsize 属性值为 16，Autusize 属性值为. T.；设置微调按钮的 Increment 属性值为 5，SpinnerHighValue 属性值为 99，SpinnerLowValue 属性值为 0，KeyboardHighValue 属性值为 99，KeyboardLowValue 属性值为 0；设置表单的 Caption 属性值为“形状变化”。

(3) 添加事件代码。微调按钮 InteractiveChage 事件，代码如下：

```
thisform.shape1.curvature = thisform.spinner1.value
```

9.4.16 线条控件

线条(Line)控件主要用于在表单上产生各种直线或斜线。线条控件常用属性除了Enabled、Name、Visible 以外，还有如下几个常用的属性。

(1) BoderWidth 属性：设置线条的粗细，通常以像素点位单位。

(2) BorderStype 属性：指定线条线型，0 为透明，1 为实线，2 为虚线，3 为点线，4 为点划线，5 为双点画线。

(3) Width 属性：指定线条的宽度，若需要垂直的直线，应将该值设为 0。

(4) Height 属性：指定线条的高度，若需要水平的直线，应将该值设为 0。

(5) LineSlant 属性：若线条不为水平或垂直时，指定线条的倾斜方向，该属性有效的属性值为“/”或“\”。

习　题

一、选择题

1. 在 Visual FoxPro 中，表单是(　　)。

A) 数据库中各表的清单　　B) 一个表中各记录的清单

C) 一个窗口界面　　D) 数据库查询的列表

2. 表单设计阶段，以下说法不正确的是(　　)。

A) 拖动表单上的对象，可以改变该对象在表单上的位置

B) 拖动表单上对象的边框，可以改变该对象的大小

C) 通过设置表单上对象的属性，可以改变对象的大小和位置

D) 表单上的对象一旦建立，其位置和大小均不能改变

3. Visual FoxPro 中创建表单的命令是(　　)。

A) CREATE　FORM　　B) CREATE　ITEM　　C) NEW　ITEM　　D) NEW　FORM

4. 在 Visual FoxPro 中，运行表单 T1. scx 的命令是(　　)。

A) DO T1　　B) RUN FORM1 T1　　C) DO FORM T1　　D) DO FROM T1

5. 修改表单 MyForm 的正确命令是(　　)。

A) MODIFY　COMMAND　MyForm　　B) MODIFY　FORM　MyForm

C) DO　MyForm　　D) EDIT　MyForm

6. 将正在运行的表单从内存中释放的正确语句是(　　)。

A) ThisForm.Close　　B) ThisForm.Clear

C) ThisForm.Release　　D) ThisForm.Refresh

7. 在表单中要选定多个控件，应在按(　　)键的同时，用鼠标来选择。

A) Alt　　B) Ctrl　　C) Shift　　D) Tab

8. 下列关于表单数据环境的说法中，错误的是(　　)。

A) 数据环境是表单的容器

B) 可以在数据环境中加入与表单操作有关的表

C) 可以在数据环境中建立表间的联系

D) 表单运行时自动打开其数据环境中的表

9. 若复选框的 Value 属性值等于 2，则表示该复选框当前的状态是(　　)。

A) 被选中　　B) 未被选中　　C) 不确定　　D) 设置错误

10. (　　)属性用来确定控件是否可见。

A) Enable　　B) Default　　C) Caption　　D) Visible

11. 列表框中使用(　　)属性判定列表项是否被选中。

A) Checked　　B) Check　　C) Value　　D) Selected

12. 下列表单的哪个属性设置为真时，表单运行时将自动居中(　　)。

A) AutoCenter　　B) AlwaysOnTop　　C) ShowCenter　　D) FormCenter

13. 表单里有一个选项按钮组，包含两个选项按钮 Option1 和 Option2，假设 Option2 没有设置 Click 事件代码，而 Option1 以及选项按钮组和表单都设置了 Click 事件代码。那么当表单运行时，如果用户单击 Option2，系统将(　　)。

A）执行表单的 Click 事件代码　　B）执行选项按钮组的 Click 事件代码

C）执行 Option1 的 Click 事件代码　　D）不会有反应

14. 设置表单标题的属性是（　　）。

A）Title　　B）Text　　C）Biaoti　　D）Caption

15. 页框控件也称作选项卡控件，在一个页框中可以有多个页面，页面个数的属性是（　　）。

A）Count　　B）Page　　C）Num　　D）PageCount

16. 在 Visual FoxPro 中，Unload 事件的触发时机是（　　）。

A）释放表单　　B）打开表单　　C）创建表单　　D）运行表单

17. 表格控件的数据源可以是（　　）。

A）视图　　B）表

C）SQL SELECT 语句　　D）以上三种都可以

18. 假设表单上有一选项组：●男 ○ 女，其中第一个选项按钮“男”被选中。请问该选项组的 Value 属性值为（　　）。

A）T　　B）“男”　　C）1　　D）“男”或 1

19. 在一个选项组中（　　）。

A）只能选中一个按钮　　B）可以选中多个按钮

C）可以不选任何按钮　　D）以上说法都对

20. 下面是关于表单数据环境的叙述，其中错误的是（　　）。

A）可以在数据环境中加入与表单操作有关的表

B）数据环境是表单的容器

C）可以在数据环境中建立表之间的联系

D）表单自动打开其数据环境中的表

21. 下述描述中不正确的是（　　）。

A）表单是容器类对象　　B）表格是容器类对象

C）选项组是容器类对象　　D）命令按钮是容器类对象

22. 对象的 Click 事件的正确叙述是（　　）。

A）用鼠标双击对象时引发　　B）用鼠标单击对象时引发

C）用鼠标右击对象时引发　　D）用鼠标右键双击对象时引发

23. 关于表单的 Load 事件的说法中不正确的是（　　）。

A）表单的 Load 事件在表单集的 Load 事件之后发生

B）表单的 Load 事件发生在 Activate 和 GetFocus 事件之前

C）在 Load 事件的处理程序中不能对表单上的控件进行处理

D）Load 事件发生在 Init 事件之后

24. 如果在运行表单时，要使表单的标题显示“登录窗口”，则可以在 Form1 的 Load 事件中加入语句（　　）。

A）THISFORM.CAPTION="登录窗口"　　B）FORM1.CAPTION="登录窗口"

C）THISFORM.NAME="登录窗口"　　D）FORM1.NAME="登录窗口"

25. 如图 9-49 所示，如果想在运行表单时，向 Text2 中输入字符，回显字符显示的是“*”是，则可以在 Form1 的 Init 事件中加入语句（　　）。

A）FORM1.TEXT2.PASSWORDCHAR="*"　　B）FORM1.TEXT2.PASSWORD="*"

C) THISFORM.TEXT2.PASSWORD="*"　　　　D) THISFORM.TEXT2.PASSWORDCHAR="*"

26. 假设用户名和口令存储在自由表“口令表”中，当用户输入用户名和口令并单击“登录”按钮时，若用户名输入错误，则提示“用户名错误”；若用户名输入正确，而口令输入错误，则提示“口令错误”。若命令按钮“登录”的Click事件中的代码如下：

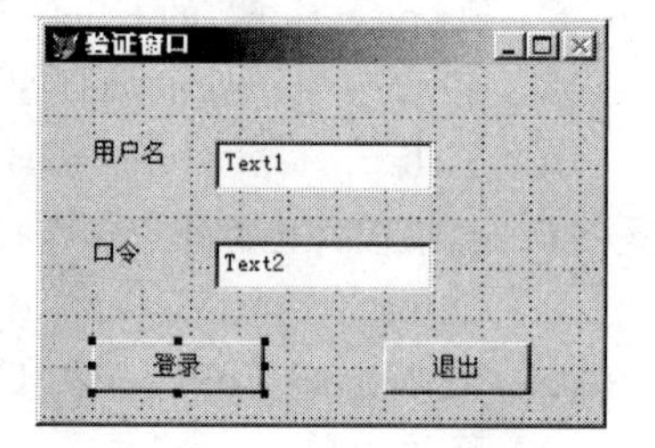

图9-49　选择题25用图

```
USE 口令表
GO TOP
flag = 0
DO WHILE  NOT EOF()
  IF Alltrim(用户名) == Alltrim(Thisform.Text1.value)
    IF Alltrim(口令) == Alltrim(Thisform.Text2.value)
      WAIT "欢迎使用" WINDOW TIMEOUT2
    ELSE
      WAIT "口令错误" WINDOW TIMEOUT2
    ENDIF
     flag = 1
     EXIT
    ENDIF
  SKIP
 ENDDO
 IF ____________
 WAIT "用户名错误" WINDOW TIMEOUT2
 ENDIF
```

则在横线处应填写的代码是（　　）。

A) flag=-1　　　　B) flag=0　　　　C) flag=1　　　　D) flag=2

第10章 报表设计

应用程序除了完成对信息的处理、加工之外，通常还要完成对信息的显示、打印输出等功能。Visual FoxPro 提供了报表可以对需要打印的信息进行快速的组织和修改，并以报表的形式打印输出。报表(Report)是数据库应用系统经常使用的输出形式。

报表主要由两部分组成：数据源和布局。数据源是报表输出的数据来源，报表数据源可以是表、视图和临时表等。布局是报表中各个输出内容的位置和格式，这些信息存储在报表格式文件中。报表格式文件并不存储数据源中的数据，只存储数据的位置和格式的信息。报表格式文件从数据源中提取数据，然后按布局定义的位置和格式输出。

10.1 创建报表

创建报表就是定义报表的数据源和数据布局。当用户创建一个报表后，会产生两个文件：报表定义文件和报表备注文件，扩展名分别为.fpx 和.frt。报表的种类很多，若按不同的布局分类，可分为行报表、列报表和多栏报表；若按数据源分类，可分为简单报表(数据源为一个数据表)和一对多报表(数据源为两个或两个以上的表)。在 Visual FoxPro 系统中提供了三种方法进行报表的设计。

(1) 用“报表向导”创建简单的单表或多表报表。

(2) 用“快速报表”从单表中创建一个简单的报表。

(3) 用“报表设计器”创建新报表或修改已有的报表。

10.1.1 使用报表向导创建报表

报表向导是一种最简单的创建报表的途径，它是通过回答一系列窗口的提问来进行报表的设计，使报表的设计工作变得非常简单。

1. 启动报表向导的方法

启动报表向导有以下几种方法。

(1) 单击“文件”菜单下的“新建”命令，在弹出“新建”对话框中选择“报表”文件类型，并单击“向导”按钮，弹出“向导选取”对话框，如图 10-1 所示。

在 Visual FoxPro 中，提供了两种不同形式的报表向导：一种是“报表向导”，这种形式的报表在数据源的选择上只能采用单一的数据表或视图进行报表设计操作；另一种是“一对多报表向导”，这种形式的报表在数据源的选择上可选用两个表或视图进行设计操作，两个表之间的关系是一对多的关系。在选择报表向导操作时，可以根据具体情况，选择相应的报表向导选项。

(2) 在“项目管理器”窗口中，选择“文档”选项卡，选择其中的“报表”图标，单击“新建”按钮，在弹出的“新建报表”对话框中单击“报表向导”按钮，弹出“向导选取”对话框。

(3) 单击“工具”菜单下的“向导”命令，然后选择其子菜单中的“报表”命令，弹出弹出“向导选取”对话框。

2. 用报表向导创建单一报表

用报表向导创建单一报表步骤如下。

(1) 打开报表向导，在“向导选取”对话框中选择“报表向导”，单击“确定”按钮，弹出“报表向导步骤 1”对话框，如图 10-2 所示。单击“数据库和表”列表框右边的按钮，从弹出的对话框中选择需要处理的数据表，然后在“可用字段”列表框中选择希望在报表中显示的字段并将其添加到“选定字段”列表框中。单击“下一步”按钮，弹出“报表向导步骤 2”对话框，如图 10-3 所示。

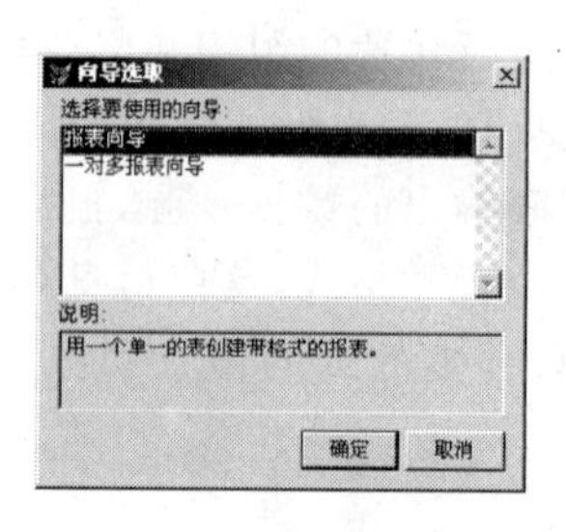

图 10-1 “向导选取”对话框

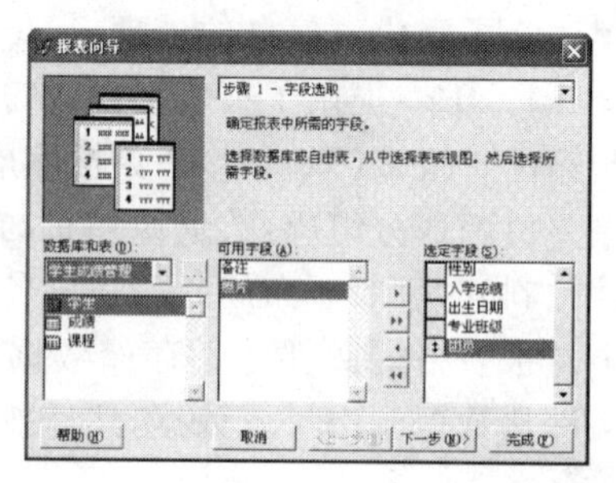

图 10-2 “报表向导步骤 1”对话框

(2) 在“报表向导步骤 2”对话框中，通过组合框选择分组的方式(最多可选择 3 层分组层次)。另外，也可以通过单击“分组选项”按钮打开“分组间隔”对话框，如图 10-4 所示，选择分组是根据整个字段还是字段的前几个字符，然后单击“确定”按钮。单击“总结选项”按钮，打开“总结选项”对话框，如图 10-5 所示，选择需要总结的字段及总结选项，然后单击“确定”按钮。设置完成后，单击“下一步”按钮，弹出“报表向导步骤 3”对话框，如图 10-6 所示。

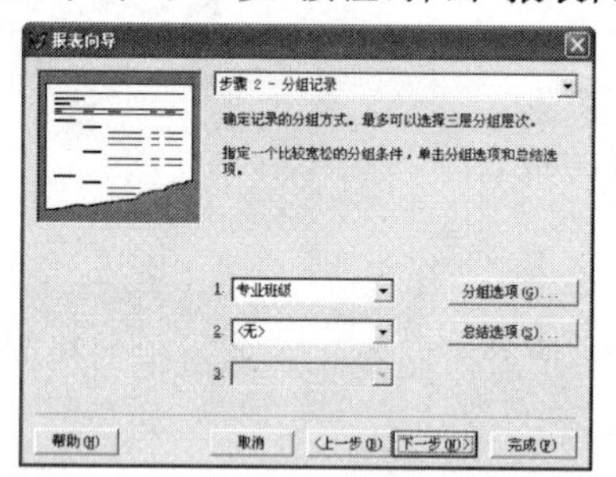

图 10-3 “报表向导步骤 2”对话框

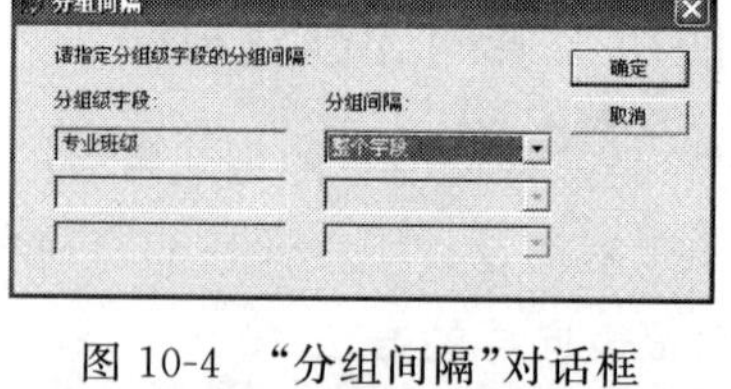

图 10-4 “分组间隔”对话框

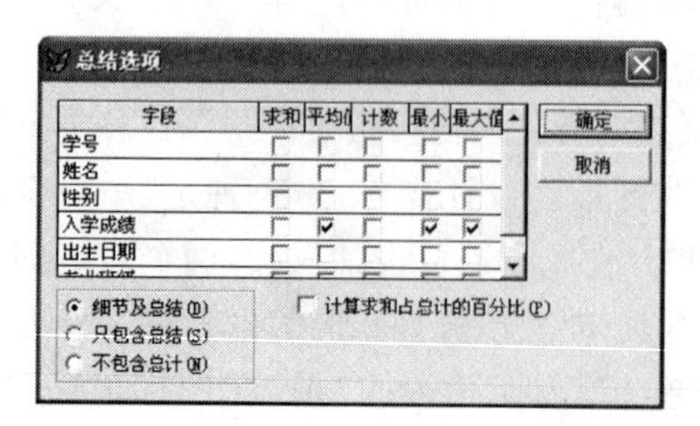

图 10-5 “总结选项”对话框

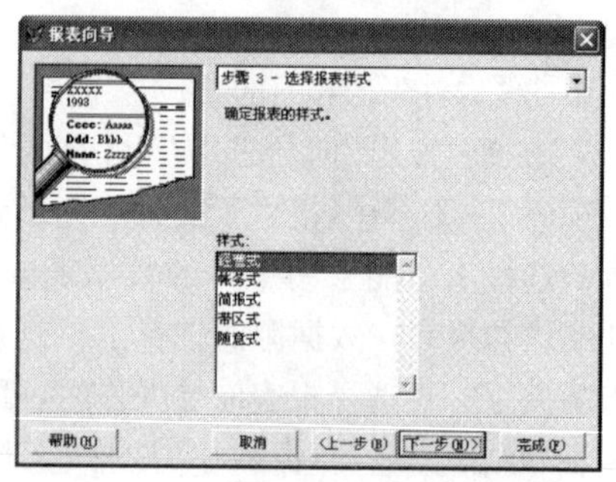

图 10-6 “报表向导步骤 3”对话框

(3) 在“报表向导步骤 3”对话框中，从样式列表框中选择报表的样式，向导提供了 5 中系统已经设定好的报表样式，当选择一种报表样式时，可以通过对话框中左上角的图片对各种样式，确定样式后单击“下一步”按钮，弹出“报表向导步骤 4”对话框，如图 10-7 所示。

(4) 在“报表向导步骤 4”对话框中，通过对“列数”、“字段布局”和“方向”的设置来定义报表的布局。其中，“列数”用来定义报表的分栏数；“字段布局”用来定义报表是列报表还是行报表；“方向”用来定义报表在打印纸上的打印方向是横向还是纵向。如果在报表向导步骤 2 中设置了记录分组，则此处的“列数”和“字段布局”是不可用的。单击“下一步”按钮，弹出“报表向导步骤 5”对话框，如图 10-8 所示。

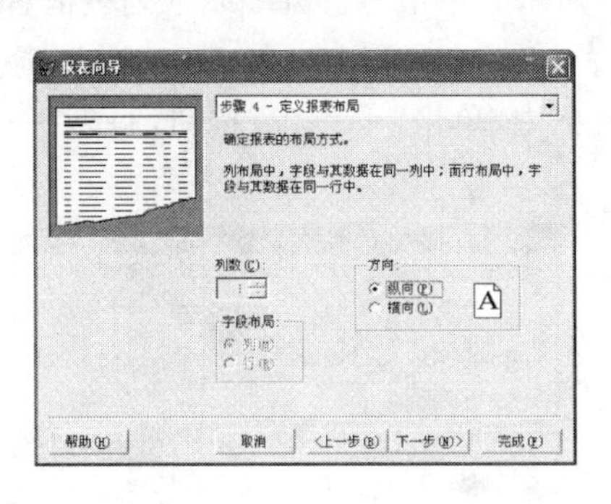

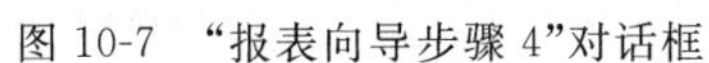

图 10-7 “报表向导步骤 4”对话框

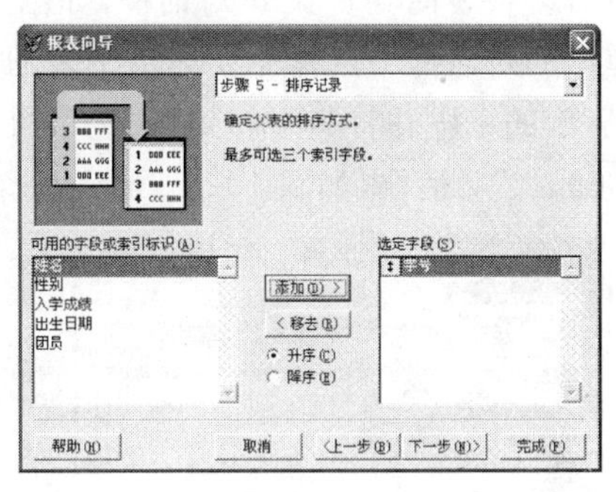

图 10-8 “报表向导步骤 5”对话框

(5) 在“报表向导步骤 5”对话框中，可以设置排序的字段和排序方式，从“可用的字段或索引标识”列表框中选择排序的字段并添加到“选定字段”列表框中，最多可以设置 3 个排序字段，从“升序”和“降序”中选择排序的方式。单击“下一步”按钮，弹出“报表向导步骤 6”对话框，如图 10-9 所示。

(6) 在“报表向导步骤 6”对话框中，可以设置报表标题，并可以单击“预览”按钮，预览报表设计的最终效果如图 10-10 所示。如果需要修改，可单击“上一步”按钮，返回以上各步骤；如果对效果满意，则单击“完成”按钮，保存报表文件，完成报表的创建。

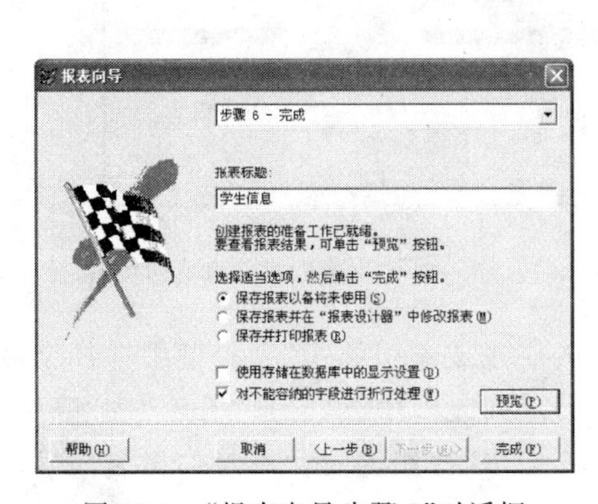

图 10-9 “报表向导步骤 6”对话框

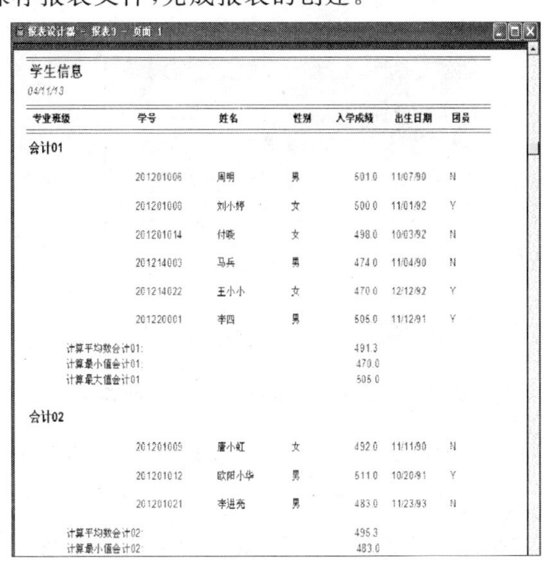

图 10-10 报表预览窗口

3. 利用向导创建一对多报表

若两个数据表存在一对多的联系，则可以通过一对多报表向导快速创建一个同时对两个数据表进行显示的报表，其中父表的一条记录位于上方，而和该记录对应的子表的多条记录显示在下方。创建步骤如下：

(1) 首先打开需要处理的数据库表所在的数据库，并且在数据库设计中建立好两个数据表之间一对多的联系。

(2) 打开报表向导，在“向导选取”对话框中选择“一对多报表向导”，单击“确定”按钮，弹出“一对多报表向导步骤 1”对话框，如图 10-11 所示。单击“数据库和表”列表框右边的按钮，从弹出的对话框中选择需要显示父表的数据表，然后在“可用字段”列表框中选择希望在报表中显示的字段并将其添加到“选定字段”列表框中，单击“下一步”按钮，弹出“一对多报表向导步骤 2”对话框，如图 10-12 所示。

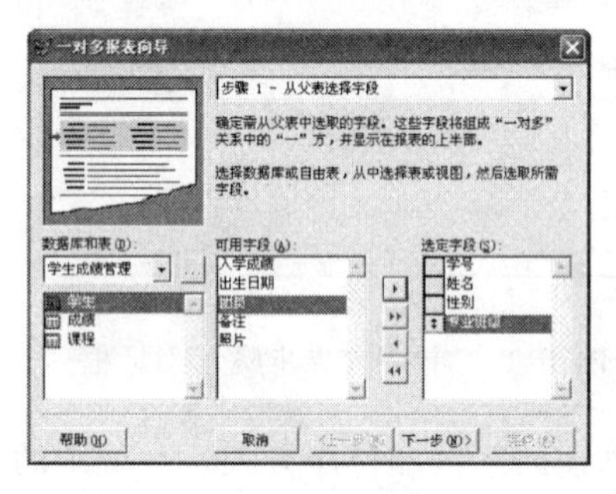

图 10-11 “一对多报表向导步骤 1”对话框

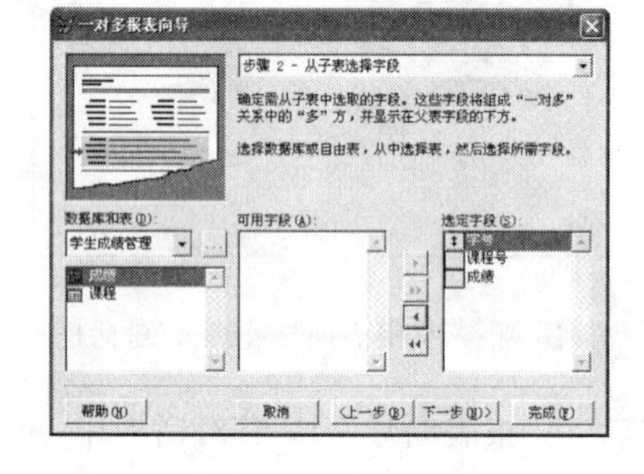

图 10-12 “一对多报表向导步骤 2”对话框

(3) 在“一对多报表向导步骤 2”对话框的“数据库和表”列表框中选择作为子表的数据表，然后在“可用字段”列表框中选择希望在报表中显示的字段并将其添加到“选定字段”列表框中，单击“下一步”按钮，弹出“一对多报表向导步骤 3”对话框，如图 10-13 所示。

(4) 在“一对多报表向导步骤 3”对话框中选择数据库中父表与子表关联的字段，单击“下一步”按钮，弹出“一对多报表向导步骤 4”对话框，如图 10-14 所示。

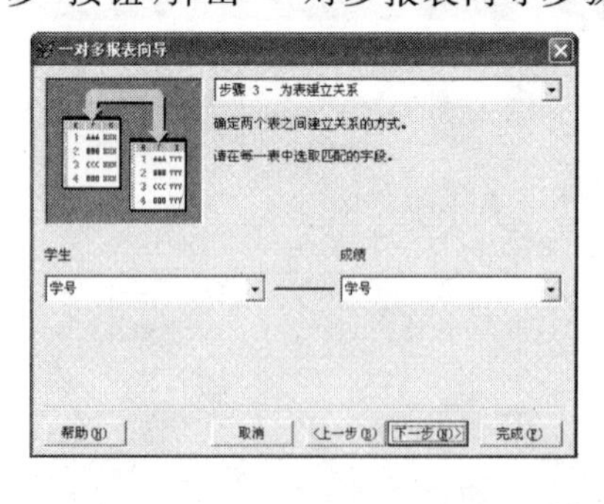

图 10-13 “一对多报表向导步骤 3”对话框

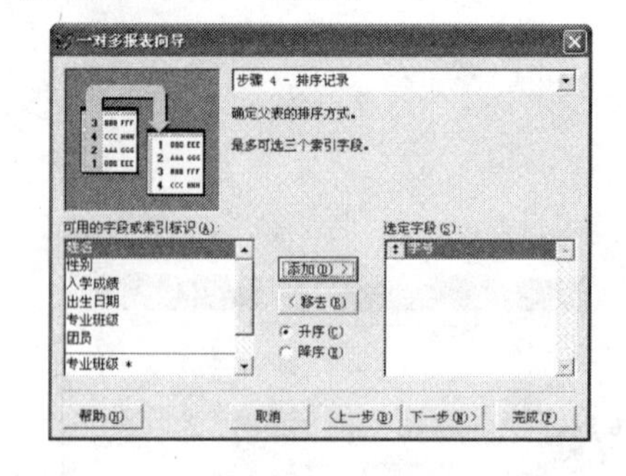

图 10-14 “一对多报表向导步骤 4”对话框

(5) 在“一对多报表向导步骤 4”对话框的“可用的字段或索引标识”列表框中选择字段或索引标识作为父表记录排序依据并添加到“选定字段”列表框中，然后从“升序”和“降序”单选按钮组中选择父表记录排序的方式，最后单击“下一步”按钮，弹出“一对多报表向导步骤 5”对话框，如图 10-15 所示。

(6) 在“一对多报表向导步骤 5”对话框的“样式”列表框中选择报表的样式,在“方向”单选按钮组中选择报表在纸上打印的方向;单击“下一步”按钮,弹出“一对多报表向导步骤 6”对话框,如图 10-16 所示。

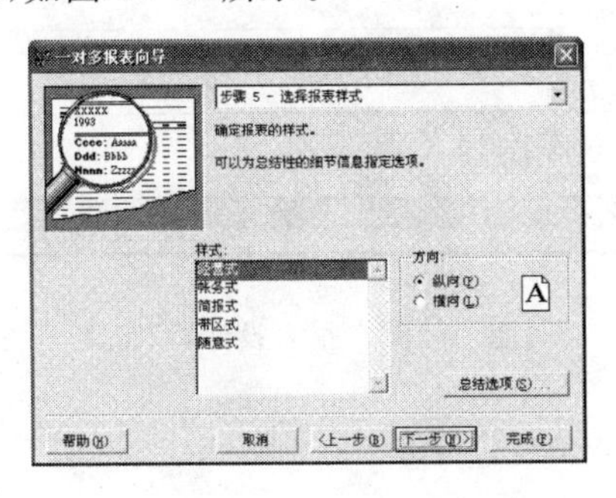

图 10-15 “一对多报表向导步骤 5”对话框

图 10-16 “一对多报表向导步骤 6”对话框

(7) 在“一对多报表向导步骤 6”对话框的“报表标题”文本框中输入报表的标题文字,单击“完成”按钮,则弹出“另存为”对话框,输入报表的文件名,单击“保存”按钮,生成的一对多报表如图 10-17 所示。

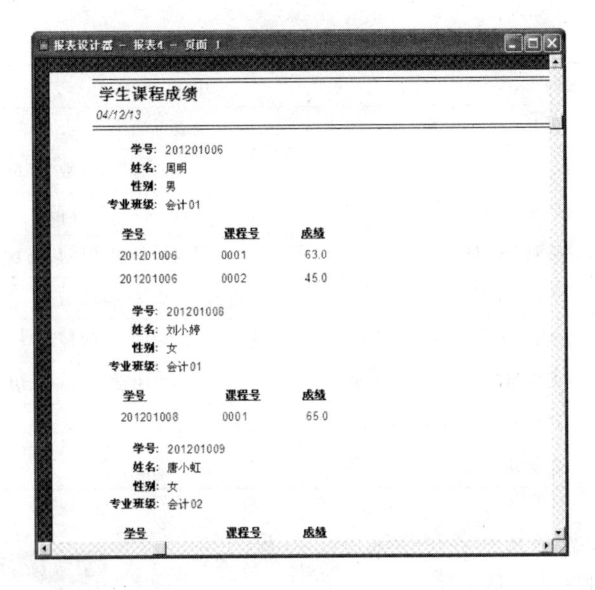

图 10-17 一对多报表预览窗口

10.1.2 使用报表设计器创建报表

利用“报表向导”方式虽然可以简单、快速地创建报表,但是很多情况下,利用“报表向导”创建的报表往往不能满足用户的需要,这时可以利用“报表设计器”创建自定义风格的报表布局。

1. 启动报表设计器

可以通过以下几种方式打开“报表设计器”窗口。

(1) 菜单方式

在“文件”菜单中选择“新建”命令,在弹出的“新建”对话框中,选中“报表”单选按钮,单击“新建文件”按钮，打开“报表设计器”窗口，如图10-18所示。

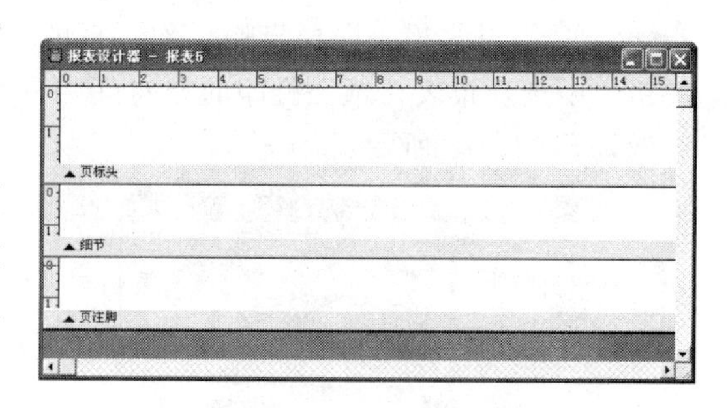

图10-18 “报表设计器”窗口

(2) 项目管理器方式

在“项目管理器”窗口中的“文档”选项卡中，选中“报表”项，单击“新建”按钮，在弹出的“新建报表”对话框中选择“新建报表”按钮，打开“报表设计器”窗口。

(3) 命令方式

命令格式：CREATE REPORT ＜报表文件名＞

2. “报表设计器”的带区

报表设计器由不同的带区组成，所谓报表带区是指报表中的一块区域，在其中可以插入各种控件，主要有标签控件、域控件、线条控件和图像控件等，不同的带区有不同的作用。第一次打开报表设计器时，报表设计器中包含3个默认带区：页标头、细节、页注脚。除此之外，根据报表布局的需要，还可以添加其他带区，其他各种带区说明如表10-1所示。

表10-1 报表各种带区具体说明

带区	说明	用途
标题	报表开头打印一次	报表标题等
页标头	每个页面打印一次	报表的日期、页数、列报表的字段名称
细节	每条记录打印一次	字段、文字、计算值
页注脚	每个页面打印一次	报表的日期、时间、页数、制表人姓名
总结	报表最后一页打印一次	总的统计、报表结论
组标头	数据分组时，每组打印一次	组的说明、组的标识
组注脚	数据分组时，每组打印一次	组的说明、组的标识、组的统计小结
列标头	在列报表中，每列打印一次	列标题
列注脚	在列报表中，每列打印一次	列的统计小结

在报表设计器中添加其他各种带区方法如下。

(1) 增加标题和总结带区

选择“报表”菜单下的“标题/总结”命令，在弹出的“标题/总结”对话框中，选中“标题带区”和“总结带区”的复选框，如图10-19所示。单击“确定”按钮，在“报表设计器”窗口将添加标题和总结带区。

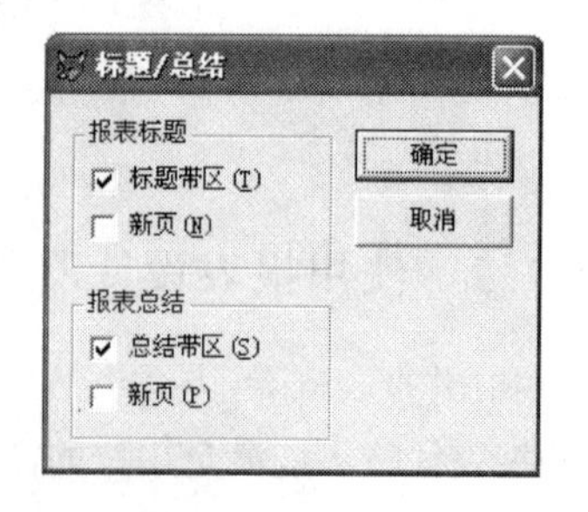

图10-19 “标题/总结”带区对话框

(2) 增加“列标题”和“列注脚”带区

在“文件”菜单中选择“页面设置”命令，在弹出的“页面设置”对话框中，将“列数”框值调整为大于1的数，如图10-20所示，单击“确定”按钮，在“报表设计器”中将添加列标题和列注脚带区。

(3) 增加“组标题”和“组注脚”带区

在“报表”菜单中选择“数据分组”命令，在“分组表达式”框中设置要进行分组的表达式，如图 10-21 所示。单击“确定”按钮，在“报表设计器”窗口中将添加组标题和组注脚带区。

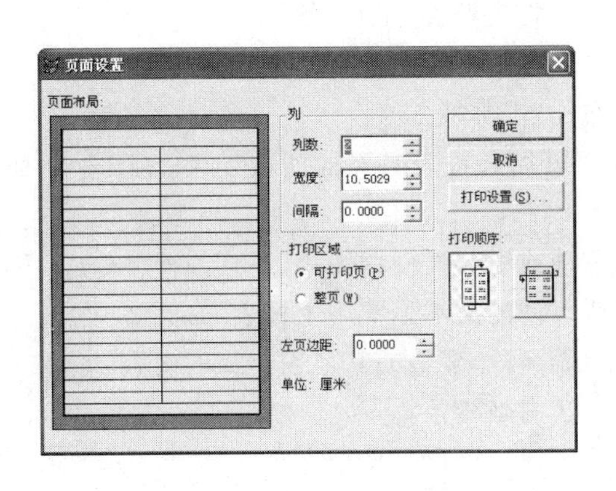

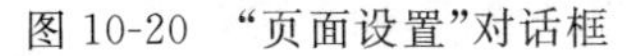
图 10-20 “页面设置”对话框

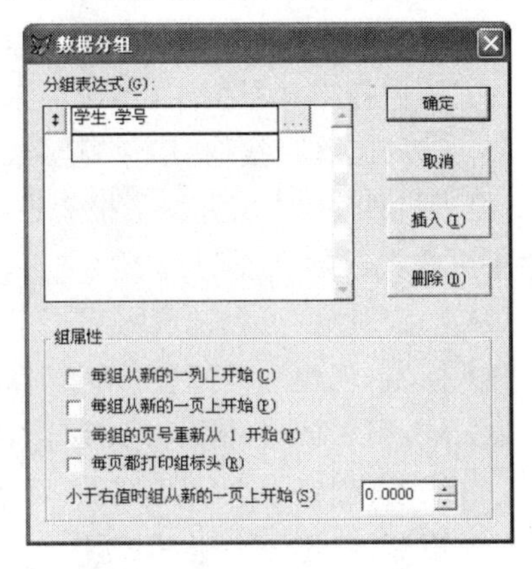

图 10-21 “数据分组”对话框

添加了各种带区的“报表设计器”对话框如图 10-22 所示。

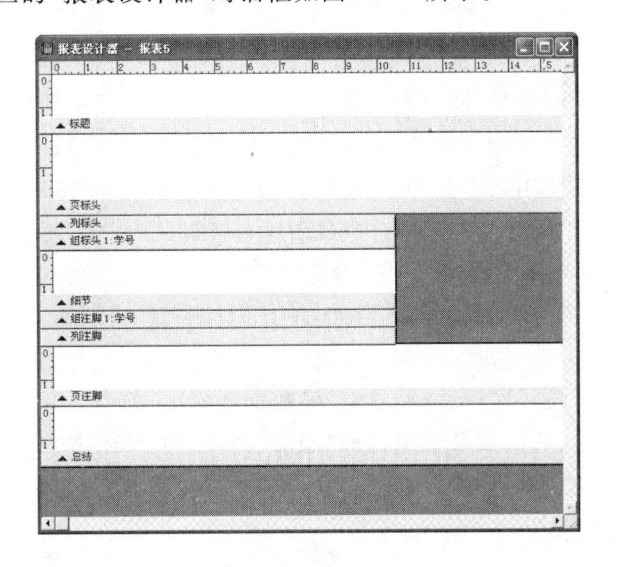

图 10-22 添加了各种带区的报表设计器

3. “报表设计器”工具栏和“报表控件”工具栏

用报表设计器设计报表时，常用到两个工具栏，“报表设计器”工具栏（如图 10-23 所示）和“报表控件”工具栏（如图 10-24 所示）。

图 10-23 “报表设计器”工具栏

图 10-24 “报表控件”工具栏

利用“报表设计器”工具栏中提供的按钮，可以方便、快捷地打开各个对应的功能窗口，无须在操作时重复选择菜单。报表设计器工具栏中各个按钮的功能如下。

(1) 数据分组按钮:用来激活“数据分组”对话框,供用户对报表数据进行分组。

(2) 数据环境按钮:用来激活“数据环境”窗口,供用户设置报表的数据源。

(3) 报表控件工具栏按钮:用于显示或关闭“报表控件”工具栏。

(4) 调色板工具栏按钮:用于显示或关闭“调色板”工具栏。

(5) 布局工具栏按钮:用于显示或关闭“布局”工具栏。

“报表控件”工具栏提供了报表设计过程中可加入报表布局的所有控件,工具栏中的各控件按钮按先后顺序说明如下。

(1) 选定对象:可以选取报表上的控件,移动或更改控件的大小。

(2) 标签:创建一个标签,用于显示不希望改动的文本。常用于报表的标题。

(3) 域:用于创建一个字段控件,用于显示表字段、变量或其他表达式的内容。

(4) 线条:创建一个线条控件,用于在各带区内画线条。

(5) 矩形:创建一个矩形控件,用于在各带区内画矩形。

(6) 圆角矩形:创建一个圆角矩形,用于在各带区内画椭圆和圆角矩形。

(7) 图片/OLE 绑定:用于在各带区上显示图片或通用字段的内容。

(8) 按钮锁定:在添加多个同类控件时,不需要多次按控件按钮。

4. 报表数据源

报表总是与数据相联系的,所以报表必须具有数据源。报表的数据源可以是自由表、数据库表或视图。可以将数据源添加到“数据环境设计器”中,每次运行报表时会自动打开,关闭时会自动释放。可以使用以下几种方法打开“数据环境设计器”窗口。

(1) 单击“报表设计器”工具栏中的“数据环境”按钮。

(2) 选择“显示”菜单中的“数据环境”命令。

(3) 在“报表设计器”窗口的任意空白处,单击鼠标右键,在弹出的快捷菜单中选择“数据环境”命令。

打开“数据环境设计器”窗口后,然后选择“数据环境”菜单中的“添加”命令,或右键单击数据环境设计器,在弹出的快捷菜单中选择“添加”命令,将弹出“添加表或视图”对话框,选择要添加的表或视图,将指定的数据源添加到数据环境中。

5. 域控件添加方法

向报表设计器中添加域控件用于显示字段的数据,有以下两种方法。

(1) 在“数据环境设计器”中选择要使用的表或视图,把相应的字段拖动到报表指定的带区中。

(2) 单击“报表控件”工具栏中的“域控件”按钮,然后在报表带区的指定位置上单击,弹出“报表表达式”对话框,如图 10-25 所示。下面介绍常用的几个设置功能。

① “表达式”文本框:用于输入表达式,或单击右侧省略号按钮,在打开的“表达式生成器”对话框中选择字段、函数等。

② “格式”文本框:用于指定表达式的输出格式。

③ “计算”按钮:若添加的是可进行计算的字段,单击该按钮,将弹出“计算字段”对话框,如图 10-26 所示,可对该字段进行求和、求平均值等运算。

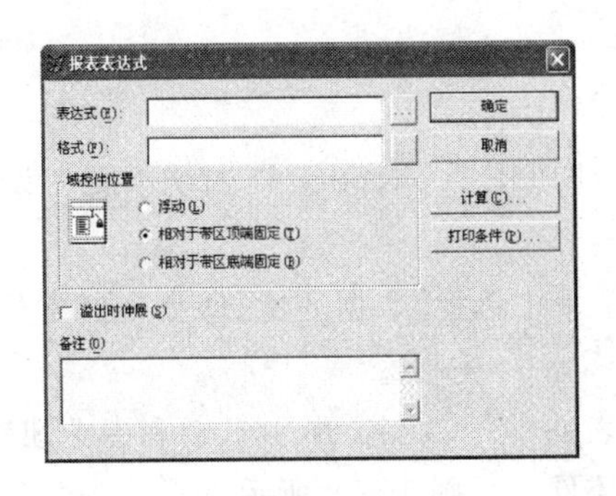

图 10-25 “报表表达式”对话框

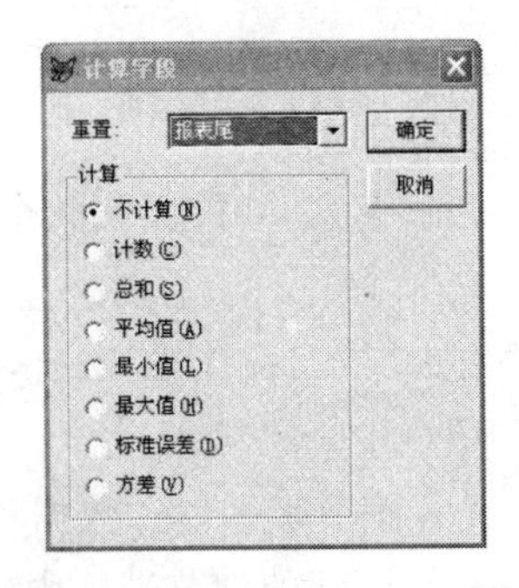

图 10-26 “计算字段”对话框

6. 报表的预览

创建好报表，在正式输出到打印机之前，都要先预览，预览报表可以使用如下方法。

(1) 在报表设计器环境下，选择“显示”菜单中的“预览”命令。

(2) 右键单击报表设计器窗口空白处，在快捷菜单中选择“预览”命令。

(3) 单击“常用”工具栏中的“打印预览”按钮。

7. 报表设计器设计报表示例

［**例 10-1**］ 使用报表设计器创建一个报表，如图 10-27 所示，具体要求如下。

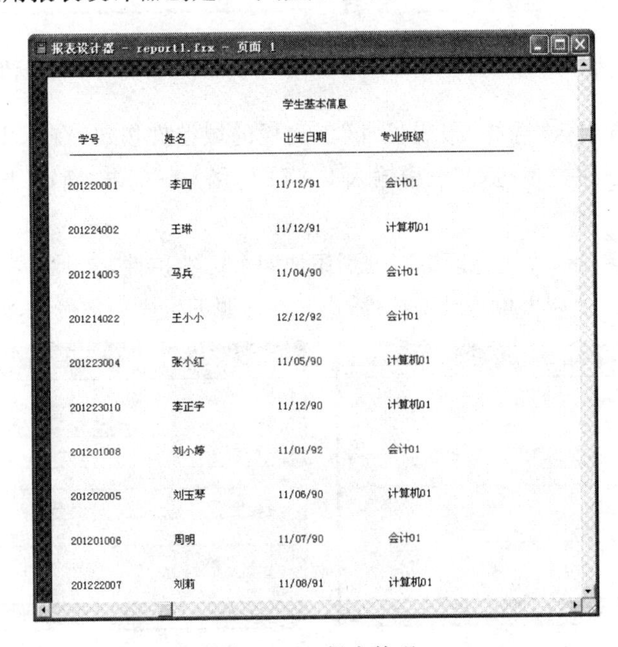

图 10-27 报表外观

(1) 报表的内容(细节带区)显示“学生”表的学号、姓名、出生日期和专业班级字段数据。

(2) 增加标题带区，标题是“学生基本信息”。

(3) 在页注脚带区添加建立报表的当前系统日期。

(4) 在页标题带区中，分别为细节带区的字段添加标题学号、姓名、出生日期和专业班级，并在标题下面画一条横线。

(5) 最后将建立的报表保存为 report1. frx。

操作步骤如下：

(1) 在命令窗口中输入命令“CREATE　REPORT　report1”，打开“报表设计器”窗口。

(2) 右击“报表设计器”窗口，在弹出的快捷菜单中选择“数据环境”命令，将“学生”表添加到数据环境中。

(3) 设置细节带区，将“数据环境”中“学生”表的学号、姓名、出生日期和专业班级字段拖到“报表设计器”的细节带区中，生成对应的域控件。如图 10-28 所示。

(4) 设置标题带区，单击“报表”菜单的“标题/总结”命令，添加“标题”带区。并在标题带区添加一个标签控件，设置标题内容为“学生基本信息”，如图 10-29 所示。

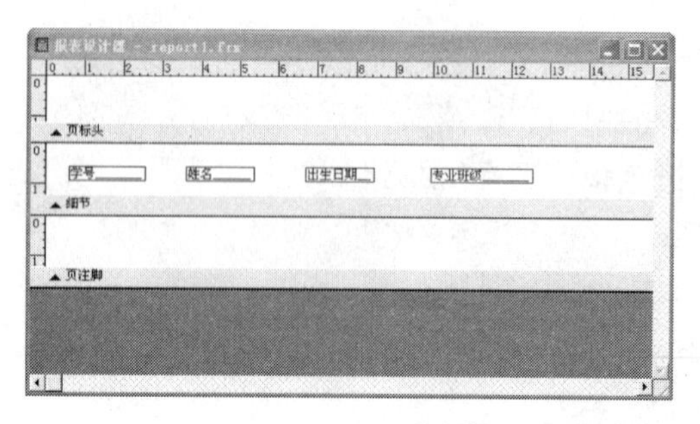

图 10-28　细节带区设置

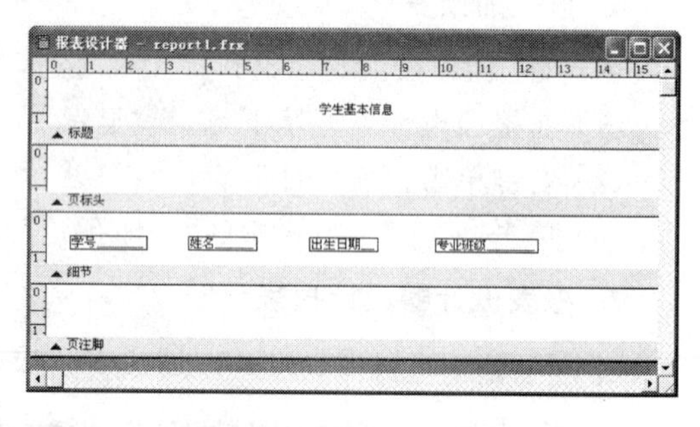

图 10-29　标题带区设置

(5) 设置页注脚带区，选择“报表控件”工具栏的域控件按钮，在页注脚带区单击，弹出“报表表达式”对话框，在“表达式”框中输入 DATE()函数，单击“确定”按钮，在页注脚带区生成域控件，如图 10-30 所示。

(7) 设置页标头带区，在页标题带区分别添加四个标签控件，分别设置内容为学号、姓名、出生日期和专业班级，然后再单击线条控件，拖动在标题下生成一条横线，如图 10-31 所示。

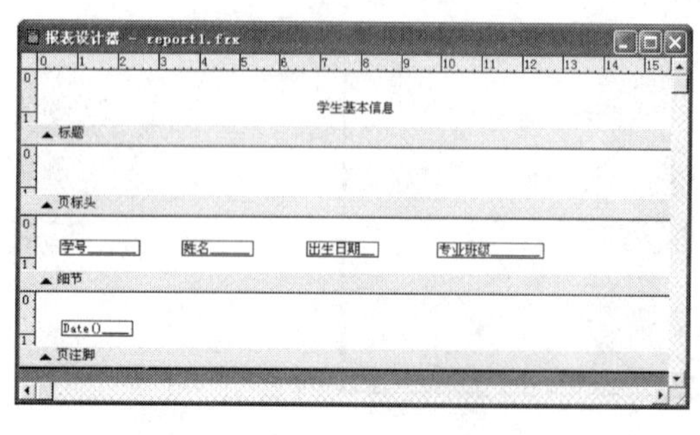

图 10-30　页注带区设置

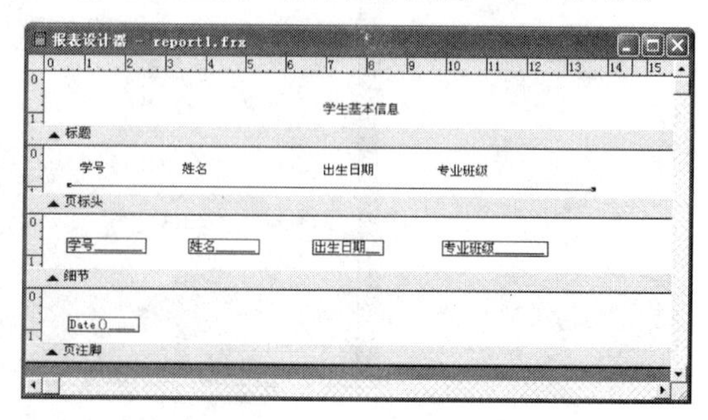

图 10-31　页标头带区设置

(8) 单击“显示”菜单的“预览”命令，查看预览效果。由于页注脚带区的内容在显示页的最底部，图中只给出了部分预览内容，未给出页注脚带区的当前系统日期的显示效果。

(9) 保存报表，关闭“报表设计器”窗口。

10.1.3 快速报表

使用"快速报表"的功能,可以从一个数据表中创建较为简单的报表,只需要选择基本的报表组件,系统就会根据选择的布局,自动建立简单的报表,并可以在报表设计器中对报表布局进行修改。

创建快速报表的过程如下。

(1) 打开"报表设计器"窗口,选择"报表"菜单的"快速报表"命令。

(2) 在弹出的"打开"对话框中选择数据源,单击"确定"按钮,弹出"快速报表"对话框。如图 10-32 所示。

(3) 设置"字段布局",选择按列布局或按行布局生成报表。"标题"复选框,可以在报表中为每一个字段添加一个字段标题。"添加别名"复选框,可以在字段前面添加表的别名。"将表添加到数据环境中"复选框,可以直接将打开的数据表添加到报告数据环境中。单击"字段"按钮,在弹出的"字段选择器"对话框中选择要在报表中显示的字段。如图 10-33 所示。

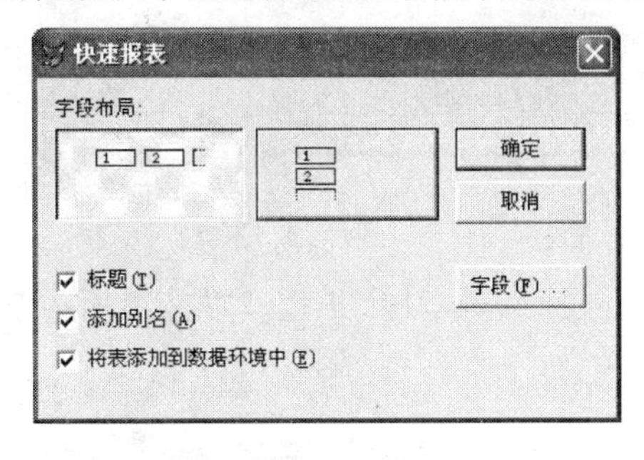

图 10-32 "快速报表"对话框

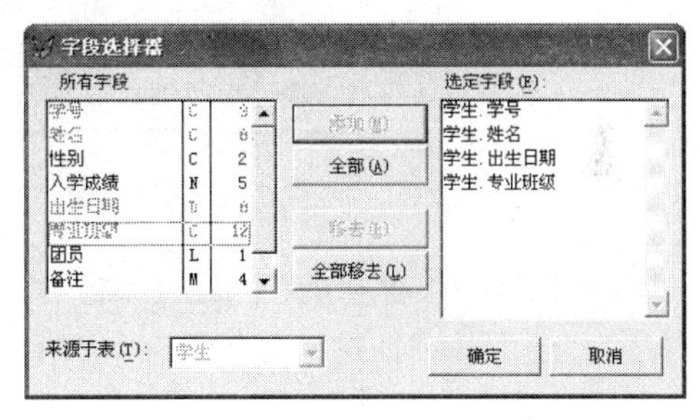

图 10-33 "字段选择器"对话框

(4) 单击"显示"菜单中的"预览"命令或"常用"工具栏上的"打印预览"按钮,预览报表结果。

[**例 10-2**] 使用"快速报表"功能建立一个报表,如图 10-34 所示,具体要求如下。

(1) 报表的内容是"学生"表的学号、姓名、出生日期、专业班级字段数据(横向)。

(2) 增加"标题带区",然后在带区中添加一个标签控件,该标签控件显示报表的标题"学生信息"。

(3) 将页注脚默认显示的当前日期改为显示当前的时间。

(4) 最后将建立的报表保存为 report2.frx。

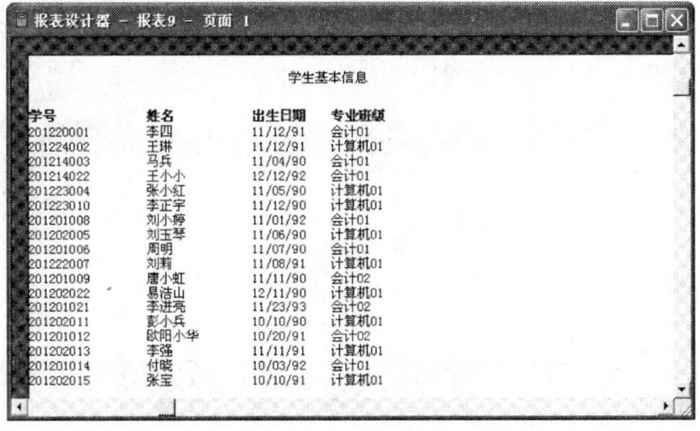
报表设计器 - 报表9 - 页面 1

学生基本信息

学号	姓名	出生日期	专业班级
201220001	李四	11/12/91	会计01
201224002	王琳	11/12/91	计算机01
201214003	马兵	11/04/90	会计01
201214022	王小小	12/12/92	会计01
201223004	张小红	11/05/90	计算机01
201223010	李正宇	11/12/90	计算机01
201201008	刘小婷	11/01/92	会计01
201202005	刘玉琴	11/06/90	计算机01
201201006	周明	11/07/90	会计01
201222007	刘莉	11/08/91	计算机01
201201009	唐小虹	11/11/90	会计02
201202022	易浩山	12/11/90	计算机01
201201021	李进亮	11/23/93	会计02
201202011	彭小兵	10/10/90	计算机01
201201012	欧阳小华	10/20/91	会计02
201202013	李强	11/11/91	计算机01
201201014	付晓	10/03/92	会计01
201202015	张宝	10/10/91	计算机01

图 10-34 报表外观

操作步骤如下：

(1) 选择“文件”菜单下“新建”命令，在“新建”对话框中选择“报表”项，单击“新建文件”按钮后，打开“报表设计器”窗口。

(2) 选择“报表”菜单中的“快速报表”命令，弹出“打开”对话框，选择报表的数据源为“学生”表。

(3) 在“快速报表”对话框中选择字段布局为横向，单击“字段”按钮，打开“字段选择器”对话框，为报表选择学号、姓名、出生日期和专业班级可用的字段，单击“确定”按钮。在“快速报表”对话框中单击“确定”按钮，创建的快速报表便出现在“报表设计器”窗口中，如图 10-35所示。

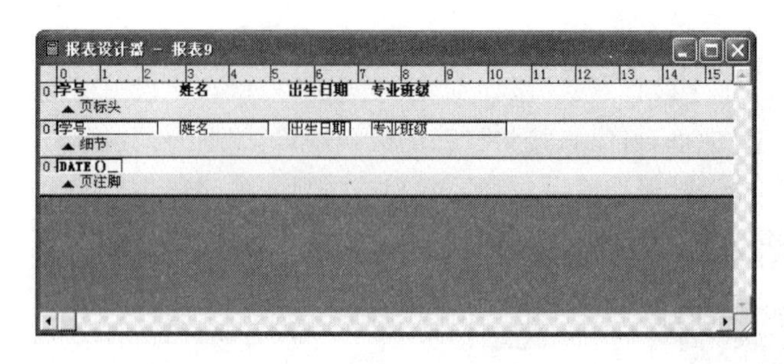

图 10-35 快速报表

(4) 选择“报表”菜单中的“标题/总结”命令，添加标题带区，并在该带区添加一个标签控件，内容为“学生基本信息”，如图 10-36 所示。

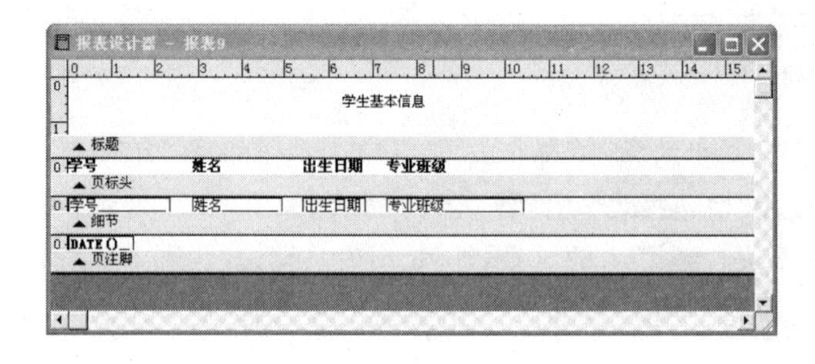

图 10-36 标题带区的设置

(5) 在页注脚带区中，双击域控件 DATE()，打开“报表表达式”对话框，在“表达式”框中删除 DATE()函数，输入 TIME()函数，单击“确定”按钮，返回“报表设计器”窗口，页注脚带区的域控件变为 TIME()，如图 10-37 所示。

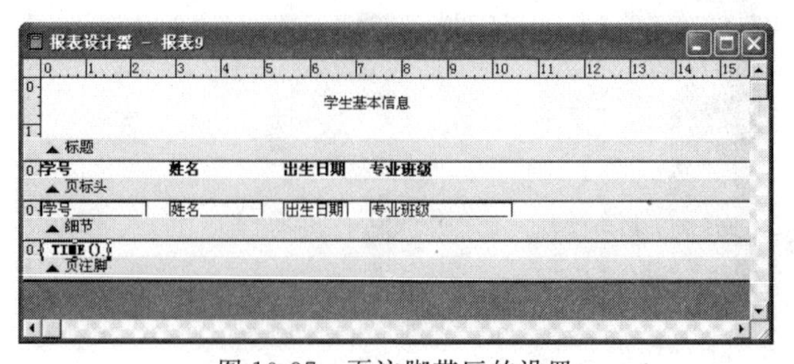

图 10-37 页注脚带区的设置

（6）选择“显示”菜单的“预览”命令，预览快速报表，如果满足要求，关闭“报表预览”窗口，选择“文件”菜单下“另存为”命令，弹出“另存为”对话框，选择保存的位置，输入“report2”文件名，单击“保存”按钮。

10.2 创建分组报表和多栏报表

10.2.1 分组报表

设计报表时，有时需要对报表数据进行分组处理。可以通过指定字段或字段表达式来给记录分组，当预览或打印报表时，分组表达式值相等的记录将显示在一起，但分组的前提，要求必须按照分组字段或字段表达式作为索引表达式建立索引。当报表进行分组后，报表会自动包含“组标头”和“组注脚”带区。下面通过示例介绍分组报表的建立过程。

［**例 10-3**］ 使用报表设计器创建一个报表，如图 10-38 所示，具体要求如下。

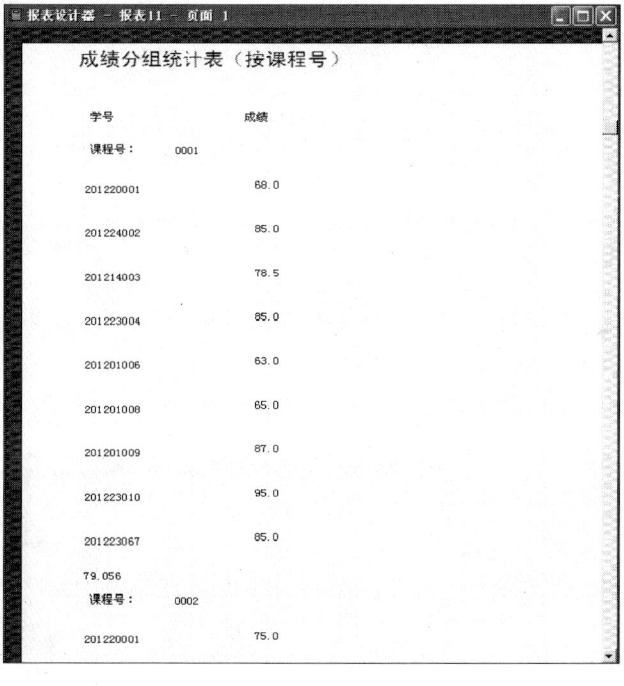

报表设计器 - 报表11 - 页面 1

成绩分组统计表（按课程号）

学号 成绩

课程号： 0001

201220001 68.0

201224002 85.0

201214003 78.5

201223004 85.0

201201006 63.0

201201008 65.0

201201009 87.0

201223010 95.0

201223067 85.0

79.056

课程号： 0002

201220001 75.0

图 10-38 报表外观

（1）报表的内容（细节带区）是“成绩”表的学号、成绩。

（2）页标头带区显示“学号”、“成绩”标题。

（3）增加数据分组，分组表达式是“课程号”，组标头带区的内容是“课程号”，组注脚带区的内容是该组的“成绩”的平均值。

（4）增加标题带区，标题是“成绩分组统计表(按课程号)”，要求是 20 号字、黑体。

（5）增加总结带区，该带区的内容是所有成绩的总平均值。最后将建立的报表文件保存为 report3.frx 文件。

操作步骤如下：

(1) 选择“文件”菜单下的“打开”命令，在弹出的“打开”对话框中选择“成绩”表，单击“确定”按钮。选择“显示”菜单下“表设计器”，打开“表设计器”窗口，选择“索引”选项卡，以“课号”字段作为表达式建立索引。选择“显示”菜单下“浏览”命令，浏览“成绩”表数据，选择“表”菜单下“属性”命令，打开“工作区属性”对话框，在“索引顺序”组合框中选择以“课号”字段作为表达式建立索引，即将该索引设置为主控索引。

(2) 在命令窗口中输入命令“CREATE　REPORT　report3”，打开“报表设计器”窗口，在“报表设计器”窗口空白处单击鼠标右键，从弹出菜单中选择“数据环境”命令，弹出“数据环境”对话框，将“成绩”表添加到报表的数据环境中。

(3) 使用“报表控件”工具栏的标签控件，在报表的页标头带区添加2个标签控件，并分别输入“学号”、“成绩”。

(4) 打开“数据环境”窗口，分别将“课程”表中的“学号”、“成绩”字段拖到细节带区，生成相应的域控件。如图10-39所示。

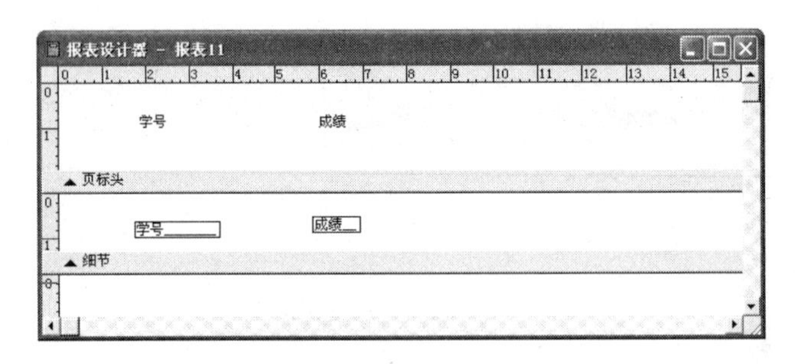

图10-39　页标头和细节带区的设置

(5) 选择“报表”菜单中的“数据分组”命令，打开“数据分组”对话框，在“分组表达式”中输入“课程号”，单击“确定”按钮。“报表设计器”窗口中增加了组标头带区和组注脚带区，分别将组标头和组注脚带区的分隔线适当向下拖动，如图10-40所示。

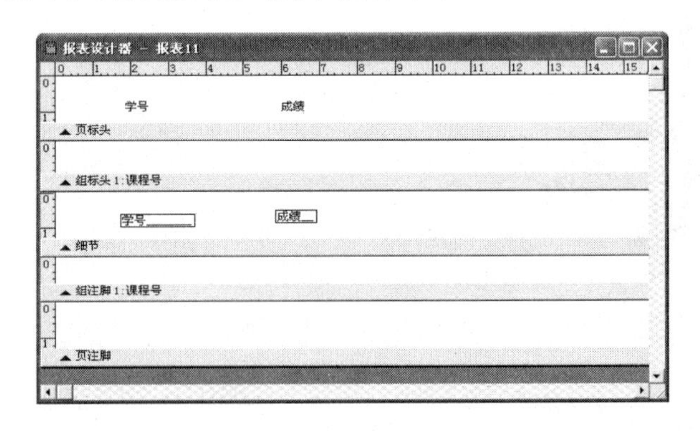

图10-40　增加组标头和组注脚带区

(6) 从“数据环境”中，将“成绩”表的“课程号”字段拖到组标头带区中，并在组标题头带区添加一个标签控件，并输入“课程号：”。在组注脚带区中添加一个域控件，在打开的“报表表达式”对话框的“表达式”框中输入“成绩”，再单击“计算”按钮，打开“计算字段”对话框，选择“平均值”单选钮，单击“确定”按钮后，返回“报表设计器”窗口，如图 10-41 所示。

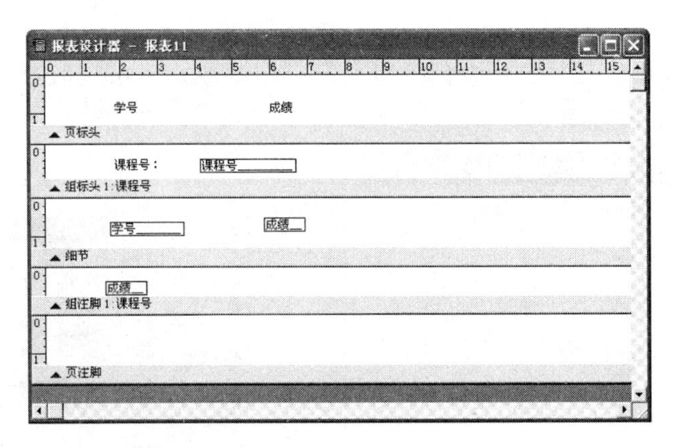

图 10-41　组标头和组注脚带区设置

（7）选择“报表”菜单的“标题/总结”命令，添加标题和总结带区。在标题带区中添加一个标签控件，内容为“成绩分组统计表(按课程号)”，选中该标签控件，选择“格式”菜单下的“字体”命令，弹出“字体对话框”，并设置字体和字号。在总结带区添加一个域控件，计算成绩的平均值，方法同步骤(6)，设置后的报表设计器如图 10-42 所示。

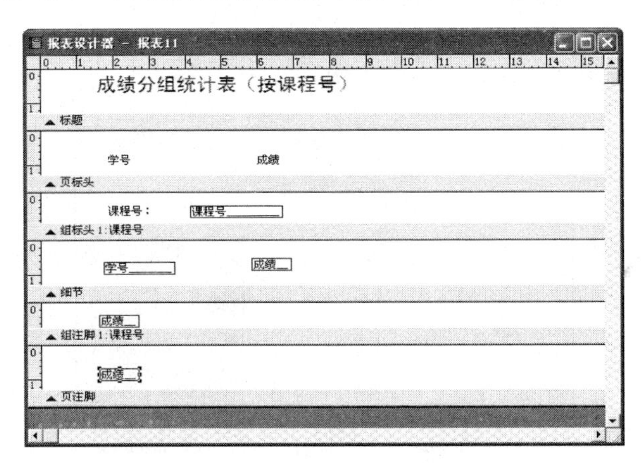

图 10-42　标题和页注脚带区设置

（8）选择“显示”菜单的“预览”命令，预览快速报表，如果满足要求，关闭“报表预览”窗口，选择“文件”菜单下“另存为”命令，弹出“另存为”对话框，选择保存的位置，输入“report3”文件名，单击“保存”按钮。

10.2.2　多栏报表

多栏报表是一种分为多个栏目打印输出的报表。

［**例 10-4**］　使用报表设计器创建一个报表，如图 10-43 所示，输出“成绩”表的多栏报表。

操作步骤如下：

（1）在命令窗口输入命令“CREATE　REPORT　report4”，打开“报表设计器”窗口。

（2）选择“显示”菜单的“数据环境”命令，将“成绩”表作为数据源添加到数据环境窗口。

（3）选择“文件”菜单的“页面设置”命令，弹出“页面设置”对话框，如图 10-44 所示。将“列数”值设定为 2，并单击“从左到右”按钮设定打印顺序。单击“确定”按钮后，“报表设计器”增加列标头和列注脚带区。

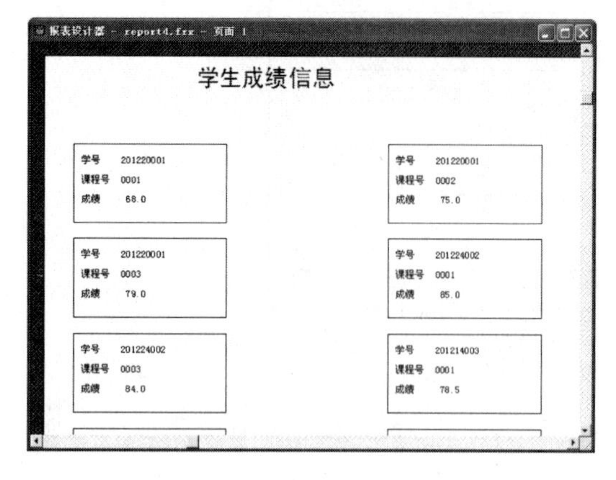

图 10-43 报表外观

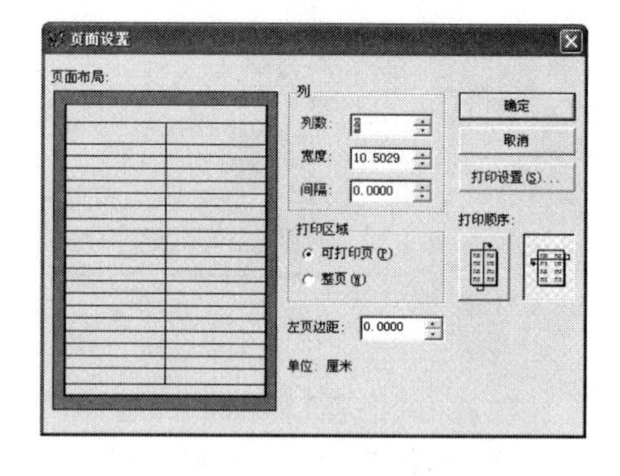

图 10-44 “页面设置”对话框

（4）在页标头带区添加一个标签控件并输入报表标题“学生成绩信息”，对它进行字体设置；在“细节”带区分别添加 3 个标签控件和 3 个相应的域控件，显示“学号”、“课程号”、“成绩”信息，并把这些控件放在一个矩形框内。如图 10-45 所示。

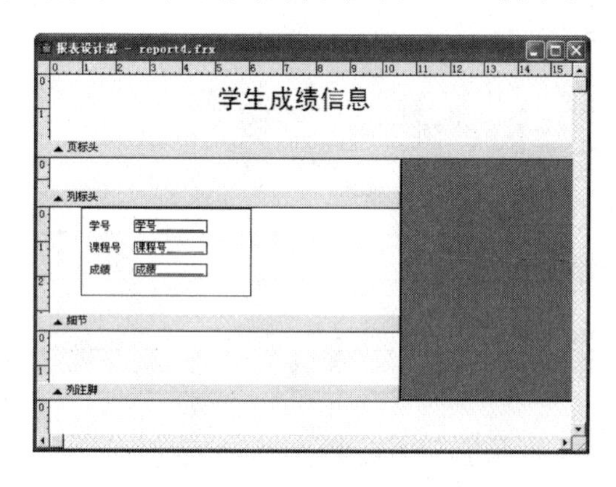

图 10-45 页标头和细节带区设置

（5）单击“显示”菜单的“预览”命令，查看预览效果。保存报表，关闭报表设计器窗口。

10.3 报表的输出

设计报表的最终目的是为了打印输出报表，Visual FoxPro 提供两种方式实现报表的打印输出。

1. 菜单方式打印报表

按菜单方式打印输出报表操作步骤如下。

(1) 选择“文件”菜单中的“打印”命令，弹出“打印”对话框，如图 10-46 所示。单击“选项”按钮，弹出“打印选项”对话框，如图 10-47 所示，从打印内容类型组合框中选择“报表”类型以及相关设置，单击“确定”按钮，返回“打印”对话框，单击“确定”按钮，即可将报表打印输出。

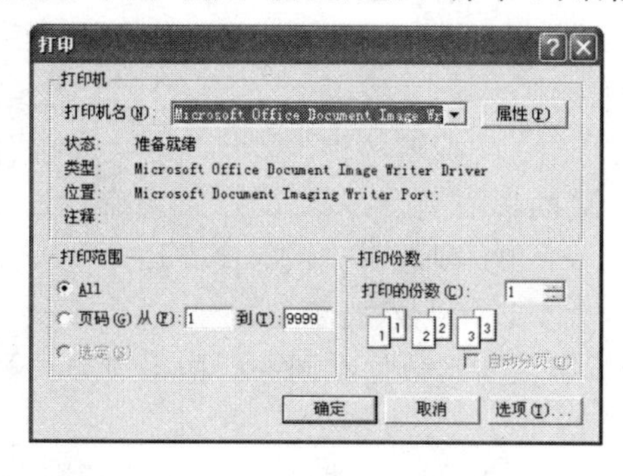

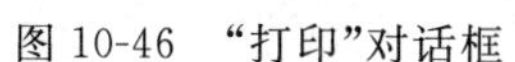
图 10-46 “打印”对话框

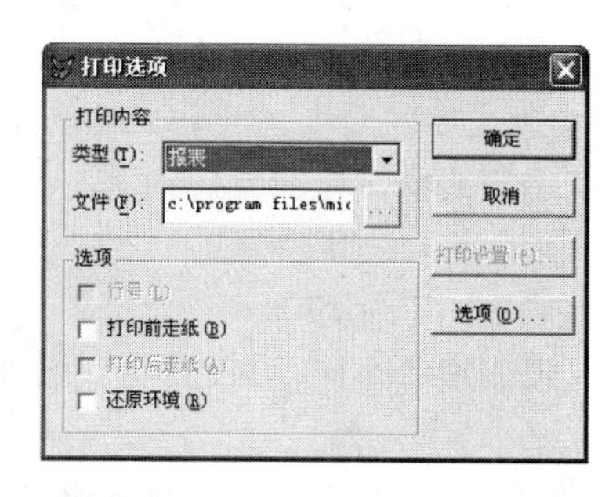

图 10-47 “打印选项”对话框

2. 命令方式打印报表

设计完成后的报表最直接的打印输出是在程序中或命令窗口中通过 REPORT 命令来实现，其命令格式如下：

REPORT FORM ＜报表文件名＞ [＜范围＞] [FOR ＜条件＞] [PREVIEW] [TO PRINTER]

功能：打印或预览指定的报表。

说明：

(1) 报表文件名选项指定需要打印或预览报表的文件名。

(2) PREVIEW 选项指定在屏幕上预览报表。

(3) TO PRINTER 选项指定在打印机上打印报表。

(4) [＜范围＞] [FOR ＜条件＞]指定打印报表记录应满足的范围和条件。

习 题

一、选择题

1. 在 Visual FoxPro 中，报表的基本组成部分是(　　)。

A) 视图和布局　B) 数据源和布局　C) 数据库和布局　D) 数据表和布局

2. 建立报表，打开报表设计器命令是(　　)。

A) NEW REPORT　B) CREATE REPORT　C) REPORT FROM　D) START REPORT

3. 修改报表、打开报表设计器的命令是(　　)。

A) UPDATE REPORT　B) MODIFY REPORT　C) REPORT FORM　D) EDIT REPORT

4. 在下列方法中，不能启动报表向导的是(　　)。

A) 在新建对话框中启动报表向导

B) 在命令窗口中输入 CREATE REPORT 命令

C) 直接单击工具栏上的“报表向导”按钮

D) 在“工具”菜单中选择“向导”子菜单，再选择“报表”命令。

5. Visual FoxPro 的报表文件.frx 中保存的是(　　)。

A) 打印报表的预览格式　B) 打印报表本身

C）报表的格式和数据　　D）报表设计格式的定义

6. 使用“快速报表”时需要确定字段和字段的布局，默认将包含（　　）。

A）第一个字段　　B）前3个字段

C）空（即不包含字段）　　D）全部字段

7. 为了在报表中加入一个表达式，这时应该插入一个（　　）。

A）表达式控件　　B）域控件　　C）标签控件　　D）文本控件

8. 使用报表向导定义报表时，定义报表布局的选项是（　　）。

A）列数、方向、字段布局　　B）列数、行数、字段布局

C）行数、方向、字段布局　　D）列数、行数、方向

9. 在报表中每个字段一行，字段名在左侧，字段与其数据在同一行的报表布局类型，属于（　　）。

A）行报表　　B）列报表　　C）多栏报表　　D）一对多报表

10. 在“报表设计器”中，可以使用的控件是（　　）。

A）标签、线条和域控件　　B）标签、列表框和域控件

C）标签、文本框和列表框　　D）布局和数据源

11. 要打印数据表中的各记录，通常是将该表中的字段拖放到“报表设计器”的（　　）。

A）标题带区　　B）页标头带区　　C）细节带区　　D）页注脚带区

12. 在报表设计器工具栏中，不包括（　　）按钮。

A）选定对象　　B）数据环境　　C）数据分组　　D）调色板工具栏

13. 在“报表控件”工具栏中，用于打印表或视图的字段、变量和表达式的计算结果的控件是（　　）。

A）图形控件　　B）域控件　　C）按钮锁定　　D）图片绑定控件

14. 报表标题是通过（　　）控件定义的。

A）标题　　B）标签　　C）文本框　　D）域

15. 在命令窗口中，可以通过（　　）命令打印报表。

A）REPORT 报表名 TO PRINTER　　B）REPORT 报表名 PREVIEW

C）REPORT FORM 报表名 TO PRINTER　　D）REPORT FORM 报表名 PREVIEW

16. 为了在报表中加入一个文字说明，这时应该插入一个（　　）。

A）表达式控件　　B）域控件　　C）标签控件　　D）文本控件

17. 在创建快速报表时，基本带区包括（　　）。

A）标题、细节和总结　　B）页标头、细节和页注脚

C）组标头、细节和组注脚　　D）报表标题、细节和页注脚

18. 若创建了数据分组，在“报表设计器”中将自动包含（　　）。

A）组标头和组注脚带区　　B）列标头和列注脚带区

C）总结和标题带区　　D）细节带区

19. 在设计多栏报表时，需要在（　　）中进行设置。

A）“报表生成器”对话框　　B）“页面设置”对话框

C）“打印”对话框　　D）“数据分组”对话框

20. 下列适合于作为分组报表的数据源是（　　）。

A）数据库表　　B）自由表　　C）临时表　　D）索引表

第11章 菜单设计

在应用程序中一般以菜单的形式列出其具有的功能，而用户则可以通过菜单的方式方便地调用应用程序的各种功能。因此菜单是应用系统中一个非常重要的组成部分，菜单系统设计的好坏直接影响到应用程序的使用。设计一个结构合理的菜单系统，不但使应用程序的主要功能得到良好的体现，而且能为用户提供一个友好的界面操作形式，使用户快捷、方便地使用应用系统的各个功能。菜单(Menu)是应用程序和用户间的接口。通过 Visual FoxPro 提供的“菜单设计器”，只需编写少量代码就可以设计出各种类型的菜单。

11.1 菜单设计概述

11.1.1 菜单结构

Windows 平台上的许多应用程序都具有菜单，Visual FoxPro 系统本身就具备一个典型的菜单系统，Visual FoxPro 支持两种类型的菜单，即条形菜单和弹出式菜单。

1. 菜单分类

(1) 条形菜单

条形菜单又称为菜单栏，指菜单以条的形式水平地放置在屏幕顶部或顶层表单的上部所构成的菜单条，它包含若干个菜单项及下拉菜单，如图 11-1 所示。

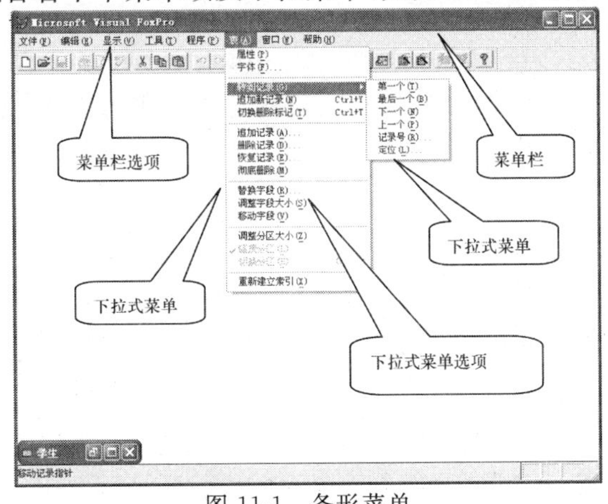

图 11-1　条形菜单

(2) 弹出式菜单

弹出式菜单是由若干个垂直排列的菜单项组成的菜单。其特点是当需要时就弹出来，不需要时就将其隐藏起来。在 Windows 应用程序中往往用鼠标右键单击某个对象，就会弹出一个弹出式菜单，称为快捷菜单，如图 11-2 所示。

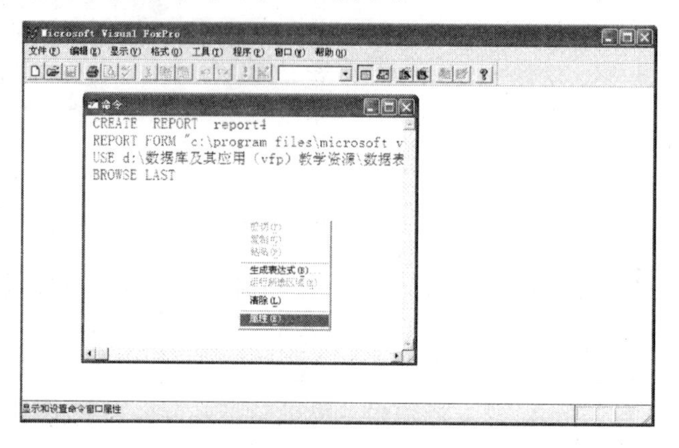

图 11-2 弹出式菜单

(3) 下拉式菜单

下拉式菜单是一个条形菜单和弹出式菜单的组合，是一种能从菜单栏的选项下拉出来的弹出式菜单。如 Visual FoxPro 本身的菜单就是一种下拉式菜单，如图 11-1 所示。

2. 菜单名称

每个菜单都有一个内部名称，而每个菜单项则有一个外部名称和一个内部名称。外部名称是由用户定义的，用于屏幕的显示，类似于命令按钮的 Caption 属性值。内部名称是由 Visual FoxPro 生成的，用于代码引用，类似于命令按钮的 Name 属性。

3. 菜单设置命令

Visual FoxPro 系统菜单是一个典型的菜单系统。当用户运行自己创建的菜单后，要想恢复到 Visual FoxPro 的系统菜单状态，可通过如下命令实现。

命令格式：SET SYSMENU TO DEFAULT

功能：将系统菜单恢复为系统默认配置状态。

11.1.2 菜单设计过程

菜单的设计应从用户使用的方便性和实用性等进行多方考虑，通常 Visual FoxPro 的菜单设计步骤如下。

(1) 规划菜单结构

根据应用系统的功能以及用户的操作需要，合理地规划菜单结构。菜单的规划中首先要确定需要哪些菜单选项，各个菜单选项的名称，是否需要下拉式菜单(子菜单)，每个菜单项完成哪些操作，实现哪些功能，根据各个菜单项的功能确定对应的下拉式菜单(子菜单)的下拉式菜单选项(菜单命令)的个数，从而来确定系统整个菜单的形式组织及其结构。

(2) 建立菜单文件

在菜单设计器中按规划好的菜单结构定义菜单栏、菜单项、下拉式菜单(子菜单)、下拉式菜单选项(菜单命令)的名称和执行的任务等,并将其保存到以.mnx为扩展名的菜单文件中。

(3) 生成菜单程序

菜单设计器中设计的菜单文件保存后并不能直接运行,而需要通过执行“菜单”下的“生成”命令生成相应的扩展名为.mpr的菜单程序文件。

(4) 运行菜单程序

通过在命令窗口或在程序中按DO＜菜单程序文件名＞的格式执行或调用所生成的菜单程序文件。若菜单程序的执行效果满足不了要求,则需要重新在菜单设计器中打开并修改,修改后仍然需要重新生成菜单程序,如此反复,直到符合要求为止。

11.1.3 菜单设计器

1. 打开菜单设计器

打开“菜单设计器”有如下3种方式。

(1) 菜单方式

选择“文件”菜单的“新建”命令,在弹出的“新建”对话框中选择“菜单”单选按钮,单击“新建文件”按钮,在弹出的“新建菜单”对话框中选择“菜单”按钮,打开“菜单设计器”窗口,如图11-3所示。

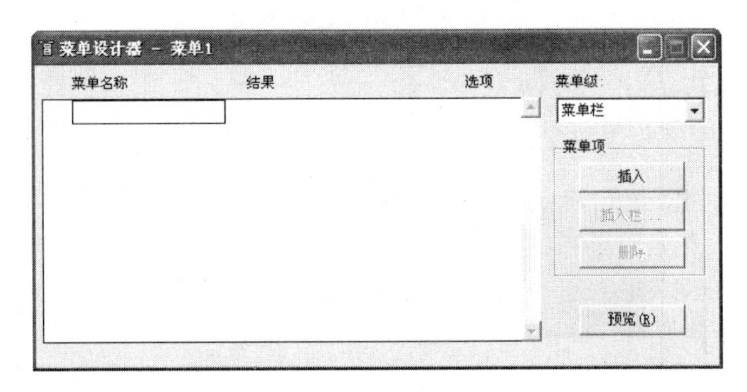

图11-3 菜单设计器窗口

(2) 命令方式

命令格式:CREATE MENU ＜菜单文件名＞

说明:执行该命令后,在弹出的“新建菜单”对话框中选择“菜单”按钮,打开“菜单设计器”窗口。

(3) 项目管理器方式

在“项目管理器”的“其他”选择项卡中选中“菜单”选项,单击“新建”按钮,在弹出的“新建菜单”对话框中选择“菜单”按钮,打开“菜单设计器”窗口。

2. 菜单设计器界面

“菜单设计器”界面中各主要功能说明如下。

(1) 窗口右上部有一个“菜单级”的下拉列表框,其功能是用来切换到上一级菜单或下一级子菜单。

(2) 窗口左边分别有“菜单名称”、“结果”、“选项”三列,用于定义一个菜单项的有关属性。

(3) 窗口右边有“插入”、“插入栏”、“删除”和“预览”四个按钮,分别用于菜单项的插入、删除和模拟显示。

3.“菜单名称”列

“菜单名称”列用来输入菜单项的名称，即菜单的显示标题。Visual FoxPro 允许用户为访问某菜单项定义一个热键，方法是在要定义的热键字符前加上“\＜”，如“文件(\＜F)”，菜单运行时只需按下组合键“Alt＋F”，该菜单项即可被执行。

为增强可读性，可使用分隔线将内容相关的菜单项分隔成一组。方法是在相应行的“菜单名称”列上输入“\－”，便可以创建一条分隔线。

4.“结果”列

“结果”列用于指定当用户选择该菜单项时执行的动作，有“命令”、“填充名称”或“菜单项＃”、“子菜单”和“过程”四个选项。

(1) 命令：选择此项，右边会出现一个文本框，用于输入一条具体的命令。如 SET SYSMENU TO DEFAULT，表示退出用户菜单，恢复成系统菜单。

(2) 填充名称或菜单项＃：如果是条形菜单，该选项为“填充名称”，指定菜单项的内部名字。如果是弹出式子菜单，该选项为“菜单项＃”，指定菜单项的序号。一般不进行设置。

(3) 子菜单：选择此项，出现“创建”或“编辑”按钮，单击此按钮，切换到子菜单页面，供用户定义或修改子菜单。要想返回到上一级菜单，可从“菜单级”下拉列表框中选择相应的上一级选项。

(4) 过程：选择此项，出现“创建”或“编辑”按钮，单击此按钮，打开文本编辑窗口，可在其中输入和编辑程序代码。

5.“选项”列

单击“选项”列按钮，弹出“提示选项”对话框，如图 11-4 所示，供用户定义菜单项的其他属性。

(1) 快捷方式：指定菜单项的快捷键。快捷键通常是 Ctrl 键或 Alt 键与另一个字符的组合，如按下“Ctrl＋A”组合键，则“键标签”文本框内就会自动出现“Ctrl＋A”组合键。如果要取消已定义的快捷键，在“键标签”框中输入空格即可。

(2) 跳过：定义菜单项的跳过条件。用户可以在文本框中输入一个逻辑表达式，在菜单运行过程中若该表达式为.T.，则此菜单项将以灰色显示，表示当前该菜单项不可使用。

(3) 信息：定义菜单项的说明信息。鼠标指向该菜单项时，说明信息会显示在 Visual FoxPro 主窗口的状态栏上。

(4) 主菜单名或菜单项＃：如果是条件菜单项，显示为“主菜单名”，指定条形菜单项的内部名字；如果是弹出式菜单，显示为“菜单项＃”，表示弹出式菜单项的序号。

6. 其他按钮

(1)“插入”：在当前菜单项之前插入一个菜单项。

(2)“删除”：删除当前菜单项。

(3)“插入栏”：此按钮仅在定义子菜单时有效。功能是在当前菜单项之前插入一个 Visual FoxPro 系统菜单命令。

(4)“预览”：直接在系统窗口中显示所设计的菜单。

(5)“移动”按钮：每个菜单项的左侧都有一个移动按钮，拖动可以改变菜单项在当前菜单中的位置。

7. 添加初始化代码

菜单的设计过程中,除了需要指定菜单选项对应的程序代码外,往往还需要向菜单程序文件中添加初始化代码(最先执行)。初始化代码通常完成打开所需要的文件、声明需要的内存变量和设计环境等。添加初始化代码的过程如下。

(1) 打开“菜单设计器”,单击“显示”菜单中有“常规选项”命令项,弹出“常规选项”对话框,如图 11-5 所示。

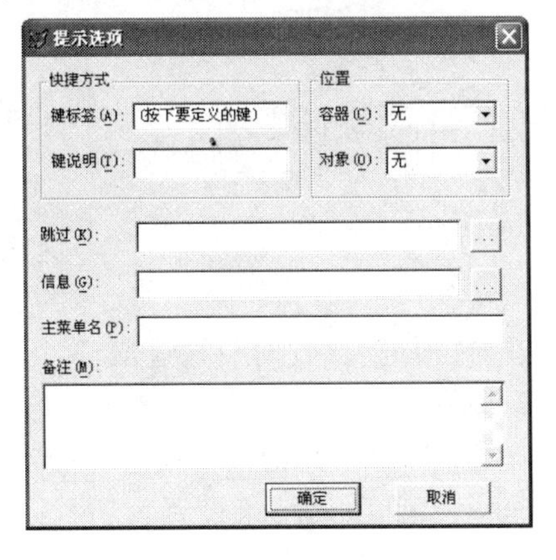

图 11-4 “提示选项”对话框

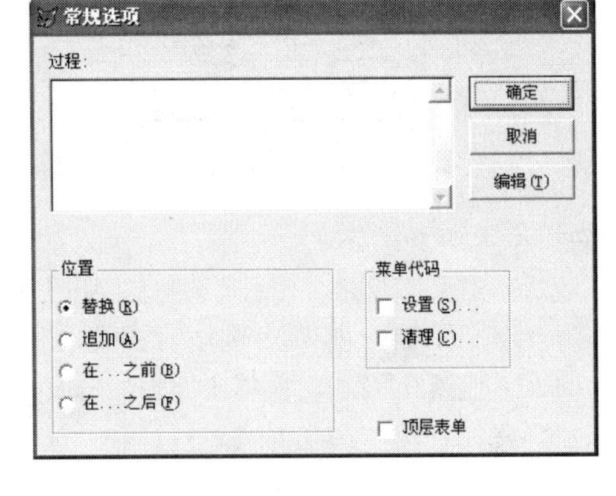

图 11-5 “常规选项”对话框

(2)“过程”编辑框

过程编辑框用来为整个菜单指定一个公用的过程。如果有些菜单尚未设置任何命令或过程,就执行这个公用过程。

(3)“位置”栏

位置栏有 4 个单选按钮,用来指定用户定义的菜单与系统菜单的关系。

① 替换:以用户定义的菜单替换系统菜单。

② 追加:将用户定义的菜单追加到当前系统菜单末尾。

③ 在…之前:用来把用户定义的菜单插入到系统的某个菜单项的左边。

④ 在…之后:用来把用户定义的菜单插入到系统的某个菜单项的右边。

(4)“菜单代码”栏

① 设置:供用户设置菜单程序的初始化代码,该代码放在菜单程序的前面,是菜单程序首先执行的代码,常用于设置数据环境、定义全局变量和数组等。

② 清理:供用户对菜单程序进行清理工作,这段程序放在菜单程序代码后面,在菜单显示出来之后执行。

(5)“顶层表单”复选框

如果选择该复选框,则表示将定义的菜单添加到一个顶层表单里;没有选择该项,则定义的菜单将作为应用程序的菜单。

11.2 菜单设计

11.2.1 下拉菜单的设计

无论是弹出式菜单的设计,还下拉式菜单的设计,最常用的方式是首先启动“菜单设计器”，定义菜单的结构并指定菜单选项完成的操作，然后根据所定义的菜单文件，生成其所对应菜单程序文件，最后直接执行或添加到需要的表单中。

［**例 11-1**］ 设计一个学生管理系统，其包含的主要功能模块和结构如图 11-6 所示，采用菜单的形式组织其结构功能。

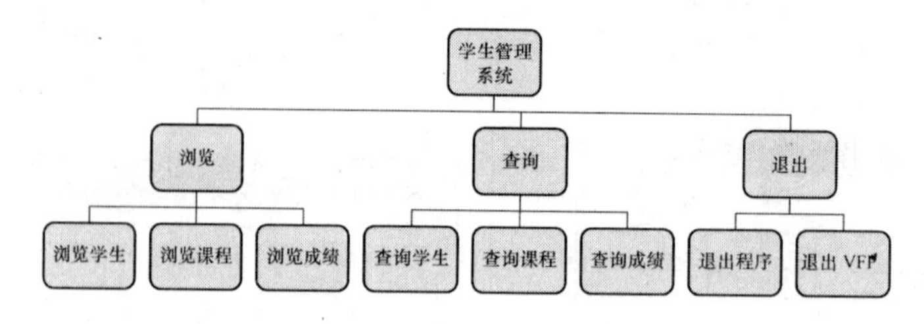

图 11-6 学生管理系统功能结构

操作步骤如下：

(1) 启动“菜单设计器”定义菜单栏，并为菜单栏添加“浏览”、“查询”和“退出”3 个菜单项，并为 3 个菜单项的结果设置为“子菜单”，如图 11-7 所示。

(2) 选择“浏览”菜单项，单击“创建”按钮，定义“浏览”子菜单，并为该子菜单添加“浏览学生”、“浏览课程”和“浏览成绩”3 个菜单选项，并将每个菜单项的结果设置为“过程”，如图 11-8所示。

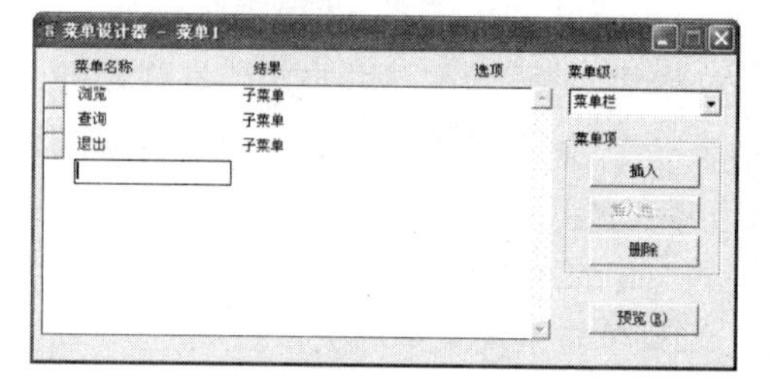

图 11-7 菜单栏定义

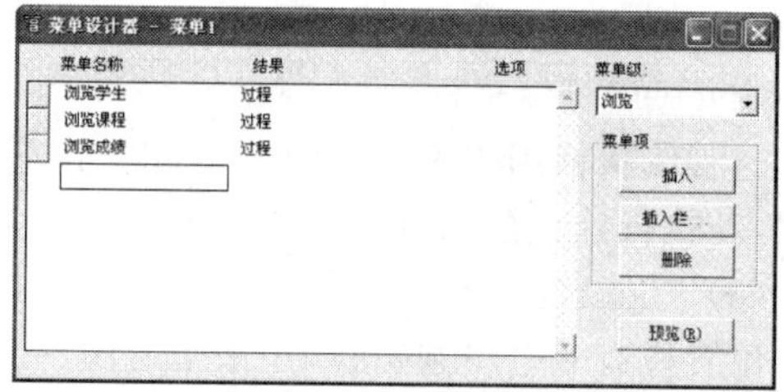

图 11-8 浏览子菜单定义

(3) 选择“浏览学生”菜单项，单击“创建”按钮，弹出“浏览学生过程”窗口，在该窗口中输入该菜单项相关处理的过程代码，如图 11-9 所示，完成后关闭该窗口。

(4) 选择“浏览课程”菜单项，单击“创建”按钮，弹出“浏览课程过程”窗口，在该窗口中输入该菜单项相关处理的过程代码，如图 11-10 所示，完成后关闭该窗口。

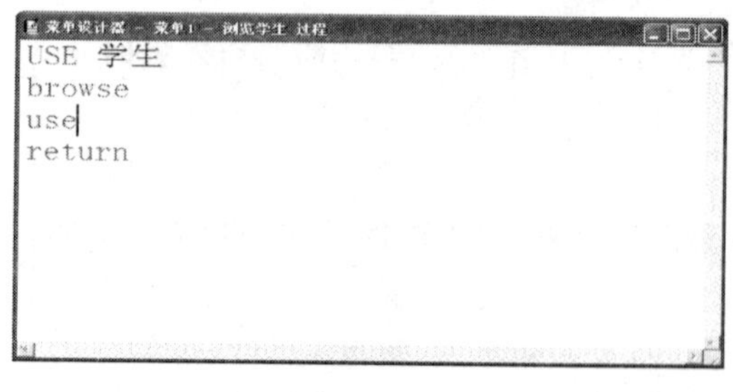

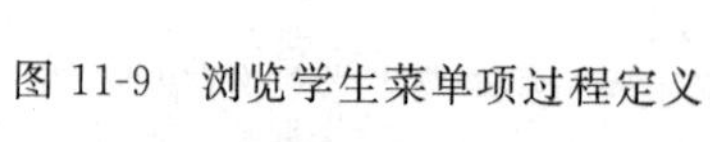
图 11-9 浏览学生菜单项过程定义

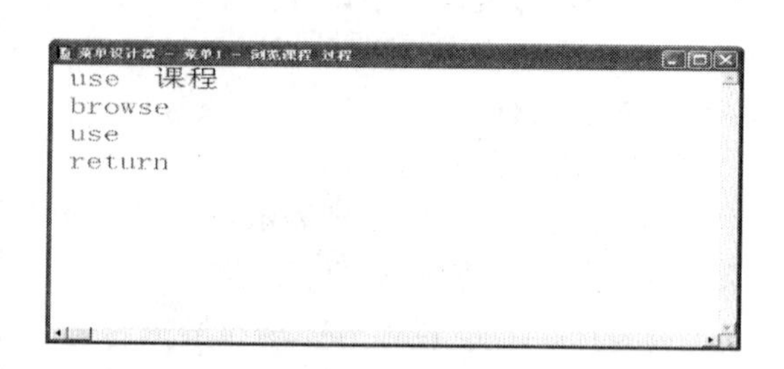

图 11-10 浏览课程菜单项过程定义

(5) 选择“浏览成绩”菜单项，单击“创建”按钮，弹出“浏览成绩过程”窗口，在该窗口中输入该菜单项相关处理的过程代码，如图 11-11 所示，完成后关闭该窗口。

(6) 从“菜单设计器”窗口中的菜单级组合框中选择“菜单栏”返回到菜单栏定义窗口，选择“查询”菜单项，单击“创建”按钮，定义“查询”子菜单，并为该子菜单添加“查询学生”、“查询课程”和“查询成绩”3个菜单选项，并将每个菜单项的结果设置为“过程”，如图11-12所示。

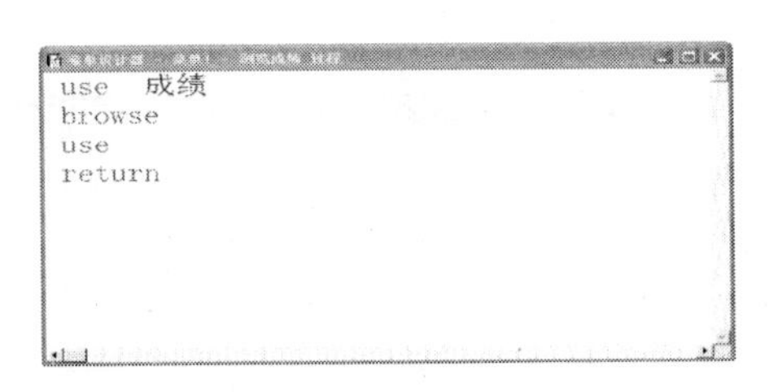

图11-11 浏览成绩菜单项过程定义

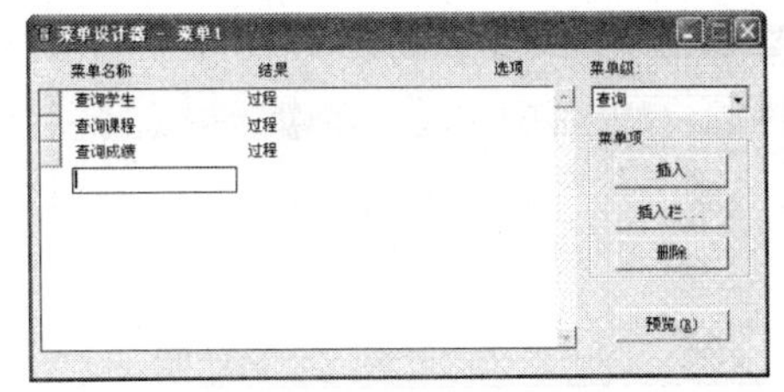

图11-12 查询子菜单定义

(7) 选择“查询学生”菜单项，单击“创建”按钮，弹出“查询学生过程”窗口，在该窗口中输入该菜单项相关处理的过程代码，如图11-13所示，完成后关闭该窗口。

(8) 选择“查询课程”菜单项，单击“创建”按钮，弹出“查询课程过程”窗口，在该窗口中输入该菜单项相关处理的过程代码，如图11-14所示，完成后关闭该窗口。

```
clear
use 学生
Accept "请输入需要查询学生的姓名"  to nm
locate for 姓名=nm
if found()=.t.
  display
else
  messagebox("查无此人！")
endif
use
return
```

图11-13 查询学生菜单项过程定义

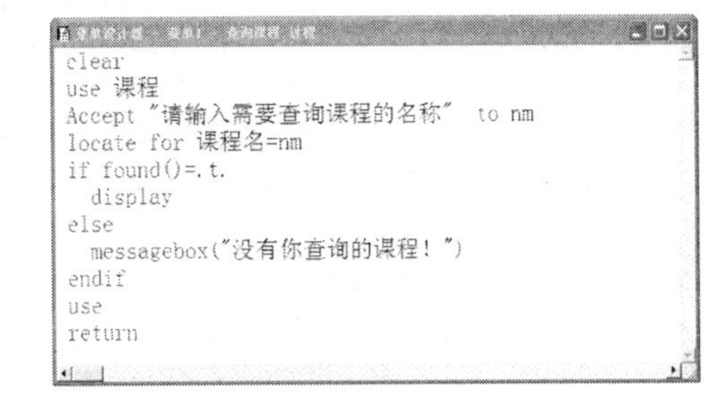

图11-14 查询课程菜单项过程定义

(9) 选择“查询成绩”菜单项，单击“创建”按钮，弹出“查询成绩过程”窗口，在该窗口中输入该菜单项相关处理的过程代码，如图11-15所示，完成后关闭该窗口。

(10) 从“菜单设计器”窗口中的菜单级组合框中选择“菜单栏”返回到菜单栏定义窗口，选择“退出”菜单项，单击“创建”按钮，定义“退出”子菜单，并为该子菜单添加“退出程序”和“退出VFP”2个菜单选项，并将“退出程序”菜单项结果设置为“过程”，“退出VFP”菜单项结果设置为“命令”，如图11-16所示。

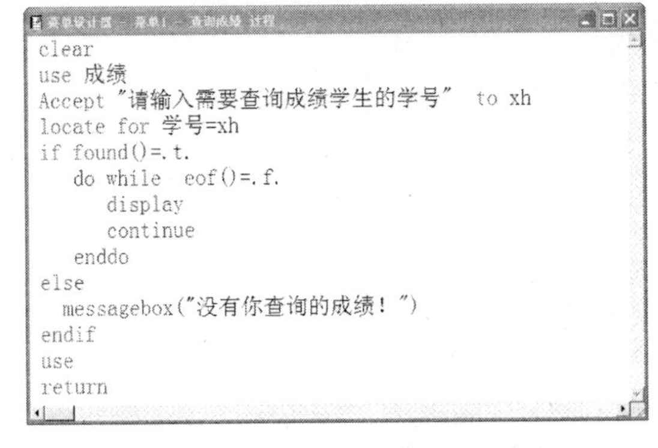

图11-15 查询成绩菜单项过程定义

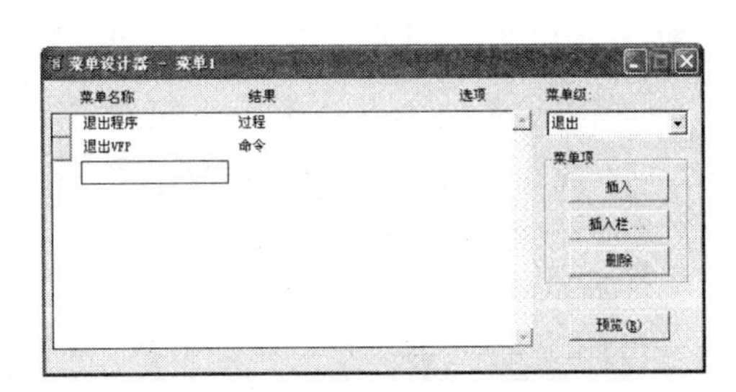

图11-16 退出子菜单定义

(11) 选择“退出程序”菜单项,单击“创建”按钮,弹出“退出程序过程”窗口,在该窗口中输入该菜单项相关处理的过程代码,如图 11-17 所示,完成后关闭该窗口。

(12) 选择“退出 VFP”菜单项,在命令后面的文本框中输入“quit”命令,如图 11-18 所示。

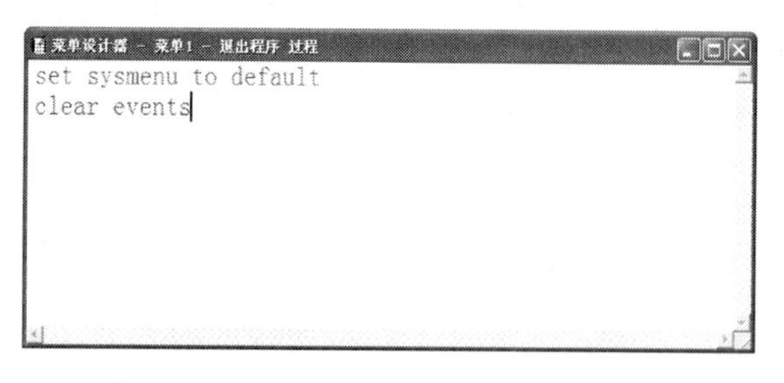

图 11-17 退出程序菜单项过程定义

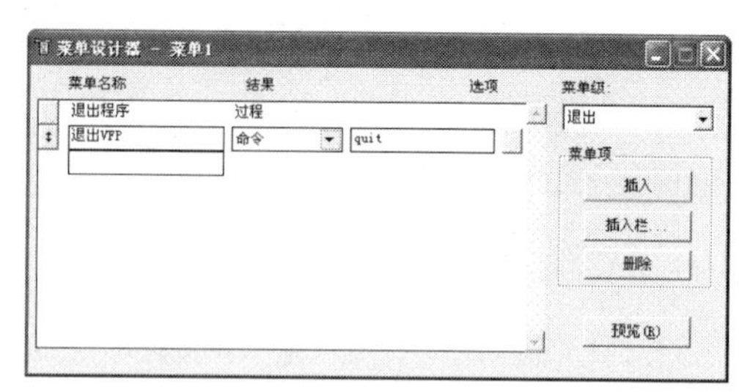

图 11-18 退出 VFP 菜单项命令定义

(13) 单击“菜单”下的“生成”命令,弹出“生成菜单”对话框,输入路径和文件名,单击“生成”按钮,生成菜单程序文件。

(14) 单击“程序”菜单下的“运行”命令,弹出“运行”对话框,从中选择需要运行的菜单程序文件,则会出现如图 11-19 所示的菜单程序窗口。

图 11-19 菜单程序运行结果

11.2.2 带有菜单的表单设计

菜单设计器中所设计的菜单,运行时系统默认显示在 Visual FoxPro 系统窗口,除此之外,还可以根据需要将所设计的菜单添加到一个表单中,作为表单窗口中的顶层菜单。将下拉式菜单添加到表单作为顶层菜单的步骤如下。

(1) 在“菜单设计器”窗口中设计下拉式菜单。

(2) 在打开“菜单设计器”窗口状态下,单击“显示”菜单的“常规选项”命令,选中“顶层表单”复选框。

(3) 将表单的 ShowWindow 属性值设置为 2,使其成为顶层表单。

(4) 在表单的 Init 事件代码中添加调用菜单程序的命令。

命令格式:DO ＜菜单程序文件名.mpr＞ WITH THIS[,菜单名]

说明:

THIS 表示当前表单对象的引用;菜单名表示为这个下拉式菜单的条形菜单指定一个内部名字。

（5）在表单的 Destroy 事件代码中添加清除菜单的命令，其作用是关闭表单时直接释放菜单。

命令格式：RELEASE　MENU　＜菜单名＞　［EXTENDED］

说明：

EXTENDED 表示在清除条形菜单时一起清除其下属的所有子菜单。

［**例 11-2**］　设计一个表单，通过菜单实现查询学习过某门课程的学生的姓名、课程名和该课程成绩的数据。

操作步骤如下：

（1）启动“表单设计器”向表单中添加一个表格控件，设置该控件的 RecordSourceType 的属性值为 4（SQL 说明），设置表单的 Caption 属性值为“课程成绩查询”，ShowWindow 属性值为 2。

（2）将“学生”、“课程”和“成绩”3 个数据表添加到表单的数据环境中，并以“课程成绩查询表单”文件名保存该表单。（在菜单中就用该文件名来引用该表单）

（3）启动“菜单设计器”定义菜单栏，并为菜单栏添加“课程成绩查询（\＜C）”和“退出（\＜T）”2 个菜单项，其中“C”和“T”为菜单项的热键字母，并将每个菜单项结果设置为“子菜单”，如图 11-20 所示。

（4）选择“课程成绩查询”菜单项，单击“创建”按钮，定义“课程成绩查询”子菜单，并为该子菜单添加“全部（\＜Q）”、分隔线、“计算机应用基础（\＜J）”、“高等数学（\＜G）”、“数据库及其应用（\＜S）”和“大学英语（\＜D）”6 个菜单选项，其中“Q”、“J”、“G”、“S”和“D”为菜单项的热键字母，除分隔线外，将其他菜单项结果设置为“过程”，分隔线菜单项结果设置为“子菜单”，如图 11-21 所示。

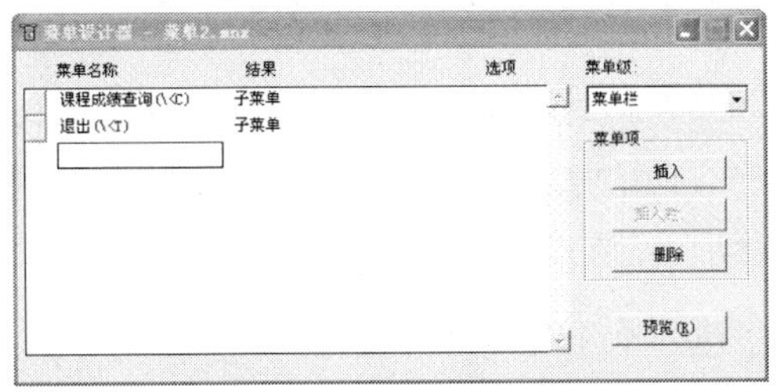

图 11-20　菜单栏的定义

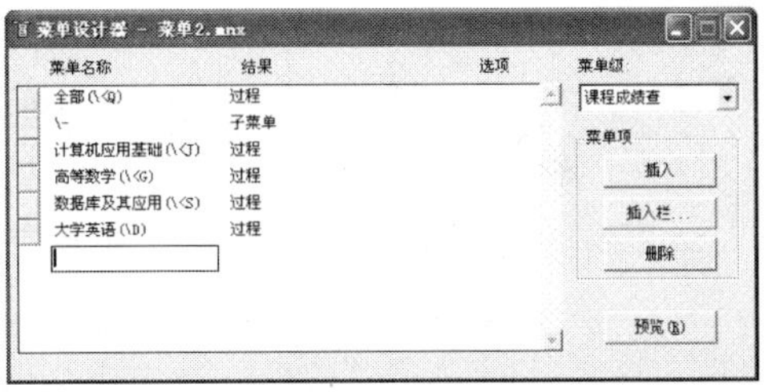

图 11-21　课程成绩查询子菜单定义

（5）选择“全部”菜单项，单击“创建”按钮，弹出“全部过程”窗口，在该窗口中输入该菜单项相关处理的过程代码，如图 11-22 所示，完成后关闭该窗口。

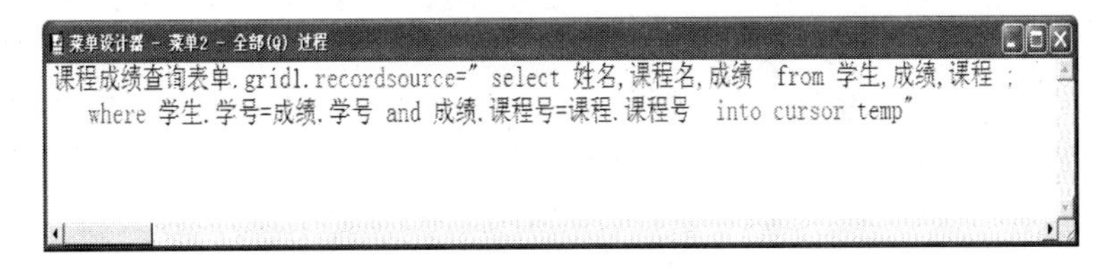

图 11-22　全部菜单项过程定义

（6）选择“计算机应用基础”菜单项，单击“创建”按钮，弹出“计算机应用基础过程”窗口，在该窗口中输入该菜单项相关处理的过程代码，如图 11-23 所示，完成后关闭该窗口。

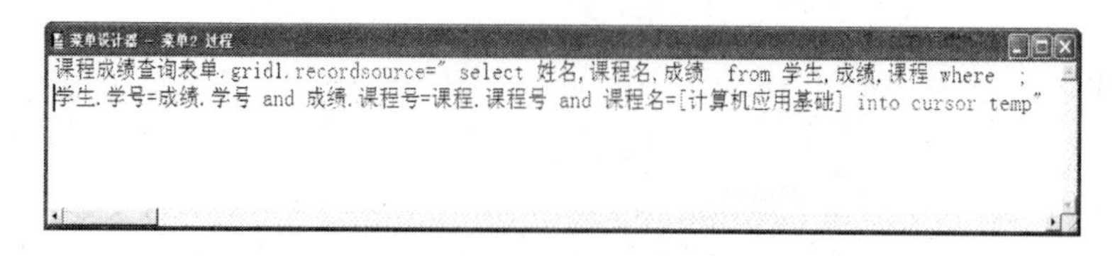

图 11-23　计算机应用基础菜单项过程定义

(7) 选择“高等数学”菜单项，单击“创建”按钮，弹出“高等数学过程”窗口，在该窗口中输入该菜单项相关处理的过程代码，如图 11-24 所示，完成后关闭该窗口。

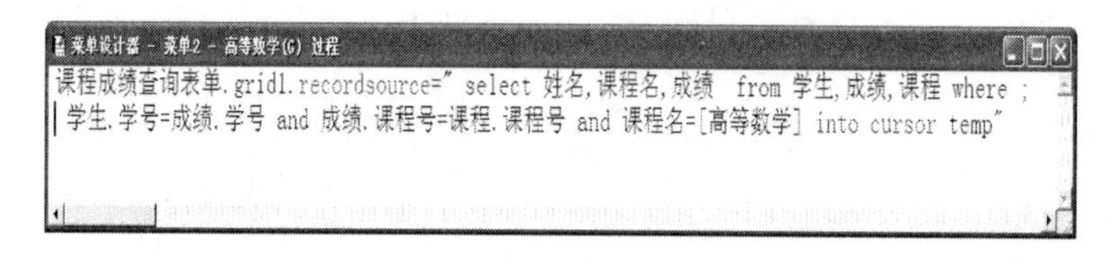

图 11-24　高等数学菜单项过程定义

(8) 选择“数据库及其应用”菜单项，单击“创建”按钮，弹出“数据库及其应用过程”窗口，在该窗口中输入该菜单项相关处理的过程代码，如图 11-25 所示，完成后关闭该窗口。

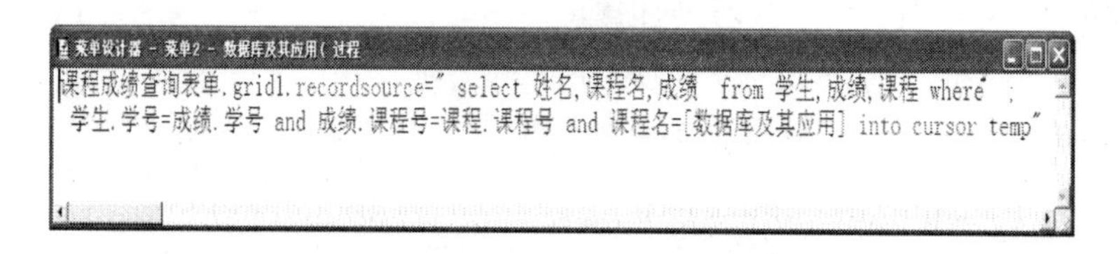

图 11-25　数据库及其应用菜单项过程定义

(9) 选择“大学英语”菜单项，单击“创建”按钮，弹出“大学应用过程”窗口，在该窗口中输入该菜单项相关处理的过程代码，如图 11-26 所示，完成后关闭该窗口。

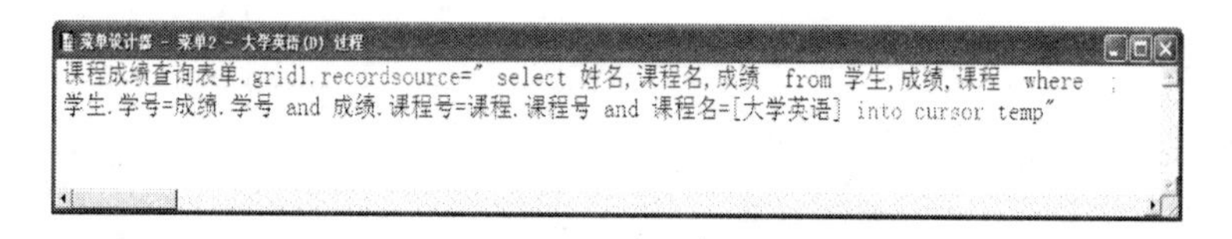

图 11-26　大学英语菜单项过程定义

(10) 从“菜单设计器”窗口中的菜单级组合框中选择“菜单栏”返回到菜单栏定义窗口，选择“退出”菜单项，单击“创建”按钮，定义“退出”子菜单，并为该子菜单添加“退出程序”和“退出 VFP”2 个菜单选项，并将“退出程序”菜单项结果设置为“过程”，“退出 VFP”菜单项结果设置为“命令”，如图 11-27 所示。

(11) 选择“退出程序”菜单项，单击“创建”按钮，弹出“退出程序过程”窗口，在该窗口中输入该菜单项相关处理的过程代码，如图 11-28 所示，完成后关闭该窗口。

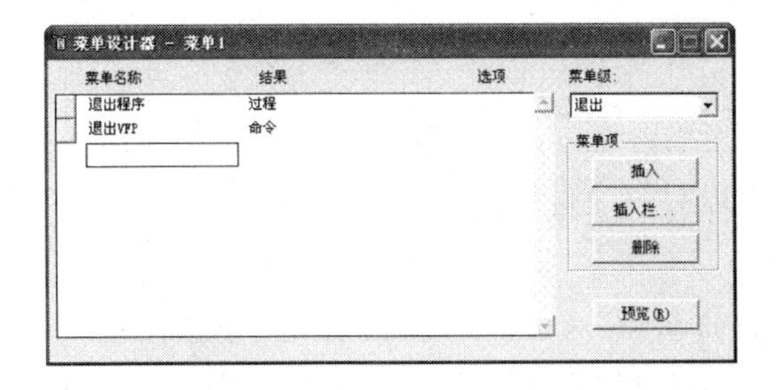

图 11-27 退出子菜单定义

图 11-28 退出程序菜单项过程定义

(12) 选择“退出 VFP”菜单项，在命令后面的文本框中输入“quit”命令，如图 11-29 所示。

(13) 单击“显示”菜单中的“常规选项”命令，弹出的“常规选项”对话框中，选择“顶层表单”复选框，如图 11-30 所示。单击“确定”按钮，返回“菜单设计器”窗口。

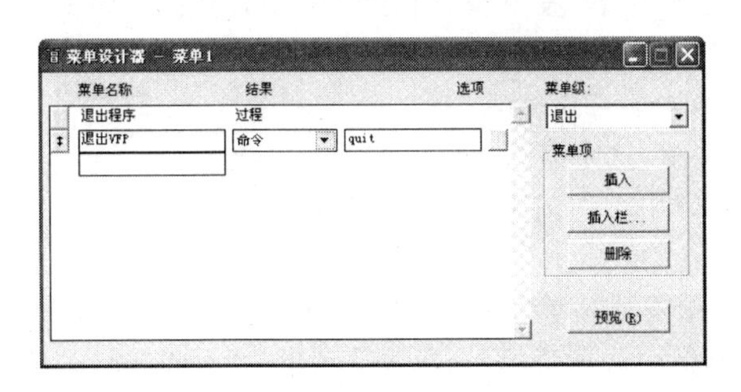

图 11-29 退出 VFP 菜单项命令定义

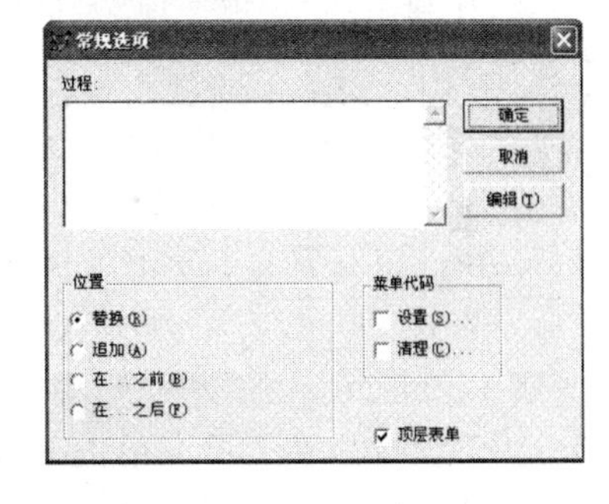

图 11-30 “常规选项”对话框

(14) 单击“菜单”下的“生成”命令，弹出“生成菜单”对话框，输入路径和文件名，单击“生成”按钮，生成菜单程序文件“菜单 2. mpr”(在表单中就用该文件名来引用该菜单)，如图 11-31所示。

(15) 在表单的 Init 事件中输入调用菜单程序的代码为：

```
DO  d:\菜单 2.mpr  WITH  THIS
```

(16) 在表单的 Destroy 事件中输入清除菜单程序的代码为：

```
RELEASE  MENU  菜单 2  EXTENDED
```

(17) 运行表单，结果如图 11-32 所示。

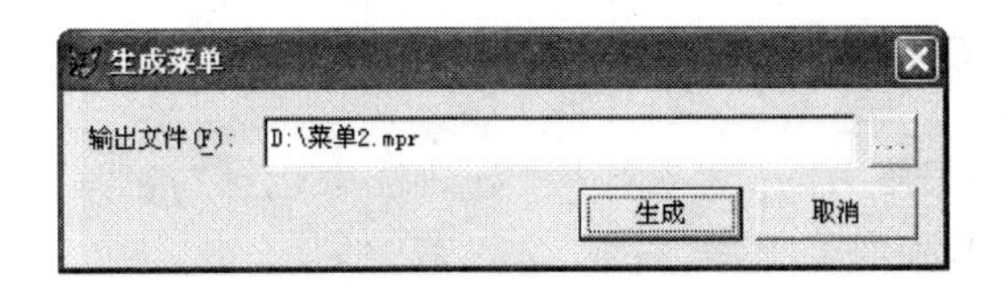

图 11-31 “生成菜单”对话框

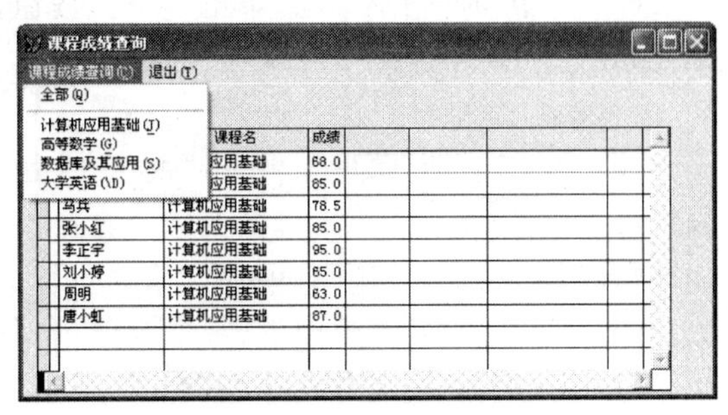

图 11-32 表单运行结果

11.2.3 快捷菜单的设计

快捷菜单一般隶属于某个界面对象，例如一个表单。当用鼠标在界面对象上右击时，就会弹出快捷菜单。快捷菜单只有弹出式菜单，没有条形菜单。快捷菜单的设计是在快捷菜单设计器中完成的。创建快捷菜单的步骤如下。

(1) 选择“文件”菜单的“新建”命令，在弹出的“新建”对话框中选中“菜单”单选按钮，单击“新建文件”按钮，在弹出的“新建菜单”对话框中选择“快捷菜单”按钮，弹出“快捷菜单设计器”窗口。

(2) 采用与设计下拉式菜单相似的方法，在“快捷菜单设计器”窗口中设计快捷菜单，生成菜单程序文件。

(3) 快捷菜单在建立时需要在“清理”代码中添加清除菜单的命令，使得在选择、执行菜单命令后能及时清除菜单，释放所占用的内存空间。方法是选择“显示”菜单中的“常规选项”命令，在弹出的“常规选项”对话框中选择“清理”复选框，同时弹出“清理代码编辑窗口”，输入清理菜单命令。

命令格式：RELEASE POPUPS ＜快捷菜单名＞ [EXTENDED]

(4) 打开表单文件，在表单设计器环境下，选定需添加快捷菜单的对象。

(5) 在选定对象的 RightClick 事件代码中添加调用快捷菜单程序的命令。

命令格式：DO ＜快捷菜单程序文件名.mpr＞ [WITH THIS]

[**例 11-3**] 设计一个表单，为表单建立快捷菜单，快捷菜单有“时间”和“日期”两个菜单项；运行表单时，在表单上单击鼠标右键弹出快捷菜单，选择快捷菜单的“时间”项，表单标题将显示当前系统时间，选择快捷菜单的“日期”项，表单标题将显示当前系统日期。

操作步骤如下：

(1) 启动“表单设计器”创建一个空白表单，并以“时间日期”表单文件名保存该表单(在菜单中就用该文件名来引用表单)。

(2) 选择“文件”菜单的“新建”命令，在弹出的“新建”对话框中选中“菜单”单选钮，单击“新建文件”按钮，在弹出的“新建菜单”对话框中选择“快捷菜单”按钮，启动“快捷菜单设计器”窗口。

(3)在“菜单设计器”定义快捷菜单，并为快捷菜单添加“时间”和“日期”2 个菜单项，并为每个菜单项结果设置为“过程”，如图 11-33 所示。

(4) 选中“时间”菜单项，单击“创建”按钮，弹出“时间过程”代码编辑窗口，输入如下过程代码：

```
时间日期.Caption = time()
```

(5) 选中“日期”菜单项，单击“创建”按钮，弹出“日期过程”代码编辑窗口，输入如下过程代码：

```
时间日期.Caption = Dtoc(date())
```

(6) 选择“显示”菜单中的“常规选项”命令，在弹出的“常规选项”对话框中选择“清理”复选框，同时弹出“清理代码编辑窗口”，输入如下清理菜单命令：

```
release popups 快捷菜单
```

(7) 单击“菜单”下的“生成”命令，弹出“生成菜单”对话框，输入路径和文件名，单击“生成”按钮，生成菜单程序文件“快捷菜单.mpr”，如图 11-34 所示。

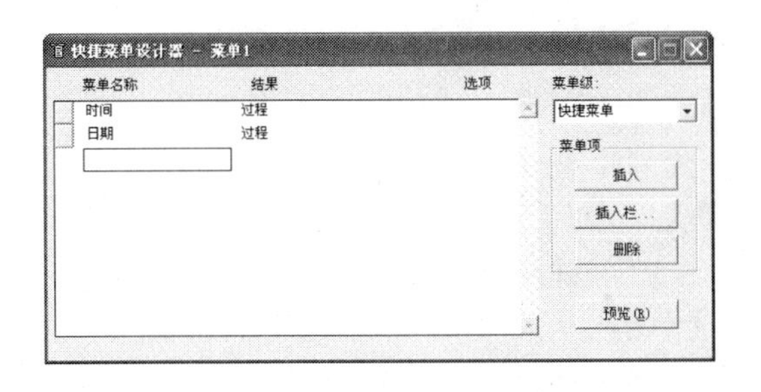

图 11-33 快捷菜单定义

图 11-34 "生成菜单"对话框

(8) 双击表单,打开表单代码窗口,在表单的 RightClick 事件代码中添加调用快捷菜单程序的命令:

```
do d:\快捷菜单.mpr
```

(9) 保存并运行表单,结果如图 11-35 所示。

图 11-35 表单运行结果

习 题

一、选择题

1. Visual FoxPro 中,在"菜单设计器"中保存的文件类型为(　　)。

A) .mnx　　B) .frx　　C) .mpr　　D) .mnu

2. 菜单设计完成后"生成"的程序代码文件的扩展名(　　)。

A) .mnx　　B) .prg　　C) .mpr　　D) .mnu

3. 假设建立了一个菜单 menu1,并生成了相应的菜单程序文件,为了执行该菜单程序应使用命令(　　)。

A) DO MENU menu1　　B) RUN MENU menu1　　C) DO menu1　　D) DO menu1.mpr

4. 打开已有的菜单文件修改菜单的命令是(　　)。

A) EDIT MENU　　B) CHANGE MENU　　C) UPDATE MENU　　D) MODIFY MENU

5. "菜单设计器"的"结果"一列的列表框中可供选择的项目包括(　　)。

A) 命令、过程、子菜单、函数　　B) 命令、过程、子菜单、菜单项

C) 填充名称、过程、子菜单、快捷键　　D) 命令、过程、填充名称、函数

6. 某菜单项的名称是"编辑",热键是 E,则在菜单名称一栏中应输入(　　)。

A) 编辑(\<E)　　B) 编辑(Ctrl+E)　　C) 编辑(Alt+E)　　D) 编辑(E)

7. 在 Visual FoxPro 中支持两种类型的菜单，分别是(　　)。

A) 弹出式菜单和下拉式菜单　　B) 条形菜单和下拉式菜单

C) 条形菜单和弹出式菜单　　D) 复杂菜单和简单菜单

8. 在 Visual FoxPro 中，系统菜单的子菜单是一个(　　)。

A) 下拉式菜单　　B) 条形菜单　　C) 弹出式菜单　　D) 组合菜单

9. 要为顶层表单添加下拉式菜单，应该在表单的(　　)事件中添加调用代码。

A) Init　　B) Load　　C) Destroy　　D) Activate

10. 下列关于快捷菜单的说法正确的是(　　)。

A) 快捷菜单只有条形菜单

B) 快捷菜单只有弹出式菜单

C) 快捷菜单能同时包含条形菜单和弹出菜单

D) 快捷菜单能不包含条形菜单和弹出菜单

11. 在“菜单设计器”窗口中，可以用于上下级菜单间切换的是(　　)。

A) “菜单项”下拉框　　B) “菜单级”下拉框

C) “结果”下拉框　　D) “插入”按钮

12. 为表单建立快捷菜单时，调用快捷菜单的命令代码 DO　$enu. mpr　WITH THIS 应插入表单的(　　)。

A) Destroy 事件　　B) Init 事件

C) Load 事件　　D) Rightclick 事件

13. 用于设置菜单访问键的是(　　)。

A) 菜单名称　　B) “菜单级”下拉框

C) “提示选项”对话框　　D) “菜单选项”对话框

参考文献

[1] 史济民. Visual FoxPro 及其应用系统开发. 北京:清华大学出版社,2007.
[2] 匡松. Visual FoxPro 数据库技术及应用. 北京:人民邮电出版社,2007.
[3] 周玉萍. Visual FoxPro 数据库应用教程. 北京:人民邮电出版社,2008.
[4] 教育部考试中心. 全国计算机等级考试大纲. 北京:高等教育出版社,2004.
[5] 教育部考试中心. 全国计算机等级考试二级教程 Visual FoxPro 程序设计. 北京:高等教育出版社,2010.
[6] 杨绍增. Visual FoxPro 应用系统开发教程. 北京:清华大学出版社,2008.
[7] 马志红,黄建华. Visual FoxPro 程序设计. 北京:北京邮电大学出版社,2007.
[8] 丁革媛. Visual FoxPro 数据库基础. 北京:清华大学出版社,2011.
[9] 郑军红. Visual FoxPro 程序设计基础教程. 天津:南开大学出版社,2012.